新世纪普通高等教育课程教材·供医学类各专业用

基础化学

（第2版）

姚素梅　主　编
李宾杰　副主编

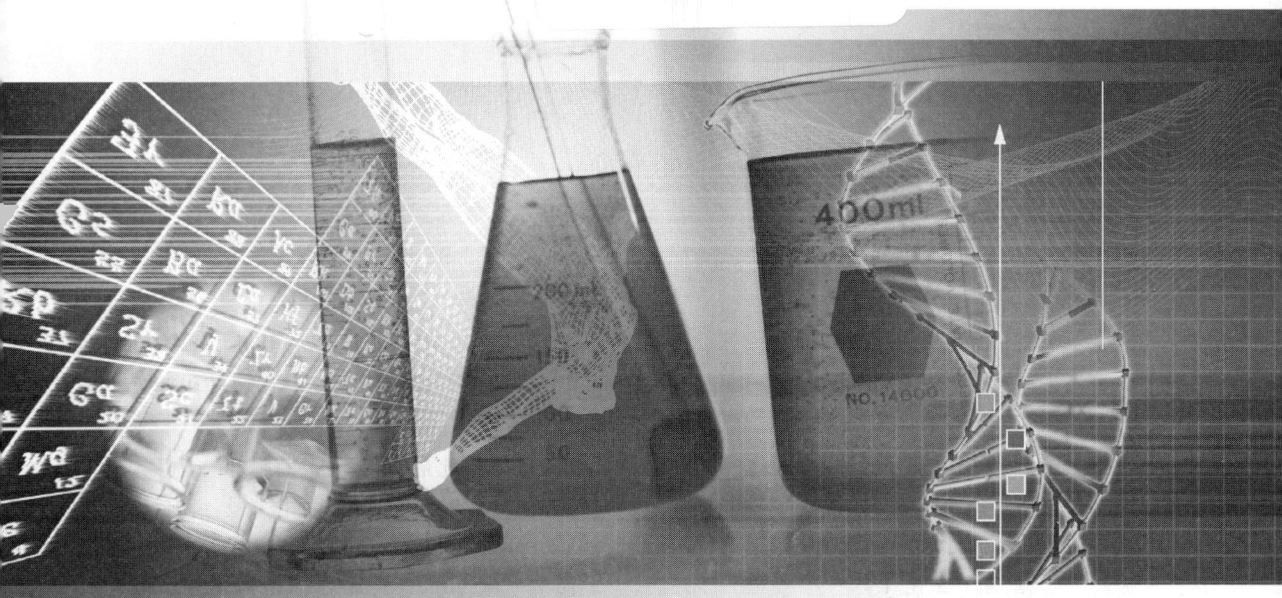

海洋出版社
2017年·北京

图书在版编目(CIP)数据

基础化学 / 姚素梅主编. —2 版.—北京：海洋出版社, 2017.8（2019.8 重印）
ISBN 978-7-5027-9786-7

Ⅰ. ①基… Ⅱ. ①姚… Ⅲ. ①化学—高等学校—教材 Ⅳ. ①O6

中国版本图书馆 CIP 数据核字(2017)第 120999 号

主　　编：姚素梅
责任编辑：赵　武　黄新峰
责任印制：赵麟苏
排　　版：海洋计算机图书输出中心　晓阳
出版发行：海洋出版社
地　　址：北京市海淀区大慧寺路 8 号（100081）
经　　销：新华书店
网　　址：www.oceanpress.com.cn
技术支持：（010）62100052

发 行 部：（010）62174379（传真）（010）62132549
（010）68038093（邮购）（010）62100077
总 编 室：（010）62114335
承　　印：北京朝阳印刷厂有限责任公司
版　　次：2019 年 8 月第 2 版第 2 次印刷
开　　本：787mm×1092mm　1/16
印　　张：19.5
字　　数：520 千字
定　　价：39.00 元

编　委　会

主　编　姚素梅

副主编　李宾杰

编　委（以姓氏笔画为序）

王　勇　庆伟霞　李宾杰　郑林萍

杨艳杰　赵　伟　姚素梅　耿慧霞

第2版前言

《基础化学》(第 2 版) 是按照医学类各专业的培养目标，根据基础化学课程教学大纲的要求，结合教学计划的安排及教学实践，在保留和发展第一版教材优点的基础上修订完成的。

在修订过程中，主要体现以下几点：

(1) 体现课程教学的基本要求，满足培养目标的需要；

(2) 适当精简和更新教学内容，力求创新和适用；

(3) 注意与中学化学的衔接，有利于教学；

(4) 加强与后续医学基础课程的联系和渗透，突出在临床上的应用；

(5) 发挥学习要点、思考题和练习题在复习、巩固所学知识及开发学生智力方面的作用；

(6) 采用法定计量单位，遵守国家标准 (GB3100～3202—93)，选用国际通用数据，规范名词术语。

本版教材，继承了第一版教材系统性好、适用性广、选材适当、逻辑性强、益于教学等特点，并增加了以下部分内容：

在每章内容前面，增添了对本章学习具有指导性的“学习目的”，学习目的分掌握、熟悉、了解三个层次，便于学生学习和掌握；在每章学习要点后面增添了“思考题”，在练习题中增加了一些和医学类各专业联系紧密的习题，并注意和后续相关课程的衔接；在部分章节中增添了部分新内容，并更换了一些典型例题。

本版教材理论参考学时为 52～68 学时，其中：绪论 1 学时，第一章 4～5 学时，第二章 4～5 学时，第三章 4～5

学时，第四章 4～6 学时，第五章 3～4 学时，第六章 3～4 学时，第七章 3～4 学时，第八章 5～6 学时，第九章 5～6 学时，第十章 6～8 学时，第十一章 4～6 学时，第十二章 3～4 学时，第十三章 3～4 学时，第十四章为学生课外阅读或选学内容。

本教材共 14 章内容，参加本次修订工作的有姚素梅（绪论，第一、二、四章）、杨艳杰（第三、五章）、庆伟霞（第六、十一章）、王勇（第七、八章）、李宾杰（第九、十章）、郑林萍（第十二、十三章）、赵伟（第二、十四章，附录）。耿慧霞（第四章，参考答案、参考文献和中英文术语）。

本版教材在修订过程中，参考了部分同类高等教育教材和相关著作，得到了王强、王来、张维娟、关爱民和黄永伟等老师的大力帮助和支持，在此表示感谢！在对书稿的修改校对过程中，海洋出版社的编辑做了大量的工作，提出了许多宝贵意见，对本版书稿质量提高起到了很大作用。在此一并致以衷心的感谢！

本版教材是河南大学教材基金资助教材，适合医学类各专业本科生使用。

编　者

2017 年 6 月

第1版前言

基础化学是医学类各专业的一门重要基础课。为了提高教学质量，培养高素质的医学人才和加强21世纪教材建设，根据河南大学“十一五”教材规划和基础化学课程教学大纲的要求，结合教学计划的安排及教学实践，我们编写了这本具有思想性、科学性、先进性、启发性和适用性的基础化学教材。

本教材编写的主导思想是：面向未来，面向世界，面向医学现代化。在编写过程中，主要体现以下几点：

1. 体现课程教学的基本要求，满足培养目标的需要；

2. 适当精简和更新教学内容，力求创新和适用；

3. 注意与中学化学的衔接，有利于教学；

4. 加强与后续医学基础课程的联系和渗透，突出在临床上的应用；

5. 发挥学习要点和习题在复习、巩固所学知识及开发学生智力方面的作用；

6. 采用法定计量单位，遵守国家标准（GB 3100～3202—93），选用国际通用数据，规范名词术语。

本教材共14章内容，参加编写工作的有姚素梅（绪论，第三、七、八、十一章）、郭秀玲（第一、二、四、五、十三章）、李宾杰（第九、十章）、王勇（第二、六、十三章和附录）、胡国强（第七、八、十二章）、赵伟（第十四章，部分习题参考答案，中英文索引）。

本教材是河南大学“十一五”规划教材，河南大学第六批教改项目资助教材，适合医学类各专业本科生使用。

由于编者水平有限，书中难免还有不妥之处，敬请读者批评指正。

编　者

2009年8月

目 录

绪　论

化学(Chemistry)是一门在原子、分子或离子层次上研究物质组成、结构、性质及其变化规律的科学，它是自然科学的一个重要分支。人们把自然界的物质划分为两种基本形态：实物（substance）和场（field）。实物是以间断形式存在的物质形态，而场是以连续形式存在的物质形态，属物理学的研究范畴。实物包括自然界存在的一切物质——地球上的矿物、空气中的气体、海洋中的水和盐；动植物体内找到的化学物质；人类创造的新物质。随着科学技术的飞速发展，人们已经逐渐认识到化学将成为使人类继续生存的关键学科，它对人类的供水、食物、能源材料、资源、环境及健康等至关重要，它已经是一门满足社会需要的中心学科。

第一节　化学的发展和研究内容

化学的历史发展可分为三个时期。在古代和中古时期，人们开始了与化学有关的生产实践，由最初的制陶、金属冶炼到纸的发明、火药的应用、瓷器和玻璃的制造等，可以看出化学的产生和发展是与人类最基本的生产活动紧密联系在一起的。到了公元 500 年，出现了与医药有关的医药器具和药物，如铜滤器具、药勺、灌药器等，药物有轻粉（成分为 Hg_2Cl_2）、黄矾等。在这一时期，化学被看成是以使用为目的的技艺，还没有被明确地确定为科学。

从 17 世纪后半叶开始进入了近代化学时期。1661 年玻意耳（R.Boyle）首先提出了元素的概念，建立了元素论。随着生产实践和科学研究的深入，新的元素不断被发现，至 19 世纪中叶已发现了 63 种元素，测定了几十种元素的原子量。1869 年 3 月俄国化学家门捷列夫发现了元素周期律，并根据元素周期律预言了尚未发现的 15 种元素（这些元素后来被相继发现）。元素周期律的提出，为现代化学的发展奠定了基础，为化学的研究提供了规律性的理论依据。这一时期，无机化学、有机化学、物理化学和分析化学四大基础学科相继建立，使化学实现了由经验到理论的重大飞跃，化学被真正确认为一门独立的科学。

20 世纪开始，进入了现代化学时期。随着原子能工业、电子工业、航空航天工业的发展，对新材料和特殊功能材料的要求日益增多，更加促进了化学的发展。无论是理论的研究，还是化学方法、实验技术及化学的应用领域都发生了深刻变化。特别是化学键理论的提出、现代物质结构理论的创立以及对分子、原子的微观结构的研究，使化学更加突出了作为一门中心学科的地位和作用，并衍生出了许多化学新分支，如核化学、工业化学、高分子化学、生物化学、蛋白质化学、农业化学、医药化学、超分子化学、纳米化学、放射化学、地球化学和宇宙化学等，并且在工程学、地质学、气象学、计算机科学等学科也得到了广泛的应用和长足发展。尤其是在当代，随着计算机技术的应用和发展，化学更是从宏观到微观，从常量到微量，建立了系统的、完整的、理论化的学科体系，产生了许多边缘学科和交叉学科，如生物无机化学、分子生物学、金属有机化学、金属酶化学、功能材料学等，从而拓宽了化学的研究领域。

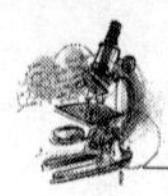

现代化学的研究内容极其广泛，1997年我国化学家徐光宪提出了现代化学的定义：化学是研究从原子、分子片、分子、超分子、生物大分子到分子的各种不同尺度和不同程度的聚集态的合成和反应、分析和分离、结构和形态、物理性能和生物活性及其规律和应用的科学。新元素的发现、化合物的组成、制备、结构、性质及用途都必须用化学的理论加以阐明，用化学实验的方法去验证或实现。当然，随着实验手段和实验技术的进步，尤其是现代物理技术的发展，使得对新型化合物的制备、立体空间结构和对称性的确立变得更加容易实现，对化学反应性质、热力学、动力学等参数的测定更加容易完成。光谱技术、核磁共振、电子能谱、X射线衍射等技术为新化学理论的创立和综合实验方法的设计提供了物理学方面的保障，使化学研究的范围更广，涉及领域更多。

第二节　化学与医学的关系

医学是探求人类生命过程的科学，无论是医学理论的研究还是医疗技术的创新，无不需要大量的化学知识和原理，也就是说化学与医学结下了不解之缘。

利用药物治疗疾病是化学对医学和人类文明的一大贡献。在17世纪以前人们就发现某些矿物质具有治疗疾病的作用。17世纪后半叶到19世纪末，化学与医学有了更紧密的结合，有些医药学家本身就是化学家，而化学家则把为医治疾病制造药物作为自己的职责。1800年，英国化学家戴维（H.Davy）发现了麻醉剂一氧化二氮，随后又发现了乙醚具有更好的麻醉作用，并将其用于外科手术和牙科手术。我国明代的李时珍（1518—1593年）所著的《本草纲目》记载的无机药物就有266种，被西方称为“东方医药学巨典”。实际上，它不仅是一本药学巨典，而且也是一个化学宝库。在书中不仅对药物的化学性质作了详尽描述，而且蒸馏、蒸发、升华、重结晶、灼烧等化学操作技术也有详细记载。

生物药学是人类文明的宝贵遗产，并对社会的发展起着积极的推动作用，化学对生物药学的研究始终起着决定性的作用。早在1859年就从古柯叶中分离出具有局部麻醉作用的古柯碱，为了避免其毒性大的缺点，于1904年经结构改造发展了普鲁卡因、利多卡因等优良的局部麻醉药。1909年德国化学家合成了治疗梅毒的特效药物胂凡纳明。自20世纪30年代以来，化学家先后研制出了抗菌素、抗病毒药物及抗肿瘤药物数千种。在医药学上，靶向抗癌药物的合成及作用机理的研究，也为人们摆脱疾病困扰并彻底治愈癌症提供了新的思路。

人们发现，生物体归根到底是一个化学体系，与大自然具有共同的化学元素组成。生命体不只是单纯的有机体，现已发现在人体中存在着81种化学元素，其中一些化学元素对生命过程有着极其重要的作用。例如，血红素中的铁影响着氧的传输和消耗；叶绿素中的镁影响着太阳能的吸收和转化；光合体系中的锰、铁影响着能量的转换；一些离子在细胞间电讯号的传递（神经系统中的钾、钙）、肌肉收缩（钙）、酶催化作用（维生素B_{12}中的钴）诸多方面起着重要作用。

科学发展到今天，使化学同医药学的联系更加紧密。生物学、生理学、病理学、药理学等医药学科已从组织细胞水平提高到分子、原子或量子水平。实验证明，思维和遗忘分别是蛋白质及核酸的合成和分解。尤其是近几十年来，化学在生命科学、生物高分子化学方面取得了突飞猛进的发展，形成了一门新的学科——分子生物学。这一新的学科对医学、生物学及其相关学科产生了重大影响，使 21 世纪初完成了具有划时代意义的人类基因组计划，测出了人体细胞核中遗传性 DNA 的化学序列。这一成就将为揭示人类遗传性疾病的奥秘发挥极其重要的作用。人们已经认识到，现代医学的进步离不开现代化学，美国医学教授、诺贝尔奖获得者肯伯格（A.Kornberg）指出，要“把生命理解为化学”！

第三节　基础化学课程在医学教育中的地位和任务

一、基础化学的地位和任务

化学是我国高等医学院校极为重要的基础课。在高等医学教育中，化学历来为中外医学教育所重视，它对医学专业的学生尤显重要，正如美国化学家布莱斯罗（R.Breslow）所说：“考虑到化学在了解生命的重要性和药物化学对健康的重要性，在医务人员的正规教育中包括许多化学课程一事就不足为奇了。”“今天的医生需要为化学在人类健康中起着更大作用的明天做好准备”。化学是一门实验性学科，化学实验是化学课程的重要组成部分，是理解和掌握基本理论、学习科学的实验方法、培养动手能力的重要环节。

基础化学是医学类各专业的必修专业基础课之一，其内容是根据医学专业的特点选定的，它主要由无机化学、物理化学、分析化学中的基本内容所组成，包括各种水溶液的性质及有关理论和应用（稀溶液的依数性、电解质溶液、缓冲溶液、胶体溶液等）、化学反应的基本原理及应用（热力学、动力学、电化学）、物质结构与性质的关系（原子结构、分子结构、配位化合物）、滴定分析、分光光度法等。基础化学的任务是：给医学生提供与医学相关的现代化学基本概念、基本原理及其应用知识。通过理论课的学习为后续医学专业基础课和专业课打下扎实的化学理论基础；通过实验课的训练，使医学生掌握一些基本实验技能，培养严谨求实的工作态度、科学研究和探索的能力；通过自学提高学生独立思考和独立解决问题的能力。

二、基础化学的学习方法

基础化学是我国高等医学院校一年级的第一门化学课，它对医学专业学生的知识结构、能力培养有着极其重要的作用。要学好基础化学，首先应尽快适应大学的课程内容、教学规律和学习方法，掌握学习的主动权。因此，医学生在学习基础化学的过程中应重视下述一些问题。

（一）做好课前预习，提高学习效率

如前所述，基础化学提炼和融合了医学专业所需的基础化学知识，覆盖面宽、内容浓缩紧凑、概念多而抽象，并且授课时数相对较少。这对于刚进入大学校门的医学生来说，学起来有一定的难度，因此，要学好基础化学，就必须做好课前预习。在上课之前，先通篇浏览要讲的章节内容，初步了解这一章内容的重点和难点。在预习过程中要勤于思考，善于发现问题，对不理解的内容要做好记录。带着问题听课，在听课中找到解决问题的答案。从而增强学习的自信心，调动学习的主动性和积极性，提高学习效率。

（二）重视课堂听讲，认真做好笔记

课堂上认真听讲是学好基础化学的重要环节。教师授课是按照教学大纲的要求，根据学

生的专业特点和教学经验，优选教学内容，精心组织教学，有利于突出重点和排解难点。在授课过程中，教师会根据各章节内容特点，选用适宜的教学方法进行讲授，有些讲授内容、比拟、分析推理和归纳会很生动、深刻，有利于对授课内容的理解。上课时，要集中精力听课，紧跟教师的思路，积极思考，弄清基本概念和基本原理，提高课堂吸收率。同时还要注意教师提出问题、分析问题及解决问题的思路和方法，培养创新思维能力。要认真做好笔记，有重点地记下授课内容，为课后复习和深入思考奠定基础。

（三）做好课后复习，多做练习题

大学的课程安排较之中学课程有较大差异，每节课授课内容多，进度快，练习少，大部分学生在课堂上不能完全听懂所讲内容。因此，课后复习和做练习题是消化和掌握所学知识的重要过程。由于基础化学是一门理论性强、有些概念比较抽象且难以理解，所以不可能达到一听就懂，一看就会的效果，必须经过反复思考、应用一些原理解决和说明一些问题，才能逐步加深对基本概念、基本原理的理解和掌握。实际上，多做练习题是深入理解、掌握和运用课程内容不可缺少的环节。做题时，要重视书本例题和解题过程中的分析方法和技巧，培养独立思考和创新意识，提高分析问题和解决问题的能力。

（四）做好单元总结，培养自学能力

除上述学习方法外，还提倡学生课后做好单元总结，总结出规律性、特殊性、重点和难点。要处理好理解和记忆的关系，学会善于运用分析对比和联系归纳的方法，搞清弄懂概念、原理、公式、方法的含义、特点、联系和区别、应用条件和使用范围。在理解的基础上，记忆一些基本概念、基本原理的重点和重要公式，努力做到熟练掌握、灵活运用、融会贯通。

在大学阶段，学生可自主支配的时间相对较多，因此，提倡学生自主学习，培养自学能力。学生可在课后有选择性地阅读一些参考书刊和网上信息，加深理解课程内容，开阔思路，扩大知识面，活跃思想，提高学习兴趣，培养综合能力。

（五）上好实验课，重视理论和实验相结合

上好实验课是理解、掌握、巩固、运用基础化学理论知识和培养动手能力的重要环节。要学好基础化学，就要把握住“理论—实验—理论”这三个学习环节。上实验课前，要认真预习实验内容，根据理论课上所学的基础知识、基本原理写好预习报告，以达到实验时实验原理清楚、实验目的明确、实验思路清晰的学习目标。做实验时，要善于观察实验现象和动脑思考，加强基本实验操作练习，注意理论和实验相结合。上完实验课后，要及时认真处理实验数据、分析实验现象和实验中出现的问题，并用所学理论知识作出合理的解释，从而得出正确的结论，写好实验报告。通过实验课，不断提高实验操作能力和创新能力。

第四节　我国的法定计量单位

社会的进步必然产生科学的计量方法和计量制度，科学研究必须面对计量问题，一些物理量的表示方法也离不开计量单位，为了避免计量单位的使用混乱，1875 年有十多个国家在巴黎签署了“米制公约”，成立了国际计量委员会（CIPM），设立了国际计量局，中国于 1977 年正式加入该组织。

从 1948 年第 9 届国际计量大会（CGPM）开始，国际计量委员会着手制定统一的计量方法和计量单位。1954 年第 10 届 CGPM 确立了米、千克、秒、安培、开尔文、坎德拉为新的基本单位。在 1960 年第 11 届 CGPM 上将以这六个基本单位为基础的单位制命名为“国际单位制”，用符号 SI（即法文 le Système Internationl d’Unités 的缩写）表示。1971 年在第 14 届 CGPM 上决定增加第 7 个基本单位摩尔。1988 年第 17 届国际计量大会又对“米”进行了重新定义：米是光在真空中 1/299792458 秒时间间隔内所经路径的长度。

我国从 1984 年开始全面推行以国际单位制为基础的法定计量单位，规定一切属于国际单位制的单位都是我国的法定计量单位，根据我国的实际情况，还规定采用了若干可与国际单位制单位并用的非国际单位制单位。

1983 年“全国量和单位标准化技术委员会”制定了有关量和单位的 15 项国家标准，即 GB 标准。并在 1986 年和 1993 年两次修订，于 1994 年 7 月 1 日开始实行第 2 次修订过的标准。这套标准的代号是 GB 3100～3102—93，它是我国非常重要的基础性的强制标准。本教材所用量和单位均使用这套标准。

我国的法定计量单位由下列几个部分组成：

（1）国际单位制的基本单位；

（2）国际单位中具有专门名称的导出单位，即包括 SI 辅助单位在内的具有专门名称的 SI 导出单位以及由于人类健康安全防护上的需要而确定的具有专门名称的 SI 导出单位；

（3）有词头和以上单位构成的十进倍数和分数单位；

（4）国家规定的非国际单位制单位；

（5）由以上单位构成的组合形式的单位（如 $kJ \cdot mol^{-1}$）。

法定计量单位的产生是社会文明进步的标志，对我国的文化教育、科学技术、人类健康、经济发展及与国际社会的交流起着极其重要的作用。

第一章 溶 液

【学习目的】

掌握：溶解度和溶液浓度的概念、浓度的各种表示方法及相互换算；稀溶液的蒸气压下降、沸点升高、凝固点下降的概念及其计算；渗透压力、渗透浓度的概念及相关计算。

熟悉：稀溶液依数性之间的换算，利用依数性计算溶质的相对分子质量；电解质溶液的依数性、等渗、高渗和低渗等概念。

了解：稀溶液的蒸气压下降、沸点升高、凝固点下降的原因；渗透压力在医学上的意义。

由一种物质或几种物质分散在另一种物质中所形成的均匀、稳定的分散系称为*溶液*(solution)。被分散的物质称为*溶质*（solute），能将溶质分散的物质称为*溶剂*（solvent）。溶液可分为固态溶液（又称固溶体，如合金）、液态溶液（如 NaCl 水溶液）和气态溶液（如空气）。通常所说的溶液是指液态溶液，最常用的溶剂是水，不指明溶剂的溶液一般都是指水溶液。

溶解是一个物理化学过程，当溶质溶解在溶剂中形成溶液后，溶液的性质已不同于原来的溶质和溶剂。溶液的某些性质与溶质的本性有关，如颜色、导电性等。但是溶液的另一类性质，如蒸气压下降、沸点升高、凝固点降低及渗透压，只与溶液中溶质粒子的浓度有关，而与溶质的本性无关。由于这类性质的变化，只适用于稀溶液，因此称其为*稀溶液的依数性*(colligative properties of dilute solution)。

稀溶液的依数性，在化学和医学上都很重要。例如，测定难挥发性溶质的摩尔质量，临床输液和讨论水盐代谢等问题时，都要涉及稀溶液的依数性。本章主要讨论难挥发性非电解质稀溶液的依数性。

第一节 溶解度和溶液的浓度

一、溶解过程和溶解度

（一）溶解过程

在一定温度下，一种或多种物质分散到另一种物质中的过程称为*溶解*（dissolution），它是一个物理化学过程。

在一定温度下，将固体溶质放入水中，固体表面上的分子或离子由于本身的运动和受到水分子的吸引，脱离固体表面而逐渐分散到水中，这是固体的溶解过程。在溶解的同时，已溶解的溶质微粒在不停地运动，当它们与未溶解的固体表面碰撞时，又可重新被吸引到固体表面，这一过程称为*结晶*（crystal）。在一定条件下，当这两个相反过程的速率相等时，即达到一个动态平衡，此时溶液的浓度不再增加，称为*饱和溶液*（saturated solution）；还能继续溶解溶质的溶液称为*不饱和溶液*（unsaturated solution）；若将饱和溶液中过剩的固体分去，将澄清的溶液慢慢冷却，此时溶液中过量的溶质并不析出，溶液中所含溶质的量超过了它在该温度下的溶解度，这种溶液称为*过饱和溶液*（oversaturated solution）。过饱和溶液不稳定，若将其振荡或在其中加入一小颗晶形相似的晶体，则过量的溶质就立即析出，形成该温度下的饱和溶液。

物质在溶解过程中，常伴随着热量的变化。如氢氧化钾固体溶于水时放热，而硝酸铵固体溶于水时则吸热。固体物质溶解过程的热效应来自两方面：①溶质微粒离开固体表面必须克服内部微粒的吸引，这需要消耗一定的能量，溶质微粒进一步扩散也需要消耗一定的能量，这是一个吸热过程；②在溶解过程中还存在着溶质微粒和溶剂分子之间的吸引而形成溶剂合物（如果溶剂是水，则称为水合物或水合离子，用 aq 表示），这一过程称为溶剂化过程。*溶剂化作用*（solvation）使体系势能降低而放出能量，这是一个放热过程。由此可见，溶解的热效应取决于这两个过程热效应的相对大小，若放出的热量多于所吸收的热量，则溶解时表现为放热；若放出的热量少于所吸收的热量，则溶解时表现为吸热。

在溶解的过程中，也伴随有体积变化。溶剂化作用越强，放热就越多，溶液体积减小；反之，溶液体积增大。例如，水和酒精混合所得溶液体积小于二者单独体积之和，放出较多的热量。苯和醋酸混合所得溶液体积大于二者单独体积之和，吸收热量。

（二）溶解度

在一定条件（温度、压力）下，一定量溶剂溶解 B 物质达到饱和时，所含 B 物质的量称为 B 物质的*溶解度*（solubility）。它是指饱和溶液中溶剂和溶质的相对含量，用字母 s 表示。

物质在水中的溶解度，常用一定温度下，某种物质在 100g 水中达到饱和时所溶解的质量（g）来表示。例如，293K 时 100g 水中最多能溶解 31.7g KNO_3，因此 KNO_3 的溶解度可用 31.7g/100g 水表示。溶解度也可用物质的量浓度来表示。

在相同温度下，不同物质在同一溶剂中的溶解度不同，同一物质在不同溶剂中的溶解度也不同。由此可见，影响物质溶解度的内因是溶质和溶剂的性质；而影响溶解度的外因却很多，其中比较显著的是温度的影响。大多数固体物质的溶解度随温度升高而增大。

二、溶液浓度的表示方法

浓度（concentration）是溶液中溶剂和溶质的相对含量。溶液浓度有多种表示方法，常用的有以下几种。

（一）质量浓度

溶质 B 的*质量浓度*（mass concentration）ρ_B 定义为：溶质 B 的质量 m_B 除以溶液的体积 V，即

$$\rho_B = \frac{m_B}{V} \tag{1-1}$$

质量浓度的 SI 单位为 $kg \cdot m^{-3}$，医学上常用的单位为克每升（$g \cdot L^{-1}$）、毫克每升（$mg \cdot L^{-1}$）、或微克每升（$\mu g \cdot L^{-1}$）等。如生理盐水浓度为 9.0 $g \cdot L^{-1}$。

（二）物质的量浓度

1. 物质的量

物质的量（amount-of-substance）是表示物质数量的基本物理量。B 物质的物质的量用符号 n_B 表示，基本单位是摩尔，符号为 mol。n_B 为：物质 B 的质量 m_B 除以该物质的摩尔质量

M_B，即

$$n_B = \frac{m_B}{M_B} \tag{1-2}$$

摩尔是一系统的物质的量，该系统中所包含的基本单元数与 0.012kg ^{12}C 的原子数目相等。0.012kg ^{12}C 的原子数目是阿伏加德罗常数的数值：$L=6.022\times10^{23}\ mol^{-1}$。

摩尔是物质的量的单位，不是质量的单位。只要系统的基本单元的数目是 6.022×10^{23} 个，则该系统的物质的量就是 1 mol 。即：不同物质，只要 n 相同，则所含基本单元数目就相同。使用摩尔时，基本单元必须指明。基本单元可用粒子（原子、分子或离子）符号、物质的化学式或它们的特定组合表示。

如可以说 I、I_2、K^+、MnO_4^-、$KMnO_4$、$1/2KMnO_4$、$(KI+1/5KMnO_4)$等的物质的量。1mol $KMnO_4$的质量为 158g，1mol $1/2KMnO_4$ 的质量为 79g，1mol$(KI+1/5KMnO_4)$的质量为 197.6g。

2. 物质的量浓度

物质的量浓度（amount-of-substance concentration）c_B 定义为：物质 B 的物质的量除以混合物的体积。对于溶液而言，物质的量浓度定义为：溶质的物质的量 n_B 除以溶液的体积 V，即

$$c_B = \frac{n_B}{V} \tag{1-3}$$

物质的量浓度的 SI 单位为摩尔每立方米（$mol\cdot m^{-3}$），由于立方米单位太大，物质的量浓度的单位常以摩尔每立方分米（$mol\cdot dm^{-3}$）或摩尔每升（$mol\cdot L^{-1}$）来表示，也可用毫摩尔每升（$mmol\cdot L^{-1}$）及微摩尔每升（$\mu mol\cdot L^{-1}$）。

使用物质的量浓度时，必须指明物质的基本单元。如 $c(H_2SO_4)=1\ mol\cdot L^{-1}$，基本单元是 (H_2SO_4)；$c(\frac{1}{2}H_2SO_4)=1\ mol\cdot L^{-1}$，基本单元是（$\frac{1}{2}H_2SO_4$）。

世界卫生组织提议，凡是已知相对分子质量的物质在体液中的含量均应用物质的量浓度表示。物质的量浓度在医学上已逐渐推广使用。例如，人体血液中葡萄糖含量的正常值，过去习惯表示为 70mg%～100mg%，按法定计量单位应表示为 c（$C_6H_{12}O_6$）$=3.9mmol\cdot L^{-1}$ ～ $5.6\ mmol\cdot L^{-1}$。对于未知摩尔质量的物质可用质量浓度表示。对于注射液，世界卫生组织认为，在绝大多数情况下，应同时标明质量浓度和物质的量浓度。例如，临床上输液用的等渗葡萄糖溶液，过去常标为 5%，现应标为 50 $g\cdot L^{-1}$ $C_6H_{12}O_6$ 和 0.28 $mol\cdot L^{-1}$ $C_6H_{12}O_6$。

（三）质量摩尔浓度

质量摩尔浓度（molality）b_B 定义为：溶质 B 的物质的量 n_B 除以溶剂 A 的质量 m_A，即

$$b_B = \frac{n_B}{m_A} \tag{1-4}$$

质量摩尔浓度的 SI 单位为摩尔每千克（$mol\cdot kg^{-1}$）。例如，将 4.0gNaOH 溶于 1000.0g 水中，所得 NaOH 溶液的质量摩尔浓度为 $0.1mol\cdot kg^{-1}$。

（四）摩尔分数

摩尔分数（mole fraction）也可称为*物质的量分数*（amount-of-substance fraction）。摩尔分数 x_B 定义为：物质 B 的物质的量 n_B 与混合物的物质的量 n 之比，即

$$x_B = \frac{n_B}{\sum_{i=1}^{n} n_i} \tag{1-5}$$

若溶液由溶质 B 和溶剂 A 组成，则溶质 B 和溶剂 A 的摩尔分数 x_B 和 x_A 分别为

$$x_B = \frac{n_B}{n_A + n_B} \tag{1-6}$$

$$x_A = \frac{n_A}{n_A + n_B} \tag{1-7}$$

显然

$$x_A + x_B = 1 \tag{1-8}$$

（五）质量分数

质量分数（mass fraction）w_B 定义为：溶质 B 的质量 m_B 除以溶液质量 m，即

$$w_B = \frac{m_B}{m} \tag{1-9}$$

以往使用的质量百分比浓度，现已改为质量分数。例如，98%H_2SO_4 可表示为 $w(H_2SO_4)=0.98$。

（六）体积分数

体积分数（volume fraction）φ_B 定义为：在某温度和压力下，纯物质 B 的体积 V_B 除以混合物中各组分纯物质的体积之和 V，即

$$\varphi_B = \frac{V_B}{V} \tag{1-10}$$

对于溶质为液体的溶液，忽略混溶时的体积变化，计算时用溶质的体积除以溶液的体积。例如，消毒酒精浓度为 $\varphi(C_2H_5OH)=0.75$，表示 75 mL 纯乙醇加水至 100mL 配制而成。

三、浓度之间的换算关系

（一）溶液的稀释

由浓溶液稀释来配制溶液时，根据稀释前后溶质的量不变的原则，可由稀释公式进行有关计算，稀释公式为

$$c_{稀}V_{稀} = c_{浓}V_{浓} \tag{1-11}$$

$c_{稀}$、$V_{稀}$分别是稀溶液的浓度和体积；$c_{浓}$、$V_{浓}$分别是浓溶液的浓度和体积。在使用稀释公式进行计算时，等号两边物理量的单位要一致。

（二）浓度之间的换算关系

不同浓度之间在进行换算时，有两种情况：一种是换算时需要密度；另一种是换算时不需要密度。分别以 A、B 表示溶剂和溶质。d 表示溶液的密度，单位为 $kg \cdot L^{-1}$ 或 $g \cdot mL^{-1}$；M 表示摩尔质量，单位为 $kg \cdot mol^{-1}$ 或 $g \cdot mol^{-1}$。V 表示溶液的体积，单位为 L；m 表示质量，单位为 kg 或 g；n 表示物质的量，单位为 mol。各浓度之间的换算关系见表 1-1。

表 1-1 各浓度之间的换算

浓度表示方法符号	换算关系式	浓度表示方法符号	换算关系式
c_B 和 w_B	$c_B = \frac{dw_B}{M_B}$	b_B 和 w_B	$b_B = \frac{w_B}{(1-w_B)M_B}$
ρ_B 和 w_B	$\rho_B = dw_B$	c_B 和 ρ_B	$c_B = \frac{\rho_B}{M_B}$
b_B 和 ρ_B	$b_B = \frac{\rho_B}{(d-\rho_B)M_B}$	x_B 和 b_B	$x_B = \frac{b_B}{1000/M_A + b_B}$
b_B 和 c_B	$b_B = \frac{c_B}{d - c_B M_B}$	x_B 和 w_B	$x_B = \frac{w_B/M_B}{(1-w_B)/M_A + w_B/M_B}$

使用表 1-1 中的关系式计算时，要注意公式中物理量的单位要一致。若溶液很稀时，溶液的密度近似为 1 g•mL^{-1}，$b_B \approx c_B$。

例 1-1 浓盐酸（HCl）的相对密度为 1.19，质量分数为 0.38，计算它的物质的量浓度。

解：HCl 的摩尔质量为 36.5 g•mol^{-1}，所以浓盐酸的物质的量浓度为

$$c = \frac{1.19 \times 1000 \times 0.38}{36.5} = 12.39 \quad (\text{mol•L}^{-1})$$

例 1-2 质量浓度为 50.0 g•L^{-1} 的 $C_6H_{12}O_6$ 溶液和 12.5 g•L^{-1} 的 $NaHCO_3$ 溶液，它们的物质的量浓度分别是多少？

解：$C_6H_{12}O_6$ 的摩尔质量为 180.0 g•mol^{-1}，$NaHCO_3$ 的摩尔质量为 84.0 g•mol^{-1}，所以

$$c(C_6H_{12}O_6) = \frac{50.0}{180.0} = 0.28 \quad (\text{mol•L}^{-1})$$

$$c(NaHCO_3) = \frac{12.5}{84.0} = 0.15 \quad (\text{mol•L}^{-1})$$

第二节 稀溶液的依数性

一、溶液的蒸气压下降

（一）蒸气压

在一定温度下，将纯水注入一密闭容器中，由于分子的热运动，一部分动能较高的分子自水面逸出，扩散到水面上部的空间，形成气相分子，这一过程称为*蒸发*（evaporation）。同时，气相的水分子也会接触到水面并被吸引到液相中，这一过程称为*凝结*（condensation）。开始阶段，蒸发过程占优势，但随着水蒸气密度的增加，凝结的速率增大，当*蒸发速率*（evaporation rate）与*凝结速率*（condensation rate）相等时，气相和液相达到平衡，此时，气相蒸气的密度不再改变，它所具有的压力称为该温度下水的*饱和蒸气压*（saturated vapor pressure），简称*蒸气压*（vapor pressure），用符号 p 表示，单位是 Pa（帕）或 kPa(千帕)。

蒸气压与物质的本性和温度有关。不同的物质，蒸气压不同，如在 293K 时，水的蒸气压为 2.34kPa，而乙醚的蒸气压为 57.6kPa；同一种物质，温度不同，蒸气压也不同，一般随温度升高而增大。

水的蒸气压与温度的关系见表 1-2。

表 1-2　不同温度下水的蒸气压

T/K	p/kPa	T/K	p/kPa
273	0.6106	333	19.9183
278	0.8719	343	35.1574
283	1.2279	353	47.3426
293	2.3385	363	70.1001
303	4.2423	373	101.3247
313	7.3754	423	476.0262
323	12.3336		

固体也具有蒸气压，一般固体的蒸气压都很小，但冰、碘、樟脑、萘等的蒸气压较大。固体直接蒸发为气体的过程称为升华（sublimation）。固体的蒸气压也随温度升高而增大。冰的蒸气压与温度的关系见表 1-3。

表 1-3　不同温度下冰的蒸气压

T/K	p/kPa	T/K	p/kPa
248	0.0635	268	0.4013
253	0.1035	272	0.5626
258	0.1653	273	0.6106
263	0.2600		

无论是固体还是液体，蒸气压大的称为易挥发性物质，蒸气压小的称为难挥发性物质。讨论稀溶液依数性时，忽略难挥发性物质自身的蒸气压，只考虑溶剂的蒸气压。

（二）溶液的蒸气压下降

实验证明，含有难挥发性溶质的溶液蒸气压总是低于相同温度下纯溶剂的蒸气压。由于溶质是难挥发性的，因此溶液的蒸气压实际上是指溶液中溶剂的蒸气压。由于溶液中溶有难挥发性溶质，溶液一部分表面要被溶剂化的溶质占去。因此，在一定温度下，溶液表面单位时间逸出液面的溶剂分子数相应地要比纯溶剂少，达到平衡时，溶液的蒸气压低于纯溶剂的蒸气压，这种现象称为溶液的蒸气压下降（vapor pressure lowering）。溶液的浓度越大，溶液的蒸气压下降越多，如图 1-1 所示。

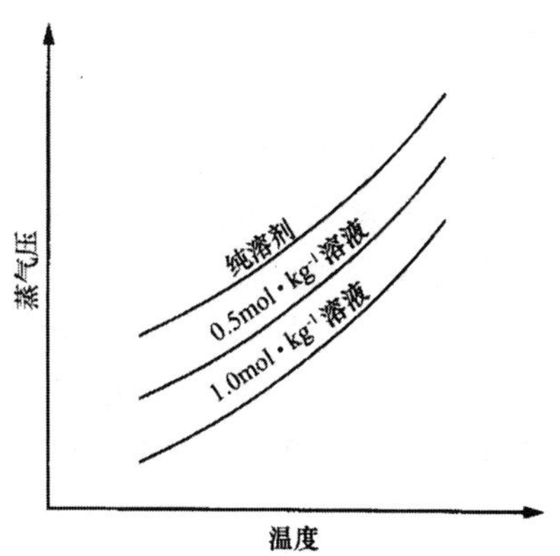

图 1-1　纯溶剂与溶液的蒸气压曲线

19 世纪 80 年代，法国化学家拉乌尔（F. M. Raoult）根据大量实验结果，总结出难挥发非电解质稀溶液蒸气压的规律：

$$p = p^0 x_A \qquad (1\text{-}12)$$

式中，p 为溶液的蒸气压，p^0 为纯溶剂的蒸气压，x_A 为溶剂的摩尔分数。

式（1-12）表明：在一定温度下，难挥发非电解质稀溶液的蒸气压等于纯溶剂的蒸气压与溶剂的摩尔分数的乘积。

设 x_B 为溶质的摩尔分数，由于 $x_A+x_B=1$，式（1-12）可以写成

$$p = p^0\ (1-x_B)$$

$$p^0 - p = p^0 x_B$$

$$\Delta p = p^0 x_B \tag{1-13}$$

式中，Δp 为溶液的蒸气压下降。

式（1-13）表明：在一定温度下，难挥发非电解质稀溶液的蒸气压下降与溶质的摩尔分数成正比，而与溶质的本性无关。这一结论称为拉乌尔（Raoult）定律。式（1-12）也是 Raoult 定律的一种表达形式。

Raoult 定律适用于难挥发非电解质的稀溶液，如果溶质为电解质，上述公式需要修正。如果溶液浓度较大，溶质分子对溶剂分子之间的引力影响较大，溶液的蒸气压下降就不符合 Raoult 定律。

设溶质和溶剂的物质的量分别为 n_B 和 n_A，溶剂的质量和摩尔质量分别为 m_A（g）和 M_A（g•mol^{-1}），溶液的质量摩尔浓度为 b_B（mol•kg^{-1}）。

在稀溶液中，$n_A >> n_B$，因此 $n_A + n_B \approx n_A$，则

$$x_B = \frac{n_B}{n_A+n_B} \approx \frac{n_B}{n_A} = \frac{n_B}{m_A/M_A}$$

又，溶液的质量摩尔浓度 $b_B = \dfrac{n_B}{m_A/1000}$，代入上式得：$x_B \approx \dfrac{M_A b_B}{1000}$

所以

$$\Delta p = p^0 x_B \approx p^0 \frac{M_A}{1000} b_B$$

对任何一种溶剂，当温度一定时，p^0 和 M_A 均为常数。令 $p^0\dfrac{M_A}{1000} = K$，则

$$\Delta p = K b_B \tag{1-14}$$

式中，K 为比例系数。

Raoult 定律也可表述为：在一定温度下，难挥发非电解质稀溶液的蒸气压下降与溶液的质量摩尔浓度成正比，而与溶质的本性无关。

例 1-3 已知异戊烷（C_5H_{12}）的摩尔质量为 72.15 g•mol^{-1}，在 20.3°C 时的蒸气压为 77.31kPa。现将一难挥发非电解质 0.0697g 溶于 0.891g 异戊烷中，测得该溶液的蒸气压为 74.99kPa。计算拉乌尔定律中的常数 K 和溶质的摩尔质量。

解：

$$x_B = \frac{n_B}{n_A+n_B} \approx \frac{n_B}{n_A} = \frac{n_B}{m_A/M_A} = \frac{M_A}{1000} b_B,$$

则

$$\Delta p = p^0 x_B \approx p^0 \frac{M_A}{1000} b_B = K b_B$$

对于溶剂异戊烷：

$$K = p^0 \frac{M_A}{1000} = \frac{77.31\times 72.15}{1000} = 5.578\ \ (\text{kPa•kg•mol}^{-1})$$

$$\Delta p = p^0 - p = 77.31 - 74.99 = 2.32\ \ (\text{kPa})$$

根据拉乌尔定律，由 $\Delta p = Kb_{\mathrm{B}} = K\dfrac{m_{\mathrm{B}}}{M_{\mathrm{B}}m_{\mathrm{A}}}$ 得

$$M_{\mathrm{B}} = \frac{Km_{\mathrm{B}}}{\Delta pm_{\mathrm{A}}} = \frac{5.578\times0.0697}{2.32\times0.891/1000} = 188.08\ (\mathrm{g\cdot mol^{-1}})$$

二、溶液的沸点升高

（一）液体的沸点

液体的沸点（boiling point）是液体的蒸气压与外界压力相等时的温度。液体的沸点与外界压力有关，外压为 101.3kPa 时的沸点称为液体的正常沸点，简称沸点。通常情况下，没有专门指出压力条件的沸点均指正常沸点。例如水的正常沸点是 373.0K。

利用液体的沸点随着外界压力的改变而改变的性质，在实际工作中，常采用减压蒸馏或减压浓缩的方法提取和精制对热不稳定的物质。又如医学上对热不稳定的注射液和某些医疗器械的灭菌，为了缩短灭菌时间，提高灭菌效果，常采用高压灭菌。

（二）溶液的沸点升高

实验表明，溶液的沸点总是高于相应纯溶剂的沸点，这一现象称为溶液的沸点升高（boiling point elevation）。

溶液沸点升高的原因是溶液的蒸气压低于纯溶剂的蒸气压。图 1-2 中，横坐标表示温度，纵坐标表示蒸气压。AB 表示纯溶剂水的蒸气压曲线，A′B′表示稀溶液的蒸气压曲线。可以看出，溶液的蒸气压都低于相同温度时纯溶剂水的蒸气压。纯溶剂水的蒸气压等于外界压力 p^0(101.3kPa)时，对应的温度 T_{b}^0(373.0K)是纯水的沸点。在此温度下，溶液的蒸气压小于 101.3kPa，升高温度达到 T_{b}时，溶液的蒸气压等于外界压力，溶液沸腾。可见，溶液沸点升高的根本原因是溶液的蒸气压下降。

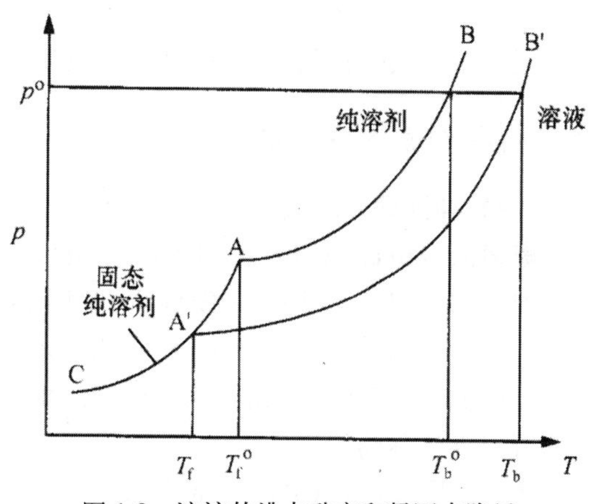

图 1-2　溶液的沸点升高和凝固点降低

根据 Raoult 定律，溶液沸点升高 ΔT_{b} 与溶液的质量摩尔浓度的关系为

$$\Delta T_{\mathrm{b}} = T_{\mathrm{b}} - T_{\mathrm{b}}^0 = K_{\mathrm{b}}b_{\mathrm{B}} \tag{1-15}$$

式中，K_{b} 为溶剂的摩尔沸点升高常数（mole boiling constant），它只与溶剂的本性有关。表 1-4 列出了一些常见溶剂的 T_{b}^0 和 K_{b}。

由式（1-15）可知，难挥发非电解质稀溶液的沸点升高与溶液的质量摩尔浓度成正比，而与溶质的本性无关。

需要指出的是，纯溶剂的沸点是恒定的，但溶液的沸点却在不断变化。因为随着溶液的沸腾，溶剂不断蒸发，溶液浓度不断增大，沸点也不断升高，直到溶液达到饱和。此时，溶剂蒸发的同时，溶质也在析出，溶液浓度不再变化，蒸气压也不再改变，沸点恒定。因此，溶液的沸点是指溶液刚开始沸腾时的温度。

表 1-4　常见溶剂的 T_b^0、K_b和 T_f^0、K_f值

溶剂	T_b^0/K	K_b / K•kg•mol^{-1}	T_f^0 / K	K_f / K•kg•mol^{-1}
水	373.0	0.512	273.0	1.86
苯	353.0	2.53	278.5	5.10
萘	491.0	5.80	353.0	6.90
乙酸	391.0	2.93	290.0	3.90
乙醇	351.4	1.22	155.7	1.99
乙醚	307.7	2.02	156.8	1.80
四氯化碳	349.7	5.03	250.1	32.0

例 1-4　尼古丁的实验式为 C_5H_7N，将 0.608g 尼古丁溶于 12.0g 水中，测得溶液在 101.3kPa 时的沸点是 373.16K，求尼古丁的分子式。

解：设尼古丁的摩尔质量为 M_B，查表：水的 $K_b = 0.512$ K•kg•mol^{-1}，$T_b^0 = 373.0$K。

已知：$m_B = 0.608$g，$m_A = 12.0\text{g} = 0.012$kg，$T_b = 373.16$K

根据　$$\Delta T_b = K_b b_B = K_b \frac{m_B}{M_B m_A}$$

所以　$$M_B = \frac{K_b m_B}{\Delta T_b m_A} = \frac{0.512 \times 0.608}{(373.16 - 373.0) \times 0.012} = 162\ (\text{g} \cdot \text{mol}^{-1})$$

尼古丁的实验式为 C_5H_7N（81），故尼古丁的分子式为 $C_{10}H_{14}N_2$。

三、溶液的凝固点降低

（一）纯液体的凝固点

凝固点（freezing point）指在一定的外压下，物质的液相和固相蒸气压相等而平衡共存时的温度。如图 1-2 所示，AB 是纯溶剂水的蒸气压曲线，AC 是冰的蒸气压曲线，两曲线交点 A，蒸气压均为 0.610 6kPa，此时冰、水共存，对应的温度 T_f^0 即为水的凝固点（273.0K）。水的凝固点又称为冰点。

图 1-3 是水和溶液的冷却曲线图。

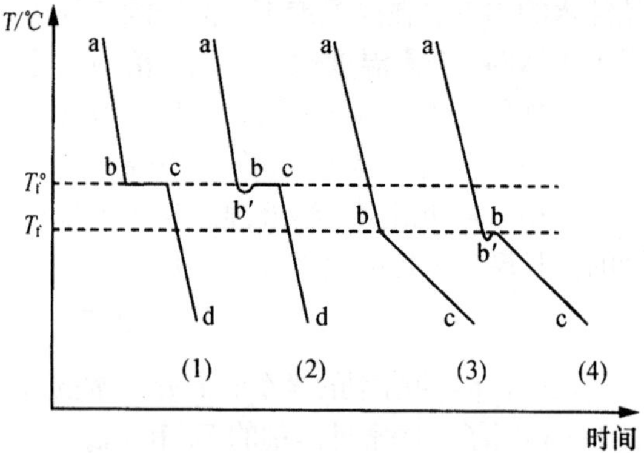

图 1-3　水和溶液的冷却曲线图

曲线（1）是纯水的理想冷却曲线。从 a 点处无限慢地冷却，达到 b 点时，水开始结冰，在结冰过程中温度不发生变化，曲线上出现一段平台 bc，此时水、冰共存。继续冷却，全部水结成冰，温度再下降。在冷却曲线上，这个不随时间而变的 bc 平台对应的温度 T_f^0 称为该液体的凝固点。

曲线（2）是实验条件下纯水的冷却曲线。因为实验不可能做到无限慢地冷却，所以温度降到 T_f^0 时不结冰，出现过冷现象，一旦冰出现，温度迅速回升出现平台。

（二）溶液的凝固点降低

溶液的凝固点是液相溶液和固相纯溶剂的蒸气压相等时的温度。如图 1-2 所示，A′B′是稀溶液的蒸气压曲线，AC 是冰的蒸气压曲线，温度为 T_f^0 时，溶液的蒸气压低于冰的蒸气压，

冰和溶液不能平衡共存，降低温度到 T_f时，溶液的蒸气压和冰的蒸气压相等，冰和溶液共存，T_f即为溶液的凝固点。难挥发非电解质稀溶液的凝固点总是低于纯溶剂的凝固点，这一现象称为溶液的凝固点降低（freezing point depression）。

溶液凝固点降低的根本原因也是溶液的蒸气压下降。和沸点升高一样，难挥发非电解质稀溶液的凝固点降低与溶液的质量摩尔浓度成正比，而与溶质的本性无关，即

$$\Delta T_f = T_f^0 - T_f = K_f b_B \tag{1-16}$$

式中，K_f为溶剂的摩尔凝固点降低常数（mole freezing constant），它只与溶剂的本性有关。表 1-4 列出了一些常见溶剂的 T_f^0和 K_f 。

图 1-3 中的曲线（3）是溶液的理想冷却曲线。与曲线（1）不同，从 a 点处无限慢地冷却，达到 T_f时，溶液才开始结冰，$T_f < T_f^0$。随着冰的析出，溶液浓度不断增大，溶液的凝固点不断降低，所以 bc 不是一段平台，而是一段缓慢下降的斜线。因此，溶液的凝固点是指刚有溶剂固体析出时的温度。

曲线（4）是实验条件下溶液的冷却曲线。冷却时也出现过冷现象，回升到 b 点时的温度就是溶液的凝固点。适当的过冷使溶液凝固点的观察变得容易，但严重过冷会造成较大实验误差，应注意调节冷却剂温度和搅拌速度，以防严重过冷。

利用溶液沸点升高和凝固点降低都可以测定溶质的摩尔质量。由于大多数溶剂的K_f值比K_b值大，因此同一溶液的凝固点降低值比沸点升高值大，故凝固点降低法灵敏度高，实验误差较小，且易于观察。溶液凝固点降低法是在低温下进行的，不会引起样品的变性或破坏，因此，在医学和生物科学实验中，凝固点降低法的应用更为广泛。

溶液凝固点降低的性质还有许多实际应用。例如，盐和水的混合物可用作冷却剂（freezing mixture）。冰的表面总附有少量水，当撒上盐后，盐溶解在水中成为溶液，此时溶液的蒸气压下降，当它低于冰的蒸气压时，冰就会融化，随着冰的融化，要吸收大量的热，于是冰盐混合物的温度就会降低。如采用 NaCl 和冰，温度可降到 251K；用 $CaCl_2$和冰，可降到 218K。盐和冰混合而成的冷却剂广泛应用于水产品和食品的储藏和运输。

例 1-5 将 30.0mg 赖氨酸溶解在 1.20g 联苯中，测得溶液的凝固点降低值为 1.37K，试求赖氨酸的相对分子质量和化学式。已知联苯的 K_f = 8.0 K•kg•mol^{-1}；赖氨酸中：w(C)= 49.29%，w (H)= 9.65%，w (O)= 21.89%，w (N)= 19.16%。

解：将已知数据代入凝固点降低公式，则

$$M_{\text{赖氨酸}} = 1000 \times 8.0 \times \frac{0.030}{1.37 \times 1.20} = 146 \quad (\text{g•mol}^{-1})$$

赖氨酸化学式中各元素的个数分别为：

$$N_C = \frac{146 \times 0.4929}{12.01} = 6, \quad N_N = \frac{146 \times 0.1916}{14.01} = 2$$

$$N_H = \frac{146 \times 0.0965}{1.008} = 14, \quad N_O = \frac{146 \times 0.2189}{16.00} = 2$$

所以赖氨酸的化学式为：$C_6H_{14}O_2N_2$ 。

四、溶液的渗透压

（一）渗透现象和渗透压

在烧杯中加入一定量的蔗糖溶液，再在蔗糖溶液的液面上慢慢加入一层水，避免任何机械振动，放置一段时间，由于分子的热运动，蔗糖分子向水层运动，与此同时，水层中的水分子也向蔗糖溶液中运动，直至成为均匀的蔗糖溶液，这一过程称为扩散（diffusion）。

半透膜（semi-premeable membrane）是一种只允许某些物质透过，而不允许另一些物质透过的薄膜，如动物的膀胱膜、细胞膜、毛细血管壁、人工制备的火棉胶膜等，不同的半透膜通透性不同。

若用一种只允许溶剂水分子透过而蔗糖分子不能透过的半透膜把蔗糖溶液与纯溶剂水隔开，如图 1-4（a）所示，静置一段时间，由于膜两侧单位体积内溶剂分子数不相等，单位时间内由纯溶剂进入溶液中的溶剂分子数要比由溶液进入纯溶剂的多，其结果是蔗糖溶液一侧的液面升高，如图 1-4（b）所示，这一过程称为渗透（osmosis）。溶液液面升高后，静水压力增大，使溶剂分子从溶液进入溶剂的速度增加，当静水压增大到一定值后，单位时间膜两侧进出的溶剂分子数相等，达到渗透平衡（osmosis equilibrium），溶液液面不再升高。因此，为了使渗透现象不发生，必须在溶液液面上施加一额外压力，如图 1-4（c）所示。渗透压（osmotic pressure）的定义是：将纯溶剂与溶液用半透膜隔开，为了维持渗透平衡所需要施加于溶液的额外压力。符号为 Π，单位为 Pa 或 kPa。

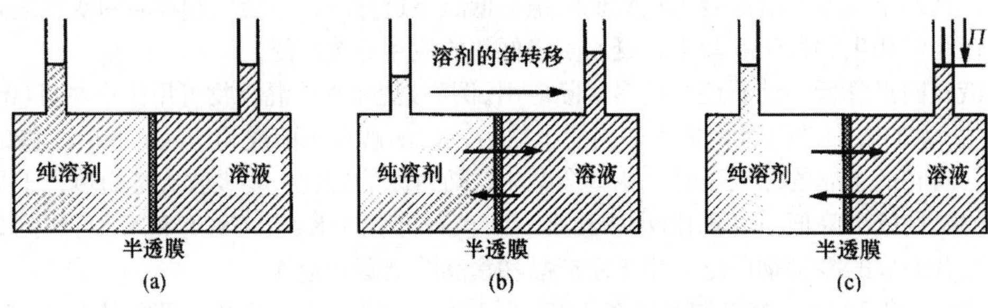

图 1-4　渗透现象和渗透压

不同浓度的两溶液用半透膜隔开时，也会发生渗透现象。半透膜的存在和膜两侧单位体积内溶剂分子数不相等是产生渗透现象的两个必要条件。渗透的方向总是溶剂分子从纯溶剂向溶液，或是从稀溶液向浓溶液一方迁移。

（二）溶液的渗透压与浓度、温度的关系

1886 年荷兰化学家范特霍夫（Van't Hoff）根据大量实验结果指出，非电解质稀溶液的渗透压与溶液浓度及温度的关系是

$$\Pi V = n_B RT \tag{1-17}$$

$$\Pi = c_B RT \tag{1-18}$$

式中，Π 为溶液的渗透压，V 为溶液的体积，n_B 为溶质的物质的量，c_B 为溶液的物质的量浓度（$mol \cdot L^{-1}$），T 为绝对温度，R 为摩尔气体常数（$8.314\ kPa \cdot L \cdot mol^{-1} \cdot K^{-1}$）。

式（1-18）是范特霍夫定律的数学表达式。它表明，在一定温度下，难挥发非电解质稀溶液的渗透压与单位体积溶液中溶质的物质的量成正比，而与溶质的本性无关。

对于稀溶液，其物质的量浓度（c_B）近似地等于质量摩尔浓度（b_B），式（1-18）又可写成

$$\Pi = b_B RT \tag{1-19}$$

例 1-6　计算临床输液用的 50.0g•L^{-1} 葡萄糖（$C_6H_{12}O_6$）溶液在 310.0K 时的渗透压。

解：葡萄糖（$C_6H_{12}O_6$）的摩尔质量为 180.0g•mol^{-1}，则

$$c_{C_6H_{12}O_6} = \frac{50.0}{180.0} = 0.278\ (\text{mol} \cdot \text{L}^{-1})$$

$$\Pi = cRT = 0.278 \times 8.314 \times 310.0 = 717\ (\text{kPa})$$

例 1-7　测得人体血液的凝固点降低值（ΔT_f）为 0.553K，求在体温 37℃时血液的渗透压。

解：根据 $\Delta T_f = K_f b_B$

$$b_B = \frac{\Delta T_f}{K_f} = \frac{0.553}{1.86} = 0.297\ (\text{mol} \cdot \text{kg}^{-1})$$

$$\text{又}\ c_B \approx b_B = 0.297\,(\text{mol} \cdot \text{L}^{-1})$$

所以　$\Pi = cRT = 0.297 \times 8.314 \times (273 + 37) = 765$（kPa）

利用渗透压法也可以测定溶质的摩尔质量，但用此法测定小分子溶质的摩尔质量相当困难，多用凝固点降低法。测定蛋白质等高分子化合物的摩尔质量时，用渗透压法要比凝固点降低法灵敏得多。

例 1-8　将 5.18g 某蛋白质溶于适量水中，配成 1.00L 溶液，在 298.0K 时测得溶液的渗透压为 0.413kPa，求此蛋白质的摩尔质量。

解：设此蛋白质的摩尔质量为 M_B（g•mol^{-1}），已知蛋白质质量 $m_B = 5.18$g，溶液体积 $V = 1.00$L。

根据 $\Pi V = \dfrac{m_B}{M_B} RT$

代入有关数据得：$M_B = \dfrac{m_B RT}{\Pi V} = \dfrac{5.18 \times 8.314 \times 298.0}{0.413} = 3.11 \times 10^4 (\text{g} \cdot \text{mol}^{-1})$

由例 1-8 进一步计算可知：该蛋白质溶液的浓度为 1.67×10^{-4} mol•L^{-1}，凝固点降低值仅为 3.10×10^{-4} ℃，很难测定，而此溶液的渗透压可以准确测定。

（三）电解质稀溶液的依数性

前面讨论的是非电解质稀溶液的依数性，对于电解质溶液，实验测得依数性的数值均比理论值大，见表 1-5。

表 1-5　一些电解质溶液的凝固点降低值

b_B / mol•kg^{-1}	ΔT_f 实验值 / K				ΔT_f 理论值 / K
	NaCl	K_2SO_4	HCl	HAc	
0.005	0.0180	0.0266	0.0185	0.00986	0.00930
0.01	0.0359	0.0515	0.0366	0.0195	0.0186
0.05	0.176	0.239	0.179	0.0949	0.0930
0.10	0.347	0.458	0.355	0.188	0.186

由表 1-5 中数据可以看出，0.10 mol•kg^{-1}NaCl 溶液，按$\Delta T_f = K_f b_B$计算，应等于 0.186K，实验值却是 0.347K，实验值是理论值的 1.87 倍。即使是弱电解质 HAc，其实验值也比理论值大。

为了使稀溶液的依数性公式适用于电解质溶液，范特霍夫首先建议在公式中引入校正系数 i，i 被称为范特霍夫系数，习惯上也称 i 为等渗系数。引入校正系数后，计算值就接近实验值了。因此，对于电解质稀溶液，四个依数性的计算公式为：

$$\Delta p = iKb_B \tag{1-20}$$

$$\Delta T_b = iK_b b_B \tag{1-21}$$

$$\Delta T_f = iK_f b_B \tag{1-22}$$

$$\Pi = i\,c_B RT \approx ib_B RT \tag{1-23}$$

表 1-6 凝固点降低法测定的几种电解质溶液的 i 值

电解质	$i = \Delta T_f' / \Delta T_f$				i 的理论极限值
	0.10（b_B/ mol•kg^{-1}）	0.050（b_B/ mol•kg^{-1}）	0.010（b_B/ mol•kg^{-1}）	0.0050（b_B/ mol•kg^{-1}）	
NaCl	1.87	1.89	1.93	1.94	2
KCl	1.86	1.88	1.94	1.96	2
HCl	1.91	1.92	1.97	1.99	2
HAc	1.01	1.02	1.05	1.06	2
$MgSO_4$	1.42	1.43	1.62	1.69	2
K_2SO_4	2.46	2.57	2.77	2.86	3

i 可以通过实验测定。对于电解质稀溶液，四个依数性的实验值（$\Delta p'$、$\Delta T_b'$、$\Delta T_f'$、Π'）与按非电解质计算公式计算出来的计算值（Δp、ΔT_b、ΔT_f、Π）之间存在着下列共同的关系：

$$\frac{\Delta p'}{\Delta p} = \frac{\Delta T_b'}{T_b} = \frac{\Delta T_f'}{T_f} = \frac{\Pi'}{\Pi} = i \tag{1-24}$$

由此可见，通过电解质稀溶液任一依数性的实验值与计算值的比值，即可计算出 i 值。从而可以比较电解质稀溶液和非电解质稀溶液质点数目的差异。

从表 1-6 可以看出，电解质溶液的 i 值是随着其浓度的变化而变化的，溶液越稀，i 值越大。对于较稀的强电解质溶液，在近似处理情况下，可以使用它们的极限值，如 AB 型强电解质（NaCl、$MgSO_4$ 等）i 为 2，AB_2 型或 A_2B 型强电解质（K_2SO_4、$MgCl_2$ 等）i 为 3。

（四）渗透压在医学上的意义

1. 渗透浓度

溶液的渗透压仅与溶液中溶质粒子的数目有关，而与粒子的本性无关。我们把溶液中产生渗透效应的溶质粒子（分子、离子）统称为*渗透活性物质*（osmosis active substance）。根据范特霍夫定律，在一定温度下，稀溶液的渗透压应与渗透活性物质的物质的量浓度成正比。因此，也可以用渗透活性物质的物质的量浓度来衡量溶液渗透压的大小。

医学上常用*渗透浓度*（osmolarity）来比较溶液渗透压的大小，定义为：渗透活性物质的物质的量除以溶液的体积，符号为 c_{os}，单位为 mmol•L^{-1}。

例 1-9　计算下列溶液的渗透浓度：

（1）50.0 g•L^{-1} 葡萄糖（$C_6H_{12}O_6$）溶液；

（2）12.5 g•L^{-1}$NaHCO_3$ 溶液。

解：（1）葡萄糖的摩尔质量为 180.0 g•mol^{-1}，50.0 g•L^{-1} 葡萄糖溶液的渗透浓度为

$$c_{os}=\frac{50.0}{180.0}\times 1000=278(\text{mmol}\cdot\text{L}^{-1})$$

（2）$NaHCO_3$ 摩尔质量为 84.0 g•mol^{-1}，$NaHCO_3$ 溶液中渗透活性物质为 Na^+、HCO_3^- 离子（忽略 HCO_3^- 离子的电离），因此，12.5 g•L^{-1}$NaHCO_3$ 溶液的渗透浓度为

$$c_{os}=\frac{12.5}{84.0}\times 1000\times 2=298(\text{mmol}\cdot\text{L}^{-1})$$

2. 等渗、低渗和高渗溶液

溶液渗透压的高低是相对的，渗透压相等的两种溶液称为*等渗溶液*（isotonic solution），渗透压不等的两种溶液，渗透压相对低的溶液称为*低渗溶液*（hypotonic solution），渗透压相对高的溶液称为*高渗溶液*（hypertonic solution）。

表 1-7 列出了正常人血浆、组织间液和细胞内液中各种渗透活性物质的渗透浓度。从表中可知，正常人血浆的渗透浓度为 303.7 mmol•L^{-1}。实验测得血浆的凝固点下降值为 0.553K，据此求得血浆的渗透浓度为 297.3 mmol•L^{-1}。医学上的等渗溶液、低渗溶液和高渗溶液是以血浆的渗透浓度为标准确定的。临床上规定：渗透浓度在 280 mmol•L^{-1} ～320 mmol•L^{-1} 的溶液为生理等渗溶液；渗透浓度小于 280 mmol•L^{-1} 的溶液称为低渗溶液；渗透浓度大于 320 mmol•L^{-1} 的溶液称为高渗溶液。

在临床治疗中，需要为病人大剂量补液时，要特别注意补液的渗透浓度，否则可能导致机体内水分调节失常及细胞的变形和破坏。临床常用的生理盐水（9.0g•L^{-1}NaCl）、50g•L^{-1} 葡萄糖溶液（渗透浓度为 278 mmol•L^{-1}，近似于 280 mmol•L^{-1}）、12.5g•L^{-1}$NaHCO_3$ 溶液等都是等渗溶液。临床上也有用高渗溶液的情况，如 500.0g•L^{-1} 葡萄糖溶液。对于急需增加血液中葡萄糖的患者，如用等渗溶液，注射液体积太大，注射时间太长，反而效果不好。但使用高渗溶液时，必须注意用量不能太大，注射速度不能太快，否则易造成局部高渗而引起红细胞皱缩。

图 1-5 是红细胞在不同浓度 NaCl 溶液中的形态。红细胞膜具有半透膜的性质，若将红细胞置于生理盐水（9.0g•L^{-1}NaCl）中，膜内的细胞液和膜外的血浆等渗，细胞内外液处于渗透平衡状态，在显微镜下观察，红细胞形态基本不变［见图 1-5(c)］；若将红细胞置于稀 NaCl 溶液（如<<9.0g•L^{-1}）中，在显微镜下观察，红细胞逐渐胀大，最后破裂，释放出红细胞内的血红蛋白使溶液染成红色，医学上称为*溶血*（hemolysis），产生这种现象的原因是细胞内液的渗透压高于细胞外液的渗透压，细胞外的水向细胞内渗透所致［见图 1-5(a)］；若将红细胞置于浓 NaCl 溶液（如>>9.0g•L^{-1}）中，在显微镜下观察，红细胞逐渐皱缩［见图 1-5(b)］，皱缩的红细胞相互聚结成团。若此现象发生于血管内，将产生“栓塞”。产生这些现象的原因是，细胞内液的渗透压低于细胞外液的渗透压，细胞内的水向细胞外渗透所致。

表 1-7　正常人血浆、组织间液和细胞内液中各种渗透活性物质的渗透浓度（$mmol \cdot L^{-1}$）

	血　浆	组织间液	细胞内液
Na^+	144	137	10
K^+	5	4.7	141
Ca^{2+}	2.5	2.4	
Mg^{2+}	1.5	1.4	31
Cl^-	107	112.7	4
HCO_3^-	27	28.3	10
HPO_4^{2-}、$H_2PO_4^-$	2	2	11
SO_4^{2-}	0.5	0.5	1
磷酸肌酸			45
肌肽			14
氨基酸	2	2	8
肌酸	0.2	0.2	9
乳酸盐	1.2	1.2	1.5
三磷酸腺苷			5
一磷酸己糖			3.7
葡萄糖	5.6	5.6	
蛋白质	1.2	0.2	4
尿素	4	4	4
c_{os}	303.7	302.2	302.2

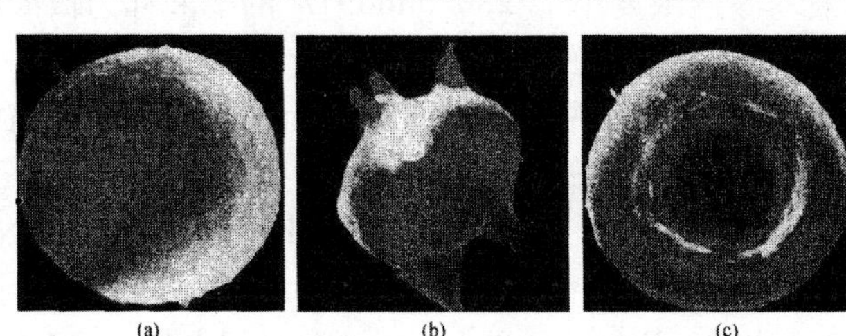

图 1-5　红细胞在不同浓度 NaCl 溶液中的形态变化
(a) $<<9.0g \cdot L^{-1}$　(b) $>>9.0g \cdot L^{-1}$　(c) $9.0g \cdot L^{-1}$

3. 晶体渗透压和胶体渗透压

血浆中含有低分子的晶体物质（如 NaCl、$NaHCO_3$ 和葡萄糖等）和高分子的胶体物质（如蛋白质）。血浆的渗透压是这两类物质产生的渗透压总和。低分子晶体物质产生的渗透压称为晶体渗透压（crystalloid osmotic pressure），高分子胶体物质产生的渗透压称为胶体渗透压（colloidal osmotic pressure）。

血浆中低分子晶体物质的浓度约为 7.5 $g \cdot L^{-1}$，高分子胶体物质的浓度约为 70 $g \cdot L^{-1}$。高分子胶体物质的浓度大，但它产生的渗透压很小（约为 3.85kPa），这是因为高分子胶体物质的相对分子质量大，单位体积血浆中的质点数目少。而低分子晶体物质含量虽小，但由于它的相对分子质量小，有的又可以电离成离子，单位体积血浆中的质点数目多，所以血浆渗透压绝大部分是由低分子晶体物质产生的（约占 99.5%），胶体渗透压只占极小一部分。

人体内的半透膜（如毛细血管壁和细胞膜）的通透性不同，晶体渗透压和胶体渗透压在维持体内水盐平衡功能上也不相同。

细胞膜将细胞内液和细胞间液隔开，水分子可以自由透过，除了蛋白质高分子物质不易透过外，小分子物质和 Na^+、K^+等离子也不易自由透过。由于晶体渗透压远大于胶体渗透压，因此，晶体渗透压是决定细胞间液和细胞内液水分转移的主要因素。如果人体由于某种原因而缺水，细胞外液中电解质的浓度将相对升高，晶体渗透压增大，这时细胞内液中的水分子通过细胞膜向细胞外液渗透，造成细胞失水。如果大量饮水或输入过多的葡萄糖溶液，细胞外液的电解质浓度将降低，晶体渗透压减小，细胞外液中的水分子向细胞内液渗透，严重时会产生水中毒。高温作业的工人常饮用盐汽水，就是为了保持细胞外液晶体渗透压的恒定。可见，晶体渗透压对调节细胞内外的水盐平衡起着重要作用。

毛细血管壁与细胞膜不同，它间隔着血浆和细胞间液，它允许水分子、离子和低分子物质自由透过，而不允许蛋白质等高分子物质透过。因此，晶体渗透压对维持血浆与组织间液之间的水盐平衡不起作用。在正常情况下，血浆中的蛋白质浓度比组织间液高，可以使毛细血管从组织间液“吸取”水分（水从组织间液向毛细血管渗透），同时，又可以阻止血管内水分过分渗透到组织间液中，从而维持着血管内外水的相对平衡，保持血容量。如果某种原因造成血浆蛋白质减少，血浆胶体渗透压降低，血浆中的水就会过多地通过毛细血管壁进入组织间液，造成血容量降低而组织间液增多，这是形成水肿的原因之一。临床上对大面积烧伤或失血过多造成血容量降低的患者进行补液时，除补以生理盐水外，还需要输入血浆或右旋糖酐等代血浆，以恢复血浆的胶体渗透压和增加血容量。可见，胶体渗透压对维持毛细血管内外水的相对平衡起着重要作用。

学 习 要 点

1. 溶液的浓度的表示方法：

①质量浓度：$\rho_B=\dfrac{m_B}{V}$；　②物质的量浓度：$c_B=\dfrac{n_B}{V}$；　③质量摩尔浓度：$b_B=\dfrac{n_B}{m_A}$

④摩尔分数：$x_B=\dfrac{n_B}{\sum\limits_{i=1}^{n}n_i}$；　⑤质量分数：$w_B=\dfrac{m_B}{m}$；　⑥体积分数：$\varphi_B=\dfrac{V_B}{V}$

2. 稀溶液的蒸气压下降和拉乌尔定律：

溶液的蒸气压低于纯溶剂的蒸气压的现象称为溶液的蒸气压下降（Δp）。

$$\Delta p=p^0-p$$

拉乌尔定律：在一定温度下，难挥发非电解质稀溶液的蒸气压下降与溶质的摩尔分数成正比，而与溶质的本性无关，即 $\Delta p=p^0x_B$　$(p=p^0x_A)$。

或：在一定温度下，难挥发非电解质稀溶液的蒸气压下降与溶液的质量摩尔浓度成正比，而与溶质的本性无关，即 $\Delta p=Kb_B$。

3. 稀溶液的沸点升高：

溶液沸点高于相应纯溶剂沸点的现象称为溶液的沸点升高（ΔT_b）：$\Delta T_b=T_b-T_b^0=K_bb_B$。

4. 稀溶液的凝固点降低：

溶液凝固点低于相应纯溶剂凝固点的现象称为溶液的凝固点降低（ΔT_f）：$\Delta T_f=T_f^0-T_f=K_fb_B$。

5. 稀溶液的渗透压及在医学上的意义。

渗透压（Π）：将纯溶剂与溶液用半透膜隔开，为了维持渗透平衡所需要施加于溶液的额外压力。

范特霍夫定律：$\Pi V = n_B RT$ 或 $\Pi = c_B RT$；溶液很稀时：$c_B \approx b_B$，$\Pi = b_B RT$。

正常人血浆的渗透浓度的正常范围：280 mmol•L^{-1} ～ 320mmol•L^{-1}。渗透浓度小于 280 mmol•L^{-1} 的溶液为低渗溶液；渗透浓度大于 320 mmol•L^{-1} 的溶液为高渗溶液。

低分子晶体物质产生的渗透压称为晶体渗透压，高分子胶体物质产生的渗透压称为胶体渗透压。

6. 电解质稀溶液的依数性：

$\Delta p = iKb_B$；$\Delta T_b = iK_b b_B$；$\Delta T_f = iK_f b_B$；$\Pi = i\, c_B RT \approx i b_B RT$。

校正因子 i 为 Van't Hoff 系数（习惯上称等渗系数），其值等于 1“分子”电解质电离出的离子个数，可以通过实验测定。

电解质稀溶液依数性的实验值与理论值之间的关系：$\dfrac{\Delta p'}{\Delta p} = \dfrac{\Delta T_b{}'}{\Delta T} = \dfrac{\Delta T_f{}'}{\Delta T_f} = \dfrac{\Pi'}{\Pi} = i$

7. 稀溶液的四个依数性，可通过溶液的质量摩尔浓度相互关联：

$$b_B = \frac{\Delta p}{K} = \frac{\Delta T_b}{K_b} = \frac{\Delta T_f}{K_f} \approx \frac{\Pi}{RT}$$

只要知道其中一个依数性的值，即可由上式求出其他三个依数性的值。

8. 溶质的摩尔质量的测定：

小分子溶质的摩尔质量可通过沸点升高法和凝固点降低方法进行测定。在实际测定中常用凝固点降低法。大分子溶质的摩尔质量可通过渗透压法进行测定，因为用渗透压法要比凝固点降低法灵敏得多。

$$M_B = \frac{K_b m_B}{\Delta T_b m_A}; \qquad M_B = \frac{K_f m_B}{\Delta T_f m_A}; \qquad M_B = \frac{m_B RT}{\Pi V}$$

思 考 题

1. 解释下列名词：

拉乌尔定律　　渗透现象和渗透压　　渗透压定律　　晶体渗透压和胶体渗透压

2. 一杯纯水和一杯等量的糖水同时放置时，为什么纯水蒸发得快？

3. 将一块冰放在 0°C 的水中，另一块冰放在 0°C 的盐水中，各发生什么现象？为什么？

4. 冬天，室外水池结冰时，而腌菜缸里的水为什么不结冰？

5. 在临床治疗中，补液时为什么一般要输等渗溶液？若给病人大量输入高渗或低渗溶液会出现什么现象？为什么？

6. 为什么在下雪的路面上撒盐会比较容易清除积雪？

7. 稀溶液刚凝固时，析出的物质是纯溶剂还是溶质、抑或是溶剂、溶质同时析出？

8. 将 100 mL 50g•L^{-1} 葡萄糖溶液和 100mL 9g•L^{-1} 生理盐水混合，该混合溶液的渗透浓度是多少？与血浆相比较，此混合溶液是高渗溶液、低渗溶液还是等渗溶液？

9. 浓度均为 0.001 mol•kg^{-1} 的 NaCl 溶液、乙醇溶液、葡萄糖溶液，它们的沸点、凝固点都相同吗？为什么？

10. 下列几组溶液能否发生渗透现象？并说明理由。若能，请指出渗透的方向（用“|”表示半透膜）。

（1）5%葡萄糖溶液|5%蔗糖溶液；

（2）5%葡萄糖溶液|5%蔗糖溶液；

（3）$0.01mol \cdot L^{-1}$ 葡萄糖溶液|$0.01mol \cdot L^{-1}$ 蔗糖溶液；

（4）$0.01mol \cdot L^{-1}$ 葡萄糖溶液|$0.01mol \cdot L^{-1}$NaCl 溶液；

（5）$0.02mol \cdot L^{-1}$ $CaCl_2$ 溶液|$0.03mol \cdot L^{-1}$NaCl 溶液；

（6）$0.01mol \cdot L^{-1}$ Na_2SO_4 溶液|$0.01mol \cdot L^{-1}$ $MgCl_2$ 溶液。

11. 纯液体的沸点、凝固点和难挥发非电解质稀溶液的沸点、凝固点有何区别？说明原因。

12. 下列说法是否正确，为什么？

（1）液体和溶液的沸点都随着蒸发的进行而发生变化；

（2）0.010 $mol \cdot L^{-1}$ 的甘油溶液和葡萄糖溶液的蒸气压、凝固点均相等；

（3）临床上的两种等渗溶液只有以相同体积混合时才能得到等渗溶液；

（4）相同质量的甘油和蔗糖分别溶解在 1 L 水中，则两种溶液的沸点升高值和凝固点降低值均相等；

（5）只与溶质微粒数目有关，而与溶质本性无关的性质称为稀溶液的依数性；

（6）对于强电解质稀溶液，其依数性要用校正因子 i 来校正；

（7）渗透浓度均为 $0.30mol \cdot L^{-1}$ 的 NaCl 溶液的渗透压大于葡萄糖溶液的渗透压；

（8）某溶质溶于溶剂中形成溶液，其沸点高于溶剂的沸点。

13. 胶体渗透压和晶体渗透压有何区别？它们在人体中各起什么作用？

14. 试比较下列各组水溶液中，在相同温度下渗透压的高低，并说明原因。

（1）$50g \cdot L^{-1}$ 葡萄糖溶液和 $50g \cdot L^{-1}$ 蔗糖溶液；

（2）$0.01mol \cdot L^{-1}$ $CaCl_2$ 和 $0.01mol \cdot L^{-1}$ Na_2SO_4 溶液；

（3）$0.01mol \cdot L^{-1}$ 蔗糖溶液和 $0.01mol \cdot L^{-1}$ KBr 溶液；

（4）$0.01mol \cdot L^{-1}$KI 溶液和 0.01 $mol \cdot L^{-1}$ $MgCl_2$ 溶液。

15. 浓度均为 0.01 $mol \cdot L^{-1}$ 的蔗糖、葡萄糖、HAc、NaCl、$BaCl_2$ 的水溶液，它们的凝固点由高到低的顺序如何？试说明原因。

练 习 题

1. 计算下列常用试剂的物质的量浓度。

（1）质量分数为 0.98，相对密度为 1.84 的浓 H_2SO_4；

（2）质量分数为 0.28，相对密度为 0.90 的浓氨水。

2. 欲配制 $6.0mol \cdot L^{-1}$ 的 H_2SO_4 溶液 500mL，问需要质量分数为 0.98，相对密度为 1.84 的浓 H_2SO_4 多少毫升？

3. 水在 293.0K 时的饱和蒸气压为 2.34kPa。将 10.0g 蔗糖（相对分子质量 342.0）溶于 100.0g 水中，求此溶液的蒸气压。

4. 甲溶液由 1.68g 蔗糖和 20.00g 水组成，乙溶液由 2.45g 某非电解质（相对分子质量 690.0）和 20.00g 水组成。

（1）在相同温度下，哪份溶液的蒸气压高？

（2）将两份溶液放入同一个恒温密闭的钟罩里，时间足够长，两份溶液浓度会不会发生变化？为什么？

（3）当达到系统蒸气压平衡时，转移的水的质量是多少？

5. 已知苯的沸点是 353.0K，将 2.67g 某难挥发性物质溶于 100.0g 苯中，测得该溶液的沸点为 353.53K，求该物质的摩尔质量。

6. 将 0.637g 尿素溶于 250.0g 水中，测得该溶液的凝固点降低值为 0.079K，求尿素的摩尔质量。

7. 今有一氯化钠溶液，测得凝固点为 272.74K，下列说法哪个正确？

（1）此溶液的渗透浓度为 70 $mmol{\cdot}L^{-1}$；（2）此溶液的渗透浓度为 140 $mmol{\cdot}L^{-1}$；

（3）此溶液的渗透浓度为 280 $mmol{\cdot}L^{-1}$；（4）此溶液的渗透浓度为 560 $mmol{\cdot}L^{-1}$。

8. 溶解 3.233g 硫于 40.0g 苯中，其凝固点降低 1.61K。求此溶液中硫分子是由几个硫原子组成的？

9. 某蛋白质的饱和水溶液的浓度为 5.18 $g{\cdot}L^{-1}$，293.0K 时其渗透压为 0.413kPa，求此蛋白质的摩尔质量。

10. 试排出相同温度下下列溶液渗透压由大到小的顺序：

（1）$c(C_6H_{12}O_6)=0.2\ mol{\cdot}L^{-1}$；（2）$c\left(\frac{1}{2}Na_2CO_3\right)=0.2\ mol{\cdot}L^{-1}$；

（3）$c\left(\frac{1}{3}Na_3PO_4\right)=0.2\ mol{\cdot}L^{-1}$；（4）$c(NaCl)=0.2\ mol{\cdot}L^{-1}$。

11. 计算下列溶液的渗透浓度（$mmol{\cdot}L^{-1}$）。

（1）19.0 $g{\cdot}L^{-1}$ 乳酸钠（$C_3H_5O_3Na$）溶液；

（2）12.5 $g{\cdot}L^{-1}$ $NaHCO_3$ 溶液。

12. 测得泪水的凝固点为 272.48K，求泪水的渗透浓度（$mmol{\cdot}L^{-1}$）和 310K 时的渗透压（kPa）。

13. 将 2.80g 难挥发性物质溶于 100.0g 水中，测得该溶液的沸点为 373.51K，试计算溶质的摩尔质量、溶液的凝固点及 298K 时的渗透压。已知水的 $K_f=1.86K{\cdot}kg{\cdot}mol^{-1}$，$K_b=0.512\ K{\cdot}kg{\cdot}mol^{-1}$。

14. 在 50mL10 $g{\cdot}L^{-1}$ 尿素溶液中，加入多少 g 葡萄糖固体才能与血液（$T_{f,血液}=272.44K$，$T^0{}_f=273.0K$）等渗？

15. 今有两种溶液，一种是将 1.50g 尿素（$M=60.0g{\cdot}mol^{-1}$）溶于 200g 水中，另一种是将 42.8g 某非电解质溶于 1000g 水中，且这两种溶液在同一温度下结冰。试求该非电解质的摩尔质量。

16. 一种体液的凝固点是 $-0.5\ ^{o}C$，求其沸点及此溶液在 0 ^{o}C 时的渗透压（已知水的 $K_f=1.86K{\cdot}kg{\cdot}mol^{-1}$、$K_b=0.512\ K{\cdot}kg{\cdot}mol^{-1}$，$R=8.314J{\cdot}K^{-1}{\cdot}mol^{-1}$）。

17. 计算下列溶液的 T_f，并按溶液的 T_f 值由高到低的顺序排列。

（1）0.10 $mol{\cdot}kg^{-1}$ NaCl 酸钠溶液；

（2）0.10 $mol{\cdot}kg^{-1}$ 葡萄糖溶液；

（3）0.10 $mol{\cdot}kg^{-1}$ 尿素溶液；

（4）0.10 $mol{\cdot}kg^{-1}$ 萘的苯溶液。

第二章　化学热力学基础

【学习目的】

掌握：系统、环境、状态函数、过程、热和功等热力学基本概念；热力学能、焓、反应热和热力学第一定律；盖斯定律、标准摩尔生成焓和反应热的计算；熵、标准熵和反应熵的计算；吉布斯自由能、标准摩尔生成吉布斯自由能、化学过程自发性的判据和吉布斯自由能变的计算。

熟悉：反应进度、热化学方程式和标准态等概念的规定；自发过程的基本特点。

了解：吉布斯自由能变与非体积功的关系；热力学第三定律和规定熵。

热力学（thermodynamics）是研究宏观体系能量转换规律的科学。热力学的理论基础是热力学第一定律和第二定律，这两个定律是人们从大量的生产实践和科学实验中总结出来的，它不能用理论方法来证明，但它的正确性和可靠性已由无数事实所证明，是适用于所有自然科学的普遍规律。

应用热力学的基本原理来研究化学现象和与化学现象有关的物理现象的学科称为*化学热力学*（chemical thermodynamics）。它主要研究和解决化学变化中的问题，如反应的方向、限度和能量变化等。

化学热力学是化学理论的重要组成部分，涉及的内容广而深，在后续的物理化学课程中将进行系统深入的学习，本章仅介绍化学热力学最基本的知识。

第一节　基本概念

一、体系与环境

根据研究的需要，将一部分物质从其余部分划分出来，作为研究的对象，这一部分物质称为*体系*（system），体系以外并且与体系密切相关的部分称为*环境*（surrounding）。

根据体系与环境之间物质和能量交换的情况不同，把体系分成三种类型。

（1）敞开体系：体系和环境之间既有物质交换，又有能量交换。

（2）封闭体系：体系和环境之间没有物质交换，只有能量交换。

（3）孤立体系：体系和环境之间既没有物质交换，也没有能量交换。

例如，烧杯中放入热水，杯中的水作为体系，它与环境有能量交换，又由于杯中的水向外蒸发和空气溶解于水，即又有物质交换，该体系为敞开体系。如果将水放入一密闭容器中，水与环境只有能量交换，而没有物质交换，该体系为封闭体系。如果将水放在密闭的理想保温杯中，水与环境既没有物质交换，又没有能量交换，就是孤立体系。

严格地讲，没有真正的孤立体系，因为化学反应所用的仪器都不是绝热的，即使密闭也不属于孤立体系。但为了研究的需要，热力学有时把体系和环境加在一起的总体看作是孤立体系。

二、状态和状态函数

任何体系都有它的一系列性质，这些性质都是客观可测的物理量，如温度、压力、体积等。体系的状态（state）是体系各种性质的综合表现。当体系的性质有确定值时，就说体系处于确定的状态。当体系的某种或几种性质发生变化时，体系的状态也就发生了变化。这些决定体系状态的物理量称为*状态函数*（state function）。例如，温度、压力、体积等都是体系的状态函数。

状态函数可分为两类：

（1）*广度性质*（extensive properties）：这种表示体系性质的物理量的数值与体系所含物质的量成正比，具有加和性。

（2）*强度性质*（intensive properties）：这种性质的数值与体系所含物质的量无关，没有加和性。

例如，两杯50mL 303K的水相混合，混合后的体积为100mL，水的温度仍为303K，而不会上升到606K。这是因为体积是广度性质，温度是强度性质。

体系状态所发生的一切变化都称为*过程*（process）。如果体系始态与终态温度相同，并且等于环境温度，这一过程称为*等温过程*（isothermal process）；如果体系始态与终态压力相同，并且等于环境压力，这一过程称为*等压过程*（isobar process）；如果体系状态的变化是在体积不变的条件下进行，这一过程称为*等容过程*（isovolumic process）；如果体系状态变化时，体系和环境没有热交换，这一过程称为*绝热过程*（adiabatic process）。

体系完成某一状态变化所经历的具体步骤称为*途径*（path）。体系由始态变到终态，可采取不同的途径。例如，某一气体由始态（298.15K，101.3kPa）变到终态（323.15K，202.6kPa），可采取两种途径：

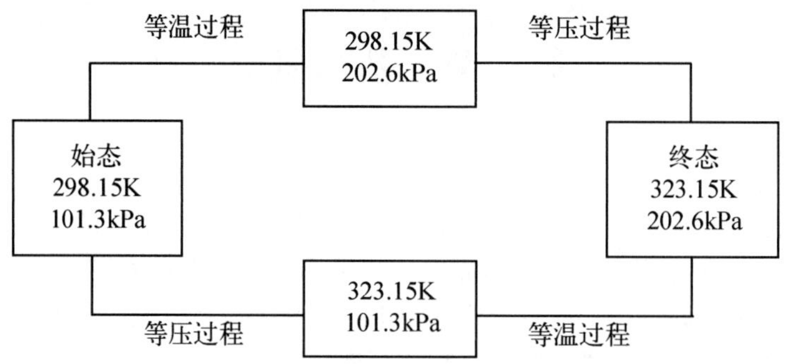

尽管两种途径不同，但状态函数的变化值却是相同的。

状态函数的特征是：体系状态一定，状态函数就有确定的值，体系发生变化时，状态函数的变化值只与体系的始态和终态有关，而与变化的途径无关。另外，状态函数的集合（和、差、积、商）也是状态函数。

三、热和功

在热力学中，体系和环境之间能量的交换或传递有两种形式，一种是*热*（heat）；一种是*功*（work）。体系和环境之间由于温度不同而交换或传递的能量称为热。用符号 Q 表示，并规定：体系从环境吸热，$Q>0$；体系向环境放热，$Q<0$。

除热以外，在体系和环境之间各种形式交换和传递的能量称为功。功有体积功、电功、机械功等，在热力学中，由于体系体积变化而对环境做的功或环境对体系做的功称为*体积功*(volume work)，把电功、机械功等称为非体积功。功的符号为 W，并规定：体系对环境做功，$W<0$；环境对体系做功，$W>0$。

热和功的单位均为焦（J）或千焦（kJ）。

热和功都不是状态函数。它们都不是体系自身固有的性质，不能说体系有多少热或多少功，只能说体系在变化时吸收（或放出）多少热，得到（或给出）多少功。热和功的数值与所经历的途径有关。

在化学反应中，如有气体参加，常需要做体积功，体积功是由于体积变化而反抗外压所做的功。

第二节　热力学第一定律和化学反应的热效应

一、热力学第一定律

（一）热力学能

热力学能（thermodynamic energy）又称*内能*（internal energy）。体系内部能量的总和称为体系的热力学能。用符号 U 表示。它包括分子运动的平动能和转动能，分子之间吸引和排斥产生的势能，分子内原子之间的作用能以及原子中电子与电子、电子与原子核之间的作用能等。但不包括体系整体运动的动能和在外力场中的势能。由于体系内部质点运动的复杂性，目前无法确定体系热力学能的绝对值。

热力学能是一个状态函数。体系在一定的状态下，必定有确定的热力学能值。其变化值（ΔU）只决定于体系的始态和终态，与变化的具体途径无关。

（二）热力学第一定律

热力学第一定律（the first law of thermodynamics）就是能量守恒定律。可以表述为：自然界的一切物质都具有能量，能量有各种不同的形式，可以从一种形式转化为另一种形式，从一个物体传递给另一个物体，在转化和传递的过程中能量的总值不变。

对于一个封闭体系，体系和环境之间只有热和功的交换，若体系从环境吸收热量（Q），同时环境对体系做功（W），其热力学能从 U_1 的状态变到 U_2 的状态，根据热力学第一定律，体系的热力学能变化（ΔU）为

$$\Delta U = U_2 - U_1 = Q + W \tag{2-1}$$

式（2-1）是热力学第一定律的数学表达式。它的意义是：封闭体系热力学能的变化等于体系从环境吸收的热量与体系所做功的和。

二、化学反应的热效应

大多数化学反应总是伴随着热量的吸收或放出。

在化学反应中，如果体系的始态和终态具有相同的温度，并且体系不做非体积功，这时化学反应过程中吸收或放出的热量称为化学反应的*热效应*（heat effect），又称*反应热*

（heat of reaction）。

（一）等容反应热和等压反应热

1. 等容反应热

在体积不变的条件下进行的化学反应，其反应的热效应称为等容反应热。用符号 Q_V 表示。

由于反应是在等容条件下进行，体积不变，即 $\Delta V=0$，体系不做体积功，即 $W=0$，所以吸收的热量全部用来增加体系的热力学能，由式（2-1）可知

$$\Delta U=Q_V \tag{2-2}$$

式（2-2）表示，封闭体系在不做非体积功的情况下，等容过程反应的热效应等于体系热力学能的变化值。

2. 等压反应热

如果化学反应是在等压条件下进行的，并且体系不做非体积功，其反应的热效应称为等压反应热。用符号 Q_p 表示。

由于反应是在等压条件下进行，若体积由 V_1 变到 V_2，且 $V_2>V_1$，则体系对环境所做的体积功 W 为

$$W=-p(V_2-V_1)=-p\Delta V$$

体系始态和终态的热力学能为 U_1 和 U_2，根据式（2-1），体系热力学能的变化$\triangle U$为

$$\Delta U=Q_p-p\Delta V$$

或
$$Q_p=\Delta U+p\Delta V \tag{2-3}$$

式（2-3）表示，等压反应热等于体系热力学能的变化值和体积功之和。将式（2-3）改写为

$$Q_p=\Delta U+p\Delta V=(U_2-U_1)+p(V_2-V_1)=(U_2+pV_2)-(U_1+pV_1)$$

因为等压，$p_1=p_2=p$，则

$$Q_p=(U_2+p_2V_2)-(U_1+p_1V_1) \tag{2-4}$$

令 $H=U+pV$，因为 U、p、V 均为状态函数，H 也是状态函数。热力学中，把 H 称为焓（enthalpy）。式（2-4）可写作

$$Q_p=H_2-H_1=\Delta H \tag{2-5}$$

式中，ΔH 是体系变化中焓的变化值，简称焓变。

式（2-5）表示，封闭体系在不做非体积功的条件下，等压反应热等于体系的焓变。

由于体系热力学能的绝对值无法确定，所以焓的绝对值也无法确定。但在一定条件下，可以通过体系和环境之间热的传递来衡量体系热力学能与焓的变化值。焓变 ΔH 只与体系的始态和终态有关，而与体系变化的途径无关。

将式（2-2）代入式（2-3），得

$$Q_p=Q_V+p\Delta V \tag{2-6}$$

由式（2-6）可以看出，等压反应热和等容反应热的差值为 $p\Delta V$。如果反应体系中反应物和生成物都是固体和液体时，在反应过程中体积变化很小，$p\Delta V$ 可以忽略不计，这时等压反应热基本上等于等容反应热。如果反应体系中有气体参加，$p\Delta V$ 不能忽略，假定所有气体

均为理想气体，Q_p 和 Q_V 的关系为

$$Q_p = Q_V + \Delta nRT \tag{2-7}$$

式中，Δn 为气体生成物的物质的量的总和与气体反应物的物质的量的总和之差。

例如：

$$H_2\text{(g)} + \frac{1}{2}O_2\text{(g)} = H_2O\text{(l)} \qquad \Delta n = 0 - \left(1+\frac{1}{2}\right) = -1.5$$

$$N_2\text{(g)} + 2O_2\text{(g)} = 2NO_2\text{(g)} \qquad \Delta n = 2 - (1+2) = -1$$

（二）反应进度和热化学方程式

1. 反应进度

对于任意一化学反应的计量方程式

$$a\text{A} + d\text{D} = g\text{G} + h\text{H}$$

也可表示为

$$g\text{G} + h\text{H} - a\text{A} - d\text{D} = 0$$

若反应体系中的任意物质用 B 表示，其计量方程式中的系数用 γ_B 表示，对反应物 γ_B 为负值，对生成物 γ_B 为正值。对上述反应，γ_B 对 A、D、G、H 分别为 $-a$、$-d$、g、h，则上述化学计量方程可简写为

$$\sum_B \gamma_B \text{B} = 0$$

反应进度（extent of reaction）表示反应进行的程度。用符号 ξ 表示。当反应未发生时，$t=0$，各物质的物质的量分别为 $n_{A(0)}$、$n_{D(0)}$、$n_{G(0)}$、$n_{H(0)}$，反应进行到 t 时刻，各物质的物质的量分别为 n_A、n_D、n_G、n_H，则反应进行到 t 时刻的反应进度定义为

$$\xi = \frac{\Delta n_B}{\gamma_B} = \frac{n_B - n_{B(0)}}{\gamma_B} = \frac{n_A - n_{A(0)}}{-a} = \frac{n_D - n_{D(0)}}{-d} = \frac{n_G - n_{G(0)}}{g} = \frac{n_H - n_{H(0)}}{h} \tag{2-8}$$

反应进度 ξ 的单位是摩尔。由式（2-8）可以看出，对于计量系数确定的化学反应式，在反应进行到任一时刻，用反应体系中任一反应物或生成物所表示的反应进度都是相等的。例如，反应①

$$N_2\text{(g)} + 3H_2\text{(g)} = 2NH_3\text{(g)}$$

若反应进行到 t 时刻时，N_2（g）、H_2（g）、NH_3（g）的物质的量变化值分别为－3mol、－9mol、6mol，该反应的进度为

$$\xi = \frac{-3\text{mol}}{-1} = \frac{-9\text{mol}}{-3} = \frac{6\text{mol}}{2} = 3\,\text{mol}$$

对于同一化学反应，如果化学方程式的写法不同，则在同一时刻反应进度的数值不同。例如，反应①写为②

$$\frac{1}{2}N_2\text{(g)} + \frac{3}{2}H_2\text{(g)} = NH_3\text{(g)}$$

反应进度为

$$\xi = \frac{-3\text{mol}}{-\frac{1}{2}} = \frac{-9\text{mol}}{-\frac{3}{2}} = \frac{6\text{mol}}{1} = 6\text{mol}$$

对于任一反应，当各物质的物质的量变化值与其计量系数相等时，反应进度 $\xi = 1\text{mol}$。当反应方程式的写法不同时，$\xi = 1\text{mol}$ 代表的意义不同。例如，反应①指 1mol N_2（g）与 3mol H_2（g）完全反应生成 2mol NH_3（g）时的反应进度，而反应②是指 0.5mol N_2（g）与 1.5mol H_2（g）完全反应生成 1mol NH_3（g）时的反应进度。

2. 热化学方程式

表示化学反应与热效应关系的方程式称为*热化学方程式*（thermochemical equation）。例如

$$H_2(g) + \frac{1}{2}O_2(g) = H_2O(l) \qquad \Delta_r H_m^0(298.15\text{K}) = -285.8\ \text{kJ·mol}^{-1}$$

$$2H_2(g) + O_2(g) = 2H_2O(l) \qquad \Delta_r H_m^0(298.15\text{K}) = -571.6\ \text{kJ·mol}^{-1}$$

$$C(\text{石墨}) + O_2(g) = CO_2(g) \qquad \Delta_r H_m^0(298.15\text{K}) = -393.5\ \text{kJ·mol}^{-1}$$

$$Ag^+(aq) + Cl^-(aq) = AgCl(s) \qquad \Delta_r H_m^0(298.15\text{K}) = -65.5\ \text{kJ·mol}^{-1}$$

$\Delta_r H_m^0$ 称之为标准摩尔焓变（或等压反应热），正值表示吸热反应，负值表示放热反应。符号“0”表示*标准态*（standard state），根据国家标准，热力学标准态指在温度 T 和标准压力 p^0（100kPa）下该物质的状态。“m”表示反应进度为 1mol；“r”表示*反应*（reaction）；“298.15”是反应温度，以后温度为 298.15K 时可以省略。$\Delta_r H_m^0$ 常略去下标 m，简写为 $\Delta_r H^0$。

化学反应的热效应不仅与反应条件有关，而且与反应物和生成物的状态及物质的量有关，书写热化学方程式时应注意以下几点：

（1）要注明反应物和生成物的状态。用 g、l 和 s 分别表示气态、液态和固态；用 aq 表示水溶液。如果固体有不同晶型，也要注明，如碳有石墨和金刚石。

（2）同一化学反应，化学式前计量系数不同，其热效应也不同，如反应①和反应②。

（3）在相同温度和压力下，正反应和逆反应的 $\Delta_r H_m^0$ 数值相等，符号相反。

（4）要注明反应的温度和压力。如温度为 298.15K，压力为 100kPa 时，习惯上可以不注明。

（三）化学反应热效应的计算

1. 盖斯定律

1840 年，俄国化学家盖斯（G. H. Hess）根据大量实验事实总结出：一个化学反应不论是一步完成还是分几步完成，其热效应总是相同的，这就是盖斯定律。实验表明，盖斯定律只对体系不做非体积功条件下的等容反应和等压反应才严格成立。对于等容反应，$Q_V = \Delta U$，对于等压反应，$Q_p = \Delta H$，由于 U 和 H 都是状态函数，则 ΔU 和 ΔH 只决定于体系的始态和终态，与反应的途径无关，因此，只要化学反应的始态和终态确定，Q_V 和 Q_p 就是定值，与反应的途径无关。

根据盖斯定律，可以使热化学方程式像普通代数方程式那样进行有关计算。对于那些用实验方法难以测准或无法测定的化学反应热效应，可以运用盖斯定律，间接计算求得。

例 2-1 已知 298.15K 时，

（1）$C(\text{石墨}) + O_2(g) = CO_2(g) \qquad \Delta_r H_1^0 = -393.5\ \text{kJ•mol}^{-1}$

（2）$CO(g) + \frac{1}{2}O_2(g) = CO_2(g) \qquad \Delta_r H_2^0 = -283.0\ \text{kJ•mol}^{-1}$

求反应 $C(\text{石墨}) + \frac{1}{2}O_2(g) = CO(g)$ 在 298.15K 时的 $\Delta_r H^0$。

解：根据盖斯定律，三个反应的关系如下：

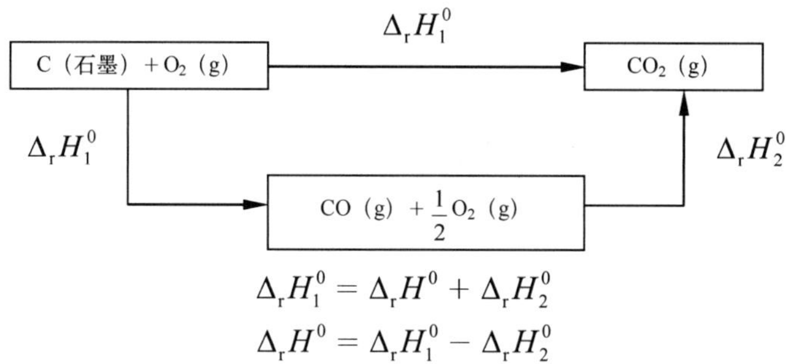

$$\Delta_r H_1^0 = \Delta_r H^0 + \Delta_r H_2^0$$

即
$$\Delta_r H^0 = \Delta_r H_1^0 - \Delta_r H_2^0$$

代入数据，得

$$\Delta_r H^0 = (-393.5) - (-283.0) = -110.5\ (\mathrm{kJ \cdot mol^{-1}})$$

2. 标准生成焓

等温等压下进行的化学反应，其热效应（$\Delta_r H$）应为生成物焓的总和与反应物焓的总和之差，即

$$\Delta_r H = \left(\sum H\right)_{生成物} - \left(\sum H\right)_{反应物}$$

如果能知道参加反应的各物质的焓值，就可利用上式求出任一反应的热效应，但物质的焓的绝对值无法确定，因此，人们采用相对比较的方法，确定一个相对标准。热力学规定：在指定温度下，由稳定单质生成 1mol 物质 B 时的焓变称为物质 B 的摩尔生成焓（molar enthalpy of formation），用符号 $\Delta_f H_m$ 表示，单位为 $\mathrm{kJ \cdot mol^{-1}}$。如果生成物质 B 的反应是在标准状态下进行，这时的生成焓称为物质 B 的标准摩尔生成焓（standard molar enthalpy of formation），简称标准生成焓（standard enthalpy of formation），记为 $\Delta_f H_m^0$。“f”表示生成的意思。

纯固体和纯液体的标准状态为指定温度 T 时，标准压力 p^0 下的纯固体和纯液体；纯理想气体的标准态为指定温度 T 时，压力为 p^0 下的状态；溶液的标准态为溶液浓度为 $1\mathrm{mol \cdot L^{-1}}$（或活度为 1）。

根据标准生成焓的定义，稳定单质在指定温度下的标准生成焓为零。各种物质的标准生成焓都是以此为标准的相对生成焓。如果一种元素有几种结构不同的单质，如碳有石墨和金刚石，稳定单质是石墨；硫有单斜硫和斜方硫，稳定单质是斜方硫；O_2 和 O_3，稳定单质是 O_2；白磷和红磷，稳定单质是白磷等。

一些物质在 298.15K 时的标准生成焓见附录 B。利用物质的标准生成焓，可以计算出反应在标准状态下的等压反应热。

对于某反应，可以设计成：

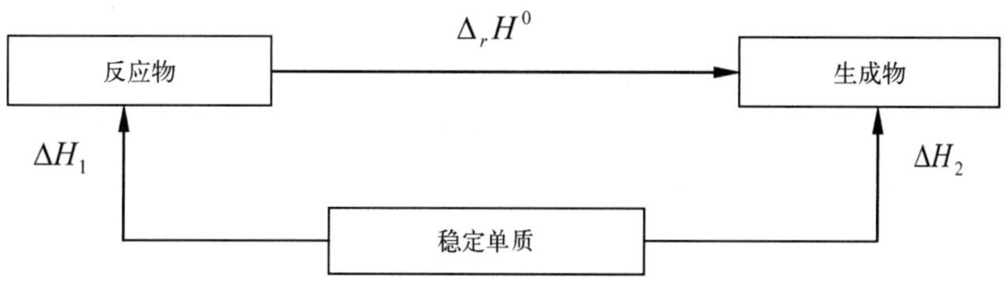

根据盖斯定律，　$\Delta H_1 + \Delta_r H^0 = \Delta H_2$

则 $\Delta_r H^0 = \Delta H_2 - \Delta H_1$

而 $\Delta H_1 = (\sum_B \gamma_B \Delta_f H^0)_{反应物}$

$\Delta H_2 = (\sum_B \gamma_B \Delta_f H^0)_{生成物}$

所以
$$\Delta_r H^0 = (\sum_B \gamma_B \Delta_f H^0)_{生成物} - (\sum_B \gamma_B \Delta_f H^0)_{反应物} \tag{2-9}$$

式中，γ_B表示生成物和反应物在化学计量方程式中的计量系数。

由式（2-9）可知，任何一个反应的标准摩尔焓变（等压反应热）等于生成物的标准生成焓之和减去反应物的标准生成焓之和。

例 2-2 利用标准生成焓计算下列反应在 298.15K 时的 $\Delta_r H^0$。

$$4NH_3\ (g) + 5O_2\ (g) = 4NO\ (g) + 6H_2O\ (g)$$

解：查附录 B，298.15K 时，$\Delta_f H^0_{(NH_3,g)} = -45.9\ kJ \cdot mol^{-1}$，$\Delta_f H^0_{(NO,g)} = 91.3\ kJ \cdot mol^{-1}$，$\Delta_f H^0_{(H_2O,g)} = -241.8\ kJ \cdot mol^{-1}$

又规定 $\Delta_f H^0_{(O_2,g)} = 0$

根据式（2-9），反应的 $\Delta_r H^0$ 为

$$\begin{aligned}\Delta_r H^0 &= 4\times\Delta_f H^0_{(NO,g)} + 6\times\Delta_f H^0_{(H_2O,g)} - 4\times\Delta_f H^0_{(NH_3,g)}\\ &= 4\times91.3 + 6\times(-241.8) - 4\times(-45.9)\\ &= -902.0(kJ \cdot mol^{-1})\end{aligned}$$

第三节　熵和吉布斯自由能

热力学第一定律是能量守恒与转化定律。它不能解决反应自发进行的方向和限度等问题，而解决反应自发进行的方向和限度是热力学第二定律研究的范畴。

一、自发过程

在一定条件下，不需要任何外力推动就能自动发生的过程称为*自发过程*（spontaneous process）。

自发过程有以下几个基本特征：

（1）单向性：自发过程都是单向的，自动向一个方向进行，若要使其逆向进行，环境必须对体系做功。如水自发地从高水位流向低水位，若使水由低水位流向高水位，必须水泵做功。

（2）具有做功的能力：自发过程可以用来做功。例如，水由高水位流向低水位可以推动水轮机做机械功。

（3）有一定的限度：自发过程进行到平衡状态就不再进行，这时丧失做功的能力。例如，水由高水位流到最低水位，就不再流动。

二、熵

早在 19 世纪 70 年代，科学家们就提出：反应的热效应可以作为反应自发进行的判据。并认为只有放热反应可能自发进行。这是有一定道理的，因为在反应过程中释放能量，体系

能量降低，趋于更稳定。实验证明，许多放热反应都是自发反应，但是有些吸热反应在一定条件下也能自发进行，如碳酸钙的分解是一个吸热反应，虽在常温常压下不能进行，但在高温时能自发进行，又如硝酸钾溶于水的过程是吸热的，但它可以自发进行。因此，反应的热效应是大多数化学反应自发进行的推动力，但不是唯一因素。从上面所述的自发进行而又吸热的反应可以发现，它们有一个共同的特征，即反应后体系的混乱程度增加，这也是自发过程的推动力。

（一）混乱度和熵

混乱度(degree of randomness)是体系的不规则或无序的程度。在热力学中，用熵(entropy)来量度体系的混乱度，用符号 S 表示。熵与热力学能和焓一样，也是状态函数。体系的混乱度越大，熵值越大。

对于同一种物质，处于气、液、固三态时，气态的熵值最大，固态的熵值最小；温度升高时，体系的熵值也增大；对于气体，压力增大时熵值减小，对于固态和液态物质，压力变化对它们的熵值影响较小；对于同一种聚集状态的物质，分子中的原子数目或电子数目越多，熵值越大。

（二）热力学第二定律

热力学第二定律（the second law of thermodynamics）是在研究热、功转化规律性中发现和建立起来的，它所讨论的内容主要是反应自发进行的方向和限度，最早提出热力学第二定律的开尔文（Kelvin）和克劳修斯（Clausius）表述如下：

开尔文：“从单一热源取出热使之完全变为功，而不发生其他变化是不可能的。”

克劳修斯：“热由低温热源传到高温热源而不引起其他变化是不可能的。”

热力学第二定律有多种表述方式，例如，“孤立体系的熵永不减小”也是一种表述。“所有自发过程进行的方向都是单方向地向平衡状态进行，做功本领趋于减小，直到在该条件下做功本领变到最小”是热力学第二定律的又一种表述，这些表述都是等同的。

（三）标准熵和熵变

20 世纪初，科学家根据一系列低温实验，提出了热力学第三定律（the third law of thermodynamics）：温度为 0K 时，任何纯物质的完整晶体的熵值为零。即

$$S_0 = 0$$

式中，下标“0”表示绝对零度。

利用热力学第三定律，可以确定纯物质在其他温度下的熵（S_T）值。

将某纯物质从绝对零度升温到 TK，测定这个过程的熵变量（ΔS），则

$$\Delta S = S_T - S_0 = S_T$$

S_T 值是以 $T = 0$K 时，$S_0 = 0$ 为比较标准得到的，称为规定熵（conventional entropy）。在标准状态下 1mol 纯物质的规定熵称为标准摩尔熵（standard molar entropy），简称标准熵。用符号 S_m^0 表示（下标 m 常省略），单位为 $J \cdot K^{-1} \cdot mol^{-1}$，一些物质在 298.15K 时的标准熵见附录 B。需要注意，稳定单质的标准熵不为零，因为它们不是绝对零度的完整晶体。水溶液中离子的标准熵，是规定在标准状态下水合氢离子的标准熵为零的标准上求得的相对值。

应用标准熵 S_m^0 的数值可以计算化学反应的标准熵变 $\Delta_r S_m^0$。

$$\Delta_r S_m^0 = (\sum_B \gamma_B S_m^0)_{生成物} - (\sum_B \gamma_B S_m^0)_{反应物} \tag{2-10}$$

式中，γ_B表示生成物和反应物在化学计量方程式中的计量系数。

三、吉布斯自由能

（一）吉布斯自由能与自发过程

自然界的自发过程常常倾向于增大体系的混乱度。但是正如不能仅用化学反应的焓变（ΔH）的正负号作为判断反应自发性的普遍标准一样，单纯用体系熵值增大来作为判断反应自发性的普遍标准也是不妥的。例如SO_2氧化成SO_3的反应在 298.15K 时是一个自发过程，但其$\Delta_r S<0$，又如水结成冰的过程，其$\Delta S<0$，在$T<273.15K$的条件下是自发过程，在高温下非自发，说明反应的自发性不仅与焓变（ΔH）和熵变（ΔS）有关，而且还与温度有关。

1875 年吉布斯（Gibbs）提出：在恒温恒压下，如果一个反应在理论上或实践上都能用来做有用功，这个反应是自发的。如果要环境提供有用功，反应才能发生，这个反应是非自发的。

热力学中，用吉布斯自由能（Gibbs free energy）来表示在恒温恒压下体系做功的本领，用符号 G 表示，定义为

$$G = H - TS \tag{2-11}$$

式中，焓（H）、温度（T）、熵（S）都是状态函数，所以吉布斯自由能（G）也是一个状态函数。吉布斯自由能的绝对值无法确定，但它的变化量ΔG（自由能变）是可以确定的。

根据式（2-11），恒温恒压过程吉布斯自由能的变量为

$$\Delta G = \Delta H - T\Delta S \tag{2-12}$$

式（2-12）是著名的吉布斯—赫姆霍兹（Gibbs-Helmholtz）方程式。

根据热力学的推导可知，在恒温恒压下，体系吉布斯自由能的减少（$-\Delta G$）等于体系所做的最大非体积功。即

$$-\Delta G = -W_{max}$$

或

$$\Delta G = W_{max} \tag{2-13}$$

式中，W_{max}表示最大非体积功。

由式（2-13）可以看出，如果$\Delta G<0$，则 $W<0$，说明体系能对环境做功，这个反应是自发的；如果$\Delta G>0$，则$W>0$，说明环境对体系做功，反应是非自发的；如果$\Delta G=0$，则体系处于平衡状态。即

$\Delta G<0$　　自发过程，化学反应正向进行

$\Delta G=0$　　平衡状态

$\Delta G>0$　　非自发过程，化学反应逆向进行

由式（2-12）可以看出，吉布斯自由能变（ΔG）既考虑了影响化学反应自发性的焓变（ΔH）和熵变（ΔS），又考虑了温度对反应方向的影响。现分别讨论如下：

（1）$\Delta H<0$（放热反应），$\Delta S>0$（熵增大），任何温度下均有$\Delta G<0$，即任何温度下反应都能自发进行。

（2）$\Delta H>0$（吸热反应），$\Delta S<0$（熵减小），任何温度下均有$\Delta G>0$，即任何温度下反应都不能自发进行。

（3）$\Delta H<0$（放热反应），$\Delta S<0$（熵减小），这时温度 T 对ΔG的符号（即对反应自发

进行的方向）起决定作用。低温时 $\Delta G<0$，反应能自发进行；高温时 $\Delta G>0$，反应不能自发进行。

（4）$\Delta H>0$（吸热反应），$\Delta S>0$（熵增大），低温时 $\Delta G>0$，反应不能自发进行；高温时 $\Delta G<0$，反应能自发进行。

（二）标准生成吉布斯自由能

如同标准生成焓一样，热力学规定：在指定温度下，处于标准态的最稳定单质生成 1mol 物质 B 时的吉布斯自由能变称为这种温度下物质 B 的标准摩尔生成吉布斯自由能（standard molar Gibbs free energy of formation），简称标准生成吉布斯自由能。用符号 $\Delta_f G_m^0$ 表示（通常省略下标 m），单位为 $kJ\cdot mol^{-1}$。

根据标准生成吉布斯自由能的定义，处于标准状态下的稳定单质的标准生成吉布斯自由能为零，所以 $\Delta_f G^0$ 是相对值。一些物质在 298.15K 下的 $\Delta_f G^0$ 见附录 B。

利用 $\Delta_f G^0$ 可以计算化学反应的标准吉布斯自由能变 $\Delta_r G^0$。

$$\Delta_r G^0 = (\sum_B \gamma_B \Delta_f G^0)_{生成物} - (\sum_B \gamma_B \Delta_f G^0)_{反应物} \tag{2-14}$$

式中，γ_B 表示生成物和反应物在化学计量方程式中的计量系数。

例 2-3　计算 298.15K，标准状态下，下列反应的 $\Delta_r G^0$，并判断反应能否自发进行。

（1）$NH_4Cl(s) = NH_3(g) + HCl(g)$

（2）$4NH_3(g) + 5O_2(g) = 4NO(g) + 6H_2O(l)$

解：（1）由附录 B 查得：$\Delta_f G^0_{(NH_3,g)} = -16.4\ kJ\cdot mol^{-1}$，$\Delta_f G^0_{(HCl,g)} = -95.3\ kJ\cdot mol^{-1}$，$\Delta_f G^0_{(NH_4Cl,s)} = -202.9\ kJ\cdot mol^{-1}$

根据式（2-14），反应的 $\Delta_r G^0$ 为

$$\begin{aligned}\Delta_r G^0 &= \Delta_f G^0_{(NH_3,g)} + \Delta_f G^0_{(HCl,g)} - \Delta_f G^0_{(NH_4Cl,s)} \\ &= (-16.4) + (-95.3) - (-202.9) \\ &= 91.2(kJ\cdot mol^{-1})\end{aligned}$$

因为 $\Delta_r G^0 > 0$，所以反应在 298.15K，标准状态下不能自发进行。

（2）由附录 B 查得：$\Delta_f G^0_{(NO,g)} = 87.6\ kJ\cdot mol^{-1}$，$\Delta_f G^0_{(H_2O,l)} = -237.1\ kJ\cdot mol^{-1}$，$\Delta_f G^0_{(NH_3,g)} = -16.4\ kJ\cdot mol^{-1}$，$\Delta_f G^0_{(O_2,g)} = 0$

根据式（2-14），反应的 $\Delta_r G^0$ 为：

$$\begin{aligned}\Delta_r G^0 &= 4\times\Delta_f G^0_{(NO,g)} + 6\times\Delta_f G^0_{(H_2O,l)} 4\times\Delta_f G^0_{(NH_3,g)} \\ &= 4\times 87.6 + 6\times(-237.1) - 4\times(-16.4) \\ &= -1006.6(kJ\cdot mol^{-1})\end{aligned}$$

因为 $\Delta_r G^0 < 0$，所以反应在 298.15K，标准状态下能自发进行。

如果计算其他温度下的 $\Delta_r G^0$，可用吉布斯—赫姆霍兹方程式：

$$\Delta_r G^0 = \Delta_r H^0 - T\Delta_r S^0 \tag{2-15}$$

式中，$\Delta_r H^0$ 和 $\Delta_r S^0$ 在一定的温度范围内，可以用 298.15K 时的 $\Delta_r H^0$ 和 $\Delta_r S^0$ 来代替。因为温度对焓变和熵变影响较小，但温度对 $\Delta_r G^0$ 有较大影响。式（2-15）可写成：

$$\Delta_r G^0_{(T)} = \Delta_r H^0_{(T)} - T\Delta_r S^0_{(T)} \approx \Delta_r H^0_{(298.15K)} - T\Delta_r S^0_{(298.15K)} \qquad (2\text{-}16)$$

利用式（2-16）可以近似地计算其他温度下的$\Delta_r G^0$。

例 2-4 已知反应

$$CaCO_3(s) = CaO(s) + CO_2(g)$$

（1）利用标准生成焓（$\Delta_f H^0$）和标准熵（S^0）计算反应在 298.15K 时的$\Delta_r H^0$和$\Delta_r S^0$；

（2）计算反应在 298.15K 和 850K 时的$\Delta_r G^0$，并判断反应的自发性；

（3）计算在标准状态下，此反应自发进行的最低温度。

解：（1）查附录 B 得

$$\Delta_f H^0_{(CaO,s)} = -634.9\ \text{kJ·mol}^{-1}, \qquad S^0_{(CaO,s)} = 38.1\ \text{J·K}^{-1}\text{·mol}^{-1}$$

$$\Delta_f H^0_{(CO_2,g)} = -393.5\ \text{kJ·mol}^{-1}, \qquad S^0_{(CO_2,g)} = 213.8\ \text{J·K}^{-1}\text{·mol}^{-1}$$

$$\Delta_f H^0_{(CaCO_3,s)} = -1207.6\ \text{kJ·mol}^{-1}, \qquad S^0_{(CaCO_3,s)} = 91.7\ \text{J·K}^{-1}\text{·mol}^{-1}$$

根据式（2-9）和式（2-10），反应在 298.15K 时的$\Delta_r H^0$和$\Delta_r S^0$为

$$\begin{aligned}\Delta_r H^0 &= \Delta_f H^0_{(CaO,s)} + \Delta_f H^0_{(CO_2,g)} - \Delta_f H^0_{(CaCO_3,s)}\\ &= (-634.9) + (-393.5) - (-1207.6)\\ &= 179.2(\text{kJ·mol}^{-1})\end{aligned}$$

$$\begin{aligned}\Delta_r S^0 &= S^0_{(CaO,s)} + S^0_{(CO_2,g)} - S^0_{(CaCO_3,s)}\\ &= 38.1+213.8-91.7\\ &= 160.2(\text{J·K}^{-1}\text{·mol}^{-1})\end{aligned}$$

（2）根据式（2-16），反应在 298.15K 和 850K 时的$\Delta_r G^0$分别为

$$\begin{aligned}\Delta_r G^0_{(298.15K)} &= \Delta_r H^0_{(298.15K)} - T\Delta_r S^0_{(298.15K)}\\ &= 179.2 - 298.15 \times \frac{160.2}{1000}\\ &= 131.4\ (\text{kJ·mol}^{-1})\end{aligned}$$

因为$\Delta_r G^0 > 0$，反应在 298.15K 时不能自发进行。

$$\begin{aligned}\Delta_r G^0_{(850K)} &\approx \Delta_r H^0_{(298.15K)} - T\Delta_r S^0_{(298.15K)}\\ &= 179.2 - 850 \times \frac{160.2}{1000}\\ &= 43.0\ (\text{kJ·mol}^{-1})\end{aligned}$$

850K 时，$\Delta_r G^0 > 0$，反应仍不能自发进行。

（3）设反应自发进行的最低温度为 TK，则

$$\Delta_r G^0_{(T)} < 0$$

即

$$\Delta_r H^0_{(298.15K)} - T\Delta_r S^0_{(298.15K)} < 0$$

$$T > \frac{\Delta_r H^0_{(298.15K)}}{\Delta_r S^0_{(298.15K)}}$$

代入数据 $$T > \frac{179.2 \times 1000}{160.2}\text{K}$$

即 $$T > 1119\text{K}$$

在标准状态下，反应自发进行的最低温度为 1119K。

例 2-5　利用下面热力学数据（298.15K ）

（1）判断反应 $CuS(s) + H_2(g) = Cu(s) + H_2S(g)$ 在 298.15K、标准条件下能否自发进行；

（2）计算标准条件下该反应自发进行的最低温度。

	CuS(s)	$H_2(g)$	Cu(s)	$H_2S(g)$
$\Delta_f H^0$/ kJ·mol^{-1}	−53.1	0	0	−20.6
S^0/ J·mol^{-1}·K^{-1}	66.5	130.7	33.2	205.8

解：(1)

$$\Delta H^0 = \Delta_f H^0_{H_2S} + \Delta_f H^0_{Cu} - \Delta_f H^0_{CuS} - \Delta_f H^0_{H_2}$$

$$= -20.6 - (-53.1) = 32.5\ (\text{kJ}\cdot\text{mol}^{-1})$$

$$\Delta S^0 = S^0_{H_2S} + S^0_{Cu} - S^0_{CuS} - S^0_{H_2}$$

$$= 33.2 + 205.8 - 66.5 - 130.7 = 41.8\ (\text{J}\cdot\text{mol}^{-1}\cdot\text{K}^{-1})$$

$$\Delta G^0 = \Delta H^0 - T\Delta S^0 = 32.5 - 298 \times 41.8 \times 10^{-3} = 20.0\ (\text{kJ}\cdot\text{mol}^{-1})$$

$\because$ $\Delta G^0 > 0$　　$\therefore$ 在 298.15K、标准条件下，反应不能自发进行。

(2) 设反应自发进行的最低温度为 T ，则

$\Delta G^0 < 0$，即 $\Delta H^0 - T\Delta S^0 < 0$，反应能自发进行，

则 $$T > \frac{\Delta H^0}{\Delta S^0} = \frac{32.5}{41.8 \times 10^{-3}} = 777.5\ (\text{K})$$

在标准状态下，反应自发进行的最低温度为 777.5K。

以上讨论的均为标准状态下吉布斯自由能变的计算，如果一个反应处于非标准状态下，就不能用 $\Delta_r G^0$ 判断反应自发进行的方向，应当用给定条件下的 $\Delta_r G$ 来判断，如何计算非标准状态下的吉布斯自由能变将在下一章中讨论。

学 习 要 点

1. 体系、环境、状态、状态函数、热和功的含义。

2. 热力学第一定律的物理意义、数学表达式及功 W、热 Q 的正负号规定。封闭体系热力学能的变化：$\Delta U = U_2 - U_1 = Q + W$

3. 热力学函数 U，H，S，G 的物理意义及化学反应的热效应。

$H = U + pV$，$\Delta H = \Delta U + p\Delta V$；$\Delta H = Q_p$；$\Delta U = Q_V$；$G = H - TS$，$\Delta G = \Delta H - T\Delta S$

4. 化学计量方程和反应进度

化学计量方程：$\sum_B \gamma_B B = 0$ ；反应进度(ξ)是表示化学反应进行程度的物理量，单位为 mol。$\xi = \dfrac{\Delta n_B}{\gamma_B}$ 。

5. 热力学能、焓、标准摩尔生成焓、熵、标准熵、吉布斯自由能、标准摩尔吉布斯生成焓的概念。

6. 盖斯定律：一个化学反应不论是一步完成还是分几步完成，其热效应总是相同的。

7. 化学反应的标准摩尔反应焓变$\Delta_r H^0$、标准摩尔反应熵变$\Delta_r S_m^0$、标准摩尔吉布斯自由能变$\Delta_r G^0$的计算方法。

$$\Delta_r H^0 = (\sum_B \gamma_B \Delta_f H^0)_{生成物} - (\sum_B \gamma_B \Delta_f H^0)_{反应物}$$

$$\Delta_r S_m^0 = (\sum_B \gamma_B S_m^0)_{生成物} - (\sum_B \gamma_B S_m^0)_{反应物}$$

$$\Delta_r G^0 = (\sum_B \gamma_B \Delta_f G^0)_{生成物} - (\sum_B \gamma_B \Delta_f G^0)_{反应物}$$

吉布斯-赫姆霍兹方程式：$\Delta_r G^0 = \Delta_r H^0 - T\Delta_r S_m^0$

8. 化学过程自发性的判据。

等温、等压的封闭体系中，不做非体积功的条件下，$\Delta_r G^0$可以作为热化学反应自发性的判据。

$\Delta_r G^0 < 0$　自发过程，化学反应正向进行

$\Delta_r G^0 = 0$　平衡状态

$\Delta_r G^0 > 0$　非自发过程，化学反应逆向进行

思 考 题

1. 什么是状态函数？它的基本特征是什么？T、V、P、U、Q、W、S、H、G 中哪些是状态函数？

2. 焓（H）的物理意义是什么？是否只有等压过程才有ΔH ？

3. 区别下列概念：

（1）$\Delta_f H_m^0$和$\Delta_r H_m^0$；　（2）$\Delta_f G_m^0$和$\Delta_r G_m^0$；　（3）S^0和$\Delta_r S^0$

4. 什么是热化学方程式？写热化学方程式时应注意什么？

5. 什么是盖斯定律？应用该定律进行热化学计算时，必须满足的条件是什么？

6. 比较下列各过程，说明哪一过程U增加得多，哪一过程U减少得多。

（1）体系吸热50 J，同时对环境做功50 J；

（2）体系吸热100 J，同时对环境做功50 J；

（3）体系放热50 J，环境对体系做功50 J；

（4）体系放热100 J，环境对体系做功50 J。

7. 下列说法是否正确？为什么？

（1）同一体系同一状态可能有多个热力学能值；

（2）因恒压下$Q_p = \Delta H$ 且H为状态函数，故Q_p也是状态函数；

（3）Q是一种传递中的能量；

（4）体系的热力学能等于恒容反应热，体系的焓等于恒压反应热；

（5）放热反应均为自发反应，$\Delta_r S_m^0$小于零的反应均不能自发进行；

（6）在密闭容器和敞开体系中进行的反应，反应热都用ΔH 来描述；

（7）稳定纯单质的$\Delta_f H_m^0$、$\Delta_f G_m^0$和S_m^0 均为零；

（8）若体系的状态恢复到原来的状态，状态函数不一定恢复到原来的状态；

（9）臭氧和金刚石都是单质，它们的 $\Delta_f G_m^0$ 都等于零；

（10）由于 $CaCO_3$ 分解是吸热的，所以它的标准生成焓小于零。

8. 自发过程的特征是什么？吉布斯自由能降低的过程，是否一定是自发过程？

9. 下列反应的 $\Delta_r H^0$ 是否等于产物的 $\Delta_f H^0$？为什么？

（1）$2H_2(g)+O_2(g)=2H_2O(l)$　　（2）$H_2(g)+1/2O_2(g)=H_2O(g)$

（3）$CO(g)+1/2O_2(g)=CO_2(g)$　　（4）$C(石墨)+O_2(g)=CO_2(g)$

（5）$MnO(s)+1/2O_2(g)=MnO_2(s)$　　（6）$H_2(g)+Cl_2(g)=2HCl(g)$

（7）$1/2H_2(g)+1/2I_2(g)=HI(g)$　　（8）$N_2(g)+3H_2(g)=2NH_3(g)$

10. 不查表，排出下列各组物质的熵值由大到小的顺序：

（1）O_2（l）、O_2（g）、O_3（g）；

（2）NaCl（s）、Na_2O（s）、Na_2CO_3（s）、$NaNO_3$（s）、$Na_3PO_4(s)$、$NaHCO_3(s)$；

（3）H_2（g）、F_2（g）、Br_2（g）、Cl_2（g）、I_2（g）。

（4）$NH_3(g)$、HCl(g)、$H_2O(g)$、HI(g)、$H_2S(g)$

（5）$H_2O(l)$、$H_2O(g)$、$H_2O(s)$、$H_2S(g)$

（6）$NF_3(g)$、$NH_3(g)$、$NCl_3(g)$、$NBr_3(g)$

11. 下列哪些过程的 $\Delta_r S^0$ 为正值？哪些为负值？

（1）氨分解反应　　（2）$NH_3(g)$和 HCl(g)反应生成 $NH_4Cl(s)$

（3）冰融化成水　　（4）向 $AgNO_3$ 溶液中滴加 NaCl 溶液

（5）KNO_3 从水溶液中结晶　　（6）打开啤酒瓶盖的过程

12. $\Delta_r H_m^0$、$\Delta_f H_m^0$、ΔH^0 有何区别？$\Delta_r H_m^0$ 和 $\Delta_f H_m^0$ 二者的数值在什么情况下相等？

13. 下列三个反应，在标准状态下，哪些反应在任何温度下都能自发进行？哪些反应只在高温度或只在低温下才能自发进行？

（1）$N_2(g)+O_2(g)=2NO(g)$

$$\Delta H_1^0 = 181\ \text{kJ}\cdot\text{mol}^{-1}, \quad \Delta S_1^0 = 25\ \text{J}\cdot\text{mol}^{-1}\cdot\text{K}^{-1}$$

（2）$Mg(s)+Cl_2(g)=MgCl(g)$

$$\Delta H_2^0 = -642\ \text{kJ}\cdot\text{mol}^{-1}, \quad \Delta S_2^0 = -166\ \text{J}\cdot\text{mol}^{-1}\cdot\text{K}^{-1}$$

（3）$H_2(g)+S(s)=H_2S(g)$

$$\Delta H_3^0 = -20\ \text{kJ}\cdot\text{mol}^{-1}, \quad \Delta S_3^0 = 43\ \text{J}\cdot\text{mol}^{-1}\cdot\text{K}^{-1}$$

14. 同一化学反应的 $\Delta_r G_m^0$ 和 $\Delta_r G_m$ 有何区别？在何种情况下可以近似用 $\Delta_r G_m^0$ 来判断反应的方向？在何种情况下只能用 $\Delta_r G_m$ 来判断反应的自发性？

15. 分别说明等式 $\Delta H = Q_p$ 和 $\Delta U = Q_v$ 成立的条件。

练 习 题

1. 计算下列封闭体系热力学能的变化：

（1）体系吸收了 1.65kJ 的热，环境对体系做功 200J；

（2）体系放出了 200J 的热，并对环境做功 60J。

2. 在100 kPa、373K时，反应$H_2(g)+1/2O_2(g)=H_2O(g)$ 的恒压反应热为$-241.9kJ\cdot mol^{-1}$。试求生成1mol H_2O (g) 时体系的焓变和热力学能变。

3. 设有10molN_2和20molH_2在合成氨装置中混合，反应后有5molNH_3生成，试分别按下列反应方程式中各物质的化学计量系数和物质的量的变化计算反应进度。

（1）$N_2(g)+3H_2(g)=2NH_3(g)$　　（2）$\frac{1}{2}N_2(g)+\frac{3}{2}H_2(g)=NH_3(g)$

4. 已知298.15K时：

（1）$MnO_2(s)=MnO(s)+1/2O_2(g)$　　$\Delta_r H_1^0=134.8\ kJ\cdot mol^{-1}$

（2）$MnO_2(s)+Mn(s)=2MnO(s)$　　$\Delta_r H_2^0=-250.1\ kJ\cdot mol^{-1}$

求$MnO_2(s)$ 在298.15K时的$\Delta_f H^0$。

5. 已知反应

$$A+B=C+D \qquad \Delta_r H^0=-40.0\ kJ\cdot mol^{-1}$$

$$C+D=E \qquad \Delta_r H^0=60.0\ kJ\cdot mol^{-1}$$

计算下列反应的$\Delta_r H^0$：

（1）$C+D=A+B$ ；

（2）$\frac{1}{2}C+\frac{1}{2}D=\frac{1}{2}A+\frac{1}{2}B$ ；

（3）$A+B=E$ 。

6. 已知下列热化学方程式：

（1）Fe_2O_3（s）$+3CO$（g）$=2Fe$（s）$+3CO_2$（g）　　$\Delta_r H_1^0=-24.8\ kJ\cdot mol^{-1}$

（2）$3Fe_2O_3$（s）$+CO$（g）$=2Fe_3O_4$（s）$+CO_2$（g）　　$\Delta_r H_2^0=-47.2\ kJ\cdot mol^{-1}$

（3）Fe_3O_4（s）$+CO$（g）$=3FeO$（s）$+CO_2$（g）　　$\Delta_r H_3^0=19.4\ kJ\cdot mol^{-1}$

不用查表，计算反应FeO（s）$+CO$（g）$=Fe$（s）$+CO_2$（g）在298.15K时的$\Delta_r H^0$。

7. 已知下列热化学方程式：

（1）CH_4（g）$+2O_2$（g）$=CO_2$（g）$+2H_2O$（l）　　$\Delta_r H_1^0=-890.5\ kJ\cdot mol^{-1}$

（2）C（石墨）$+O_2$（g）$=CO_2$（g）　　$\Delta_r H_2^0=-393.5\ kJ\cdot mol^{-1}$

（3）H_2（g）$+\frac{1}{2}O_2$（g）$=H_2O$（l）　　$\Delta_r H_3^0=-285.8\ kJ\cdot mol^{-1}$

不用查表，计算反应C（石墨）$+2H_2$（g）$=CH_4$（g）的$\Delta_r H^0$。

8. 利用标准生成焓（$\Delta_f H^0$）计算下列反应在298.15K时的$\Delta_r H^0$。已知$C_6H_{12}O_6$（s）在298.15K时的$\Delta_f H^0$为$-1273.0\ kJ\cdot mol^{-1}$。

（1）CO（g）$+H_2O$（g）$=CO_2$（g）$+H_2$（g）；

（2）$4NH_3$（g）$+5O_2$（g）$=4NO$（g）$+6H_2O$（l）；

（3）$C_6H_{12}O_6$（s）$+6O_2$（g）$=6CO_2$（g）$+6H_2O$（l）

9. Na_2O（s）和Na_2O_2（s）在298.15K时的标准生成焓分别为$-415.9\ kJ\cdot mol^{-1}$和$-504.6\ kJ\cdot mol^{-1}$，求下列反应的$\Delta_r H^0$。

$$2\ Na_2O_2（s）=2\ Na_2O（s）+O_2（g）$$

10. 求下列反应在298.15K的$\Delta_r H^0$、$\Delta_r S^0$和$\Delta_r G^0$。

$$2CO(g) + 2NO(g) = 2CO_2(g) + N_2(g)$$

11. 已知反应 $2CuO(s) = Cu_2O(s) + \frac{1}{2}O_2(g)$

（1）利用标准生成焓（$\Delta_f H^0$）和标准熵（S^0）计算反应在 298.15K 时的 $\Delta_r H^0$ 和 $\Delta_r S^0$ ；

（2）计算反应在 298.15K 和 1000K 时的 $\Delta_r G^0$ ，并判断反应的自发性；

（3）计算在标准状态下反应自发进行的最低温度。

12. 已知298.15K时：

（1）$2Cu_2O(s) + O_2(g) = 4CuO(s)$

$\Delta_r H_1{}^0 = -362\ kJ \cdot mol^{-1}$，　$\Delta_r G_1{}^0 = -227\ kJ \cdot mol^{-1}$

（2）$CuO(s) + Cu(s) = Cu_2O(s)$

$\Delta_r H_2{}^0 = -12\ kJ \cdot mol^{-1}$，　$\Delta_r G_2{}^0 = -16\ kJ \cdot mol^{-1}$

分别计算298.15K时CuO（s）的 $\Delta_f H^0$ 和Cu_2O（s）的 $\Delta_f G^0$ 。

13. 糖代谢的总反应 $C_{12}H_{22}O_{11}(s) + 12O_2(g) = 12CO_2(g) + 11H_2O(l)$。

	$C_{12}H_{22}O_{11}(s)$	$CO_2(g)$	H2O (l)
$\Delta_f H^0$/ kJ·mol^{-1}	–2215.8	–393.5	–285.8

已知 298.15K 时：$\Delta_r G^0 = -5790\ kJ \cdot mol^{-1}$。如果只有 30%的 $\Delta_r G^0$ 转化为非体积功，试计算 1 mol 糖在体温（310K）进行代谢时可以得到的非体积功。

14. 利用下面热力学数据（298.15K）：

	$\Delta_f H^0$/ kJ • mol^{-1}	S^0/ J • mol^{-1} • K^{-1}
$Br_2(l)$	0	152.2
$Br_2(g)$	30.9	245.5

（1）计算 $Br_2(l) \rightleftharpoons Br_2(g)$ 的 ΔH^0、ΔS^0 和 ΔG^0，判断此过程在 298.15K、标准态时能否自发进行；

（2）计算标准条件下该过程自发进行所允许的最低温度。

15. 利用下面热力学数据（298.15K），①判断反应 $N_2(g) + 3H_2(g) = 2NH_3(g)$ 在 298K、标准条件下能否自发进行；②计算标准条件下该反应自发进行所允许的最高温度。

	$\Delta_f H^0$/ kJ • mol^{-1}	S^0/ J • mol^{-1} • K^{-1}
N_2	0	191.50
H_2	0	130.57
NH_3	–46.11	192.34

第三章　化学反应速率和化学平衡

【学习目的】

掌握：基元反应、质量作用定律、速率常数、反应级数、有效碰撞、活化能、标准平衡常数、实验平衡常数的基本概念；浓度、温度、催化剂对化学反应速率的影响；化学平衡定律，多重平衡规则及相关计算，浓度、压力、温度对化学平衡的影响；化学反应等温式、化学反应进行的方向和限度的判断。

熟悉：化学反应速率概念和表示方法；反应的碰撞理论和过渡态理论的要点；平衡常数表达式的书写规则。

了解：Arrhenius方程的意义及相关计算；催化剂的基本特征及酶的催化特点。

化学反应的种类很多，但在研究这些化学反应时所涉及的基本问题有两个方面：一是化学反应在指定条件下能否发生，反应进行的方向和限度如何；二是*化学反应速率*（rate of chemical reaction）和*反应机理*（reaction mechanism）。前者属于*化学热力学*研究的范畴，而后者则是*化学动力学*（chemical kinetics）研究的主要内容。

在众多的化学反应中，有些反应的反应速率很快，但进行的程度很小；而另一些反应，虽然反应速率很慢，但是一旦采取措施就可以进行得相当完全。例如，在生命活动中，生物大分子在没有催化剂时，反应速率极慢，只有在酶的催化下，才能有选择地加速反应，从而控制机体活动。对人类生活和生产有益的反应如药物生成等，需要采取措施使反应进行得更快、更完全；对药物变质、橡胶老化、金属锈蚀等反应，则应抑制其进行。所以，研究化学反应速率、化学平衡等问题，对人类生活、生态环境及实际生产都是十分重要的。

第一节　单相体系和多相体系

对于一个体系来说，物理性质、化学性质相同的部分称为一个*相*（phase）。每一个相内部是完全均匀的，而相与相之间有明显的分界面，称为*相界面*（phase interface）。根据物质的存在状态不同可分为*气相*（gas phase）、*液相*（liquid phase）和*固相*（solid phase）。例如，$CuSO_4$溶液是液相，该体系的每部分都是Cu^{2+}、SO_4^{2-}和H_2O的混合物，每一部分的物理性质、化学性质相同。

根据体系内所含相的多少，常把体系分为*单相体系*（homogeneous system）和*多相体系*（heterogeneous system）。只含有一个相的体系称为单相体系或均相体系，如$CuSO_4$溶液、NaCl溶液等。含有两个或两个以上相的体系称为多相体系或非均相体系，如AgCl饱和溶液、泥浆等。

如果一个化学反应的反应物和产物均处于一个相中，则这类反应称为*单相反应或均相反应*（homogeneous reaction），如气相反应、液相反应属于单相反应；如果反应物和产物分别处于不同相中，则这类反应称为多相反应或非均相反应（heterogeneous reaction），如气-固相反应（如 $CaCO_3$ 分解反应）、液-固相反应（如 Zn 与 HCl 反应）等属于多相反应。多相反应比单相反应复杂，影响因素也很多。本章所涉及的反应多为单相反应。

第二节　化学反应速率和反应机理

一、化学反应速率的表示方法

在化学反应进行过程中，体系中各物质的浓度都随着反应的进行而发生变化，反应物浓度在不断减少，而产物浓度不断增加。为了定量地描述化学反应进行得快慢，需要明确化学反应速率的表示方法。通常用单位时间内反应物浓度的减少或产物浓度的增加来表示化学反应速率，用符号 υ 表示，单位为 $mol\cdot L^{-1}\cdot s^{-1}$、$mol\cdot L^{-1}\cdot min^{-1}$、$mol\cdot L^{-1}\cdot h^{-1}$ 等。

化学反应速率分为平均速率（average rate）和瞬时速率（instantaneous rate）。

平均速率是用一段时间间隔内反应物浓度的减少或产物浓度的增加表示的反应速率，用 $\bar{\upsilon}$ 表示。

$$\bar{\upsilon} = -\frac{\Delta c_{反应物}}{\Delta t} \qquad 或 \qquad \bar{\upsilon} = \frac{\Delta c_{产物}}{\Delta t} \tag{3-1}$$

瞬时速率是在 Δt 趋近于零时的反应速率。

$$\upsilon = \lim_{\Delta t \to 0} \frac{-\Delta c_{反应物}}{\Delta t} = -\frac{dc_{反应物}}{dt} \qquad 或 \qquad \upsilon = \lim_{\Delta t \to 0} \frac{\Delta c_{产物}}{\Delta t} = \frac{dc_{产物}}{dt} \tag{3-2}$$

反应的瞬时速率可以通过作图的方法求得。例如，H_2O_2 水溶液（含少量 I^-）的分解反应为

$$H_2O_2(aq) \xrightarrow{I^-} H_2O(l) + 1/2O_2(g)$$

298.15K 时，H_2O_2 在分解过程中，不同时刻其浓度不同，若将 H_2O_2 浓度对时间作图，可得图 3-1。例如，要求第 40min 时 H_2O_2 分解的瞬时速率，可通过求出曲线上 B 点切线的斜率而求得

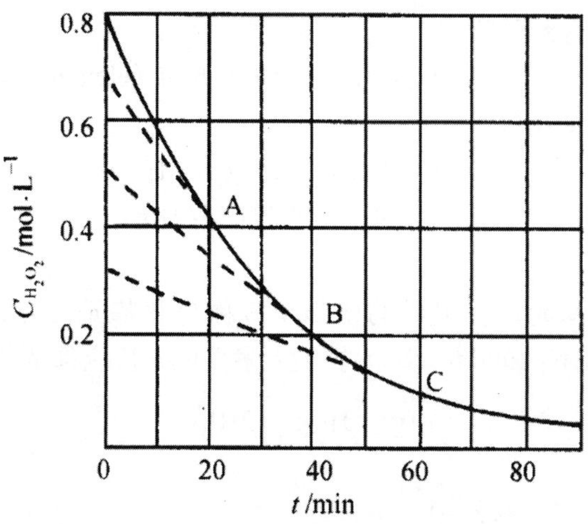

图 3-1　H_2O_2 分解反应的浓度－时间曲线

$$\upsilon_{40\,\text{min}} = -\frac{0.20-0.50}{40}$$
$$= 0.0075(\text{mol}\cdot\text{L}^{-1}\cdot\text{min}^{-1})$$

求第 60min 时 H_2O_2 分解的瞬时速率，可以通过求出曲线上 C 点切线的斜率而求得

$$\upsilon_{60\,\text{min}} = -\frac{0.10-0.33}{60}$$
$$= 0.0038(\text{mol}\cdot\text{L}^{-1}\cdot\text{min}^{-1})$$

瞬时速率能确切地表示化学反应在某一瞬间的真实速率。通常所说的反应速率，一般就是指瞬时速率。

应该指出，用不同物质浓度变化量来表示反应速率时，虽然速率值不相等，但所代表的实际意义却是相同的。因此这些速率值之间必然有一定的内在联系，这种联系可以从化学反应方程式中的计量关系找到。例如，对恒温、恒容条件下进行的反应：

$$a\text{A} + b\text{B} = d\text{D} + e\text{E}$$

其反应速率可表示为

$$\upsilon = -\frac{1}{a}\frac{\text{d}c_\text{A}}{\text{d}t} = -\frac{1}{b}\frac{\text{d}c_\text{B}}{\text{d}t} = \frac{1}{d}\frac{\text{d}c_\text{D}}{\text{d}t} = \frac{1}{e}\frac{\text{d}c_\text{E}}{\text{d}t}$$

由上式可见，以不同物质浓度变化量所表示的反应速率之比，恰好等于反应方程式中各物质化学式前面的系数之比：

$$\upsilon_\text{A}:\upsilon_\text{B}:\upsilon_\text{D}:\upsilon_\text{E} = a:b:d:e$$

采用哪种物质的浓度变化量来表示反应速率，可任意选择，一般根据测定方便而定。

二、反应机理

化学反应方程式只表示反应物、产物及反应前后它们的化学计量关系，但并没有表示出反应所经历的具体过程。实际上，绝大多数化学反应的过程都是很复杂的。一个化学反应所经历的具体步骤（或途径）称为反应机理（或反应历程）。

（一）基元反应和非基元反应

反应物一步直接转变为产物的化学反应称为*基元反应*（elementary reaction），也称为*简单反应*（simple reaction）。如反应

$$CO(g) + H_2O(g) = CO_2(g) + H_2(g)$$
$$2NO_2(g) = 2NO(g) + O_2(g)$$

都是基元反应。

由两个或两个以上基元反应组成的化学反应称为非基元反应，也称*总反应*（overall reaction）或*复合反应*（compound reaction）。绝大多数化学反应都是非基元反应。如反应

$$I_2(g) + H_2(g) = 2HI(g)$$

是由两个基元反应组成的：

（1）　$I_2(g) \rightleftharpoons 2I(g)$　快反应

（2）　$2I(g) + H_2(g) = 2HI(g)$　慢反应

第二步基元反应为慢反应，它控制总反应的速率，称为速率控制步骤，简称*速控步骤*（rate controlling step）。

（二）反应分子数

基元反应中反应物微粒（分子、原子、离子）数之和称为*反应分子数*（molecularity of reaction）。根据反应分子数的不同可将基元反应分为以下几种。

单分子反应　　$SO_2Cl_2(g) = SO_2(g) + Cl_2(g)$

双分子反应　　$CO(g) + NO_2(g) = CO_2(g) + NO(g)$

三分子反应　　$2I(g) + H_2(g) = 2HI(g)$

已知的三分子反应极少，因三分子同时碰撞并发生反应的机会很少。反应分子数是通过实验确定的，仅适用于基元反应。

第三节　化学反应速率理论

自然界中化学反应的速率千差万别。有些反应瞬间即可完成，有些反应则很慢，以致难以觉察，还有些反应通过改变条件可以改变其速率。为了说明化学反应是如何发生的、如何由反应物转变为产物的、决定和影响反应速率的因素有哪些等情况，科学家们提出了种种理论——*化学反应速率理论*（rate theory of chemical reaction）。较为流行的两种基元反应的速率理论：一是 1918 年英国化学家路易斯（W.C.M. Lewis）在阿仑尼乌斯（S. Arrhenius）速率理论的基础上提出的*碰撞理论*（collision theory）；二是 1935 年美国科学家艾林（H. Eyring）在量子力学和统计力学的基础上提出的*过渡态理论*（transition state theory）。

一、碰撞理论

（一）有效碰撞和弹性碰撞

在化学反应中，原子本身并没有发生根本的变化，主要是原子结合方式的改变。实际上，化学反应是反应物分子内旧键的削弱或断裂，产物分子内新键的孕育、形成的过程。

碰撞理论认为，反应物分子间的相互碰撞是发生反应的先决条件。如果反应物分子不相互接触，就不可能发生反应。反应物分子碰撞的频率越高，反应速率越快，但反应物分子间的碰撞并非每次都能发生反应，对于一般反应来说，大部分的碰撞都不能发生反应。在标准状态下，对于气体，分子间的相互碰撞机会很大，每秒钟单位体积内每个分子的碰撞次数约为 10^{35}，如果每次碰撞都能发生反应，则所有气体反应都能瞬间完成（都成爆炸反应），但实际上，测得的反应速率远比计算值小，只有少数碰撞能发生反应。

能发生反应的碰撞称为*有效碰撞*（effective collision），只有那些能量很高的分子才能发生有效碰撞。不能发生反应的碰撞称为*弹性碰撞*（elastic collision），又称无效碰撞。要发生有效碰撞，反应物分子必须具备两个条件：①需要足够的能量。这是因为两个相互碰撞的分子，只有具有足够大的能量，才能克服外层电子之间的斥力而充分接近，导致分子中的原子重排而发生化学反应。②必须具有适当的碰撞方位。只有在反应的部位发生碰撞，才能破坏旧键而形成新键。如果碰撞的部位不合适，即使反应物分子具有足够大的能量，也不会发生反应。如反应 $CO(g) + H_2O(g) \rightarrow CO_2(g) + H_2(g)$，只有当高能 CO 分子中的 C 原子与高能 H_2O 分子中的 O 原子相碰撞时，才能发生反应；而 C 原子碰在 H 原子上，就不可能发生 O 原子转移，不能发生反应，见图3-2。

（二）活化分子与活化能

具有较大动能并能够发生有效碰撞的分子称为活化分子（activating molecular）。气体分子能量分布曲线见图3-3。在图中，横坐标为分子的动能 E，纵坐标表示单位能量范围内的分子分数 $\frac{\Delta N}{N\Delta E}$。$N$ 为分子总数，ΔN 为具有动能 E 和 $E+\Delta E$ 间的分子数。$E_{平}$ 表示在一定温度下普通分子的平均能量，E'为活化分子所具有的最低能量。活化分子所具有的最低能量与普通分子的平均能量之差（$E'-E_{平}$）称为活化能（activation energy），用符号 E_a 表示，单位为 $kJ\cdot mol^{-1}$。

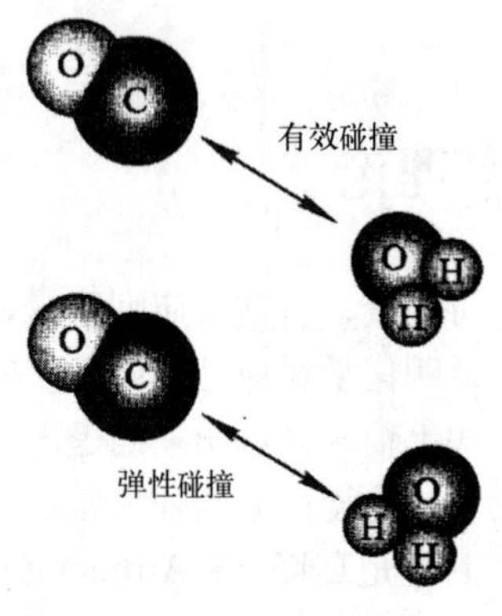

图3-2　分子间不同取向的碰撞

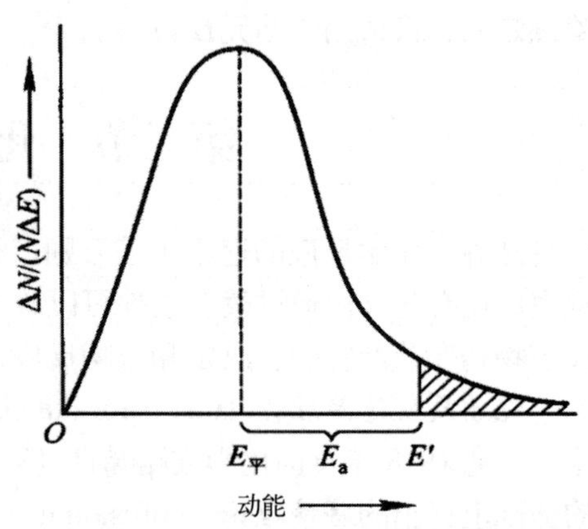

图3-3　气体分子能量分布曲线

图3-3中，曲线下面包括的总面积为具有各种能量分子分数的总和（等于1）。阴影部分的面积与整个曲线下总面积之比即为活化分子分数。可以看出，活化分子只占分子总数中的小部分。一定温度下，E_a 越小，活化分子数越多，单位体积内有效碰撞次数越多，反应速率越快；E_a 越大，活化分子数越少，单位体积内有效碰撞次数越少，反应速率越慢。

活化能不同是反应速率不同的根本原因，E_a 均为正值。许多化学反应的 E_a 与破坏一般化学键所需的能量相近，为 $40\ kJ\cdot mol^{-1} \sim 400\ kJ\cdot mol^{-1}$，多数在 $60\ kJ\cdot mol^{-1} \sim 250\ kJ\cdot mol^{-1}$ 之间。$E_a < 40\ kJ\cdot mol^{-1}$ 的反应，其速率极快，用一般方法难以测定；$E_a > 400\ kJ\cdot mol^{-1}$ 的反应，其速率极慢，难以察觉。活化能的大小，主要取决于反应物的本性，即与反应物的种类和反应历程有关。

碰撞理论比较直观地讨论了一般反应的过程，对某些简单气体分子反应的解释比较成功，但对于结构稍复杂分子间的反应它不能作出满意的解释，原因是该理论把反应物分子简单地看成刚性球体，忽略了分子的内部结构。

二、过渡态理论

随着人们对原子、分子内部结构认识的深化，科学家们又提出了过渡态理论。过渡态理论认为，化学反应不是通过反应物分子间的简单碰撞就能够完成，而是反应物分子相互接近时要经过一个中间过程——过渡态，即形成活化络合物（activated complex），然后再转变为产物。例如对于放热基元反应

$$\underset{\text{反应物}}{A + B—C} \rightleftharpoons \underset{\text{活化络合物}}{[A\cdots B\cdots C]} \rightleftharpoons \underset{\text{产物}}{A—B + C}$$

其反应过程的势能曲线见图 3-4。

由图 3-4 可见，反应物分子相互靠近时，其形状和结构发生变化，分子的动能逐渐转变为分子内的势能。BC 分子中旧键逐渐消弱，A 和 B 之间逐渐形成新键，即生成活化络合物[A…B…C]。活化络合物的势能很高，很不稳定。它既可进一步分解成产物，又可重新变成反应物。

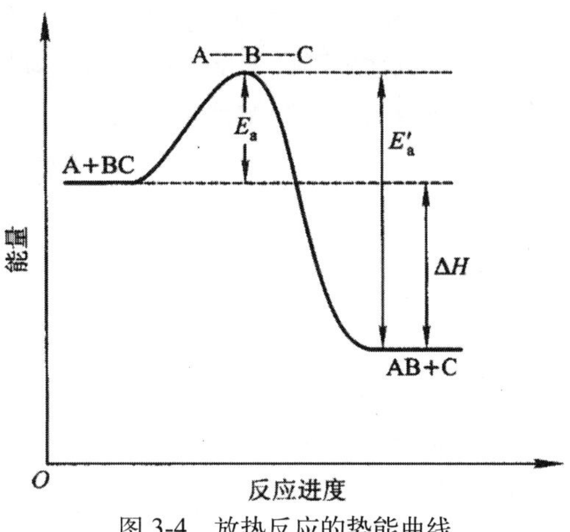

图 3-4　放热反应的势能曲线

过渡态理论认为，活化络合物与反应物基本上是经常处于平衡状态。由于活化络合物转变为产物的速率较慢，所以，反应速率基本上由活化络合物分解成产物的速率所决定。按照过渡态理论，反应的活化能实际上是活化络合物的最低能量与反应物分子最低能量之差，或者说 E_a 是由反应物转变为产物时所必须越过的能峰。E_a 越大，说明反应进行时要越过的能峰越高，活化分子数越少，反应速率越慢；E_a 越小，反应时要越过的能峰越低，活化分子数越多，反应速率越快。

对于可逆的基元反应，正反应的活化能 E_a 与逆反应的活化能 E_a' 之差为反应热，用 ΔH 表示，即

$$\Delta H = E_a - E_a' \tag{3-3}$$

若正反应为吸热（或放热）反应，则逆反应为放热（或吸热）反应，并且吸热反应的活化能总是大于放热反应的活化能。

过渡态理论把物质的微观结构与反应速率联系起来考虑，比碰撞理论前进了一步，但由于活化络合物很不稳定，确定其结构相当困难，且计算方法过于复杂，所以也只能解释一些简单反应。碰撞理论和过渡态理论都存在一定的局限性，目前正逐步被分子反应动力学所取代。

第四节　影响反应速率的因素

反应速率的快慢，不仅取决于反应活化能的大小，而且还受外界条件如浓度、温度、催化剂等影响。

一、浓度对反应速率的影响

在一定温度下，化学反应速率的快慢主要取决于反应物浓度。对于任何化学反应来说，在一定温度下，反应物分子中，活化分子分数总是恒定的，而活化分子浓度同时与反应物浓度和活化分子分数成正比，则

活化分子浓度 = 反应物浓度 × 活化分子分数

可以看出，改变反应物浓度，相当于改变了活化分子浓度，从而改变了单位时间内反应物的有效碰撞次数，使反应速率发生相应变化。

（一）质量作用定律

19 世纪 60 年代，挪威化学家古德贝格（C. M. Guldberg）和瓦格（P. Waage），根据大量实验事实，总结出了化学反应速率与反应物浓度间的定量关系：在一定温度下，基元反应的化学反应速率与反应物浓度幂的乘积成正比（指数为反应物化学式前的计量系数）。这一规律称为*质量作用定律*（law of mass action）。例如，基元反应

$$aA + bB = dD + eE$$

根据质量作用定律，该反应的反应速率与反应物浓度间的定量关系式为

$$\upsilon = kc_A^a c_B^b \qquad (3\text{-}4)$$

式（3-4）称为*反应速率方程*（rate equation）；υ 为瞬时速率；比例系数 k 称为*速率常数*（rate constant）。

k 是给定温度下，反应物为单位浓度（$1\text{mol}\cdot L^{-1}$）时的反应速率，其数值与反应物本性、温度、催化剂等有关，而与反应物浓度无关。在相同条件下，不同的化学反应其 k 值不同，k 值越大，表示反应速率越快，因此，速率常数也称比速常数或比速度。k 的量纲随速率方程中浓度项上的幂次不同而不同，其值可通过实验测定。

（二）应用质量作用定律要注意的几个问题

1. 质量作用定律仅适用于基元反应

对于基元反应，可根据质量作用定律直接写出反应速率方程；对于非基元反应，其反应式只表示反应物、生成物是些什么物质，以及反应前后的计量关系，并没有表示出反应过程中的具体步骤，因此，只能根据实验来确定反应速率方程，而不能根据质量作用定律直接得出。如反应

$$2NO(g) + 2H_2(g) = N_2(g) + 2H_2O$$

实验证明该反应的速率与 c_{NO}^2 和 c_{H_2} 成正比，则速率方程为

$$\upsilon = kc_{NO}^2 c_{H_2}$$

而不是

$$\upsilon = kc_{NO}^2 c_{H_2}^2$$

原因是上述反应是分两步进行的非基元反应。即

（1）　$2NO + H_2 = N_2 + H_2O_2$　（慢）

（2）　$H_2O_2 + H_2 = 2H_2O$　（快）

可以看出，第一步基元反应是速控步骤，其反应速率即可代表总反应的反应速率，因此，根据质量作用定律写出的第一步反应的速率方程和实验测出的总反应的速率方程是一致的。

2. 在稀溶液中进行的反应，若溶剂参与反应，在速率方程中不必标出溶剂的浓度

因为溶剂量很大而溶质量很少，在反应过程中，溶剂的浓度几乎维持不变，可近似地看作常数而合并到速率常数项内。如蔗糖的水解反应

$$\underset{\text{蔗糖}}{C_{12}H_{22}O_{11}} + H_2O = \underset{\text{葡萄糖}}{C_6H_{12}O_6} + \underset{\text{果糖}}{C_6H_{12}O_6}$$

$$\upsilon = kc_{C_{12}H_{22}O_{11}}$$

3. 反应物中有纯液体或纯固体，其浓度不写入速率方程中

如碳的燃烧反应：

$$C(s) + O_2(g) = CO_2(g)$$
$$\upsilon = kc_{O_2}$$

4. 反应物中有气体，其浓度可以用分压来代替

如反应：

$$CO(g) + NO_2(g) = CO_2(g) + NO(g)$$
$$\upsilon = kp_{CO}p_{NO_2}$$

（三）反应级数

速率反应中，各反应物浓度方次的总和称为反应的总级数，简称*反应级数*（reaction order）。如式（3-4）中，反应的总级数为（$a+b$），属于（$a+b$）级反应。a 和 b 分别称为反应物 A 和反应物 B 的级数。该反应对于反应物 A 来说，属于 a 级反应，对于反应物 B 来说，属于 b 级反应。

反应级数是通过实验测定的，它是化学反应中若干基元反应的综合表现，所以反应级数可以是零、整数、分数、负数。根据化学反应的反应级数可将反应分类，如：

反应类型	反应方程式	速率方程	反应级数
0 级反应	$2N_2O = 2N_2 + O_2$	$\upsilon = k$	0
1 级反应	$2H_2O_2 = 2H_2O + O_2$	$\upsilon = kc_{H_2O_2}$	1
1.5 级反应	$H_2 + Cl_2 = 2HCl$	$\upsilon = kc_{H_2}c_{Cl_2}^{1/2}$	1.5
2 级反应	$CO + NO_2 = CO_2 + NO$	$\upsilon = kc_{CO}c_{NO_2}$	2
3 级反应	$2NO + O_2 = 2NO_2$	$\upsilon = kc_{NO}^2c_{O_2}$	3

反应级数的大小，反映了浓度对反应速率的影响程度。反应级数越大，表明浓度对反应速率的影响越大。对于零级反应，表明反应速率与浓度无关，反应级数为负数，表明增加反应物浓度，会阻碍反应速率，使反应速率下降。

对于基元反应，可根据质量作用定律直接写出速率方程，确定出反应级数。基元反应的反应级数和反应分子数相等。对于非基元反应，若反应历程明确，可根据最慢的一步基元反应写出速率方程，求出反应级数；若反应历程难以确定，则可以通过实验测定反应级数，写出速率方程。

例 3-1　有一化学反应 aA + bB = C，298.15K 时测得下列数据

实验序号	A 的起始浓度 $mol \cdot L^{-1}$	B 的起始浓度 $mol \cdot L^{-1}$	反应速率 $mol \cdot L^{-1} \cdot s^{-1}$
1	1.0	1.0	1.2×10^{-2}
2	2.0	1.0	2.4×10^{-2}
3	4.0	1.0	4.8×10^{-2}
4	1.0	1.0	1.2×10^{-2}
5	1.0	2.0	4.8×10^{-2}
6	1.0	4.0	1.9×10^{-1}

试写出该反应的速率方程，求出反应级数和速率常数。

解：比较前 3 组实验数据可知，B 物质浓度不变，A 物质浓度增大到原来的 n 倍时，反

应速率也增大到原来的 n 倍，所以$\upsilon \propto c_A$；比较后 3 组实验数据可知，A 物质浓度不变，B 物质浓度增大到原来的 n 倍时，反应速率增大到原来的 n^2 倍，所以$\upsilon \propto c_B^2$。因此，该反应的速率方程为

$$\upsilon = kc_A c_B^2$$

该反应的反应级数是 1+2=3，为三级反应。对于 A 是一级反应，对于 B 是二级反应。

将表中任一组数据代入速率方程，即可求出 k 值。现将第 2 组数据代入速率方程得

$$k = \frac{\upsilon}{c_A c_B^2} = \frac{2.4\times10^{-2}}{2.0\times1.0^2} = 1.2\times10^{-2} \quad (\text{mol}^{-2}\cdot\text{L}^2\cdot\text{s}^{-1})$$

应该注意，由实验确定出的反应级数正好等于反应物分子化学式前的计量系数之和时，该反应也不一定是基元反应。如反应 $H_2(g) + I_2(g) = 2HI(g)$，由实验确定出该反应的速率方程为$\upsilon = kc_{I_2}c_{H_2}$，反应级数为 2，正好等于 H_2 和 I_2 前的计量系数之和，但该反应却是分两步进行的非基元反应。

二、温度对反应速率的影响

温度对化学反应速率的影响是很显著的。一般来说，大多数化学反应速率都随温度升高而加快。1884 年荷兰化学家范特霍夫从大量实验数据中归纳出了一条经验性规则：在反应物浓度恒定的情况下，温度每升高 10K，大多数化学反应速率增加到原来的 2～4 倍。

升高温度反应速率加快的原因：①升高温度时，分子的运动速率加快，分子间碰撞次数会增多，反应速率加快。但是根据计算，温度升高 10K 时，分子的碰撞次数仅增加 2%左右，所以碰撞次数增加是反应速率加快的次要因素。②升高温度时，反应物分子的平均动能增加，分子的能量分布曲线右移（见图 3-5），曲线变矮，高峰降低，活化分子的分数增加，单位时间内反应物分子间的有效碰撞次数显著增加，反应速率加快。所以活化分子分数增加是反应速率加快的主要原因。

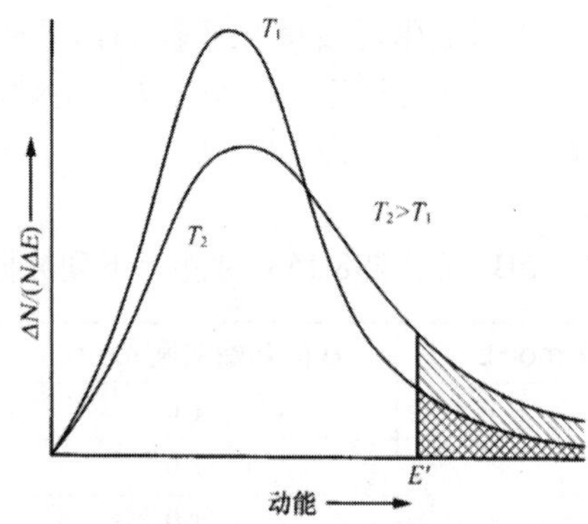

图 3-5　不同温度下分子的能量分布曲线

速率常数 k 是温度的函数，温度对反应速率的影响主要体现在 k 的变化上。1889 年 Arrhenius 根据大量实验事实，提出了反应速率 k 与热力学温度 T 的定量关系式（经验公式），即 Arrhenius 方程式

$$k = Ae^{-E_a/RT} \tag{3-5}$$

或
$$\ln k = -\frac{E_a}{RT} + \ln A \tag{3-6}$$

式中，A 为常数，称为指前因子或频率因子；R 是气体常数（$8.314\text{J}\cdot\text{K}^{-1}\cdot\text{mol}^{-1}$）；$E_a$ 是活化能。对某一给定反应，当反应的温度区间变化不大时，E_a 可看作是一定值。

由 Arrhenius 方程式可以得出：①在 T 一定时，若反应的 A 值相近，则 E_a 越小，$e^{-E_a/RT}$ 越大，即 k 越大，反应速率越快；反之，E_a 越大，k 越小，反应速率越慢。②对某一给定反应，E_a 为一常数，k 仅与 T 有关，即 T 越高，$e^{-E_a/RT}$ 越大，k 越大，反应速率越快；反之，T 越低，k 越小，反应速率越慢。

对于很多化学反应来说，在一定温度范围内，可用 Arrhenius 方程式来计算 E_a 和不同温度下的 k。将同一反应在两种温度（T_1、T_2）下的速率常数（k_1、k_2）分别代入式（3-6），整理后得出下式

$$\lg\frac{k_2}{k_1} = \frac{E_a}{2.303R}\left(\frac{1}{T_1} - \frac{1}{T_2}\right) = \frac{E_a}{2.303R}\left(\frac{T_2 - T_1}{T_1T_2}\right) \tag{3-7}$$

由式（3-7）可见，反应的 E_a 越大，温度的变化对反应速率的影响就越大。对于可逆反应，由于吸热反应的 E_a 总是大于放热反应的 E_a，所以升高温度时，吸热反应的速率增大比较显著。

例 3-2　已知反应 $2N_2O_5 = 4NO_2 + O_2$，$E_a = 103.3\text{kJ}\cdot\text{mol}^{-1}$，当温度由 300K 升高到 310K 时，反应速率将如何变化？

解：将 $T_1 = 300$，$T_2 = 310$，$E_a = 103.3\text{kJ}\cdot\text{mol}^{-1}$ 代入式（3-7）得

$$\lg\frac{k_{310}}{k_{300}} = \frac{103.3\times10^3}{2.303\times8.314}\left(\frac{310-300}{300\times310}\right) = 0.58\text{；}\qquad \frac{k_{310}}{k_{300}} = 3.8$$

由计算结果可知，温度升高 10K 时，该反应速率约增加为原来的 3.8 倍。

例 3-3　在生物化学中，常用温度系数 Q_{10}（即 310K 时的速率常数 k_{310} 与 300K 时的速率常数 k_{300} 的比值：k_{310}/k_{300}）来表明温度对酶催化反应的影响。已知某一酶催化反应的 $Q_{10} = 2.5$，求该反应的活化能 E_a。

解：由式（3-7）可得

$$E_a = 2.303R\left(\frac{T_1T_2}{T_2 - T_1}\right)\lg\frac{k_2}{k_1} = 2.303\times8.314\times10^{-3}\times\left(\frac{300\times310}{310-300}\right)\times\lg2.5$$
$$=70.9\ (\text{kJ}\cdot\text{mol}^{-1})$$

三、催化剂对反应速率的影响

（一）催化剂和催化作用

在化学反应中，能显著改变反应速率而本身的化学组成、质量和化学性质在反应前后都保持不变的物质称为催化剂（catalyst）。能加快反应速率的催化剂称为正催化剂（positive catalyst）；能减慢反应速率的催化剂称为负催化剂（negative catalyst）。例如，加热 $KClO_3$ 制取 O_2 时，加入少量 MnO_2 可以加快 $KClO_3$ 的分解速率；在 H_2O_2 水溶液中，加入磷或尿素等物质可减慢 H_2O_2 的分解速率。通常所说的催化剂一般是指正催化剂，常常把负催化剂称为抑制剂（inhibitor）。催化剂改变反应速率的作用称为催化作用（catalysis）。在催化作用下进行的反应称为催化反应（catalytic reaction）。

催化剂具有以下基本特征：

(1) 催化剂参与了化学反应，但反应前后数量和化学性质不变。催化剂的物理性质在反应前后可以发生变化，如外观、晶型改变等。

(2) 催化剂只能通过改变反应历程（即改变反应的活化能）来改变反应速率，但不能改变反应体系的始态和终态（见图 3-6），即反应热 ΔH 不变。因此，催化剂只能对热力学上可能发生的反应起催化作用。对于可逆反应，催化剂同等程度地改变了正、逆反应的活化能，即同等程度地改变了反应速率，因此它不能改变平衡状态。在一定条件下，正反应的优良催化剂也必然是逆反应的优良催化剂。

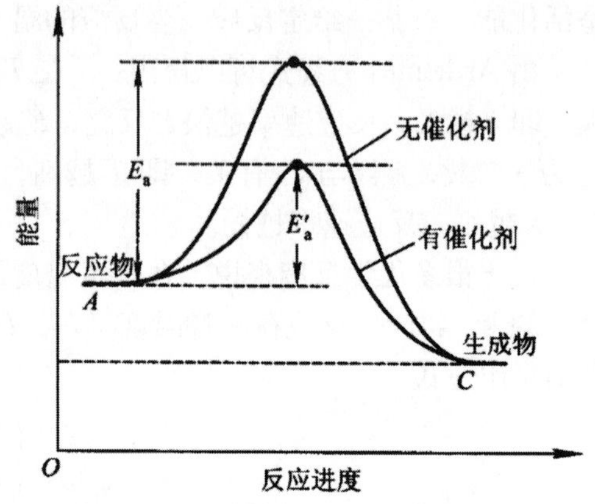

图 3-6　催化剂降低反应活化能示意图

许多实验结果表明，由于催化剂参与了变化过程，与反应物形成了一种势能较低的中间化合物（中间化合物不稳定，继续反应生成产物并放出原催化剂），从而改变了反应历程，使反应的活化能显著降低（见图 3-6），活化分子分数显著增加，所以反应速率显著加快。

例如，乙醛在 791K 时发生分解反应：

无催化剂时　　$CH_3CHO \longrightarrow CH_4 + CO$　　E_a=190 kJ · mol^{-1}

加入少量 I_2 催化时，反应机理为

(1) $CH_3CHO + I_2 \longrightarrow CH_3CHO + I_2CH_3I + HI + CO$（慢）　$E_a{}' = 136$ kJ • mol^{-1}

(2) $CH_3I + HI \longrightarrow CH_4 + I_2$　（快）

可以看出，I_2 参与反应生成了中间产物 CH_3I，改变了反应历程，使反应的活化能由 190 kJ · mol^{-1} 降低至 136 kJ · mol^{-1}，所以 CH_3CHO 的分解速率加快。由于 CH_3I 不稳定，很快反应生成产物 CH_4，并放出催化剂 I_2。

(3) 催化剂具有选择性。某种催化剂只对某一反应或某一类反应有催化作用，而对其他反应或其他类反应就没有催化作用。所以，对不同的反应要采用不同的催化剂。例如，不同的催化剂可使乙醇进行不同的反应。

$$CH_3CH_2OH \xrightarrow{Al_2O_3, 623\sim633K} C_2H_4 + H_2O$$

$$CH_3CH_2OH \xrightarrow{Cu, 473\sim523K} CH_3CHO + H_2$$

$$2CH_3CH_2OH \xrightarrow{H_2SO_4, 413K} (C_2H_5)\,O + H_2O$$

因此，只要选用不同的催化剂，利用催化剂的选择性来加速有关反应的速率，就可以得到更多所需的产物。

（二）生物催化剂——酶

催化反应在生物体内普遍存在，生物体内各种化学反应几乎都是在生物催化剂(biocatalyst)——酶(enzyme)的催化下进行的。酶是活细胞合成的、对其特异底物(substrate，被酶催化的物质称为底物）起高效催化作用的蛋白质，其在体内具有特殊的空间构型。生命活动离不开酶的催化作用，在酶的催化下，机体内的物质代谢有条不紊地进行，人体的许多

疾病与酶的异常密切相关。

酶与一般催化剂不同，它除了具有一般催化剂的特点外，还具有以下特性。

（1）酶具有高度专一性。酶对其所催化的底物具有较严格的选择性，即一种酶只对一种或一种类型的生化反应起催化作用。酶的这种特性称为*专一性*或*特异性*（specificity）。例如，脂肪酶对脂肪、简单酯的水解都起催化作用。有的酶只能催化某一特定反应，只要反应物中有 1 个基团、双键、原子增加或空间取向改变，酶都能识别出。例如，脲酶仅能催化脲素水解生成 CO 和 NH_3，而对脲素的衍生物就无催化作用；L-氨基酸氧化酶仅催化 L-氨基酸，对 D-氨基酸则无催化作用。

（2）酶具有高度催化活性。催化剂对化学反应的催化能力一般称为催化剂的活性，简称*催化活性*（catalytic activity）。对同一反应，酶的催化通常比非催化反应高 $10^8 \sim 10^{20}$ 倍，比非酶催化反应高 $10^7 \sim 10^{13}$ 倍。例如，脲酶催化脲素水解的速率是 H^+ 催化作用的 7×10^{12} 倍。酶通过其特有的作用机理，比一般催化剂更有效地降低反应的活化能，使底物只需较少的能量便可进入活化状态。据计算，在 298.15K 时，活化能每降低 4.184 $kJ \cdot mol^{-1}$，反应速率可加快 5.4 倍。

（3）酶需要在一定温度范围和一定 pH 范围内才能有效地发挥其催化作用。由于酶是蛋白质，所以它极易受外界条件的影响而改变其活性。虽然温度升高可使反应速率加快，但过高时，酶就会变性而失活，反应速率就会下降，直至为零。因此，只有在某一温度时，速率最大，此时的温度称为酶作用的最适宜温度。酶的活性常常是在某一 pH 范围内最大，称为酶的最适宜 pH。在此 pH 下，酶的酸碱性基团的电离状态合适、构象合适。pH 稍高或稍低都会使酶的活性降低。

目前，已知的酶有数千种。随着对酶类研究的深入，将可能使人类在研究疾病的病因、新陈代谢机理方面获得更多的知识。

第五节　化学平衡

对人类有益的化学反应，不仅需要其反应速率快，而且，更重要的是反应进行的程度要大。在一定条件下，不同的化学反应进行的程度各不相同。有些反应进行得比较完全，反应物几乎全部转变为产物，然而，大多数反应进行到一定程度就达到*平衡状态*（equilibrium state）。因此，研究化学反应进行的程度、化学平衡定律及影响化学平衡的因素，对解决生物体内、生态环境及化工生产中的各种问题都是至关重要的。

一、可逆反应和化学平衡

在同一条件下，既能按反应方程式向某一方向进行，又能向相反方向进行的反应称为*可逆反应*（reversible reaction），或称反应的可逆性。如：

$$CO + NO_2 \rightleftharpoons CO_2 + NO$$

从左向右进行的反应称为*正反应*（positive reaction）；从右向左进行的反应称为*逆反应*（reversed reaction）。

虽然多数化学反应都是可逆的，但可逆程度不同。通常把可逆程度极微小的反应称为*不可逆反应*（irreversible reaction）。如：

$$2KClO_3 \xrightarrow{MnO_2} 2KCl + 3O_2$$

这个反应实际上向右进行得很完全，属于不可逆反应。

在一定温度下，密闭容器中，当可逆反应的*正反应速率*（rate of positive reaction，$\upsilon_{正}$）和*逆反应速率*（rate of reversed reaction，$\upsilon_{逆}$）相等时，体系所处的状态称为*化学平衡*（chemical equilibrium）。化学平衡具有以下特征：

（1）$\upsilon_{正}=\upsilon_{逆}$是化学平衡建立的条件，是最主要的特征。

（2）平衡状态是可逆反应进行的最大限度。平衡时，体系内各物质的浓度不再随时间改变，但正反应和逆反应仍在进行，所以化学平衡是一种*动态平衡*（dynamic equilibrium）。

（3）在恒温条件下，可逆反应无论是从正反应开始，还是从逆反应开始，最后都能达到平衡。

（4）化学平衡是有条件的，当外界条件改变时，原平衡将被破坏，直至建立起新的平衡。

二、平衡常数

（一）化学平衡定律

对于任一可逆反应 $a\mathrm{A}+b\mathrm{B} \rightleftharpoons d\mathrm{D}+e\mathrm{E}$，在一定温度下达到平衡状态时，体系内各物质浓度间有如下定量关系：

$$\frac{[\mathrm{D}]^d[\mathrm{E}]^e}{[\mathrm{A}]^a[\mathrm{B}]^b}=K \qquad (3\text{-}8)$$

式中，K 称为*化学平衡常数*（chemical equilibrium constant），简称*平衡常数*（equilibrium constant）；各物质浓度均为*平衡浓度*（equilibrium concentration）。

式（3-8）为平衡常数表达式。该式表示：在一定温度下，可逆反应达到平衡时，产物浓度幂的乘积与反应物浓度幂的乘积之比是一个常数（方次为反应方程式中各物质化学式前的计量系数）。这一关系称为*化学平衡定律*（chemical equilibrium law）。化学平衡定律适用于一切可逆反应。

平衡常数 K 与反应物的起始浓度无关，它是温度的函数。同一化学反应在不同温度下，K 值不同。在一定温度下，不同的化学反应，其 K 值也不同。有关 K 的数据可以从化学手册中查到。

以产物和反应物的平衡浓度所表示的平衡常数称为*浓度平衡常数*（concentration equilibrium constant），用 K_c 表示。对于气体反应，在平衡常数表达式中，常用气体的*平衡分压*（equilibrium pressure）来代替其平衡浓度。用气体分压表示的平衡常数称为*压力平衡常数*（pressure equilibrium constant），用 K_p 表示。如：

$$N_2O_4(g) \rightleftharpoons 2NO_2(g)$$

$$K_c=\frac{[NO_2]^2}{[N_2O_4]} \qquad 或 \qquad K_p=\frac{p_{NO_2}^2}{p_{N_2O_4}}$$

K_c 和 K_p 是同一平衡状态的不同表达方式，它们之间有一定的关系。对于理想气体，根据理想气体方程式，再综合平衡常数表达式，可以导出 K_c 和 K_p 的关系式

$$K_p=K_c(RT)^{\Delta n} \qquad 或 \qquad K_c=K_p(RT)^{-\Delta n} \qquad (3\text{-}9)$$

式中，Δn 为产物化学式前计量系数之和与反应物化学式前计量系数之和的差值。当 Δn

$=0$（即反应前后气体分子总数相等）时，$K_p=K_c$。

（二）平衡常数表达式的书写规则

（1）平衡常数表达式必须与反应方程式相对应，并注明温度。如：

$$N_2O_4(g) \rightleftharpoons 2NO_2(g)$$

$$K_c=\frac{[NO_2]^2}{[N_2O_4]}=0.36 \text{（373K）}, \qquad K_c=\frac{[NO_2]^2}{[N_2O_4]}=3.2 \text{（423K）}$$

平衡体系的化学反应方程式写法不同，其平衡常数表达式不同，K 值也不同。

$$N_2O_4(g) \rightleftharpoons 2NO_2(g) \qquad K_c=\frac{[NO_2]^2}{[N_2O_4]}=3.2 \qquad \text{（423K）}$$

$$2N_2O_4(g) \rightleftharpoons 4NO_2(g) \qquad K_c'=\frac{[NO_2]^4}{[N_2O_4]^2}=3.2^2 \qquad \text{（423K）}$$

即　　$K_c' = K_c^2$

（2）如果在反应体系中有固体或纯液体参加时，其浓度可以认为是常数，均不写在平衡常数表达式中。如：

$$CaCO_3(s) \rightleftharpoons CaO(s) + CO_2(g)$$

$$K_c=[CO_2] \qquad \text{或} \qquad K_p=p_{CO_2}$$

（3）稀溶液中进行的化学反应，有溶剂水参加或有水生成时，水的浓度不写在平衡常数表达式中；但非水溶液中的反应，有水参加或有水生成时，水的浓度应写在平衡常数表达式中。如：

$$Cr_2O_7^{2-}+H_2O \rightleftharpoons 2CrO_4^{2-}+2H^+$$

$$K_c=\frac{[CrO_4^{2-}]^2[H^+]^2}{[Cr_2O_7^{2-}]}$$

$$C_2H_5OH+CH_3COOH \rightleftharpoons CH_3COOC_2H_5+H_2O$$

$$K_c=\frac{[CH_3COOC_2H_5][H_2O]}{[C_2H_5OH][CH_3COOH]}$$

（4）正、逆反应的平衡常数互为倒数。如相同条件下合成氨反应和氨分解反应：

$$N_2(g)+3H_2(g) \rightleftharpoons 2NH_3(g) \qquad 2NH_3(g) \rightleftharpoons N_2(g)+3H_2(g)$$

$$K_c=\frac{[NH_3]^2}{[N_2][H_2]^3} \qquad K_c'=\frac{[N_2][H_2]^3}{[NH_3]^2}=\frac{1}{K_c}$$

（三）实验平衡常数和标准平衡常数

在一定温度下，由实验直接测定平衡状态时各组分的浓度或分压，然后进行计算，所得到的平衡常数称为实验平衡常数（experiment equilibrium constant），用 K_c 或 K_p 表示，它是有量纲的。利用热力学有关公式间接求算得到的平衡常数称为标准平衡常数（standard equilibrium constant），用 K_c^0 或 K_p^0 表示，它是无量纲的。标准平衡常数表达式中，各物质的平衡浓度或平衡分压都是相对平衡浓度（relative equilibrium concentration）或相对平衡分压（relative equilibrium pressure）。平衡浓度与标准浓度（standard concentration，$c^0 = 1.0\ mol \cdot L^{-1}$）之比为相对平衡浓度；平衡分压与标准压力（standard pressure，$p^0=100kPa$）之比为相对平衡分压。

对于理想溶液中进行的任一可逆反应

$$aA + bB \rightleftharpoons dD + eE$$

在一定温度下达到平衡状态时

$$\frac{\{[D]/c^0\}^d\{[E]/c^0\}^e}{\{[A]/c^0\}^a\{[B]/c^0\}^b} = K_c^0$$

可以推出
$$K_c^0 = K_c(c^0)^{-\Delta n} \tag{3-10}$$

由于 $c^0 = 1\text{mol} \cdot L^{-1}$，所以 $K_c{}^0$ 和 K_c 在数值上相等，只是来源和量纲上的区别。

对于理想气体反应

$$aA(g) + bB(g) \rightleftharpoons dD(g) + eE(g)$$

在一定温度下达到平衡状态时

$$\frac{(p_D/p^0)^d(p_E/p^0)^e}{(p_A/p^0)^a(p_B/p^0)^b} = K_p^0$$

可以推出
$$K_p^0 = K_p(p^0)^{-\Delta n} \tag{3-11}$$

由于 $p^0 = 100\text{kPa}$，所以在数值上 $K_p{}^0 \neq K_p$，只有反应前后气体分子数没有变化的反应，在数值上才有 $K_p{}^0 = K_p$。

从来源和量纲看，K^0 和 K 似乎有区别，但其物理意义可以用相对浓度或相对分压予以统一，因此，在实际工作中往往并不严格区分 K^0 和 K。为了方便，在后面的各类平衡常数表达式中，各组分的浓度或分压不再除以标准浓度或标准压力，统一用实验平衡常数表达式来表示。

（四）多重平衡规则

如果有几个反应，它们在同一体系中都处于平衡状态，并且，体系中各物质的浓度或分压同时满足这几个平衡，这种平衡称为*多重平衡*（multiple equilibrium）。这种*平衡体系*（equilibrium system）称为*多重平衡体系*（multiple equilibrium system）。

例如，在 973K 时，在多重平衡体系中同时存在下列平衡反应：

① $Fe(s) + CO_2(g) \rightleftharpoons FeO(s) + CO(g)$ $\qquad K_1 = \frac{[CO]}{[CO_2]}$

② $FeO(s) + H_2(g) \rightleftharpoons Fe(s) + H_2O(g)$ $\qquad K_2 = \frac{[H_2O]}{[H_2]}$

③ $CO_2(g) + H_2(g) \rightleftharpoons CO(g) + H_2O(g)$ $\qquad K_3 = \frac{[CO][H_2O]}{[CO_2][H_2]}$

从反应式可以看出 ①＋②＝③，则

$$K_1 \cdot K_2 = \frac{[CO]}{[CO_2]} \times \frac{[H_2O]}{[H_2]} = K_3$$

由此可见，在多重平衡体系中，如果一个平衡的反应式由另外两个或多个平衡的反应式相加（或相减）得到，则该平衡的平衡常数等于这两个或多个平衡的平衡常数的乘积（或商），这一规律称为*多重平衡规则*（multiple equilibrium rule）。

应用多重平衡规则，可以根据几个平衡反应式的组合关系，间接求得所需反应的平衡常数。

例 3-4　已知 973K 时，有如下反应：

① $SO_2(g) + \frac{1}{2}O_2(g) \rightleftharpoons SO_3(g)$　　　$K_1 = 20$

② $NO_2(g) \rightleftharpoons NO(g) + \frac{1}{2}O_2(g)$　　　$K_2 = 0.012$

求该温度下反应③ $SO_2(g) + NO_2(g) \rightleftharpoons SO_3(g) + NO(g)$的 K_3。

解：反应式① + ②可得③

① $SO_2(g) + \frac{1}{2}O_2(g) \rightleftharpoons SO_3(g)$

+)　② $NO_2(g) \rightleftharpoons NO(g) + \frac{1}{2}O_2(g)$

---

③ $SO_2(g) + NO_2(g) \rightleftharpoons SO_3(g) + NO(g)$

根据多重平衡规则可得

$$K_3 = K_1 \cdot K_2 = 20 \times 0.012 = 0.24$$

（五）判断化学反应进行的方向和限度

对于溶液中进行的可逆反应 $aA + bB \rightleftharpoons dD + eE$，非平衡状态时，产物浓度幂的乘积与反应物浓度幂的乘积之比（方次为反应方程式中各物质化学式前的计量系数）称为*浓度商*（concentration quotient），用 Q_c 表示。则

$$Q_c = \frac{(D)^d (E)^e}{(A)^a (B)^b} \tag{3-12}$$

平衡时

$$K = \frac{[D]^d [E]^e}{[A]^a [B]^b}$$

若是气体反应，可用分压代替浓度，式（3-12）用 Q_p 表示，称为*分压商*（pressure quotient）。则

$$Q_p = \frac{{p_D}^d {p_E}^e}{{p_A}^a {p_B}^b} \tag{3-13}$$

平衡时

$$K_p = \frac{{p_D}^d {p_E}^e}{{p_A}^a {p_B}^b}$$

Q_c 和 Q_p 统称为*反应商*（reaction quotient）。可以看出，反应商 Q 和平衡常数 K 的表达形式相似，但二者的概念却是不同的。Q 的表达式中各物质的浓度（或分压）是非平衡浓度（或分压），其比值是不定值。而 K 的表达式中各物质的浓度（或分压）是平衡浓度（或平衡分压），其比值在一定温度下是常数。

如前面所述，$\Delta_r G^0$ 是反应物和产物处于标准状态时的吉布斯自由能变，其可作为标准状态时反应自发性的判据。实际上，大多数化学反应都是在非标准状态下进行的，因此，具有普遍实用意义的判据是任意状态吉布斯自由能变 $\Delta_r G$。热力学已导出 $\Delta_r G$ 和 $\Delta_r G^0$ 之间的定量关系式：

$$\Delta_r G = \Delta_r G^0 + RT\ln Q \tag{3-14}$$

此式称为化学反应等温式，又称范特霍夫等温式。Q为反应商。

当反应达到平衡状态时，$\Delta_r G=0$，各组分浓度（或分压）均为平衡浓度（或平衡分压），$Q=K^0$，则

$$0=\Delta_r G^0+RT\ln K^0$$

即

$$\Delta_r G^0=-RT\ln K^0 \tag{3-15}$$

将式（3-15）代入式（3-14），得

$$\Delta_r G=-RT\ln K^0+RT\ln Q$$

$$\Delta_r G=RT\ln\frac{Q}{K^0} \tag{3-16}$$

式（3-16）是化学反应等温式的又一种形式。它表明在一定温度、压力下，反应的$\Delta_r G$与K^0及参加反应各物质浓度（或分压）之间的关系。由式（3-16）及Q和K^0的相对大小，可以判断化学反应进行的方向及是否进行到最大限度。

（1）$Q<K^0$或$Q/K^0<1$时，$\Delta_r G<0$，说明产物浓度（或分压）小于其平衡浓度（或平衡分压）或反应物浓度（或分压）大于其平衡浓度（或平衡分压），反应正向自发进行，至$Q=K^0$（$\Delta_r G=0$）为止。

（2）$Q=K^0$或$Q/K^0=1$时，$\Delta_r G=0$，体系中各物质浓度（或分压）等于其平衡浓度（或平衡分压），反应处于平衡状态，此时反应进行到最大限度。

（3）$Q>K^0$或$Q/K^0>1$时，$\Delta_r G>0$，说明产物浓度（或分压）大于其平衡浓度（或平衡分压）或反应物浓度（或分压）小于其平衡浓度（或平衡分压），反应逆向自发进行，至$Q=K^0$（$\Delta_r G=0$）为止。

由以上讨论可知，平衡状态是化学反应进行的最大限度。平衡常数K^0的大小是反应进行程度的重要标志。K^0值越大，表示化学反应进行的程度越大，即反应进行的越完全，表明平衡体系中产物的量相对越多，即反应物的平衡转化率（rate of equilibrium transformation）越大；反之，K^0值越小，反应进行的越不完全，反应物的平衡转化率越小。

反应物的平衡转化率为

$$转化率=\frac{已转化的反应物浓度}{反应物的起始浓度}\times 100\%$$

第六节　化学平衡的移动

化学平衡是一种动态平衡。平衡只是相对的、暂时的，如果反应条件发生变化，原有的平衡状态将遭到破坏，体系中各物质的浓度（或分压）将发生相应的变化，直至在新的条件下建立起新的平衡状态。这种由于外界条件的改变，使可逆反应从一种平衡状态转变为另一种平衡状态的过程称为化学平衡的移动（shift of chemical equilibrium）。影响化学平衡移动的因素主要有浓度、压力和温度。

一、浓度对化学平衡的影响

如前所述，当$Q=K^0$时，体系处于平衡状态。若改变体系中任一物质的浓度，都会导致$Q\neq K$，平衡发生移动。

在一定温度下，如果增大反应物浓度或减小产物的浓度，使 $Q<K^0$，平衡将向减小反应物浓度或增大产物浓度的正反应方向移动，直至 $Q=K^0$，建立起新的平衡为止；如果减小反应物浓度或增大产物浓度，使 $Q>K^0$，平衡将向增大反应物浓度或减小产物浓度的逆反应方向移动，直到 $Q=K^0$，建立起新的平衡为止。总之，在一定温度下，增大（或减小）平衡体系中某物质浓度，平衡将向减小（或增大）该物质浓度的方向移动。

二、压力对化学平衡的影响

由于压力对液体和固体体积影响较小，所以，压力变化对液相或固相反应的平衡位置几乎没有影响。对于有气体分子参加的可逆反应，改变体系压力，对其化学平衡的影响有以下两种情况。

（1）平衡体系中某气体分压改变对化学平衡的影响。分压改变对化学平衡的影响与其浓度改变对化学平衡的影响相同。增大反应物分压或减小产物分压，使 $Q_p< K_p^0$，化学平衡向减小反应物分压或增大产物分压的正反应方向移动。反之，减小反应物分压或增大产物分压，使 $Q_p> K_p^0$，化学平衡向逆反应方向移动。如合成氨反应：

$$N_2(g)+3H_2(g)\rightleftharpoons 2NH_3(g)$$

若增大 N_2 或 H_2 的分压，平衡向右移动；若增大 NH_3 的分压，平衡向左移动。

（2）平衡体系总压力改变对化学平衡的影响。对那些反应前后气体分子数目相等的反应，如：

$$CO(g)+NO_2(g)\rightleftharpoons CO_2(g)+NO(g)$$

由于总压力发生改变，对产物分压和反应物分压产生的影响是等效的，所以 Q_p 值不变，仍有 $Q_p= K_p^0$，平衡不发生移动。而总压力改变只对那些反应前后气体分子数目不相等的气体反应的平衡位置有影响。

现以 N_2O_4 分解反应为例，说明总压力改变对化学平衡的影响。在一定温度下，N_2O_4 分解反应达到平衡状态时：

$$N_2O_4(g)\rightleftharpoons 2NO_2(g)$$

$$K_p^0=\frac{(p_{NO_2}/p^0)^2}{p_{N_2O_4}/p^0},\qquad Q_p= K_p^0$$

如果平衡体系的总压力增大到原来的 2 倍，则各组分的分压也增大到原来的 2 倍，分别为 $2p_{NO_2}$，$2p_{N_2O_4}$。则

$$Q_p=\frac{(2p_{NO_2}/p^0)^2}{2p_{N_2O_4}/p^0}=2\frac{(p_{NO_2}/p^0)^2}{p_{N_2O_4}/p^0}=2K_p^0\quad,\qquad 即\ Q_p> K_p^0$$

此时，体系已不再处于平衡状态，反应向左进行，平衡向生成 N_2O_4（气体分子数减小）的逆反应方向移动。随着 N_2O_4 分子不断增多，$p_{N_2O_4}$ 不断增大，p_{NO_2} 不断减小，直至 $Q_p=K_p^0$，建立新的平衡为止。

如果平衡体系的总压力减小到原来的 $\frac{1}{2}$，则各组分的分压也减小到原来的 $\frac{1}{2}$，分别为 $\frac{1}{2}p_{NO_2}$，$\frac{1}{2}p_{N_2O_4}$。此时

$$Q_p = \frac{(\frac{1}{2}p_{NO_2}/p^0)^2}{\frac{1}{2}p_{N_2O_4}/p^0} = \frac{1}{2}\frac{(p_{NO_2}/p^0)^2}{p_{N_2O_4}/p^0} = \frac{1}{2}K_p^0 \quad ，\quad 即\ Q_p < K_p^0$$

此时反应向右进行，平衡向 N_2O_4 分解（气体分子数增多）的正反应方向移动。随着 N_2O_4 分解反应的进行，$p_{N_2O_4}$ 不断减小，p_{NO_2} 不断增大，直至 $Q_p = K_p^0$，建立新的平衡为止。

总之，在一定温度下，增大反应体系的总压力，化学平衡向气体分子数目减小的方向移动；减小反应体系的总压力，化学平衡向气体分子数目增加的方向移动。

三、温度对化学平衡的影响

温度对化学平衡的影响和浓度或压力对化学平衡的影响有着本质的区别。化学反应达到平衡时，改变浓度或压力并不影响平衡常数，而只能改变 Q 值，使 $Q \neq K^0$，导致化学平衡发生移动。当改变温度时，K^0 值发生改变，使 $Q \neq K^0$，从而导致化学平衡发生移动。根据

$$\Delta_r G^0 = -RT\ln K^0$$

$$\Delta_r G^0 = \Delta_r H^0 - T\Delta_r S^0$$

得

$$\ln K^0 = -\frac{\Delta_r H^0}{RT} + \frac{\Delta_r S^0}{R}$$

设温度为 T_1、T_2 时的平衡常数为 K_1^0、K_2^0，假定温度对 $\Delta_r H^0$、$\Delta_r S^0$ 的影响可以忽略，则

$$\ln K_1^0 = -\frac{\Delta_r H^0}{RT_1} + \frac{\Delta_r S^0}{R}$$

$$\ln K_2^0 = -\frac{\Delta_r H^0}{RT_2} + \frac{\Delta_r S^0}{R}$$

将两式相减得

$$\ln\frac{K_2^0}{K_1^0} = \frac{\Delta_r H^0}{R}\left(\frac{1}{T_1} - \frac{1}{T_2}\right) \tag{3-17}$$

式（3-17）清楚地表明了温度对平衡常数的影响。当 $\Delta_r H^0$ 已知时，根据某一温度的标准平衡常数可计算另一温度时的标准平衡常数。

由式（3-17）可知，温度对化学平衡的影响与化学反应的热效应有直接关系。对于吸热反应，$\Delta_r H^0 > 0$，当升高温度（$T_2 > T_1$）时，平衡常数 K^0 增大，使 $K_2^0 > K_1^0$，此时 $Q < K_2^0$（$Q = K_1^0$），平衡向正反应（吸热反应）方向移动，直至 $Q = K_2^0$ 为止；当降低温度（$T_2 < T_1$）时，平衡常数 K^0 减小，使 $K_2^0 < K_1^0$，此时 $Q > K_2^0$，平衡向逆反应（放热反应）方向移动，直至 $Q = K_2^0$ 为止。对于放热反应，$\Delta_r H^0 < 0$，当升高温度时，平衡常数 K^0 减小，使 $K_2^0 < K_1^0$，此时 $Q > K_2^0$，平衡向逆反应（吸热反应）方向移动，直至 $Q = K_2^0$ 为止；当降低温度时，平衡常数 K^0 增大，使 $K_2^0 > K_1^0$，此时 $Q < K_2^0$，平衡向正反应（放热反应）方向移动，直至 $Q = K_2^0$ 为止。

总之，在其他条件一定的情况下，升高温度，化学平衡向吸热反应方向移动；降低温度，化学平衡向放热反应方向移动。

四、勒夏里特原理

关于浓度、压力和温度对化学平衡的影响，法国化学家勒夏特里（Le Chatelier）于 1887 年总结出一条普遍规律：任何平衡体系，若改变体系的任一条件，则平衡就向消弱这个改变的方向移动。这一规律称为勒夏里特原理。该原理不仅适用于化学平衡，也适用于物理平衡。应注意，勒夏里特原理仅适用于达到平衡的体系，对于未达到平衡的体系不适用。

学 习 要 点

1. 反应速率：

用一段时间间隔内反应物浓度的减少或产物浓度的增加表示的反应速率称为平均速率（$\bar{\upsilon}$）。Δt 趋近于零时的反应速率称为瞬时速率（υ）。

2. 基元反应、非基元反应及反应分子数的概念：

反应物一步直接转变为产物的化学反应称为基元反应。由两个或两个以上基元反应组成的化学反应称为非基元反应。基元反应中反应物微粒（分子、原子、离子）数之和称为反应分子数。

3. 活化分子和活化能的概念：

具有较大动能并能够发生有效碰撞的分子称为活化分子。活化分子所具有的最低能量与普通分子的平均能量之差称为活化能，即 $E_a = E' - E_{平}$。

在过渡态理论中：E_a 实际上是活化络合物的最低能量与反应物分子最低能量之差，或者说 E_a 是由反应物转变为产物时所必须越过的能峰。

4. 浓度、温度及催化剂对反应速率的影响：

质量作用定律：对于基元反应 $a\text{A} + b\text{B} = d\text{D} + e\text{E}$， 其速率方程为 $\upsilon = kc_\text{A}^\text{a}c_\text{B}^\text{b}$

范特霍夫规则：在反应物浓度恒定的情况下，温度每升高 10K，大多数化学反应速率增加到原来的 2～4 倍。升高温度活化分子分数增加是反应速率加快的主要原因，而碰撞次数增加是反应速率加快的次要因素。

催化剂：能显著改变反应速率而本身的化学组成、质量和化学性质在反应前后都保持不变的物质。催化剂只能通过改变反应历程（即改变反应的活化能）来改变反应速率，但不能改变反应体系的始态和终态（反应热 ΔH 不变），也不能改变平衡状态。

5. 平衡常数、化学平衡定律和多重平衡规则。

在一定温度下，可逆反应达到平衡时，产物浓度幂的乘积与反应物浓度幂的乘积之比是一个常数（方次为反应方程式中各物质化学式前的计量系数），这一常数称为平衡常数，这一规律称为化学平衡定律。

对于任一可逆反应 $a\text{A} + b\text{B} \rightleftharpoons d\text{D} + e\text{E}$

标准平衡常数：$\dfrac{\{[\text{D}]/c^0\}^d\{[\text{E}]/c^0\}^e}{\{[\text{A}]/c^0\}^a\{[\text{B}]/c^0\}^b} = K_\text{c}^0$ 　　实验平衡常数：$\dfrac{[\text{D}]^d[\text{E}]^e}{[\text{A}]^a[\text{B}]^b} = K$

在多重平衡体系中，如果一个平衡的反应式由另外两个或多个平衡的反应式相加（或相减）得到，则该平衡的平衡常数等于这两个或多个平衡的平衡常数的乘积（或商），这一规律称为多重平衡规则。

6. 化学反应方向的判据。

范特霍夫等温式：$\Delta_r G = \Delta_r G^0 + RT\ln Q$ 或 $\Delta_r G = RT\ln Q/K^0$

$Q < K^0$ 或 $Q/K^0 < 1$ 时，$\Delta_r G < 0$，反应正向自发进行。

$Q = K^0$ 或 $Q/K^0 = 1$ 时，$\Delta_r G = 0$，反应处于平衡状态。

$Q > K^0$ 或 $Q/K^0 > 1$ 时，$\Delta_r G > 0$，反应逆向自发进行。

7. 化学平衡移动原理：任何平衡体系，若改变体系的任一条件（如浓度、温度、压力），则平衡就向消弱这个改变的方向移动。

8. 标准平衡常数的关系式：$\ln K^0 = -\dfrac{\Delta_r G^0}{RT}$，$\ln\dfrac{K_2^0}{K_1^0} = \dfrac{\Delta_r H^0}{R}\left(\dfrac{1}{T_1} - \dfrac{1}{T_2}\right)$

思 考 题

1. 解释并比较下列名词：

（1）单相反应和多相反应　　（2）基元反应和非基元反应

（3）有效碰撞和弹性碰撞　　（4）活化分子和活化能

（5）反应分子数和反应级数　　（6）质量作用定律和化学平衡

（7）实验平衡常数和标准平衡常数　　（8）多重平衡和多重平衡规则

2. 升高或降低温度时，可逆反应的正、逆反应速率都加快或减慢，但化学平衡为何会发生移动？

3. 反应级数与反应分子数的概念有何不同？“一级反应都是单分子反应”“双分子反应都是二级反应”等说法是否正确？举例说明。

4. 速率常数 k 有何物理意义？若时间单位为 h，浓度单位为 $mol \cdot L^{-1}$，则零级、一级和二级反应的速率常数的单位各是什么？

5. 零级反应是否是基元反应？具有简单级数的反应是否一定是基元反应？

6. 增大反应物浓度、使用催化剂和升高温度都能加快反应速率，其原因是否相同？为什么？

7.平衡常数和平衡转化率有何区别和联系？

8. 什么叫有效碰撞？反应物分子发生有效碰撞的条件是什么？

9. 温度对速率常数和平衡常数有何影响？两者有何相似之处和不同之处？

10. 判断下列说法是否正确，并说明理由。

（1）质量作用定律适用于任何类型的化学反应；

（2）可逆反应 $CO_2(g) + H_2(g) \rightleftharpoons CO(g) + H_2O(g)$在 673K 和 873K 时的 K^0 分别为 0.08 和 0.41，由此可知正反应为吸热反应；

（3）升高温度，分子的碰撞频率增加，所以反应速率加快；

（4）对于 $\Delta H^0 < 0$ 的反应，若升高温度，则 K 值将增大，平衡向左移动；

（5）从反应速率常数的单位可以知道该反应的反应级数；

（6）对同一反应，加入的催化剂虽然不同，但活化能的改变值是相同的；

（7）在一定温度和体积下，反应 $Sn(s) + 2Cl_2(g) \rightleftharpoons SnCl_4(g)$达到平衡状态。增大体积有利于增加 $SnCl_4$的物质的量；

（8）在一定温度下，反应的活化能越大，其反应速率越快；

（9）总反应的反应速率主要取决于最慢一步基元反应的反应速率；

（10）在速率方程中，各物质浓度的幂次等于反应式中各物质化学式前的计量系数时，该反应即为基元反应；

（11）催化剂只能改变反应速率，但不能改变化学反应的平衡常数；

（12）升高温度 K^{θ} 值减小反应为吸热反应；

（13）化学反应自发进行的趋势越大，其反应速率就越快；

（14）浓度增大，活化分子百分数增大，所以反应速率加快。

练 习 题

1. 反应 $2NO(g) + 2H_2(g) \rightarrow N_2(g) + 2H_2O(g)$　其速率方程式对 NO(g) 是二次，对 $H_2(g)$ 是一次方程。

（1）写出 N_2 生成的速率方程式；

（2）如果浓度以 $mol \cdot L^{-1}$ 表示，反应速率常数 k 的单位是什么？

（3）写出 NO 浓度减小的速率方程式，这里的速率常数 k 和（1）中的 k 的值是否相同，两个 k 值间的关系如何？

2. 有一反应 2A＋B＝2C，假设其反应机理为：

（1）A＋B＝D　　　　（慢）

（2）A＋D＝2C　　　（快）

试写出该反应的速率方程及反应级数。

3. 有一化学反应 A＋2B＝2C，在 250K 时，其反应速率和浓度间有如下关系。

实验序号	c_A $(mol \cdot L^{-1})$	c_B $(mol \cdot L^{-1})$	A 物质浓度降低的初始速率 $(mol \cdot L^{-1} \cdot s^{-1})$
1	0.10	0.01	1.2×10^{-3}
2	0.10	0.04	4.8×10^{-3}
3	0.20	0.01	2.4×10^{-3}

（1）写出该反应的速率方程和反应级数；

（2）求该反应的速率常数；

（3）求出当 $c_A = 0.01\ mol \cdot L^{-1}$，$c_B = 0.02\ mol \cdot L^{-1}$ 时的瞬时反应速率。

4. 某一酶催化反应，温度由 300K 升高到 310K 时，速率常数 k 增大到原来的 2 倍，求该酶催化反应的活化能。

5. 反应 A→B 为二级反应，当 A 浓度为 $0.050\ mol \cdot L^{-1}$ 时，反应速率为 $1.2\ mol \cdot L^{-1} \cdot min^{-1}$。在相同温度下，欲使反应速率加倍，A 的浓度应是多少？

6. 已知 823K 时有下列反应：

（1）$CO_2(g) + H_2(g) \rightleftharpoons CO(g) + H_2O(g)$　　　$K_1^0 = 0.14$

（2）$CoO(s) + H_2(g) \rightleftharpoons Co(s) + H_2O(g)$　　　$K_2^0 = 67$

求 823K 时，反应（3）$CoO(s) + CO(g) \rightleftharpoons Co(s) + CO_2(g)$ 的 K_3^0。

7. 已知反应 $2NO(g) + Br_2(g) \rightleftharpoons 2NOBr(g)$，$\Delta H^0<0$，$K_p^0 = 116$（298.15K）。判断下列各种起始状态反应自发进行的方向。

状态	温度 T / K	起始分压		
		p_{NO} / p^0	p_{Br_2} / p^0	p_{NOBr} / p^0
Ⅰ	298	0.01	0.01	0.045
Ⅱ	298	0.10	0.01	0.045
Ⅲ	273	0.10	0.01	0.108

8. 已知反应 $N_2(g) + 3H_2(g) \rightleftharpoons 2NH_3(g)$ 在 673K 时，$K_p^0 = 6.0 \times 10^{-4}$。求在该温度时下列各平衡的 K_p^0。

（1）$\frac{1}{2}N_2(g) + \frac{3}{2}H_2(g) \rightleftharpoons NH_3(g)$　　$K_1^0 = ?$

（2）$\frac{1}{3}N_2(g) + H_2(g) \rightleftharpoons \frac{2}{3}NH_3(g)$　　$K_2^0 = ?$

（3）$2NH_3(g) \rightleftharpoons N_2(g) + 3H_2(g)$　　$K_3^0 = ?$

9. 在密闭容器中加入相同物质的量的NO和Cl_2，在一定温度下发生反应：$2NO(g) + Cl_2(g) \rightleftharpoons 2NOCl(g)$。试比较反应体系达到平衡状态时 NO 和 Cl_2 分压的大小；若增大总压力，平衡将如何移动？

10. 已知反应 $2NO(g) + O_2(g) \rightleftharpoons 2NO_2(g)$，正、逆反应的速率常数 k 和 k'在温度为 T_1（600K）、T_2（645K）时的数值如下表：

T（K）	600	645
k（$L^2 \cdot mol^{-2} \cdot min^{-1}$）	6.62×10^5	6.81×10^5
k'（$L \cdot mol^{-1} \cdot min^{-1}$）	8.40	40.8

（1）分别计算两温度下的平衡常数（K_1、K_2）；

（2）分别计算正、逆反应的活化能（$E_{a,正}$，$E_{a,逆}$）。

第四章　电解质溶液

【学习目的】

掌握：酸碱电离理论、酸碱质子理论、共轭酸碱对，共轭酸碱对的 K_a 和 K_b 的关系；电离平衡和电离常数，一元弱酸、一元弱碱的电离及溶液 pH 的计算，酸碱溶液的同离子效应和盐效应及相关计算；多元弱酸、多元弱碱和两性物质的电离及多元弱酸溶液的 pH 计算。

熟悉：强电解质溶液理论、活度、离子强度的概念；酸碱在水溶液中质子转移平衡；水的离子积及水溶液 pH 的表达；多元弱碱和两性物质溶液的酸碱性。

了解：了解路易斯酸碱概念；活度因子及其计算。

在水溶液中或熔融状态下能导电的化合物称为*电解质*（electrolyte）。电解质的水溶液称为*电解质溶液*（electrolyte solution）。酸和碱是两类重要的电解质，大多数酸碱反应都是在水溶液中进行的，酸碱反应实质上就是离子间的反应。在活的有机体中，酸碱性起着重要的作用。

人的体液如血浆、泪液、胃液等都含有电解质离子，如 Na^+、K^+、Ca^{2+}、Mg^{2+}、Cl^-、HCO_3^-、HPO_4^{2-}、$H_2PO_4^-$、SO_4^{2-}等，它们在体液中的存在状态及含量，影响到体液的渗透平衡及酸碱度，并对神经、肌肉等组织的生理、生化功能起着重要作用。因此，掌握水、各类电解质溶液的酸碱性、酸碱平衡的基本概念，是学习医学科学所必需的。

第一节　强电解质溶液

电解质可分为*强电解质*（strong electrolyte）和*弱电解质*（weak electrolyte）两类。强电解质在水溶液中完全电离成离子，如 NaCl、NaOH、HCl 等。弱电解质在水溶液中只有部分分子电离成离子，如 HAc、$NH_3 \cdot H_2O$、H_2S 等。

电解质的电离程度可以定量地用*电离度*（degree of ionization）来表示，电离度 α 是指电解质达到电离平衡时，已电离的分子数和原有的分子总数之比。

$$\alpha = \frac{\text{已电离的分子数}}{\text{原有分子总数}} \times 100\% \tag{4-1}$$

电离度 α 可通过测定电解质溶液的电导或依数性(如 ΔT_f、ΔT_b 或 Π 等)求得。

强电解质在溶液中完全电离，从理论上讲，电离度应该是 100%，但实验测得的结果，强电解质在溶液中的电离度都小于 100%（见表 4-1）。

对强电解质溶液而言，实验测得的电离度称为*表观电离度*（apparent degree of ionization）。

表 4-1　几种强电解质溶液的表观电离度（$0.1mol \cdot L^{-1}$，298.15K）

电解质	KCl	$ZnSO_4$	HCl	HNO_3	H_2SO_4	NaOH	$Ba(OH)_2$
表观电离度（%）	86	40	92	92	61	91	81

如何解释强电解质溶液的这种反常现象呢？1923 年德拜（P. Debye）和休克尔（E. Hückel）提出了强电解质溶液理论。

一、强电解质溶液理论

强电解质溶液理论认为：①强电解质在水中是完全电离的。②离子间通过静电力相互作用，每一个离子都被周围带相反电荷的离子包围着，形成所谓的离子氛（ion atmosphere），见图 4-1。由于离子氛的存在，离子间相互作用而相互牵制，强电解质溶液中的离子并不是独立的自由离子，离子的运动受到牵制，因而不能百分之百地发挥离子应有的效能。

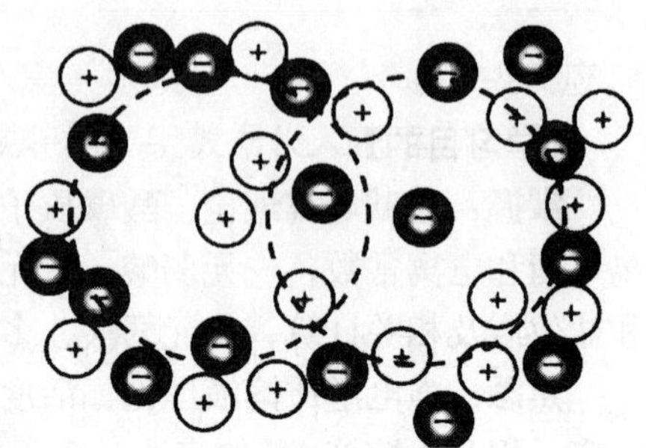
图 4-1　离子氛示意图

此外，在强电解质溶液中，由于静电引力作用，带有相反电荷的离子会部分缔合成“离子对”，这种离子对作为一个整体运动，使溶液中自由离子的浓度降低。

因此，从溶液的表观性质看，单位体积强电解质溶液中所含的离子数目，比按它们完全电离时计算所得的数目要少，所以强电解质溶液的表观电离度小于 100%。由此可见，强电解质的电离度仅仅反映了溶液中离子之间相互牵制作用的强弱程度。

二、离子强度

电解质溶液中，离子间相互牵制作用的强弱，受溶液中各离子的浓度和电荷的影响。为了进一步说明这些影响，引入*离子强度*（ionic strength）的概念。其定义为

$$I=\frac{1}{2}\sum_{i=1}^{n}b_iZ_i^2 \tag{4-2}$$

式中，I 为离子强度，b_i 和 Z_i 分别为溶液中第 i 种离子的质量摩尔浓度和该离子的电荷数。近似计算时，可用 c_i 代替 b_i。I 的单位为 $mol\cdot kg^{-1}$ 或 $mol\cdot L^{-1}$。

由式（4-2）可知，离子的浓度越大，电荷越高，溶液的离子强度越大，离子间相互牵制作用越强。

例 4-1　计算下列溶液的离子强度：

（1）0.010 $mol\cdot kg^{-1}$ NaCl 溶液；

（2）0.010 $mol\cdot kg^{-1}$ Na_2SO_4 溶液；

（3）0.010 $mol\cdot kg^{-1}$ $AlCl_3$ 和 0.010 $mol\cdot kg^{-1}$ Na_2SO_4 溶液等体积混合后形成的溶液。

解：（1）$$I=\frac{1}{2}\sum_{i=1}^{n}b_iZ_i^2=\frac{1}{2}\left[b_{Na^+}Z_{Na^+}^2+b_{Cl^-}Z_{Cl^-}^2\right]$$

$$=\frac{1}{2}\left[0.010\times1^2+0.010\times(-1)^2\right]=0.010(mol\cdot kg^{-1})$$

（2）$$I=\frac{1}{2}\sum_{i=1}^{n}b_iZ_i^2=\frac{1}{2}\left[b_{Na^+}Z_{Na^+}^2+b_{SO_4^{2-}}Z_{SO_4^{2-}}^2\right]$$

$$=\frac{1}{2}\left[0.020\times1^2+0.010\times(-2)^2\right]=0.030(mol\cdot kg^{-1})$$

$$(3)\quad I=\frac{1}{2}\sum_{i=1}^{n}b_iZ_i^2=\frac{1}{2}\left[b_{Al^{3+}}Z_{Al^{3+}}^2+b_{Cl^-}Z_{Cl^-}^2+b_{Na^+}Z_{Na^+}^2+b_{SO_4^{2-}}Z_{SO_4^{2-}}^2\right]$$

$$=\frac{1}{2}[0.005\times3^2+0.015\times(-1)^2+0.010\times1^2+0.005\times(-2)^2]$$

$$=0.045(\text{mol}\cdot\text{kg}^{-1})$$

三、活度和活度系数

由于电解质溶液中离子的相互牵制作用，每个离子不能完全发挥其应有的效能，相当于溶液中离子浓度减小。在电解质溶液中，实际上起作用的离子浓度称为*有效浓度*（effective concentration），又称*活度*（activity），用 a 表示，它的单位为 1。活度 a 与实际浓度 b_i 的关系为

$$a_i=f_i\cdot(b_i/b^0)\tag{4-3}$$

式中，$b^0=1\text{mol}\cdot\text{kg}^{-1}$，为标准质量摩尔浓度；$f_i$ 为溶液中第 i 种离子的*活度系数*（activity coefficent），一般情况下 $f_i<1$。

式（4-3）也可以表示为

$$a_i=f_i\cdot(c_i/c^0)\tag{4-4}$$

f_i 是溶液中离子之间相互作用的反映。溶液浓度越大、离子的电荷越高，离子强度越大，f_i 越小，活度就越偏离实际浓度；当溶液极稀时，$f_i\to1$，活度接近浓度。对于弱电解质溶液，因为离子浓度很小，其活度系数可视为 1，活度近似等于实际浓度。

事实上，目前还没有严格的实验方法可直接测定单个离子的活度因子，但可以通过依数性、电池电动势、溶解度等方法测定电解质溶液中*离子的平均活度系数*（mean activity coefficient of ions）$f_\pm$。$f_\pm$ 可定义为

$$f_\pm=(f_+\cdot f_-)^{1/2}\tag{4-5}$$

$f_\pm$ 除实验测定外，还可以通过离子强度等信息计算。1923 年 Debye-Hückel 推导出了计算 $f_\pm$ 的极限公式：

$$\lg f_\pm=-A|z_+z_-|\sqrt{I}\tag{4-6}$$

式中，z_- 和 z_+ 分别为阴、阳离子的电荷数；A 为常数，在 298.15K 的水溶液中，其值为 $0.509\ (\text{mol}\cdot\text{kg}^{-1})^{1/2}$；

式（4-6）仅适用于离子强度小于 $0.010\ \text{mol}\cdot\text{kg}^{-1}$ 的稀溶液，对于浓溶液不适用。对于离子强度较高的水溶液，上述 Debye-Hückel 极限公式可引申为

$$\lg f_\pm=-A|z_+z_-|\frac{\sqrt{I}}{1+\sqrt{I}}\tag{4-7}$$

式（4-7）对离子强度高达 $0.10\ \text{mol}\cdot\text{kg}^{-1}\sim0.20\text{mol}\cdot\text{kg}^{-1}$ 的电解质，均可得到较好的结果。计算出离子强度，可以通过式（4-6）和式（4-7）求出活度系数（或查表），进而求出溶液的活度。

例 4-2　分别用离子浓度和离子活度计算 $0.010\ \text{mol}\cdot\text{L}^{-1}$NaCl 溶液在 298.15K 时的渗透压。

解：用离子浓度计算渗透压：

$$\Pi = icRT = 2\times0.010\times8.314\times298.15 = 49.58\ (\text{kPa})$$

用离子活度计算渗透压：

$$I=\frac{1}{2}\sum_{i=1}^{n}c_iZ_i^2=\frac{1}{2}\left[c_{K^+}Z_{K^+}^2+c_{Cl^-}Z_{Cl^-}^2\right]$$

$$=\frac{1}{2}\left[0.010\times(+1)^2+0.010\times(-1)^2\right]=0.010(\text{mol}\cdot\text{L}^{-1})$$

$$\lg f_{\pm}=-A\left|z_+z_-\right|\sqrt{I}=-0.509\times1^2\times\sqrt{0.010}=-0.0509$$

$$f_{\pm}=0.89$$

$$a=f_{\pm}c=0.89\times0.010=0.0089(\text{mol}\cdot\text{L}^{-1})$$

$$\Pi=iaRT=2\times0.0089\times8.314\times298.15=44.12(\text{kPa})$$

除特别要求外，对于弱电解质溶液、稀溶液、难溶强电解质溶液一般不考虑活度因子的校正，可以用实际浓度进行计算。但在生物体内，电解质离子以一定的浓度和比例存在于体液中，离子强度对酶、激素和维生素等的功能影响不能忽视。

第二节　酸碱理论

大多数化学反应都属于酸碱反应的范畴。随着化学科学的发展，人们对酸碱的研究不断深入，酸碱范围也越来越广泛，更多的物质被列入酸碱范围之内。在研究酸、碱性物质的性质、组成及结构关系方面，人们提出了不同的观点，从而形成了不同的酸碱理论（theory of acid and base）。比较重要的酸碱理论是酸碱电离理论、酸碱质子理论、酸碱电子理论、软硬酸碱理论等。

一、酸碱电离理论

酸和碱是两类重要的电解质。人们在研究酸碱物质的性质与组成及结构的关系方面提出了各种不同的酸碱理论。1887年，瑞典化学家阿仑尼乌斯（S.A.Arrhenius）提出了酸碱电离理论（ionization theory of acid and base）。酸碱电离理论立论于水溶液中电解质的电离，该理论认为：在水溶液中电离出的阳离子全部是 H^+离子的物质都是酸，如 H_2SO_4、HCl、HAc等；电离出的阴离子全部是 OH^-离子的物质都是碱，如 $Ba(OH)_2$、NaOH、KOH 等。酸碱反应的实质是 H^+离子和 OH^-离子相互作用结合成 H_2O 的反应。酸碱的相对强弱可以根据它们在水溶液中电离出 H^+离子或 OH^-离子程度的大小来衡量。

酸碱电离理论是近代酸碱理论的开始，它在一定程度上提高了人们对酸碱本质的认识，对化学科学发展起到了很大作用，现在仍然在普遍应用。但它把酸、碱都限制在以水为溶剂的体系中，对于非水体系和无溶剂体系均不适用，它具有一定的局限性。

二、酸碱质子理论

1923年，丹麦化学家布朗斯台德（J. N. Bronsted）和英国化学家洛里（T. M. Lonry）提出了酸碱质子理论，它不仅适用于以水为溶剂的体系，而且适用于非水体系和无溶剂体系。酸碱质子理论克服了酸碱电离理论的局限性，扩大了酸、碱的范围，并且定义了两性物质和非酸非碱性物质。

（一）酸碱定义

酸碱质子理论（proton theory of acid and base）认为：凡能给出质子（H^+）的物质（分子或离子）都是酸（acid）；凡能接受质子的物质（分子或离子）都是*碱*（base）。酸是*质子给体*（proton donor），碱是*质子受体*（proton acceptor）。

按照酸碱质子理论，酸和碱不是孤立存在的，酸给出质子后余下的部分就是碱，碱接受质子后就成为酸。酸和碱的这种相互依存关系称为共轭关系。

以反应式表示，可以写成

$$
\begin{array}{llll}
\text{酸} & \rightleftharpoons & \text{质子} + & \text{碱} \\
HCl & \rightleftharpoons & H^+ + & Cl^- \\
HAc & \rightleftharpoons & H^+ + & Ac^- \\
H_3PO_4 & \rightleftharpoons & H^+ + & H_2PO_4^- \\
H_2PO_4^- & \rightleftharpoons & H^+ + & HPO_4^{2-} \\
NH_4^+ & \rightleftharpoons & H^+ + & NH_3 \\
H_3O^+ & \rightleftharpoons & H^+ + & H_2O \\
H_2O & \rightleftharpoons & H^+ + & OH^- \\
[Al(H_2O)_6]^{3+} & \rightleftharpoons & H^+ + & [Al(OH)(H_2O)_5]^{2+}
\end{array}
$$

上述关系式称为*酸碱半反应*（half reaction of acid-base）式，可以看出，酸和碱可以是分子，也可以是离子。一种酸给出一个质子后就成为其*共轭碱*（conjugate base），一种碱接受一个质子后就成为其*共轭酸*（conjugate acid），我们把仅相差一个质子的一对酸碱称为*共轭酸碱对*（conjugate pair of acid-base）。例如，HAc 的共轭碱是 Ac^-，Ac^-的共轭酸是 HAc，HAc 和 Ac^-为共轭酸碱对。

在酸碱质子理论中，没有盐的概念，如 Na_2CO_3，质子理论认为：CO_3^{2-}是碱，而 Na^+既不给出质子，又不接受质子，是非酸非碱物质。对于既可以给出质子，又可接受质子的物质称为*两性物质*（amphoteric substance），例如，$H_2PO_4^-$、HCO_3^-、H_2O 等。

（二）酸碱反应

酸碱半反应式仅仅是酸碱共轭关系的表达形式，并不能单独存在，因为酸不能自动给出质子，质子也不能独立存在，碱也不能自动接受质子，酸和碱必须同时存在。例如 HAc 在水溶液中的电离为

$$\underset{\text{酸}_1}{HAc} + \underset{\text{碱}_2}{H_2O} \rightleftharpoons \underset{\text{酸}_2}{H_3O^+} + \underset{\text{碱}_1}{Ac^-} \quad (H^+: HAc \to H_2O)$$

式中，HAc 作为酸给出 H^+，转变成其共轭碱 Ac^-，溶剂 H_2O 作为碱接受 H^+，转变成其共轭酸 H_3O^+。又如：

$$\underset{\text{酸}_1}{H_2O} + \underset{\text{碱}_2}{NH_3} \rightleftharpoons \underset{\text{酸}_2}{NH_4^+} + \underset{\text{碱}_1}{OH^-} \quad (H^+: H_2O \to NH_3)$$

$$\underset{\text{酸}_1}{H_2O} + \underset{\text{碱}_2}{H_2O} \rightleftharpoons \underset{\text{酸}_2}{H_3O^+} + \underset{\text{碱}_1}{OH^-} \quad (H^+: H_2O \to H_2O)$$

$$\overset{H^+}{H_2O + Ac^-} \rightleftharpoons HAc + OH^-$$

酸$_1$　碱$_2$　　酸$_2$　碱$_1$

从以上反应可以看出，一种酸和一种碱反应，总是导致一种新酸和一种新碱的生成，并且酸$_1$和碱$_1$、碱$_2$和酸$_2$分别组成共轭酸碱对，这说明酸碱反应的实质是两对共轭酸碱对之间的质子传递，一切酸碱反应都是*质子传递反应*（protolysis reaction）。阿仑尼乌斯电离理论中的弱酸或弱碱的电离反应、中和反应和水解反应，实质上就是酸碱质子理论中的酸碱质子传递反应。

在酸碱反应中，存在着争夺质子的过程。其结果必然是强碱夺取强酸的质子，转变成它的共轭酸——弱酸；强酸给出质子转变成它的共轭碱——弱碱。也就是说，酸碱反应总是由较强的酸与较强的碱作用，向着生成较弱的酸和较弱的碱的方向进行，相互作用的酸、碱越强，反应进行得越完全。

（三）酸碱强度

酸碱强度不仅取决于自身给出质子和接受质子的能力，同时与反应对象（溶剂）接受和给出质子的能力有关。

若酸给出质子的能力越强，则其共轭碱接受质子的能力越弱；反之，碱接受质子的能力越强，则其共轭酸给出质子的能力越弱。例如，HCl在水中是强酸，其共轭碱Cl^-就是弱碱；HAc在水中是弱酸，其共轭碱Ac^-就是较强的碱。

同一种酸在不同溶剂中，酸碱强弱也不同，如HAc在水中是弱酸，在液氨中表现是强酸。又如HNO_3在水中为强酸，在冰醋酸中其酸的强度大大降低，而在纯H_2SO_4中却表现为碱。

$$\overset{H^+}{HNO_3 + H_2O} \rightleftharpoons H_3O^+ + NO_3^-$$

$$\overset{H^+}{HNO_3 + HAc} \rightleftharpoons H_2Ac^+ + NO_3^-$$

$$\overset{H^+}{H_2SO_4 + HNO_3} \rightleftharpoons H_2NO_3^+ + HSO_4^-$$

三、酸碱电子理论

酸碱质子理论大大扩展了酸碱范围，并得到广泛应用，但它把酸仍然限制在含氢的物质上。在酸碱质子理论提出的同年，美国物理化学家路易斯（Lewis）提出了酸碱电子理论。

酸碱电子理论（electron theory of acid and base）认为：凡能接受电子对的物质（分子、离子或原子团）都称为酸，凡能给出电子对的物质（分子、离子或原子团）都称为碱。酸是电子对的受体，碱是电子对的给体，它们也称为*路易斯酸*（Lewis acid）和*路易斯碱*（Lewis base）。酸碱反应的实质是碱提供电子对与酸形成配位键，反应产物称为酸碱配合物。例如

$$HCl + :NH_3 \rightleftharpoons [H\leftarrow NH_3]^+ + Cl^-$$

$$\mathrm{F-\overset{\displaystyle F}{\underset{\displaystyle F}{\overset{|}{\underset{|}{B}}}} + [:\ddot{\underset{..}{F}}:]^- \rightleftharpoons \left[F-\overset{\displaystyle F}{\underset{\displaystyle F}{\overset{|}{\underset{|}{B}}}} \leftarrow F \right]^-}$$

$$\underset{\text{酸}}{Ag^+} + \underset{\text{碱}}{2[:NH_3]} \rightleftharpoons \underset{\text{酸碱配合物}}{[H_3N \rightarrow Ag \leftarrow NH_3]^+}$$

由以上反应可以看出，酸与具有孤对电子的物质成键，所以又称为*亲电试剂*（electrophilic reagent）；碱与酸中电子不足的“原子实”（atomic perzel）共用电子对，所以又称为*亲核试剂*（nucleophilic reagent）。

Lewis 酸碱概念范围相当广泛，酸碱配合物几乎无所不包，许多有机化合物也可看作酸碱配合物。例如乙醇，可以看作是 $C_2H_5^+$（酸）和 OH^-（碱）以配位键结合形成的酸碱配合物。

酸碱电子理论广泛应用于许多有机反应和配位反应，但酸碱概念显得过于笼统，并且不能定量地比较酸碱的强弱。

第三节　弱电解质溶液

一、弱电解质的电离平衡

弱电解质在水溶液中的电离过程实质上是弱电解质与水分子之间的质子传递反应，当进行到一定程度时就建立平衡，这种平衡称为*弱电解质的电离平衡*（ionization equilibrium of weak electrolyte）。

（一）电离常数

HB 表示一元弱酸，B^-表示其共轭碱，在水溶液中，存在下列电离平衡

$$HB + H_2O \rightleftharpoons H_3O^+ + B^-$$

根据化学平衡定律

$$K_i = \frac{[H_3O^+][B^-]}{[HB][H_2O]}$$

在稀溶液中，$[H_2O]$可看作是常数，上式可改写为

$$K_a = \frac{[H_3O^+][B^-]}{[HB]} \tag{4-8}$$

K_a称为弱酸的电离平衡常数，简称*电离常数*（dissociation constant）。

同样，碱 B^-在水溶液中存在下列平衡

$$B^- + H_2O \rightleftharpoons OH^- + HB$$

$$K_b = \frac{[HB][OH^-]}{[B^-]} \tag{4-9}$$

K_b为弱碱的电离常数。

电离常数的大小与温度有关，与电离平衡体系中各组分的浓度无关。温度对电离常数虽有影响，但由于电离过程热效应较小，所以温度对电离常数的影响不显著，一般不影响数量级，因此，在室温范围内，可以不考虑温度对电离常数的影响。

电离常数 K_a（K_b）是酸（碱）强度的量度。K_a值的大小表示酸在水中给出质子能力的大小，K_a值越大，酸越易给出质子，酸性越强；反之，K_a值越小，酸性越弱。同样，K_b值的大小表示碱在水中接受质子能力的大小，K_b值越大，碱性越强。例如，HAc 和 HCN 都是一元弱酸，它们的K_a值分别为 1.76×10^{-5}和 4.93×10^{-10}，所以这两种酸的强弱顺序为 HAc＞HCN。

一些弱酸（碱）的电离常数值非常小，为了使用方便，也常用 pK_a或 pK_b表示，它们是 K_a或 K_b的负对数。书后附录列出了一些最常用的弱酸弱碱的电离常数值。

（二）水的质子自递平衡

水是两性物质，既可给出质子，又可接受质子，因此水分子之间可发生质子传递反应，存在下列*质子自递平衡*（autoprotolysis equilibrium）。

$$H_2O + H_2O \rightleftharpoons H_3O^+ + OH^-$$

简写成

$$H_2O \rightleftharpoons H^+ + OH^-$$

实验测得纯水中（298.15K）

$$[H^+]=[OH^-]=1.0\times10^{-7}mol\cdot L^{-1}$$

根据化学平衡原理

$$K_w=[H^+]\,[OH^-]=1.0\times10^{-14} \tag{4-10}$$

K_w 称为水的*质子自递平衡常数*（proton self-transfer constant），又称水的*离子积*（ion product of water），其数值与温度有关，随温度升高而增大（见表 4-2）。为了方便，在室温下，可采用 $K_w=1.0\times10^{-14}$。

表 4-2　不同温度时水的离子积

T/K	K_w	T/K	K_w
273	1.139×10^{-15}	298	1.008×10^{-14}
283	2.290×10^{-15}	323	5.474×10^{-14}
293	6.809×10^{-15}	373	5.5×10^{-13}
297	1.000×10^{-14}		

水的离子积不仅适用于纯水，还适用于稀水溶液。不论是在酸性还是在碱性溶液中，H^+和 OH^-都是同时存在的，它们的浓度的乘积是一个常数，知道了一种离子浓度，就可以计算出另一种离子浓度。根据它们的浓度不同，可以判断溶液的酸碱性。

中性溶液中　$[H^+]=[OH^-]=1.0\times10^{-7}mol\cdot L^{-1}$

酸性溶液中　$[H^+]>1.0\times10^{-7}mol\cdot L^{-1}>[OH^-]$

碱性溶液中　$[H^+]<1.0\times10^{-7}mol\cdot L^{-1}<[OH^-]$

为了使用方便，通常用$[H^+]$的负对数（pH 值）来表示溶液的酸碱性

$$pH=-\lg[H^+] \tag{4-11}$$

同样

$$pOH=-\lg\,[OH^-]$$

$$pK_w=-\lg K_w$$

式（4-10）两边各取负对数，则

$$pH + pOH = pK_w \tag{4-12}$$

室温下

$$pH + pOH = 14 \tag{4-13}$$

pH 值的应用范围一般在 1～14，pH 值越小，溶液酸性越强，中性溶液中 pH 值等于 7，酸性溶液中 pH 值小于 7，碱性溶液中 pH 值大于 7。

当溶液中 H^+离子浓度或 OH^-离子浓度大于 1 mol•L^{-1}时，可以直接用 H^+或 OH^-离子浓度表示溶液的酸碱性。

人体的各种体液都要求维持一定的 pH 值范围，各种生物催化剂——酶也只有在一定的 pH 值时才有活性。表 4-3 列出了正常人各种体液的 pH 值范围。

表 4-3　人体各种体液的 pH 值

体液	pH 值	体液	pH 值
血清	7.35～7.45	大肠液	8.3～8.4
成人胃液	0.9～1.5	乳汁	6.0～6.9
婴儿胃液	5.0	泪水	～7.4
唾液	6.35～6.85	尿液	4.8～7.5
胰液	7.5～8.0	脑脊液	7.35～7.45
小肠液	～7.6		

（三）共轭酸、碱电离常数的关系

酸的电离常数 K_a 与其共轭碱的电离常数 K_b 之间有确定的对应关系。以 HB-B^-为例，则

$$HB + H_2O \rightleftharpoons H_3O^+ + B^-$$

$$K_a = \frac{[H_3O^+][B^-]}{[HB]}$$

$$B^- + H_2O \rightleftharpoons OH^- + HB$$

$$K_b = \frac{[HB][OH^-]}{[B^-]}$$

又因为溶液中同时存在水的质子自递平衡

$$H_2O + H_2O \rightleftharpoons H_3O^+ + OH^-$$

$$K_w = [H_3O^+]\,[OH^-]$$

按多重平衡规则可得

$$K_aK_b = K_w \tag{4-14}$$

两边取负对数

$$pK_a + pK_b = pK_w \tag{4-15}$$

式（4-14）表示，K_a 与 K_b 成反比，说明酸越强，其共轭碱越弱；碱越强，其共轭酸越弱。若已知酸的电离常数 K_a（或 pK_a），就可以求出其共轭碱的 K_b（或 pK_b），反之亦然。

例 4-3　已知 HAc 的 K_a 为 1.76×10^{-5}，pK_a 为 4.75，求 Ac^-的 K_b 和 pK_b。

解：Ac^-是 HAc 的共轭碱，故

$$K_b = \frac{K_w}{K_a} = \frac{1.0\times10^{-14}}{1.76\times10^{-5}} = 5.68\times10^{-10}$$

$$pK_b = pK_w - pK_a = 14 - 4.75 = 9.25$$

二、一元弱酸（碱）溶液

（一）一元弱酸溶液 pH 的计算

一元弱酸水溶液中存在两种质子传递平衡，以 HAc 为例

$$HAc + H_2O \rightleftharpoons H_3O^+ + Ac^-$$
$$H_2O + H_2O \rightleftharpoons H_3O^+ + OH^-$$

要精确计算一元弱酸溶液中的 H^+离子浓度，相当复杂，实际工作中也没有必要，通常在允许的误差范围内可采用近似计算。

（1）当 $c \cdot K_a \geqslant 20K_w$ 时，可以忽略水的质子自递平衡，只考虑一元弱酸的质子传递平衡：

$$HAc + H_2O \rightleftharpoons H_3O^+ + Ac^-$$

简写为

	HAc $\rightleftharpoons$	H^+ +	Ac^-
起始浓度	c	0	0
平衡浓度	$c - c\alpha$	$c\alpha$	$c\alpha$

$$K_a = \frac{[H^+][Ac^-]}{[HAc]} = \frac{c\alpha \cdot c\alpha}{c - c\alpha} = \frac{c\alpha^2}{1-\alpha} \tag{4-16}$$

式（4-16）中，c 为 HAc 的起始浓度，α 为其电离度。先求得 α，再根据 $[H^+] = c\alpha$ 求出 $[H^+]$。

（2）当 $\dfrac{c}{K_a} \geqslant 500$，或 $\alpha < 5\%$ 时，电离的 HAc 极少，$1-\alpha \approx 1$，则

$$K_a = c\alpha^2 \quad 或 \quad \alpha = \sqrt{\frac{K_a}{c}} \tag{4-17}$$

$$[H^+] = \sqrt{cK_a} \tag{4-18}$$

式（4-18）为计算一元弱酸$[H^+]$的最简式。

式（4-17）表示电离度、电离常数、溶液浓度三者之间的定量关系，称为稀释定律。它表明：在一定温度下，同一弱电解质的电离度与其浓度的平方根成反比，即溶液越稀，电离度越大；相同浓度时，不同弱电解质的电离度与电离常数的平方根成正比，电离常数越大，电离度也越大。

（二）一元弱碱溶液 pH 的计算

对一元弱碱溶液，当 $c \cdot K_b \geqslant 20K_w$，并且 $\dfrac{c}{K_b} \geqslant 500$ 时，同理可以得到最简式：

$$[OH^-] = \sqrt{cK_b} \tag{4-19}$$

例 4-4 计算 0.10 $mol \cdot L^{-1}$HAc 溶液的 pH 值及电离度 α。

解：已知 $K_{a,\,HAc} = 1.76 \times 10^{-5}$，$c = 0.10\ mol \cdot L^{-1}$

因 $c \cdot K_a = 0.10 \times 1.76 \times 10^{-5} > 20K_w$，$\dfrac{c}{K_a} = \dfrac{0.10}{1.76 \times 10^{-5}} > 500$

故用最简式计算

$$[H^+] = \sqrt{cK_a} = \sqrt{0.10 \times 1.76 \times 10^{-5}} = 1.33 \times 10^{-3} \quad (mol \cdot L^{-1})$$
$$pH = -\lg(1.33 \times 10^{-3}) = 2.88$$

$$\alpha = \frac{[H^+]}{c} \times 100\% = \frac{1.33 \times 10^{-3}}{0.10} \times 100\% = 1.33\%$$

例 4-5　计算 0.10 mol•L^{-1}NaAc 溶液的 pH。

解：已知 $K_{a,\ HAc} = 1.76 \times 10^{-5}$，$c = 0.10$ mol•L^{-1}，则

$$K_{b,Ac^-} = \frac{K_w}{K_{a,HAc}} = \frac{1.0 \times 10^{-14}}{1.76 \times 10^{-5}} = 5.68 \times 10^{-10}$$

因 $c \cdot K_b = 0.10 \times 5.68 \times 10^{-10} > 20K_w$，$\dfrac{c}{K_b} = \dfrac{0.10}{5.68 \times 10^{-10}} > 500$

故用最简式计算：

$$[OH^-] = \sqrt{cK_b} = \sqrt{0.10 \times 5.68 \times 10^{-10}} = 7.54 \times 10^{-6}\ (\text{mol} \cdot \text{L}^{-1})$$

$$pOH = -\lg(7.54 \times 10^{-6}) = 5.12$$

$$pH = 14 - pOH = 14 - 5.12 = 8.88$$

例 4-6　计算 0.10 mol•L^{-1}一氯乙酸（$CH_2ClCOOH$）溶液的 pH 值。

解：已知 $K_a = 1.40 \times 10^{-3}$，$c = 0.10$ mol•L^{-1}

因 $c \cdot K_a = 0.10 \times 1.40 \times 10^{-3} > 20K_w$，$\dfrac{c}{K_a} = \dfrac{0.10}{1.40 \times 10^{-3}} < 500$，故不能用最简式计算，可采用式（4-16）计算：

$$K_a = \frac{c\alpha^2}{1-\alpha}$$

$$1.40 \times 10^{-3} = \frac{0.10\alpha^2}{1-\alpha}$$

$$0.10\alpha^2 + 1.40 \times 10^{-3}\alpha - 1.40 \times 10^{-3} = 0$$

解一元二次方程，得

$$\alpha = 11.15\%$$

$$[H^+] = c\alpha = 0.10 \times 11.15\% = 1.115 \times 10^{-2}\ \text{mol} \cdot \text{L}^{-1}$$

$$pH = -\lg(1.115 \times 10^{-2}) = 1.95$$

例 4-7　某弱酸 HA 水溶液的 b 为 0.10mol•kg^{-1}，测得此溶液的 ΔT_b 为 0.053K，试计算该弱酸溶液的电离度和溶液$[H^+]$。已知水的 K_b 为 0.512 K•kg•mol^{-1}。

解：

	HA	$\rightleftharpoons$	H^+	+	A^-
平衡浓度	$0.10 - 0.10\alpha$		0.10α		0.10α

达到平衡后，弱酸分子和离子的总浓度为：

$$(0.10 - 0.10\alpha) + 0.10\alpha + 0.10\alpha = 0.10 + 0.10\alpha$$

$$ib = 0.10(1+\alpha)$$

将　$\Delta T_b = 0.053\text{K}$，$K_b = 0.512\text{K} \cdot \text{kg} \cdot \text{mol}^{-1}$ 代入 $\Delta T_b = ibK_b$

$$ib = \Delta T_b / K_b = 0.053/0.512 = 0.1035$$

$$0.10(1+\alpha) = 0.1035,\quad \alpha = 0.035 = 3.5\%$$

$$[H^+] = 0.10\alpha = 3.5 \times 10^{-3}\ (\text{mol} \cdot \text{kg}^{-1})$$

由上述讨论可以看出，电离常数 K_i 和电离度 α 都能反映弱电解质的电离程度，但它们之间既有联系又有区别。K_i 是化学平衡常数的一种形式，它不随弱电解质的浓度而变化；而 α

则是转化率的一种形式，它表示弱电解质在一定条件下的电离百分率，在一定温度下，其可随浓度而变化。K_i比α能更好地反映出弱电解质的特征，因此，K_i的应用范围更为广泛。

（三）同离子效应和盐效应

弱电解质的电离平衡和其他化学平衡一样，是一个动态平衡，当外界条件改变时，将发生平衡移动。

1. 同离子效应

在弱电解质溶液中加入一种与弱电解质含有相同离子的易溶强电解质时，弱电解质的电离度将会发生显著变化。例如，在 HAc 溶液中加入强电解质 NaAc，由于 NaAc 完全电离，溶液中 Ac^-离子浓度增大，使 HAc 的电离平衡向左移动，$[H^+]$减小，故 HAc 的电离度降低。

$$\begin{aligned} NaAc &\rightarrow Na^+ + \boxed{Ac^-} \\ HAc &\rightleftharpoons H^+ + \boxed{Ac^-} \end{aligned}$$

$\xleftarrow{\text{平衡移动方向}}$

又如，在 $NH_3{\cdot}H_2O$ 中加入 NH_4Cl，使 NH_3 的电离度降低。

$$\begin{aligned} NH_4Cl &\rightarrow \boxed{NH_4^+} + Cl^- \\ NH_3{\cdot}H_2O &\rightleftharpoons \boxed{NH_4^+} + OH^- \end{aligned}$$

$\xleftarrow{\text{平衡移动方向}}$

这种在弱电解质溶液中，加入与该弱电解质含有相同离子的易溶强电解质，使弱电解质电离度降低的作用称为同离子效应（common ion effect）。

例 4-8 在 1L0.10 $mol{\cdot}L^{-1}$的 HAc 溶液中加入固体 NaAc（忽略体积变化），使其浓度为 0.10 $mol{\cdot}L^{-1}$，计算此溶液的$[H^+]$和电离度。

解：

$$\begin{aligned} NaAc &\rightarrow Na^+ + Ac^- \\ HAc &\rightleftharpoons H^+ + Ac^- \end{aligned}$$

平衡时 $0.10-[H^+]$ $[H^+]$ $0.10+[H^+]$

同离子效应抑制 HAc 电离。平衡时，$[HAc]=0.1-[H^+]\approx 0.10\ mol{\cdot}L^{-1}$，$[Ac^-]=0.1+[H^+]\approx 0.10\ mol{\cdot}L^{-1}$，故

$$K_{a,HAc}=\frac{[H^+][Ac^-]}{[HAc]}=\frac{0.10}{0.10}[H^+]$$

$$[H^+]=1.76\times10^{-5}\times\frac{0.1}{0.1}=1.76\times10^{-5}\ \ (mol{\cdot}L^{-1})$$

$$\alpha=\frac{[H^+]}{c}\times100\%=\frac{1.76\times10^{-5}}{0.10}\times100\%=0.0176\%$$

由例 4-4 计算可知，0.10 $mol{\cdot}L^{-1}$ HAc 溶液的$[H^+]=1.33\times10^{-3}\ mol{\cdot}L^{-1}$，$\alpha=1.33\%$。可见，由于同离子效应，使 HAc 的电离度由 1.33%下降为 0.0176%，下降幅度相当大。因此，利用同离子效应可控制溶液中某离子浓度和调节溶液的 pH 值，对生产实践和科学实验都具有实际意义。

2. 盐效应

若在 HAc 溶液中加入不含相同离子的易溶强电解质 NaCl 时，由于溶液中离子浓度增大，

则离子强度增大，溶液中离子之间相互牵制作用增强，使 HAc 的电离度略有增大。这种在弱电解质溶液中加入不含相同离子的易溶强电解质，使弱电解质电离度增大的作用称为盐效应(salt effect)。例如，在 0.10 mol•L^{-1}HAc 溶液中加入 NaCl 使其浓度为 0.10 mol•L^{-1}，则溶液中的[H$^+$]由 1.33×10^{-3} mol•L^{-1}增大到 1.82×10^{-3} mol•L^{-1}，HAc 的电离度由 1.33%增大到 1.82%。

产生同离子效应的同时，必然有盐效应存在，但盐效应与同离子效应相比，要弱得多，故在有同离子效应时，盐效应往往不予考虑。

三、多元弱酸（碱）溶液

能释放出两个或两个以上质子的弱酸称为多元弱酸。如 H_2CO_3、H_3PO_4、H_2S 等，它们在水中分步电离出多个质子，称为分步电离或逐级电离（stepwise ionization)。例如 H_2S 为二元弱酸，在水溶液中分两步电离

$$H_2S + H_2O \rightleftharpoons H_3O^+ + HS^-$$

$$K_{a_1} = \frac{[H_3O^+][HS^-]}{[H_2S]} = 9.1\times10^{-8}$$

$$HS^- + H_2O \rightleftharpoons H_3O^+ + S^{2-}$$

$$K_{a_2} = \frac{[H_3O^+][S^{2-}]}{[HS^-]} = 1.1\times10^{-12}$$

K_{a_1}、K_{a_2} 为 H_2S 的第一、第二步电离的平衡常数。对于多元弱酸，电离常数都是 $K_{a_1} >> K_{a_2} >> K_{a_3}$。

溶液中的[H$^+$]来自 H_2S 的两步电离及水的质子自递平衡，当 $c\cdot K_{a_1} \geqslant 20K_w$时，可以忽略水的质子自递平衡。当 $K_{a_1}/K_{a_2} > 10^2$时，溶液中的[H$^+$]主要来自 H_2S 的第一步电离，计算[H$^+$]时可按一元弱酸处理。

例 4-9　计算 0.10 mol•L^{-1}H_2S 水溶液中[H$^+$]、[HS$^-$]及[S^{2-}]。

解：已知$K_{a_1} = 9.1\times10^{-8}$，$K_{a_2} = 1.1\times10^{-12}$，$c = 0.10$ mol•L^{-1}

因 $c\cdot K_{a_1} = 0.10\times9.1\times10^{-8} > 20K_w$，可忽略水的质子自递平衡。

又因 $\dfrac{K_{a_1}}{K_{a_2}} = \dfrac{9.1\times10^{-8}}{1.1\times10^{-12}} > 10^2$，$\dfrac{c}{K_{a_1}} = \dfrac{0.10}{9.1\times10^{-8}} > 500$，可按一元弱酸的最简式计算

$[H^+] = \sqrt{cK_{a_1}} = \sqrt{0.10\times9.1\times10^{-8}} = 9.54\times10^{-5}$ （mol•L^{-1}）

由于 H_2S 的第二步电离程度很小，所以[HS$^-$]≈[H$^+$]$= 9.54\times10^{-5}$ mol•L^{-1}，[S^{2-}]按第二步电离平衡计算

$$HS^- + H_2O \rightleftharpoons H_3O^+ + S^{2-}$$

$$K_{a_2} = \frac{[H_3O^+][S^{2-}]}{[HS^-]}$$

由于[H_3O^+]≈[HS$^-$]，所以[S^{2-}]≈$K_{a_2} = 1.1\times10^{-12}$ mol•L^{-1}。

对于多元弱酸溶液，可得到如下结论：

（1）当多元弱酸的 $K_{a_1} >> K_{a_2} >> K_{a_3}$、$K_{a_1}/K_{a_2} > 10^2$时，可当作一元弱酸处理计算[H$^+$]。

（2）多元弱酸第二步质子传递平衡所得的共轭碱的浓度近似等于 K_{a_2}，与酸的浓度关系不大，如 H_3PO_4 溶液中 $[HPO_4^{2-}] \approx K_{a_2}$。

多元弱碱如 Na_2S、Na_2CO_3 等在水溶液中的分步电离和多元弱酸相似，根据类似的条件，可按一元弱碱溶液计算其 $[OH^-]$。

例 4-10 计算 0.10 $mol \cdot L^{-1} Na_2CO_3$ 溶液的 pH 值。

解：已知 H_2CO_3 的 $K_{a_1} = 4.30 \times 10^{-7}$，$K_{a_2} = 5.61 \times 10^{-11}$，$CO_3^{2-}$ 在水溶液中的质子传递分两步进行：

$$CO_3^{2-} + H_2O \rightleftharpoons HCO_3^- + OH^- \qquad K_{b_1} = \frac{K_w}{K_{a_2}} = \frac{1.0 \times 10^{-14}}{5.61 \times 10^{-11}} = 1.78 \times 10^{-4}$$

$$HCO_3^- + H_2O \rightleftharpoons H_2CO_3 + OH^- \qquad K_{b_2} = \frac{K_w}{K_{a_1}} = \frac{1.0 \times 10^{-14}}{4.30 \times 10^{-7}} = 2.33 \times 10^{-8}$$

因 $c \cdot K_{b_1} > 20K_w$，故可忽略水的质子自递平衡

又因 $\frac{K_{b_1}}{K_{b_2}} = \frac{1.78 \times 10^{-4}}{2.33 \times 10^{-8}} > 10^2$，$\frac{c}{K_{b_1}} = \frac{0.10}{1.78 \times 10^{-4}} > 500$，可按一元弱碱最简式计算

$$[OH^-] = \sqrt{cK_{b_1}} = \sqrt{0.10 \times 1.78 \times 10^{-4}} = 4.22 \times 10^{-3} \quad mol \cdot L^{-1}$$

$$pOH = 2.37 \;, \quad pH = 11.63$$

四、两性物质溶液

两性物质包括两性阴离子如 HCO_3^-、$H_2PO_4^-$、HPO_4^{2-}，弱酸弱碱盐如 NH_4Ac 和氨基酸型两性物质。它们在水溶液中的电离平衡比较复杂，以 HCO_3^- 为例：

HCO_3^- 作为酸，在水中的质子传递反应为

$$HCO_3^- + H_2O \rightleftharpoons H_3O^+ + CO_3^{2-} \qquad K_{a,HCO_3^-} = K_{a_2,H_2CO_3} = 5.61 \times 10^{-11}$$

HCO_3^- 作为碱，在水中的质子传递反应为

$$HCO_3^- + H_2O \rightleftharpoons H_2CO_3 + OH^- \qquad K_{b,HCO_3^-} = \frac{K_w}{K_{a_1,H_2CO_3}} = \frac{1.0 \times 10^{-14}}{4.30 \times 10^{-7}} = 2.33 \times 10^{-8}$$

因为 $K_{b,HCO_3^-} > K_{a,HCO_3^-}$，所以溶液显碱性。

又如 NH_4Ac 溶液

$$NH_4^+ + H_2O \rightleftharpoons H_3O^+ + NH_3$$

$$K_{a,NH_4^+} = \frac{K_w}{K_{b,NH_3}} = \frac{1.0 \times 10^{-14}}{1.76 \times 10^{-5}} = 5.68 \times 10^{-10}$$

$$Ac^- + H_2O \rightleftharpoons OH^- + HAc$$

$$K_{b,Ac^-} = \frac{K_w}{K_{a,HAc}} = \frac{1.0 \times 10^{-14}}{1.76 \times 10^{-5}} = 5.68 \times 10^{-10}$$

因为 $K_{a,NH_4^+} = K_{b,Ac^-}$，所以 NH_4Ac 溶液为中性。

经数学推导和近似处理，当 $c \cdot K_a > 20K_w$，且 $c > 20K_a'$ 时，两性物质溶液中 $[H^+]$ 和 pH 近似计算的最简式为

$$[H^+]=\sqrt{K_a K_a'} \tag{4-20}$$

$$pH=\frac{1}{2}(pK_a+pK_a') \tag{4-21}$$

式中，K_a为两性物质作为酸时的电离常数，K_a'是作为碱时其共轭酸的电离常数。

例如，对于HCO_3^-溶液

$$[H^+]=\sqrt{K_{a_1}K_{a_2}},\qquad pH=\frac{1}{2}(pK_{a_1}+pK_{a_2})$$

式中，K_{a_1}和K_{a_2}分别为H_2CO_3的一级和二级电离常数。

对于$H_2PO_4^-$溶液：

$$[H^+]=\sqrt{K_{a_1}K_{a_2}},\qquad pH=\frac{1}{2}(pK_{a_1}+pK_{a_2})$$

对于HPO_4^{2-}溶液：

$$[H^+]=\sqrt{K_{a_2}K_{a_3}},\qquad pH=\frac{1}{2}(pK_{a_2}+pK_{a_3})$$

式中，K_{a_1}、K_{a_2}和K_{a_3}分别为H_3PO_4的一级、二级和三级电离常数。

对于NH_4CN溶液：

$$[H^+]=\sqrt{K_{a,NH_4^+}K_{a,HCN}},\qquad pH=\frac{1}{2}(pK_{a,NH_4^+}+pK_{a,HCN})$$

氨基酸在溶液中既能起酸的作用，又能起碱的作用，如甘氨酸（NH_2CH_2COOH）在水溶液中以兼性离子$^+H_3N-CH_2-COO^-$形式存在，它在水溶液中的质子传递平衡为

$$^+H_3N\text{-}CH_2\text{-}COO^- + H_2O \rightleftharpoons H_2N\text{-}CH_2\text{-}COO^- + H_3O^+ \qquad (作为酸)$$
$$K_a=1.56\times10^{-10}$$

$$^+H_3N\text{-}CH_2\text{-}COO^- + H_2O \rightleftharpoons {}^+H_3N\text{-}CH_2\text{-}COOH + OH^- \qquad (作为碱)$$
$$K_b=2.24\times10^{-12}$$

计算氨基酸水溶液中$[H^+]$的最简式与计算NH_4Ac的相似，即$[H^+]=\sqrt{K_a K_a'}$，式中K_a为氨基酸作为酸时的电离常数，K_a'为氨基酸作为碱时的共轭酸$^+H_3N\text{-}CH_2\text{-}COOH$的电离常数，可由$K_b$求出，即

$$K_a'=\frac{K_w}{K_b}=\frac{1.0\times10^{-14}}{2.24\times10^{-12}}=4.46\times10^{-3}$$

如果计算0.10 mol•L^{-1}甘氨酸溶液的$[H^+]$和pH，根据$c\cdot K_a>20K_w$，$c>20K_a'$，用最简式计算，即

$$[H^+]=\sqrt{K_a K_a'}=\sqrt{1.56\times10^{-10}\times4.46\times10^{-3}}=8.34\times10^{-7}\ (mol\cdot L^{-1})$$

$$pH=-\lg(8.34\times10^{-7})=6.08$$

例 4-11 已知H_3PO_4的$pK_{a_1}=2.12, pK_{a_2}=7.21, pK_{a_3}=12.67$。计算0.10 mol•L^{-1}$Na_2HPO_4$溶液的pH值。

解：已知$c=0.10$ mol•L^{-1}，因$c\cdot K_{a_3}>20K_w$，$c>20K_{a_2}$，故可用最简式计算

$$pH=\frac{1}{2}(pK_{a_2}+pK_{a_3})=\frac{1}{2}(7.21+12.67)=9.94$$

例 4-12 计算 0.10 mol•L^{-1}NH_4CN 溶液的[H^+]和 pH 值。

解：已知 $c=0.10$ mol•L^{-1}，$K_{a,\ HCN}=4.93\times10^{-10}$

$$K_{a,NH_4^+}=\frac{K_w}{K_{b,NH_3}}=\frac{1.0\times10^{-14}}{1.76\times10^{-5}}=5.68\times10^{-10}$$

因 $c\cdot K_a>20K_w$，$c>20K_{a,\ HCN}$，故可用最简式计算

$$[H^+]=\sqrt{K_{a,NH_4^+}K_{a,HCN}}$$
$$=\sqrt{5.68\times10^{-10}\times4.93\times10^{-10}}$$
$$=5.29\times10^{-10}\ (\text{mol}\cdot\text{L}^{-1})$$
$$\text{pH}=-\lg(5.29\times10^{-10})=9.28$$

综上所述，两性物质水溶液的酸碱性，取决于它作为酸给出质子和作为碱接受质子能力的相对大小。若 $K_{a,共轭酸}>K_{b,共轭碱}$，则其给出质子的能力大于接受质子的能力，水溶液显酸性；若 $K_{b,共轭碱}>K_{a,共轭酸}$，则其接受质子的能力大于给出质子的能力，其溶液显碱性。因此，可以根据 $K_{a,共轭酸}$ 和 $K_{b,共轭碱}$ 的相对大小来判断两性物质水溶液的酸碱性。

学 习 要 点

1. 电离度、活度、活度系数和离子强度。

$$\alpha=\frac{已电离的分子数}{原有分子总数}\times100\%,\quad a_i=f_i\cdot c_i,\quad I=\frac{1}{2}\sum_{i=1}^{n}b_iZ_i^2$$

Debye-Hückel 极限公式：

$$\lg f_\pm=-A|z_+z_-|\sqrt{I}\qquad \lg f_\pm=-A|z_+z_-|\frac{\sqrt{I}}{1+\sqrt{I}}$$

2. 酸碱电离理论、质子理论、电子理论和酸碱概念。

电离理论：凡是在水溶液中电离出的阳离子全部是 H^+离子的物质都是酸；电离出的阴离子全部是 OH^-离子的物质都是碱。酸碱反应的实质是 H^+离子和 OH^-离子相互作用结合成 H_2O 的反应。

质子理论：凡能给出质子（H^+）的物质（分子或离子）都是酸；凡能接受质子的物质（分子或离子）都是碱。酸碱反应的实质是两对共轭酸碱对之间的质子传递。

电子理论：凡能接受电子对的物质（分子、离子或原子团）都称为酸，凡能给出电子对的物质（分子、离子或原子团）都称为碱。

3. 水的离子积和 pH 值：

$$K_w=[H^+][OH^-]，298\text{K 时}：K_w=1.0\times10^{-14}；$$
$$\text{pH}=-\lg[H^+]，\text{pOH}=-\lg[OH^-]，\text{p}K_w=-\lg K_w，\text{pH}+\text{pOH}=\text{p}K_w。$$

4. 电离常数、一元弱酸（弱碱）的电离平衡及溶液中相关离子浓度的计算。

共轭酸、共轭碱常数的关系：$K_aK_b=K_w$ 或 $pK_a+pK_b=pK_w$

计算一元弱酸、弱碱[H^+]、[OH^-]的最简式：$[H^+]=\sqrt{cK_a}$，$[OH^-]=\sqrt{cK_b}$

稀释定律：$K_i = c\alpha^2$ 或 $\alpha = \sqrt{\dfrac{K_i}{c}}$ 。

同离子效应：在弱电解质溶液中，加入与该弱电解质含有相同离子的易溶强电解质，使弱电解质电离度降低的作用。

盐效应：在弱电解质溶液中加入不含相同离子的易溶强电解质，使弱电解质电离度增大的作用。

5. 多元弱酸（弱碱）的电离平衡及溶液中相关离子浓度的计算。

能释放出两个或两个以上质子的弱酸称为多元弱酸。它们在水中分步电离出多个质子，称为分步电离或逐级电离。

（1）当多元弱酸的 $K_{a_1} >> K_{a_2} >> K_{a_3}$ 、 $K_{a_1}/K_{a_2} > 10^2$ 时，可当作一元弱酸处理计算 $[H^+]$。

（2）多元弱酸第二步质子传递平衡所得的共轭碱的浓度近似等于 K_{a_2} ，与酸的浓度关系不大。

6. 两性物质的电离及溶液的酸碱性。

两性物质在水溶液中，既可作为酸又可作为碱，与水发生质子传递反应。其溶液的酸碱性取决于 $K_{a,共轭酸}$ 和 $K_{b,共轭碱}$ 的相对大小。若 $K_{a,共轭酸} > K_{b,共轭碱}$ ，其溶液显酸性；若 $K_{b,共轭碱} > K_{a,共轭酸}$，其溶液显碱性。

思 考 题

1. 解释下列名词：

质子酸　　质子碱　　活度　　同离子效应　　盐效应

2. 离子强度的定义是什么？它的大小与哪些因素有关？

3. 以酸碱质子理论来比较下列酸的强弱。

HAc　HCN　H_3PO_4　H_2S　NH_4^+　$H_2PO_4^-$　HS^-

4. 以酸碱质子理论来比较下列碱的强弱。

Ac^-　CN^-　PO_4^{3-}　CO_3^{2-}　HCO_3^-　NH_3　HS^-

5. H_3PO_4 水溶液中存在着哪几种离子？请按各种离子浓度的大小排出顺序。其中 H^+ 离子浓度是否为 PO_4^{3-} 离子浓度的 3 倍？

6. 公式 $\alpha \approx \sqrt{\dfrac{K_a}{c}}$ 是否说明溶液越稀，电离出的离子浓度越大？

7. 在 HAc 溶液中加入少量下列物质时，HAc 的电离度和溶液的 pH 值将如何变化？

（1）NaAc　（2）HCl　（3）NaOH　（4）H_2O　（5）NaCl

8. 下列说法是否正确，为什么？

（1）酸性水溶液中不含 OH^- 离子，碱性溶液中不含 H^+ 离子；在一定温度下，改变溶液的 pH，水的离子积发生变化；

（2）一元弱碱的浓度越小，电离度越大，溶液中 OH^- 离子浓度就越大；

（3）同一种物质不能同时起酸和碱的作用，因此 NH_3 只能作为碱；

（4）若 HCl 溶液的浓度是 HAc 溶液的 2 倍，则 HCl 溶液中的 $[H^+]$ 也是 HAc 溶液中 $[H^+]$ 的 2 倍。

9. 向NH_3溶液中分别加入少量固体NH_4Cl和NaCl,溶液的pH值将如何变化？为什么？

10. 比较下列溶液的pH值，按pH值从大到小的顺序排列，并说明理由（设浓度相同，不要求计算）。

（1）NaAc （2）NaCN （3）NH_4Ac （4）NH_4CN

11. NaH_2PO_4水溶液呈弱酸性，而Na_2HPO_4水溶液呈弱碱性，为什么？

12. 相同浓度的HCl和HAc的pH值是否相同？pH值相同的HCl和HAc溶液的浓度是否相同？

13. 实验室中需要较大浓度的S^{2-}离子，是用饱和的H_2S水溶液好，还是用Na_2S水溶液好？为什么？如若只有饱和H_2S水，有什么办法使它的S^{2-}离子浓度增大？

14. 在0.1 mol•L^{-1} H_2S溶液中，加入少量下列溶液，该H_2S溶液的氢离子浓度和硫离子浓度将如何变化？

（1）0.1 mol•L^{-1} HCl溶液 （2）1 mol•L^{-1} Na_2S溶液 （3）1 mol•L^{-1} NaOH溶液

（4）NaCl溶液 （5）H_2O溶液 （6）$AgNO_3$溶液

练 习 题

1. 指出下列各酸的共轭碱：

H_2S、H_2O、H_2CO_3、NH_4^+、HCO_3^-、$[Al(H_2O)_6]^{3+}$

2. 指出下列各碱的共轭酸：

NH_3、H_2O、S^{2-}、CO_3^{2-}、$H_2PO_4^-$、NH_2^-

3. 根据酸碱质子理论，下列物质哪些是酸？哪些是碱？哪些是两性物质？

NH_3、H_2O、H_2S、HSO_4^-、HPO_4^{2-}、Ac^-、HS^-、$[Zn(H_2O)_5(OH)]^+$

4. 计算下列溶液的离子强度：

（1）0.01 mol•L^{-1}$BaCl_2$溶液；

（2）0.01 mol•L^{-1}HCl和0.01 mol•L^{-1}$BaCl_2$溶液等体积混合后形成的溶液。

5. 实验测得某氨水的pH为11.26，已知$K_{b,NH_3}=1.76\times10^{-5}$，求氨水的浓度。

6. 已知0.30 mol•L^{-1}NaB溶液的pH为9.50，计算弱酸HB的电离常数K_a。

7. 现有0.20 mol•L^{-1}HCl溶液，问：

（1）如改变酸度到pH＝4.0，应该加入HAc还是NaAc?

（2）如果加入等体积的2.0 mol•L^{-1}NaAc溶液，则混合溶液的pH值是多少？

（3）如果加入等体积的2.0 mol•L^{-1}NaOH溶液，则混合溶液的pH值又是多少？

8. 将0.40 mol•L^{-1}丙酸（HPr）溶液125 mL加水稀释至500 mL，求稀释后溶液的pH值（$K_{a,HPr}=1.34\times10^{-5}$）。

9. 在锥形瓶中放入20.00mL0.100 mol•L^{-1}NH_3的水溶液，逐滴加入0.100 mol•L^{-1}HCl溶液。试计算：

（1）当加入10.00mLHCl溶液后，混合液的pH值；

（2）当加入20.00mLHCl溶液后，混合液的pH值；

（3）当加入30.00mLHCl溶液后，混合液的pH值。

10. 将 50.0 mL 0.10 mol•L^{-1} HAc 溶液和 25.0 mL 0.10 mol•L^{-1} NaOH 溶液混合，试计算混合前后 HAc 溶液的 H^+离子浓度。

11. 一元弱酸 HX 在 0.10 mol•L^{-1}溶液中有 2.0% 电离。试计算：

（1）弱酸 HX 的 K_a；

（2）在 0.050mol•L^{-1}溶液中的电离度；

（3）在多大浓度时有 1.0%电离。

12. 已知 0.10 mol•$L^{-1}$$Na_2B$ 溶液的 pH 为 11.60，计算二元弱酸 H_2B 的电离常数 K_{a2}。

13. 在 CO_2 饱和水溶液中，CO_2 的浓度约为 0.034mol•L^{-1}，设所有溶解的 CO_2 与水结合成 H_2CO_3，计算溶液的 pH 和 CO_3^{2-}的浓度。

14. 计算饱和 H_2S 水溶液（浓度为 0.10 mol•L^{-1}）中的 H^+和 S^{2-}离子浓度，如用 HCl 调节溶液的 pH 为 2.0，此时溶液中的 S^{2-}离子浓度又是多少？计算结果说明什么？

15. 某二元弱酸 H_2B 水溶液，其 $K_{a1}=1.0\times10^{-5}$, $K_{a2}=1.0\times10^{-9}$，计算下列溶液的 pH：

（1）0.10mol•$L^{-1}$$H_2B$ 溶液；

（2）0.20mol•$L^{-1}$$H_2B$ 溶液与 0.20mol•L^{-1}NaOH 溶液等体积混合；

（3）0.20mol•$L^{-1}$$H_2B$ 溶液与 0.40mol•L^{-1}NaOH 溶液等体积混合；

（4）0.20mol•L^{-1}NaHB 溶液与 0.20mol•$L^{-1}$$Na_2B$ 溶液等体积混合；

（5）0.20mol•L^{-1}NaHB 溶液与 0.20mol•$L^{-1}$$H_2B$ 溶液等体积混合。

16. 分别计算浓度均为 0.10 mol•L^{-1}的 NaH_2PO_4 溶液和 $NaHCO_3$ 溶液的 pH。

17. 某弱酸 HA 水溶液的 c 为 0.10mol•L^{-1}，测得此溶液在 37°C 时的 Π 为 283.5 kPa，试计算该弱酸溶液的电离度和 pH。

18. 0.10 mol•L^{-1}HAc 溶液的解离度为 2.0%，计算此溶液的凝固点（°C）。已知水的 K_b=0.512 K•kg•mol^{-1}，K_f=1.86K•kg•mol^{-1}。

19. 若在 1.0 L0.30 mol•L^{-1}HAc 溶液中，加入固体 NaAc 0.10 mol（设体积不变），H^+浓度比原来减少多少倍？

第五章　缓冲溶液

【学习目的】

掌握：缓冲溶液和缓冲作用，缓冲溶液组成和作用机制；影响缓冲溶液 pH 值的因素、缓冲公式及 pH 值计算；缓冲容量的概念、影响因素及其计算。

熟悉：缓冲溶液的配制原则、方法和步骤；血液中的主要缓冲系及其对稳定血液 pH 值的重要作用。

了解：医学上常用的缓冲溶液的配制方法和标准缓冲溶液的组成。

许多化学反应，包括生物体内的化学反应，往往需要在一定的酸碱条件下才能正常进行。例如细菌培养，生物体内的酶催化反应等。正常人血液的 pH 范围为 7.35～7.45，机体在代谢过程中不可避免要产生一些酸性或碱性物质，同时还要经常摄入一些酸性或碱性物质，为什么血液的 pH 能够稳定在这么狭小的范围？如果超过这个范围，就会出现不同程度的酸中毒或者碱中毒症状，严重时可危及生命。那么如何控制溶液的 pH？怎样使溶液的 pH 保持相对稳定？这就是缓冲溶液一章要讨论的问题。

第一节　缓冲溶液的组成和缓冲机理

一、缓冲作用

为了了解缓冲溶液的概念，我们做这样一个实验：在 1.0 L 0.10 $mol \cdot L^{-1}$NaCl 溶液中，加入 0.01molHCl 或 0.01molNaOH，pH 值由 7.0 下降到 2.0 或升高到 12.0，pH 值改变 5 个单位，即 pH 值发生了显著变化。如果在 1.0L 含有 HAc 和 NaAc 且浓度均为 0.10$mol \cdot L^{-1}$的混合溶液中，加入 0.01molHCl 或 0.01molNaOH，pH 值由 4.75 下降到 4.66 或升高到 4.84，pH 值改变了 0.09 个单位，即 pH 值改变的幅度很小。加少量水稀释时，HAc 和 NaAc 混合溶液的 pH 值改变幅度也很小。以上实验事实说明，由 HAc 和 NaAc 组成的溶液，具有抵抗外来少量强酸、强碱或稍加稀释而保持 pH 值基本不变的能力。我们把这种能抵抗外来少量强酸、强碱或稍加稀释而 pH 值不发生明显变化的作用称为*缓冲作用*（buffer action），具有缓冲作用的溶液称为*缓冲溶液*（buffer solution）。

二、缓冲溶液的组成

缓冲溶液一般是由具有足够浓度的共轭酸碱对的两种物质组成。例如 HAc-NaAc、NH_3-NH_4Cl、NaH_2PO_4-Na_2HPO_4 等。

组成缓冲溶液的共轭酸碱对的两种物质合称为*缓冲系*（buffer system）或*缓冲对*（buffer pair）。一些常见的缓冲系列于表 5-1 中。

表 5-1 常见的缓冲系

缓冲系	质子转移平衡	pK_a（25℃）
HAc-NaAc	$HAc + H_2O \rightleftharpoons H_3O^+ + Ac^-$	4.75
NH_4Cl - NH_3	$NH_4^+ + H_2O \rightleftharpoons H_3O^+ + NH_3$	9.25
H_2CO_3-$NaHCO_3$	$H_2CO_3 + H_2O \rightleftharpoons H_3O^+ + HCO_3^-$	6.37
H_3PO_4-NaH_2PO_4	$H_3PO_4 + H_2O \rightleftharpoons H_3O^+ + H_2PO_4^-$	2.12
NaH_2PO_4-Na_2HPO_4	$H_2PO_4^- + H_2O \rightleftharpoons H_3O^+ + HPO_4^{2-}$	7.21
Na_2HPO_4-Na_3PO_4	$HPO_4^{2-} + H_2O \rightleftharpoons H_3O^+ + PO_4^{3-}$	12.67
$H_2C_8H_4O_4$-$KHC_8H_4O_4$[①]	$H_2C_8H_4O_4 + H_2O \rightleftharpoons H_3O^+ + HC_8H_4O_4^-$	2.89
$CH_3NH_3^+Cl^-$-CH_3NH_2[②]	$CH_3NH_3^+ + H_2O \rightleftharpoons H_3O^+ + CH_3NH_2$	10.63
Tris•HCl-Tris[③]	$Tris{\bullet}H^+ + H_2O \rightleftharpoons H_3O^+ + Tris$	7.85

注：①邻苯二甲酸-邻苯二甲酸氢钾；②盐酸甲胺-甲胺；③三（羟甲基）甲胺盐酸盐-三（羟甲基）甲胺。

三、缓冲机理

缓冲溶液为什么具有缓冲作用呢？以HAc-NaAc缓冲系为例，说明缓冲溶液的缓冲机理。

在HAc-NaAc混合溶液中，NaAc是强电解质，完全电离，HAc是弱电解质，在溶液中只能部分电离，由于来自NaAc的Ac^-的同离子效应，抑制了HAc的电离，使其电离度更小，所以在HAc-NaAc混合溶液中，存在着大量的HAc和Ac^-，且二者是共轭酸碱对，在水溶液中存在如下质子传递平衡

$$HAc + H_2O \rightleftharpoons H_3O^+ + Ac^-$$

当加入少量强酸时，共轭碱Ac^-与H_3O^+作用，平衡向左移动，Ac^-浓度略有减小，HAc浓度略有增大，溶液中的H_3O^+浓度没有明显增大，溶液的pH基本保持不变。共轭碱Ac^-发挥了抵抗外来强酸的作用，故称为缓冲溶液的*抗酸成分*（anti-acid component）。

当加入少量强碱时，OH^-与H_3O^+作用，平衡向右移动，HAc分子进一步电离以补充消耗掉的H_3O^+，HAc浓度略有减小，Ac^-浓度略有增大，溶液中的H_3O^+浓度没有明显减小，溶液的pH基本保持不变。共轭酸HAc发挥了抵抗外来强碱的作用，故称为缓冲溶液的*抗碱成分*（anti-base component）。

可见，由于缓冲溶液中同时含有足够大浓度的抗酸成分和抗碱成分，它们通过共轭酸碱对之间质子传递平衡的移动，消耗抗酸成分和抗碱成分，抵抗外来的少量强酸和强碱，使溶液中的H_3O^+浓度没有明显的变化，溶液的pH基本保持不变。

第二节 缓冲溶液pH的计算

弱酸（HB）及其共轭碱（B^-）组成的缓冲溶液中，存在以下质子传递平衡：

$$HB + H_2O \rightleftharpoons H_3O^+ + B^-$$

$$K_a = \frac{[H_3O^+][B^-]}{[HB]}$$

$$[H_3O^+] = K_a\frac{[HB]}{[B^-]}$$

两边取负对数，则

$$pH = pK_a + \lg\frac{[B^-]}{[HB]} = pK_a + \lg\frac{[共轭碱]}{[共轭酸]} \tag{5-1}$$

上式为计算缓冲溶液 pH 的亨德森－哈赛尔巴赫（Henderson-Hasselbalch）方程式。式中 pK_a 为弱酸电离常数的负对数，$[B^-]$和$[HB]$均为平衡浓度。$[B^-]$和 $[HB]$的比值称为*缓冲比*（buffer-component ratio），$[B^-]$和$[HB]$之和称为*缓冲溶液的总浓度*。

设 HB 的初始浓度为 c_{HB}，已电离部分的浓度为 c'_{HB}，B^-的初始浓度为 c_{B^-}，则

$$[HB] = c_{HB} - c'_{HB}$$

$$[B^-] = c_{B^-} + c'_{HB}$$

因同离子效应，HB 的电离度很小，c'_{HB} 可忽略，故

$$[HB] \approx c_{HB} \qquad [B^-] \approx c_{B^-}$$

式（5-1）可表示为

$$pH = pK_a + \lg\frac{c_{B^-}}{c_{HB}} = pK_a + \lg\frac{c_{共轭碱}}{c_{共轭酸}} \tag{5-2}$$

设体积为 V 的缓冲溶液中 HB 和 B^-的物质的量分别为 n_{HB} 和 n_{B^-}，式（5-2）可改写为

$$pH = pK_a + \lg\frac{n_{B^-}/V}{n_{HB}/V} = pK_a + \lg\frac{n_{B^-}}{n_{HB}} \tag{5-3}$$

以上缓冲溶液 pH 的计算公式没有考虑离子强度的影响，按这些公式计算出的 pH 只是近似值，与实测值有一定的差异，若要准确计算，应以活度代替浓度，对以上公式进行校正。

适当稀释缓冲溶液时，由于缓冲比不变，溶液的 pH 基本不变。但是，过分稀释会影响共轭酸的电离度和溶液的离子强度，缓冲溶液的 pH 也会发生变化。

例 5-1 用 $0.10 mol·L^{-1}$HAc 溶液和 $0.20 mol·L^{-1}$NaAc 溶液等体积混合配制缓冲溶液 1000mL。求此缓冲溶液的 pH。当加入 0.01molHCl 或 0.01molNaOH 时，溶液的 pH 又为多少（忽略体积变化）？

解：查表 $pK_{a,HAc} = 4.75$，此缓冲溶液的 pH 为

$$pH = pK_{a,HAc} + \lg\frac{c_{NaAc}}{c_{HAc}} = 4.75 + \lg\frac{0.20/2}{0.10/2} = 5.05$$

加入 0.01molHCl，由于 H^+要与溶液中的 Ac^-作用，使溶液中 Ac^-浓度减小，HAc 浓度增大，此时，缓冲溶液的 pH 为

$$pH = pK_{a,HAc} + \lg\frac{c_{NaAc}}{c_{HAc}} = 4.75 + \lg\frac{0.20\times0.5-0.01}{0.10\times0.5+0.01} = 4.93$$

加入 0.01 mol NaOH，由于 OH^- 要与溶液中的 HAc 作用，使溶液中 HAc 浓度减小，Ac^-浓度增大，此时，缓冲溶液的 pH 为

$$pH = pK_{a,HAc} + \lg\frac{c_{NaAc}}{c_{HAc}} = 4.75 + \lg\frac{0.20\times0.5+0.01}{0.10\times0.5-0.01} = 5.19$$

例 5-2 在 100.0mL $0.10 mol·L^{-1}$ 的 $NH_3·H_2O$ 中，溶入 1.07g 的 NH_4Cl（摩尔质量为 53.5 $g·mol^{-1}$）固体，溶液的 pH 为多少（忽略体积变化）？

解：查表 $\mathrm{p}K_{\mathrm{b,NH_3}}=4.75$，则 $\mathrm{p}K_{\mathrm{a,NH_4^+}}=14-4.75=9.25$

$$c_{\mathrm{NH_4Cl}}=\frac{1.07}{53.5\times0.1}=0.20\mathrm{mol\cdot L^{-1}}$$

$$c_{\mathrm{NH_3}}=0.10\mathrm{mol\cdot L^{-1}}$$

代入式（5-2），得

$$\mathrm{pH}=\mathrm{p}K_{\mathrm{a,NH_4^+}}+\lg\frac{c_{\mathrm{NH_3}}}{c_{\mathrm{NH_4Cl}}}=9.25+\lg\frac{0.10}{0.20}=8.95$$

例 5-3　100.0mL0.10mol•L^{-1}的 NaH_2PO_4 溶液与 10.0mL0.20mol•L^{-1}的 Na_2HPO_4 溶液混合，混合溶液的 pH 为多少？

解：此混合溶液含缓冲对 $H_2PO_4^-$-HPO_4^{2-}，$H_2PO_4^-$ 的 $\mathrm{p}K_\mathrm{a}$ 即 H_3PO_4 的 $\mathrm{p}K_{\mathrm{a_2}}$，查表 $\mathrm{p}K_{\mathrm{a,H_2PO_4^-}}=7.21$，混合溶液的 pH 为

$$\mathrm{pH}=\mathrm{p}K_{\mathrm{a,H_2PO_4^-}}+\lg\frac{n_{\mathrm{Na_2HPO_4}}}{n_{\mathrm{NaH_2PO_4}}}=7.21+\lg\frac{0.20\times10.0}{0.10\times100}=6.51$$

第三节　缓冲容量和缓冲范围

一、缓冲容量

任何缓冲溶液的缓冲能力都是有一定限度的。如果加入的强酸或强碱超过某一定量时，缓冲溶液的 pH 将发生较大的变化，从而失去缓冲能力。1922 年范斯莱克（V. Slyke）提出用*缓冲容量*（buffer capacity）β 作为衡量缓冲能力大小的尺度。

缓冲容量 β 指：单位体积缓冲溶液的 pH 改变 1 个单位时，所需加入一元强酸或一元强碱的物质的量。用微分式定义为

$$\beta=d\frac{\mathrm{d}n_{\mathrm{a(b)}}}{V|\mathrm{dpH}|}\tag{5-4}$$

式中，V 是缓冲溶液的体积，$\mathrm{d}n_{\mathrm{a(b)}}$是缓冲溶液中加入微小量一元强酸（$\mathrm{d}n_\mathrm{a}$）或一元强碱（$\mathrm{d}n_\mathrm{b}$）的物质的量，$|\mathrm{dpH}|$ 为缓冲溶液 pH 的微小改变量。

缓冲容量 β 为正值，在 V 和 $\mathrm{d}n_{\mathrm{a(b)}}$一定的条件下，pH 改变值 $|\mathrm{dpH}|$ 越小，β 越大，缓冲溶液的缓冲能力越强。

从式（5-4）可导出缓冲容量与缓冲溶液的总浓度 $c_{总}$ 及[HB]和[B$^-$]的关系。

$$\beta=2.303\frac{[\mathrm{HB}][\mathrm{B^-}]}{c_{总}}\tag{5-5}$$

式（5-5）表明，缓冲容量 β 与 $c_{总}$ 及[HB]、[B$^-$]有关，而[HB]和[B$^-$]决定缓冲比，缓冲溶液的总浓度和缓冲比是影响缓冲容量的两个重要因素。

（1）总浓度对 β 的影响：对于同一缓冲系，当缓冲比一定时，总浓度越大，缓冲容量越大。

（2）缓冲比对 β 的影响：对于同一缓冲系，当总浓度一定时，缓冲比越接近 1，缓冲容量越大；缓冲比越远离 1，缓冲容量越小。缓冲比等于 1（[HB]＝[B$^-$]），缓冲容量最大用 $\beta_{最大}$ 表示。

将$[HB]=[B^-]=\frac{c_{总}}{2}$代入式（5-5），得

$$\beta_{最大}=2.303\frac{\frac{c_{总}}{2}\times\frac{c_{总}}{2}}{c_{总}}=0.576c_{总}$$

强酸、强碱溶液虽然不属于本章所讨论的由共轭酸碱对组成的缓冲溶液，但它们也有缓冲作用，这是因为在强酸或强碱中有高浓度的H_3O^+或OH^-，当加入少量强酸或强碱时，不会使溶液中的H_3O^+或OH^-的浓度明显改变，因而溶液的pH不会明显改变。

二、缓冲范围

由前面讨论可知，当缓冲溶液的总浓度一定时，缓冲比越远离1，缓冲容量越小，当缓冲比大于10或小于0.1时，即缓冲溶液的$pH>pK_a+1$或$pH<pK_a-1$时，一般认为缓冲溶液已基本失去了缓冲能力，通常把$pH=pK_a\pm1$作为缓冲作用的有效区间，称为缓冲溶液的缓冲范围（buffer effective range）。

例5-4 现有总浓度为0.15 mol•L^{-1}的HAc和NaAc缓冲溶液，分别计算（1）缓冲比为1∶1，（2）缓冲比为1∶2时的缓冲容量。

解：（1）缓冲比为1∶1，$c_{总}=0.15$ mol•L^{-1}，即$[HAc]=[Ac^-]=0.075$ mol•L^{-1}

代入式（5-5）

$$\beta=2.303\times\frac{0.075\times0.075}{0.15}=0.086\ (\text{mol•L}^{-1})$$

（2）$c_{总}=0.15$ mol•L^{-1}，缓冲比为1∶2，即$\frac{[Ac^-]}{[HAc]}=\frac{1}{2}$，$[Ac^-]=0.05$ mol•L^{-1}，$[HAc]=$0.10 mol•L^{-1}，代入式（5-5）

$$\beta=2.303\times\frac{0.10\times0.05}{0.15}=0.077\ (\text{mol•L}^{-1})$$

第四节　缓冲溶液的选择和配制

一、缓冲溶液的配制方法

在实际工作中，需要配制一定pH的缓冲溶液，应按下列原则和步骤进行。

（1）选择合适的缓冲系。为使缓冲溶液具有较大的缓冲容量，所选缓冲系共轭酸的pK_a与所配缓冲溶液的pH应尽量接近，如配制pH为5.0的缓冲溶液，可选择HAc-NaAc缓冲系，因为HAc的$pK_a=4.75$。另外，所选缓冲系物质应稳定，对主反应无干扰。选用药用缓冲系时，需考虑是否与主药发生配伍禁忌，对医用缓冲系，应无毒。如硼酸-硼酸盐缓冲系有一定毒性，不能用作培养细菌、口服或注射用药液的缓冲溶液。碳酸-碳酸氢盐缓冲系因碳酸容易分解，通常不采用。

（2）缓冲溶液的总浓度要适当。为使缓冲溶液具有较大的缓冲容量，所配缓冲溶液要有一定的总浓度。但总浓度太大，会使溶液的离子强度太大或渗透浓度太大而不适用，在实际工作中，一般总浓度在0.05 mol•L^{-1}～0.20 mol•L^{-1}范围内为宜。

（3）计算所需缓冲系的量。选择好缓冲系之后，按照所要求的 pH，利用缓冲溶液 pH 的计算公式计算出弱酸及其共轭碱的量或体积。

为配制方便，常使用相同浓度的弱酸（HB）及其共轭碱（B^-），设它们的浓度分别为 c_{HB} 和 c_{B^-}，且 $c_{HB}=c_{B^-}$，所取体积分别为 V_{HB} 和 V_{B^-}，式（5-3）可改写为

$$pH = pK_a + \lg\frac{c_{B^-}\cdot V_{B^-}}{c_{HB}\cdot V_{HB}} = pK_a + \lg\frac{V_{B^-}}{V_{HB}} \tag{5-6}$$

（4）校正。由于所用的缓冲溶液 pH 计算公式是近似的，并且没有考虑离子强度的影响，因此所配缓冲溶液的 pH 与实测值有差别，还需用 pH 计测定。必要时，用加入强酸或强碱的方法，对所配缓冲溶液 pH 进行校正。

例 5-5　如何配制 pH＝5.0，具有中等缓冲能力的缓冲溶液 500 mL？

解：（1）选择缓冲系。根据 $pK_{a,HAc}=4.75$，选用 HAc-NaAc 缓冲系。

（2）确定总浓度。要求具有中等缓冲能力，为了配制方便，选用 $0.10mol\cdot L^{-1}$HAc 和 $0.10mol\cdot L^{-1}$NaAc 溶液。

（3）计算所需 HAc 和 NaAc 溶液的体积。

设需 HAc 和 NaAc 的体积分别为 V_{HAc} 和 V_{NaAc}，

根据式（5-6）

$$pH = pK_{a,HAc} + \lg\frac{V_{NaAc}}{V_{HAc}}$$

代入有关数据：

$$5.0 = 4.75 + \lg\frac{V_{NaAc}}{500 - V_{NaAc}}$$

$$\lg\frac{V_{NaAc}}{500 - V_{NaAc}} = 0.25$$

$$\frac{V_{NaAc}}{500 - V_{NaAc}} = 1.78$$

$$V_{NaAc} = 320mL \qquad V_{HAc} = 180mL$$

将 180mL$0.10mol\cdot L^{-1}$HAc 溶液和 320mL$0.10mol\cdot L^{-1}$NaAc 溶液混合，即可配成 pH 为 5.0 的缓冲溶液 500mL（这里忽略溶液混合引起的体积变化）。必要时可用 pH 计校正。

实际工作中，也可以采用在弱酸中加入强碱或在弱碱中加入强酸来配制缓冲溶液。

例 5-6　现配制 pH 为 5.10 的缓冲溶液，计算在 50.0mL$0.10mol\cdot L^{-1}$HAc 溶液中，应加入多少毫升 $0.10mol\cdot L^{-1}$NaOH 溶液（设总体积为二者之和）？

解：

$$HAc + NaOH = NaAc + H_2O$$

设加入 NaOH 溶液的体积为 VmL，则生成的 NaAc 的物质的量为 $0.10V$mmol，剩余 HAc 的物质的量为（$0.10\times50.0-0.10V$）mmol。

根据式（5-3）

$$pH = pK_{a,HAc} + \lg\frac{n_{NaAc}}{n_{HAc}}$$

代入相关数据：

$$5.10 = 4.75 + \lg\frac{0.10V}{0.10\times50.0-0.10V}$$

$$\lg\frac{0.10V}{0.10\times50.0-0.10V} = 0.35$$

$$\frac{V}{50.0-V}=2.24$$
$$V=34.6\text{mL}$$

即在 50.0mL0.10mol•L^{-1}HAc 溶液中加入 34.6mL0.10mol•L^{-1}NaOH 溶液即可配成 pH 为 5.10 的缓冲溶液。

为了能准确和方便地配制缓冲溶液，化学工作者对缓冲溶液的配制做了大量的工作，并制定了许多配方。如医学上广泛使用的磷酸盐缓冲系和三（羟甲基）甲胺及其盐酸盐（Tris 和 Tris•HCl）缓冲系的配方列于表 5-2 和表 5-3 中，供参考。

表 5-2　$H_2PO_4^-$ 和 HPO_4^{2-} 组成的缓冲溶液（25℃）

50mL0.10mol•L^{-1}KH_2PO_4＋*x*mL0.10mol•L^{-1}NaOH 稀释至 100mL					
pH	*x*	*β*	pH	*x*	*β*
5.80	3.6	–	7.00	29.1	0.031
5.90	4.6	0.010	7.10	32.1	0.028
6.00	5.6	0.011	7.20	34.7	0.025
6.10	6.8	0.012	7.30	37.0	0.022
6.20	8.1	0.015	7.40	39.1	0.020
6.30	9.7	0.017	7.50	41.1	0.018
6.40	11.6	0.021	7.60	42.8	0.015
6.50	13.9	0.024	7.70	44.2	0.012
6.60	16.4	0.027	7.80	45.3	0.010
6.70	19.3	0.030	7.90	46.1	0.007
6.80	22.4	0.033	8.00	46.7	–
6.90	25.9	0.033			

表 5-3　Tris 和 Tris•HCl 组成的缓冲溶液

缓冲溶液组成/mol•kg^{-1}			pH	
Tris	Tris•HCl	NaCl	25℃	37℃
0.02	0.02	0.14	8.220	7.904
0.05	0.05	0.11	8.225	7.908
0.006667	0.02	0.14	7.745	7.428
0.01667	0.05	0.11	7.745	7.427
0.05	0.05		8.173	7.851
0.01667	0.05		7.699	7.382

Tris 和 Tris•HCl 的化学式为$(HOCH_2)_3CNH_2$和$(HOCH_2)_3CNH_2$•HCl。Tris 是一种弱碱，其共轭酸的 pK_a 为 8.08。在 Tris 和 Tris•HCl 组成的缓冲溶液中加入 NaCl 是为了调节离子强度至 0.16，使溶液与生理盐水等渗。

二、标准缓冲溶液

应用 pH 计测定溶液 pH 时，必须用标准缓冲溶液校正仪器。一些常用标准缓冲溶液的 pH 列于表 5-4。

在表 5-4 中，酒石酸氢钾、邻苯二甲酸氢钾和硼砂标准缓冲溶液，都是由一种化合物配制而成的。

这些化合物溶液之所以具有缓冲作用，一种情况是由化合物溶于水电离出大量的两性离子所致。如酒石酸氢钾溶于水完全电离成 K^+和 $HC_4H_4O_6^-$，$HC_4H_4O_6^-$是两性离子，在溶液中同时存在接受质子和给出质子的平衡，$HC_4H_4O_6^-$接受质子生成其共轭酸（$H_2C_4H_4O_6$）；给出质子生成其共轭碱（$C_4H_4O_6^{2-}$），形成 $H_2C_4H_4O_6$-$HC_4H_4O_6^-$和 $HC_4H_4O_6^-$-$C_4H_4O_6^{2-}$两个缓冲系。在两个缓冲系中，$H_2C_4H_4O_6$和 $HC_4H_4O_6^-$的 pK_a 分别为 2.98 和 4.30，比较接近，使它们的缓冲范围重叠，增强了缓冲能力。由于酒石酸氢钾饱和溶液中的抗酸、抗碱成分均有足够的浓度，因而用酒石酸氢钾一种化合物就可配成标准缓冲溶液。邻苯二甲酸氢钾溶液的情况与酒石酸氢钾溶液类似。另一种情况是化合物溶液的组成成分就相当于一对缓冲系，如硼砂溶液中，1mol 硼砂相当于 2mol 的偏硼酸（HBO_2）和 2mol 偏硼酸钠（$NaBO_2$），即在硼砂溶液中存在相同浓度的弱酸（HBO_2）和共轭碱（BO_2^-）。因此，用硼砂一种化合物也可配制标准缓冲溶液。标准缓冲溶液的具体配制方法可查阅有关化学手册。

表 5-4　标准缓冲溶液

溶液	浓度（$mol \cdot L^{-1}$）	pH（25℃）	温度系数（ΔpH/℃）[①]
酒石酸氢钾（$KHC_4H_4O_6$）	饱和	3.557	−0.001
邻苯二甲酸氢钾（$KHC_8H_4O_4$）	0.05	4.008	+0.001
磷酸盐（KH_2PO_4-Na_2HPO_4）	0.025，0.025	6.865	−0.003
硼砂（$Na_2B_4O_7 \cdot 10H_2O$）	0.01	9.180	−0.008

注：①温度系数大于 0，表示缓冲溶液的 pH 随温度升高而增大；温度系数小于 0，表示缓冲溶液的 pH 随温度升高而减小。

第五节　血液中的缓冲系

人体内各种体液都有一定的 pH 范围，如血液的 pH 范围在 7.35～7.45，血液能维持如此狭窄的 pH 范围，主要原因是血液中存在多种缓冲系。血液中存在的缓冲系主要有以下两种。

血浆：H_2CO_3-HCO_3^-、$H_2PO_4^-$-HPO_4^{2-}、H_nP-$H_{n-1}P^-$（H_nP 代表蛋白质）

红细胞：H_2CO_3-HCO_3^-、$H_2PO_4^-$-HPO_4^{2-}、H_2b-Hb^-（H_2b 代表血红蛋白）、H_2bO_2-HbO_2^-（H_2bO_2 代表氧合血红蛋白）

在这些缓冲系中，H_2CO_3-HCO_3^-缓冲系浓度最高，缓冲能力最大，在维持血液 pH 正常范围中发挥的作用最重要。H_2CO_3 在溶液中是以溶解状态的 CO_2 形式存在，存在以下平衡

$$CO_2 + H_2O \rightleftharpoons H_2CO_3 \rightleftharpoons H^+ + HCO_3^-$$

当$[H^+]$增加时，抗酸成分 HCO_3^-与 H^+结合使平衡向左移动，使$[H^+]$不发生明显变化。在人体内，HCO_3^-是血浆中含量最多的抗酸成分，在一定程度上可代表血浆对体内产生酸性物质的缓冲能力，所以将血浆中的 HCO_3^-称为碱储。同样，体内碱性物质增加时，使平衡向右移动，$[H^+]$也不会发生明显的变化。

25℃时，H_2CO_3 的 $pK_{a_1} = 6.37$，而 CO_2 是溶解在离子强度为 0.16 的血浆中，体温为 37℃时，校正后的 $pK'_{a_1} = 6.10$，所以血浆中碳酸缓冲系 pH 的计算公式为

$$pH = pK_{a_1}' + \lg\frac{[HCO_3^-]}{[CO_{2溶解}]} = 6.10 + \lg\frac{[HCO_3^-]}{[CO_{2溶解}]}$$

正常人血浆中$[HCO_3^-]$和$[CO_2]_{溶解}$浓度为 0.024 mol•L^{-1}和 0.0012 mol•L^{-1}，将其代入上式，可得

$$pH = 6.10 + \lg\frac{0.024mol \cdot L^{-1}}{0.0012mol \cdot L^{-1}} = 6.10 + \lg\frac{20}{1} = 7.40$$

正常血浆中 HCO_3^--$CO_{2溶解}$缓冲系的缓冲比为 20∶1，因而血液的 pH 可以稳定在 7.40，若缓冲比减小至使血液的 pH 小于 7.35，则发生酸中毒（acidosis），若缓冲比增大至使血液的 pH 大于 7.45，则发生碱中毒（alkalosis）。

从前面的讨论可知，缓冲溶液的有效缓冲范围为 pK_a±1，缓冲比应为 10∶1～1∶10，而血浆 HCO_3^--$CO_{2溶解}$缓冲系的缓冲比为 20∶1，为什么它还能具有缓冲能力呢？这是因为人体是一个“敞开体系”，当机体内的 HCO_3^-和 $CO_{2溶解}$的浓度改变时，可通过肺的呼吸作用和肾的生理功能获得补充和调节，使血液中的 HCO_3^-和 $CO_{2溶解}$的浓度保持相对稳定。因此，血浆中的 HCO_3^-- $CO_{2溶解}$缓冲系总能保持相当强的缓冲能力。

此外，血液中存在的其他缓冲系也有助于调节血液的 pH。例如，血液对体内代谢产生的大量的 CO_2 的转运，主要是靠红细胞中的血红蛋白和氧合血红蛋白的缓冲系来实现的。代谢过程中产生的大量 CO_2 与血红蛋白离子反应

$$CO_2 + H_2O + Hb^- \rightleftharpoons HHb + HCO_3^-$$

反应产生的 HCO_3^-由血液运输至肺，并与氧合血红蛋白反应

$$HCO_3^- + HHbO_2 \rightleftharpoons HbO_2^- + CO_2 + H_2O$$

释放出的 CO_2 从肺呼出。这说明由于血红蛋白和氧合血红蛋白的缓冲作用，在大量 CO_2 从组织细胞运送至肺的过程中，血液的 pH 不至于受到较大的影响。

各种因素都能引起血液的酸度或碱度增加，如肺气肿、肺炎和支气管炎等引起的换气不足，会使血液中的溶解态 CO_2 增加，而引起呼吸酸中毒。摄入过多的酸性食物，低碳水化合物和高脂肪食物以及糖尿病、腹泻等会引起代谢酸增加，而引起代谢酸中毒。如发高烧、气喘换气过速等，会使呼出 CO_2 过多而引起呼吸碱中毒。摄入过多碱性物质或严重呕吐等会引起血液碱性增加，可导致代谢碱中毒。正常生理情况下，人体具有自身调节能力，当体内的缓冲系统和补偿机制不能阻止血液 pH 的变化而导致酸中毒或碱中毒时，称为人体正常 pH 的失控。

学 习 要 点

1. 缓冲溶液的基本概念：

能抵抗外来少量强酸、强碱或稍加稀释而 pH 不发生明显变化的作用称为缓冲作用，具有缓冲作用的溶液称为缓冲溶液。组成缓冲溶液的共轭酸碱对的两种物质合称为缓冲系或缓冲对，其中共轭酸是抗碱成分，共轭碱是抗酸成分。

2. 缓冲溶液的 pH 计算：

$$pH = pK_a + \lg\frac{[共轭碱]}{[共轭酸]} \quad 或 \quad pH = pK_a + \lg\frac{c_{共轭碱}}{c_{共轭酸}}$$

3. 缓冲容量和缓冲范围：

缓冲容量（β）：单位体积缓冲溶液的 pH 改变 1 个单位时，所需加入一元强酸或一元强碱的物质的量。影响缓冲容量的因素是总浓度和缓冲比。当缓冲比一定时，β 与总浓度成正比；当总浓度一定时，缓冲比等于 1，β 最大，缓冲比越偏离 1，β 越小。

$$\beta \overset{def}{=} \frac{dn_{a(b)}}{V\,|\,\mathrm{dpH}\,|},\quad \beta = 2.303\frac{[\mathrm{HB}][\mathrm{B}^-]}{c_{总}}$$

缓冲范围：$\mathrm{pH} = \mathrm{p}K_a - 1$ ～ $\mathrm{pH} = \mathrm{p}K_a + 1$

4. 缓冲溶液的配制方法：①选择合适的缓冲系；②缓冲溶液总浓度要适当；③计算所需缓冲系的量；④校正。

5. 血液中的缓冲系：血液中的缓冲系可维持血液的 pH 在 7.35～7.45 之间。若血液的 pH 小于 7.35，则发生酸中毒，若血液的 pH 大于 7.45，则发生碱中毒。

思 考 题

1. 解释下列名词：

缓冲比　　　缓冲溶液　　　缓冲容量　　　缓冲作用

2. 什么是缓冲溶液？试以血液中的 H_2CO_3–HCO_3^- 缓冲系为例，说明缓冲作用的原理及其在医学上的重要意义。

3. 什么是缓冲容量？影响缓冲容量的主要因素有哪些？

4. 影响缓冲溶液 pH 的因素有哪些？为什么说共轭酸的 $\mathrm{p}K_a$ 是主要因素？

5. 下列有关缓冲溶液的说法是否正确，为什么？

（1）因为 NH_3-NH_4Cl 缓冲溶液的 pH 大于 7，所以不能抵抗少量的强碱；

（2）在 HAc-NaAc 缓冲溶液中，若 $c_{HAc} > c_{NaAc}$，则该缓冲溶液的抗碱能力大于抗酸能力；

（3）缓冲溶液被稀释后，溶液的 pH 基本不变，故缓冲容量基本不变；

（4）缓冲溶液就是能抵抗外来酸碱影响，保持 pH 绝对不变的溶液；

（5）正常人体血浆中，H_2CO_3-$NaHCO_3$ 缓冲系的缓冲比为 20∶1，所以该缓冲系无缓冲作用；

（6）由共轭酸碱对组成的溶液一定具有缓冲作用。

6. 下列化学组合中，哪些可以用来配制缓冲溶液？

（1）$H_2CO_3 + NaHCO_3$　　（2）$HCl + NH_3 \cdot H_2O$　　（3）$NaCl + NaAc$

（4）$NaH_2PO_4 + NaOH$　　（5）$HCl + NaOH$　　（6）HCl + Tris

7. 如何配制一定 pH 近似值且具有足够缓冲能力的缓冲溶液？

8. 下列缓冲溶液中，哪种缓冲能力最强？哪种缓冲能力最弱？按缓冲能力由小到大的顺序排列下列缓冲溶液。

（1）$0.06\mathrm{mol \cdot L^{-1}}$ HAc 溶液和 $0.04\mathrm{mol \cdot L^{-1}}$ NaAc 溶液；

（2）$0.06\mathrm{mol \cdot L^{-1}}$ HAc 溶液和 $0.06\mathrm{mol \cdot L^{-1}}$ NaAc 溶液；

（3）$0.05\mathrm{mol \cdot L^{-1}}$ HAc 溶液和 $0.05\mathrm{mol \cdot L^{-1}}$ NaAc 溶液；

（4）$0.08\mathrm{mol \cdot L^{-1}}$ HAc 溶液和 $0.02\mathrm{mol \cdot L^{-1}}$ NaAc 溶液；

（5）$0.10\mathrm{mol \cdot L^{-1}}$ HAc 溶液和 $0.10\mathrm{mol \cdot L^{-1}}$ NaAc 溶液。

9. 指出下列三种情况所组成缓冲溶液的缓冲系、抗酸成分和抗碱成分。

（1）将 0.2mol•L^{-1} Na_3PO_4 溶液和 0.1 mol•L^{-1} HCl 溶液等体积混合配制成缓冲溶液；

（2）将 0.2mol•L^{-1} Na_2HPO_4 溶液和 0.1mol•L^{-1} HCl 溶液等体积混合配制成缓冲溶液；

（3）将 0.2mol•L^{-1} NaH_2PO_4 溶液和 0.1mol•L^{-1} HCl 溶液等体积混合配制成缓冲溶液。

10. 欲配制 pH 为 5、7、9 三种缓冲溶液，应分别选用下列哪种缓冲系？说明原因。

（1）$NaHCO_3$-Na_2CO_3　（2）NaH_2PO_4-Na_2HPO_4　（3）Tris•HCl-Tris

（4）$NH_3 \cdot H_2O$-NH_4Cl　（5）Na_2HPO_4-Na_3PO_4　（6）HAc-NaAc

练 习 题

1. 计算下列溶液的 pH。

（1）0.20 mol•L^{-1}HAc 溶液和 0.10 mol•L^{-1}NaOH 溶液等体积混合；

（2）100.0 mL0.10 mol•L^{-1}NH_3•H_2O 和 25.0 mL0.20 mol•L^{-1}HCl 溶液混合；

（3）28.0 mL0.067 mol•L^{-1}Na_2HPO_4 溶液和 72.0 mL0.067 mol•L^{-1}KH_2PO_4 溶液混合；

（4）75 mL0.10 mol•L^{-1}NH_4Cl 溶液与 25mL0.10 mol•L^{-1}NaOH 溶液混合。

2. 要配制 pH 为 5.10 的缓冲溶液，需要称取多少克 NaAc•3H_2O 固体溶解于 500 mL 的 0.10 mol•L^{-1}HAc 溶液中？

3. 在 1000 mL0.10 mol•L^{-1}HCl 溶液中，加入多少克 NaAc 才能使溶液的 pH 为 4.60？

4. 配制 pH 为 7.40 的缓冲溶液 1000 mL，应取 0.10 mol•L^{-1}KH_2PO_4 溶液和 0.10 mol•L^{-1} Na_2HPO_4 溶液各多少毫升？

5. 0.10 mol•L^{-1}NH_3•H_2O 200 mL 与 0.20 mol•L^{-1} NH_4Cl 溶液 100mL 混合，此溶液的 pH 为多少？若使此溶液的 pH 改变 0.04 个单位，需加入 0.10 mol•L^{-1}NaOH 溶液多少毫升？

6. 欲配制 37℃时 pH 近似为 7.40 的缓冲溶液，在 100mLTris 和 Tris•HCl 浓度均为 0.0500 mol•L^{-1} 的溶液中，需加入 0.0500 mol•L^{-1}HCl 溶液多少毫升？（已知 Tris•HCl 在 37℃时，pK_a 为 7.85）

7. 临床检验测得三人血浆中 HCO_3^- 和 $CO_{2\,溶解}$的浓度如下：

甲：[HCO_3^-]＝24.0 m mol•L^{-1}，[$CO_{2\,溶解}$]＝1.20 m mol•L^{-1}；

乙：[HCO_3^-]＝21.6 m mol•L^{-1}，[$CO_{2\,溶解}$]＝1.34 m mol•L^{-1}；

丙：[HCO_3^-]＝56.0 m mol•L^{-1}，[$CO_{2\,溶解}$]＝1.40 m mol•L^{-1}。

试计算三人血浆的 pH，并判断何人属正常，何人属酸中毒（pH＜7.35），何人属碱中毒（pH＞7.45）。已知 $pK'_{a,(H_2CO_3)} = 6.10$ （37℃）。

8. 在以下三种情况下，各形成什么缓冲溶液？它们的理论缓冲范围各是多少？它们的最大缓冲容量各是多少？

（1）等体积的 0.10 mol•L^{-1} H_3PO_4 溶液与 0.05 mol•L^{-1} NaOH 溶液混合；

（2）等体积的 0.10 mol•L^{-1} H_3PO_4 溶液与 0.15 mol•L^{-1} NaOH 溶液混合；

（3）等体积的 0.10 mol•L^{-1} H_3PO_4 溶液与 0.25 mol•L^{-1} NaOH 溶液混合。

9. 配制 pH＝10.0 的缓冲溶液 1000 mL：

（1）今有缓冲系 HAc-NaAc、KH_2PO_4-Na_2HPO_4、NH_3-NH_4Cl，选用何种缓冲系最好？

（2）如选用的缓冲系的总浓度为 0.20 mol•L^{-1}，问需要固体酸多少克（忽略体积变化）？

0.50 mol•L^{-1}的共轭碱溶液多少毫升？

（3）该缓冲系的缓冲容量为多少？

10. 取 50.0 mL0.10 mol•L^{-1}的某一元弱酸（HB）溶液与 32.0mL0.10 mol•L^{-1}NaOH 溶液混合，并稀释至 100.0 mL，已知此缓冲溶液的 pH 为 5.12，求 HB 的 K_a值。

11. 将 pH 为 4.82 的 NH_4Cl 溶液与 pH 为 11.43 的 NH_3•H_2O 溶液等体积混合，试计算混合溶液的 pH。

12. 将 200 mL0.1 mol•L^{-1}Na_3PO_4 溶液和 300 mL0.1 mol•L^{-1}HCl 溶液混合，该混合溶液是否具有缓冲作用？并计算该混合溶液的 pH。已知 pK_{a1} =2.12，pK_{a2} =7.21，pK_{a3} =12.6。

13. 现配制 pH 为 9.50 的缓冲溶液，计算在 50.0 mL 0.10 mol•L^{-1}NH_3•H_2O 溶液中应加入多少毫升 0.10 mol•L^{-1}HCl 溶液（设总体积为二者之和）？已知 pK_b = 4.75。

14. 现用二元弱酸 H_2B 与 NaOH 溶液反应来配制 pH 为 6.00 的缓冲溶液，需要在 450 mL 0.10 mol•L^{-1} H_2B 溶液中，加入多少毫升 0.20 mol•L^{-1}的 NaOH 溶液？已知 K_{a1} = 3.0×10^{-2}，K_{a2} = 5.0×10^{-7}。

第六章　酸碱滴定

【学习目的】

掌握：滴定分析法的基本概念，化学计量点与滴定终点、滴定与标定、滴定剂与试样、一级标准物质等概念；酸碱指示剂的变色原理、变色点和变色范围；酸碱滴定法中指示剂的选择原则；酸碱标准溶液的配制与标定的方法，酸碱滴定结果的计算方法。

熟悉：强酸与强碱滴定曲线的特点；分析结构的误差和有效数字的概念；酸碱滴定法的应用。

了解：滴定分析法的过程和类型，对化学反应的要求和滴定方式；强碱（酸）滴定一元弱酸（碱）。

酸碱滴定法（acid-base titration）是重要的滴定分析方法之一，也是学习其他滴定方法的基础。该法快速、简便，并有足够的准确度，应用十分广泛。一般的酸、碱及能与酸、碱直接或间接发生质子转移反应的物质，几乎都可以用酸碱滴定法测定。此法在临床检验和医疗卫生分析中常用。

第一节　滴定分析法概述

一、滴定分析法的概念及常用术语

滴定分析（titrimetric analysis）又称*容量分析*（volumetric analysis），是定量分析常用的化学分析方法之一。这种方法是将一种已知准确浓度的试剂溶液，滴加到一定体积的被测物质溶液中，直到所加的试剂与被测物质按化学计量关系定量完全反应为止，然后根据消耗标准溶液的浓度和体积，计算出被测物质的含量。

滴加到被测物质溶液中的已知准确浓度的试剂溶液称为*标准溶液*（standard solution），又称*滴定剂*（titrant）。被分析的物质称为*试样*（sample）。将滴定剂通过滴定管滴加到被测物质溶液中的过程称为*滴定*（titration）。滴加的滴定剂与被测物质按照化学反应的定量关系恰好完全反应时，称反应达到*化学计量点*（stoichiometric point）。在化学计量点时，反应往往没有易为人察觉的外部特征，因此可以在待测溶液中加入*指示剂*（indicator），利用指示剂的颜色突变来加以判断。所谓指示剂就是在溶液中加入的一种辅助试剂，由它的颜色转变而显示化学计量点的到达。在滴定过程中，指示剂发生颜色突变而停止滴定的这一点称为*滴定终点*（end point of titration）。实际分析操作中滴定终点和化学计量点往往不能恰好符合，由此而造成的分析误差称为*滴定误差*（titration error）。

二、滴定分析法的一般过程和类型

滴定分析的一般过程包括三个主要部分：标准溶液的配制、标准溶液的标定和试样组分含量的测定。

根据滴定分析所利用的化学反应类型不同，滴定分析一般可分为以下四种：

（1）*酸碱滴定法*（acid-base titration）。以水溶液中质子转移反应为基础的滴定分析法，可用于测定酸、碱以及能与酸碱发生定量反应的其他物质的含量。

（2）*沉淀滴定法*（precipitation titration）。以沉淀反应为基础的滴定分析法，可用于 Ag^+、CN^-、SCN^-及卤素离子等的测定。

（3）*配位滴定法*（coordinate titrition）。以配位反应为基础的一种滴定分析法，主要用于金属离子的测定。

（4）*氧化还原滴定法*（oxidation-reduction titration）。以氧化还原反应为基础的一种滴定分析法。可直接测定具有氧化性或还原性的物质，也可间接测定一些能与氧化剂或还原剂定量反应的物质。

三、滴定分析法对化学反应的要求和滴定方式

（一）滴定分析法对化学反应的要求

（1）反应必须定量完成。即反应按一定的反应方程式进行，没有副反应，而且进行得完全（通常要求达到 99.9％左右），这是定量计算的基础。

（2）反应能够迅速完成。对于速率较慢的反应，有时可通过加热或加入催化剂等方法来加快反应速率。

（3）要有简便可靠的方法确定滴定终点。

（二）滴定方式

常用的滴定方式有以下几种：

（1）*直接滴定法*（direct titration）。凡是滴定剂与被测组分的反应满足以上三点要求，都可用标准溶液直接滴定被测物质。它是滴定分析中最常用和最基础的滴定方式。例如，用 HCl 滴定 NaOH，用 $KMnO_4$ 滴定 Fe^{2+}，用 EDTA 滴定 Ca^{2+}、Mg^{2+}等。

（2）*返滴定法*（back titration）。当反应速率较慢或待测物是固体，加入标准溶液（滴定剂）反应不是立即完成时，可在待测物质中先加入一定量过量的滴定剂，待反应完全后，再用另一种标准溶液滴定剩余的滴定剂。例如，Al^{3+}与 EDTA 配位反应的速率很慢，不能用直接滴定法进行测定，可于 Al^{3+}溶液中先加入过量的 EDTA 标准溶液并加热，待 Al^{3+}和 EDTA 反应完全后，用 Zn^{2+}或 Cu^{2+}的标准溶液滴定剩余的 EDTA。

（3）*置换滴定法*（displaced titration）。有些物质不能直接滴定时，可以通过它与另一种物质起反应，置换出一定量能被滴定的物质，然后用适当的滴定剂进行滴定。例如，硫代硫酸钠不能直接滴定重铬酸钾及其他氧化剂，因为氧化剂将 $S_2O_3^{2-}$氧化为 $S_4O_6^{2-}$或 SO_4^{2-}时，没有确定的化学计量关系。但是，如在酸性 $K_2Cr_2O_7$ 溶液中加入过量 KI，产生一定量 I_2，就可以用 $Na_2S_2O_3$ 标准溶液进行滴定。

（4）*间接滴定法*（indirect titration）。不能与滴定剂直接反应的物质，有时可以利用间接反应使其转化为可被滴定的物质，然后再用滴定剂滴定所生成的物质。例如，将 Ca^{2+}沉淀为 CaC_2O_4 后，用 H_2SO_4 溶解，再用 $KMnO_4$ 标准溶液滴定与 Ca^{2+}结合的 $C_2O_4^{2-}$，可以间接测定 Ca^{2+}的含量。

四、一级标准物质与标准溶液

滴定分析中必须使用标准溶液，并根据标准溶液的浓度和用量来计算被测物质的含量。

（一）一级标准物质

能用于直接配制准确浓度溶液的物质称为一级标准物质（primary standard substance），又称基准物质。作为一级标准物质应符合下列条件：

（1）组成与化学式完全相符，若含有结晶水，其组成也应与化学式相符。

（2）应很稳定，不易吸收空气中的二氧化碳和水分，不易被空气中的氧氧化，不发生副反应。

（3）纯度一般在 99.9%以上，一般应为分析纯。

（4）最好有较大的摩尔质量，可减小称量误差。

（二）标准溶液的配制和标定

在定量分析中，标准溶液的浓度常控制在 $0.05\text{mol}\cdot\text{L}^{-1}\sim 0.2\ \text{mol}\cdot\text{L}^{-1}$。标准溶液的配制方法可分为直接配制法和间接配制法。

1. 直接配制法

准确称量一定量的基准物质，溶解后转入容量瓶中，加水稀释至标线，然后根据所称物质的质量和定容的体积，计算出标准溶液的准确浓度。

2. 间接配制法

如果试剂不够纯或不稳定，则可用间接配制法：先配制近似于所需浓度的溶液，再用基准物质或已知准确浓度的溶液来确定该标准溶液的准确浓度。

用基准物质或已知准确浓度的溶液来确定标准溶液准确浓度的操作过程称为标定（standardization）。取一定体积待标定的标准溶液（一般用量控制在 20mL～30mL），先估算出用于标定的基准物质的用量，再准确称量。溶解后用待标定的标准溶液滴定，然后根据所消耗的体积计算出标准溶液的浓度。

五、滴定分析的计算

在滴定分析中，滴定剂 A 与分析组分 B 发生如下定量反应：

$$a\text{A} + b\text{B} = d\text{D} + e\text{E}$$

当滴定到化学计量点时，A 与 B 的物质的量和它们的化学计量系数有下列定量关系

$$n_{\text{A}} : n_{\text{B}} = a : b \quad 或 \quad \frac{1}{a}n_{\text{A}} = \frac{1}{b}n_{\text{B}} \tag{6-1}$$

若被测物是溶液，其浓度和体积分别为 c_{B} 和 V_{B}，滴定剂浓度为 c_{A}，达到计量点时所消耗滴定剂的体积为 V_{A}，则

$$\frac{1}{a}c_{\text{A}}V_{\text{A}} = \frac{1}{b}c_{\text{B}}V_{\text{B}} \quad 即 \quad c_{\text{B}} = \frac{b}{a}\frac{c_{\text{A}}V_{\text{A}}}{V_{\text{B}}} \tag{6-2}$$

若被测物是固体，其摩尔质量为 M_{B}，所取试样的质量为 m，达到计量点时，用去浓度为 c_{A} 的滴定剂的体积为 V_{A}，则被测物质的质量分数 w_{B} 为

$$\frac{1}{a}c_{\text{A}}V_{\text{A}} = \frac{1}{b}\frac{m_{\text{B}}}{M_{\text{B}}} \tag{6-3}$$

$$w_B = \frac{m_B}{m} = \frac{b}{a}\frac{c_A V_A M_B}{m} \tag{6-4}$$

第二节　酸碱指示剂

一、酸碱指示剂的变色原理

酸碱指示剂（acid-base indicator）是指在一定 pH 范围内能发生颜色变化的物质。在酸碱滴定中常用酸碱指示剂来指示滴定终点。酸碱指示剂一般是有机弱酸或弱碱，在水溶液中存在着电离平衡，并以酸式和碱式两种形式存在，二者结构不同，颜色不同。当溶液的 pH 发生改变时，由于两种形式发生转化（即结构发生改变），所以溶液颜色发生改变。

用 HIn 表示指示剂的酸式，其产生的颜色为酸式色；In^-表示指示剂的碱式，其产生的颜色为碱式色。它们在溶液中存在以下电离平衡：

$$HIn \rightleftharpoons In^- + H^+$$

$$K_{HIn} = \frac{[H^+][In^-]}{[HIn]}$$

K_{HIn} 称为指示剂的电离常数，简称指示剂常数（indicator constant），其数值取决于指示剂的性质和温度。两边各取负对数，则

$$pH = pK_{HIn} + \lg\frac{[In^-]}{[HIn]}$$

当溶液 pH 值改变时，$\frac{[In^-]}{[HIn]}$随之改变，则溶液的颜色也随之改变。

二、指示剂的变色范围和变色点

由于人的眼睛对颜色分辨能力的限制，一般情况下，当$\frac{[In^-]}{[HIn]} \geqslant 10$时，看到的是 In^-的颜色（碱式色）；当$\frac{[In^-]}{[HIn]} \leqslant \frac{1}{10}$时，看到的是 HIn 的颜色（酸式色）；当$\frac{1}{10} < \frac{[In^-]}{[HIn]} < 10$时，看到的是酸式和碱式的混合色。

因此，当溶液的 pH 在 $pK_{HIn} \pm 1$ 的范围内，才能明显观察出指示剂颜色的变化，溶液的 $pH = pK_{HIn} \pm 1$ 称为指示剂的理论变色范围（color change interval）。当$[In^-]=[HIn]$时，显现的颜色是酸式和碱式等量成分的混合色，因此，溶液的 $pH = pK_{HIn}$ 称为指示剂的理论变色点（color change point）。例如，甲基橙的 $pK_{HIn} = 3.7$，理论变色点为 3.7，理论变色范围为 2.7～4.7。由于人眼对各种颜色的敏感程度不同，实际观察到的变色范围与理论变色范围不完全一致，如甲基橙的实际变色范围为 3.1～4.4。常见的酸碱指示剂及其变色范围列于表 6-1。

表 6-1　常见酸碱指示剂

指示剂	变色点（pH）	变色范围（pH）	颜色变化
百里酚蓝(第一变色范围)	1.65	1.2～2.8	红—黄
甲基黄	3.25	2.9～4.0	红—黄

续表

指示剂	变色点（pH）	变色范围（pH）	颜色变化
甲基橙	3.45	3.1～4.4	红—黄
溴酚蓝	4.1	3.0～4.6	黄—紫蓝
溴甲酚绿	4.9	4.0～5.6	黄—蓝
甲基红	5.0	4.4～6.2	红—黄
溴百里酚蓝	7.3	6.0～7.6	黄—蓝
中性红	7.4	6.8～8.0	红—黄橙
苯酚红	8.0	6.8～8.4	黄—红
酚酞	9.1	8.0～10.0	无—红
百里酚蓝（第二变色范围）	8.9	8.0～9.6	黄—蓝
百里酚酞	10.0	9.4～10.6	无—蓝

第三节　滴定曲线和指示剂的选择

在酸碱滴定过程中，溶液的 pH 是在不断变化的，并且在化学计量点时溶液不一定都呈中性。例如，用强酸滴定弱碱，到达化学计量点时溶液 pH 小于 7；用强碱滴定弱酸，到达化学计量点时溶液 pH 大于 7。因此，为了选择合适的指示剂使滴定终点与化学计量点尽量吻合，就必须了解滴定过程中溶液 pH 的变化，特别是化学计量点附近溶液 pH 的变化情况。以滴定过程中所加入的酸或碱标准溶液的量为横坐标，以溶液的 pH 为纵坐标作图，绘得的曲线称为*酸碱滴定曲线*（acid-base titration curve）。下面分别讨论几种类型酸碱滴定曲线和指示剂的选择。

一、强酸与强碱的滴定

以 $0.1000\text{mol}\cdot\text{L}^{-1}$ NaOH 溶液滴定 20.00mL $0.1000\ \text{mol}\cdot\text{L}^{-1}$ HCl 溶液为例，讨论滴定过程中溶液 pH 的变化情况。

（一）滴定曲线

1. 滴定开始前

溶液中仅有 HCl，溶液的 pH 取决于 HCl 的原始浓度，

$$[H^+]=0.1000\ \text{mol}\cdot\text{L}^{-1}\qquad\qquad \text{pH}=1.00$$

2. 滴定开始至化学计量点前

溶液由剩余 HCl 和滴定产物 NaCl 组成，其 pH 取决于剩余 HCl 的量。当滴加 NaOH 溶液 18.00mL 时，溶液中剩余 HCl 体积为 2.00mL，溶液总体积为 38.00mL，此时溶液中

$$[H^+]=\frac{c_{HCl}\times V_{HCl(剩余)}}{V_{总}}=\frac{0.1000\times 2.00}{38.00}=5.3\times 10^{-3}\ (\text{mol}\cdot\text{L}^{-1})$$

$$\text{pH}=2.28$$

3. 化学计量点时

当滴加 NaOH 溶液 20.00mL 时，HCl 和 NaOH 恰好完全中和，溶液的组成是 NaCl，溶液的$[H^+]$取决于水的电离，即

$$[H^+]=[OH^-]=1.0\times10^{-7}\ mol\cdot L^{-1} \qquad pH=7.00$$

4. 化学计量点后

溶液组成为 NaCl 和过量的 NaOH，溶液呈碱性，溶液的 pH 取决于过量的 NaOH。当滴加 20.02mLNaOH 时，NaOH 过量 0.02mL，溶液总体积为 40.02mL，此时溶液中

$$[OH^-]=\frac{c_{NaOH}\times V_{NaOH(过量)}}{V_{总}}=\frac{0.1000\times0.02}{40.02}=5.0\times10^{-5}\ (mol\cdot L^{-1})$$

$$pH=14-pOH=14-4.30=9.70$$

用类似的方法可以计算滴定过程中很多点的 pH，其数据列于表 6-2 中。以滴定剂 NaOH 的加入量为横坐标，溶液 pH 为纵坐标作图，即得滴定曲线见图 6-1。

表 6-2　0.1000 mol · L^{-1}的 NaOH 溶液滴定 20.00mL0.1000 mol · L^{-1}HCl 溶液的 pH 变化

加入 NaOH（mL）	剩余 HCl（mL）	过量 NaOH（mL）	pH
0.00	20.00		1.00
18.00	2.00		2.28
19.80	0.20		3.30
19.98	0.02		4.30（突跃范围）
20.00	0.00		7.00（突跃范围）
20.02		0.02	9.70（突跃范围）
20.20		0.20	10.70
22.00		2.00	11.68
40.00		20.00	12.52

从表 6-2 和图 6-1 可以看出，从滴定开始到加入 19.98mLNaOH 溶液，溶液 pH 变化缓慢，只改变了 3.3 个 pH 单位，曲线前段平坦，继续滴加 0.02mLNaOH 溶液（约半滴，共滴加 NaOH 20.00mL），到达化学计量点，此时溶液 pH 迅速增至 7.00；再过量 0.02mLNaOH 溶液，pH 增至 9.70。

在化学计量点前后，从剩余 0.02mLHCl 到过量 0.02mLNaOH，总共不过滴加 NaOH0.04mL（约 1 滴），但溶液的 pH 却从 4.30 增加到 9.70，变化 5.4 个 pH 单位，形成了滴定曲线中的“突跃”部分。

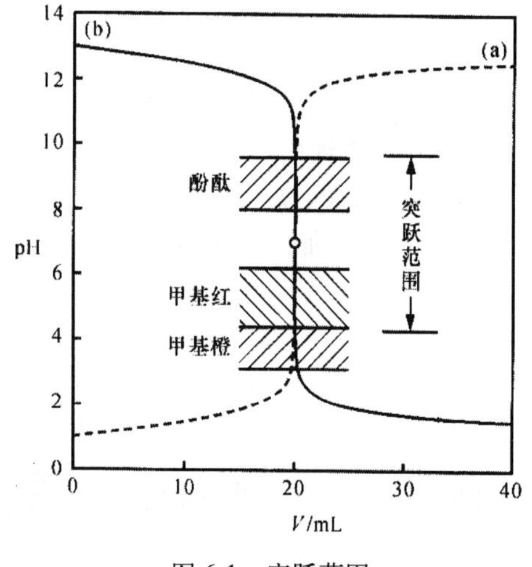

图 6-1　突跃范围

突跃前后，溶液由酸性转变为碱性，这种溶液 pH 的突变称为*滴定突跃*（titration jump）。突跃所在的 pH 范围，称为突跃范围，即化学计量点前后 ±0.1%相对误差范围内溶液 pH 的变化。突跃后，继续滴加 NaOH 溶液，溶液的 pH 变化逐渐减小，曲线又变得平坦。

如果用强酸滴定强碱，得到的曲线与上述滴定曲线相似，但 pH 的变化方向相反，如图 6-1 所示。

（二）指示剂的选择

理想的指示剂应恰好在化学计量点变色。但实际上，凡是在滴定突跃范围内变色的指示剂都可以满足滴定准确度的要求。

指示剂的选择原则是：指示剂的变色范围全部或部分落在突跃范围内。根据这一原则，强酸强碱的突跃范围为 4.3～9.7，所以，甲基橙（3.1～4.4）、甲基红（4.4～6.2）和酚酞（8.0～10.0）都可用作强酸强碱滴定的指示剂。突跃范围的大小还与溶液的浓度有关。

例如，用 1.000 mol • L^{-1} NaOH 溶液滴定 1.000 mol • L^{-1}HCl 溶液，突跃范围在 pH＝3.3～10.7；用 0.0100 mol •L^{-1} NaOH 溶液滴定 0.0100mol •L^{-1}HCl 溶液，突跃范围在 pH＝5.3～8.7。即酸碱溶液的浓度越大，突跃范围越大，酸碱浓度增加 10 倍，突跃范围就增加两个 pH 单位（见图 6-2）。

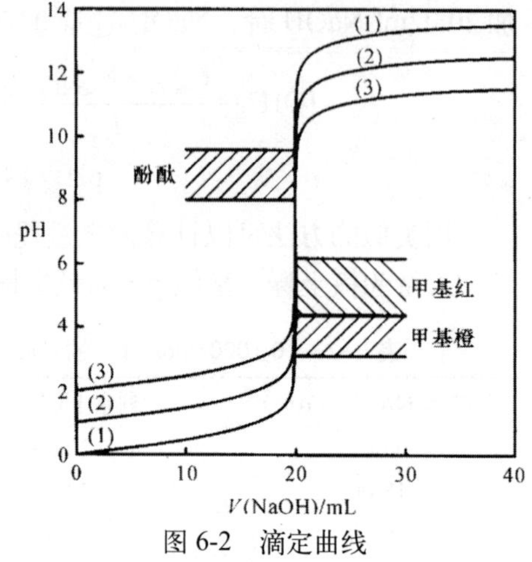

图 6-2　滴定曲线

由此可知，凡变色范围在 pH＝3.3～10.7 的指示剂都可用于 1.000mol • L^{-1} 强酸强碱的滴定，如酚酞、甲基红和甲基橙等。但对 0.0100mol • L^{-1} 酸碱的滴定，由于突跃范围变小（pH＝5.3～8.7），就只能选择酚酞或甲基红做指示剂，而不能用甲基橙，否则会带来较大的滴定误差。

二、强碱（酸）滴定一元弱酸（碱）

以 0.1000mol · L^{-1}NaOH 溶液滴定 20.00mL0.1000 mol · L^{-1}HAc 溶液为例来进行讨论。滴定反应为：

$$OH^- + HAc = H_2O + Ac^-$$

（一）滴定曲线

1. 滴定开始前

溶液组成为 0.1000 mol · L^{-1} 的 HAc 溶液，可用式（4-15）计算，即

$$[H^+]=\sqrt{cK_a}=\sqrt{0.1000\times1.76\times10^{-5}}=1.33\times10^{-3}\,\text{mol}\cdot L^{-1}$$
$$pH=2.88$$

2. 滴定开始至化学计量点前

溶液由未反应的 HAc 和反应产生的共轭碱 Ac^-组成 HAc-Ac^-缓冲体系，其 pH 可按式（5-2）计算。当加入 NaOH 溶液 19.98mL 时，溶液中

$$[Ac^-]=\frac{19.98\times0.1000}{19.98+20.00}\ \text{mol}\cdot L^{-1}$$

$$[HAc]=\frac{(20.00-19.98)\times0.1000}{19.98+20.00}\ \text{mol}\cdot L^{-1}$$

则
$$pH=pK_a+\lg\frac{[Ac^-]}{[HAc]}=4.75+\lg\frac{19.98\times0.1000}{(20.00-19.98)\times0.1000}=7.75$$

3. 化学计量点时

此时加入 NaOH 溶液 20.00mL，溶液中的 HAc 全部和 NaOH 作用生成其共轭碱 Ac^-，可按式（4-16）计算，即

$$[OH^-]=\sqrt{c_{Ac^-}K_{b,Ac^-}}=\sqrt{\frac{0.1000}{2}\times\frac{10^{-14}}{1.76\times10^{-5}}}=5.33\times10^{-6}\,mol\cdot L^{-1}$$

$$pOH=5.27\ ,\qquad pH=14-5.27=8.73$$

4. 化学计量点后

溶液由 Ac^- 和过量 NaOH 组成。NaOH 抑制了 Ac^- 的电离，溶液的 pH 由过量的 NaOH 决定。当滴入 NaOH 20.02mL 时，过量 0.02mLNaOH 标准溶液，溶液的总体积 40.02mL，则

$$[OH^-]=\frac{0.1000\times0.02}{40.02}=5.0\times10^{-5}\,mol\cdot L^{-1}$$

$$pH=14-pOH=14-4.30=9.70$$

按上述方法逐一计算出滴定过程中溶液的 pH，列于表 6-3 中，并绘制滴定曲线，见图 6-3 中的曲线Ⅰ。图中虚线为 0.1000mol · L^{-1}NaOH 溶液滴定 20.00mL0.1000 mol · L^{-1}HCl 溶液的前半部分。

表 6-3　0.1000 mol · L^{-1}NaOH 溶液滴定 20.00mL0.1000 mol · L^{-1}HAc 溶液的 pH 变化

加入 NaOH（mL）	剩余 HCl（mL）	过量 NaOH（mL）	pH
0.00	20.00		2.88
10.00	10.00		4.75
18.00	2.00		5.70
19.80	0.20		6.74
19.98	0.02		7.75（突跃范围起）
20.00	0.00		8.73　突跃范围
20.02		0.02	9.70（突跃范围止）
20.20		0.20	10.70
22.00		2.00	11.68
40.00		20.00	12.52

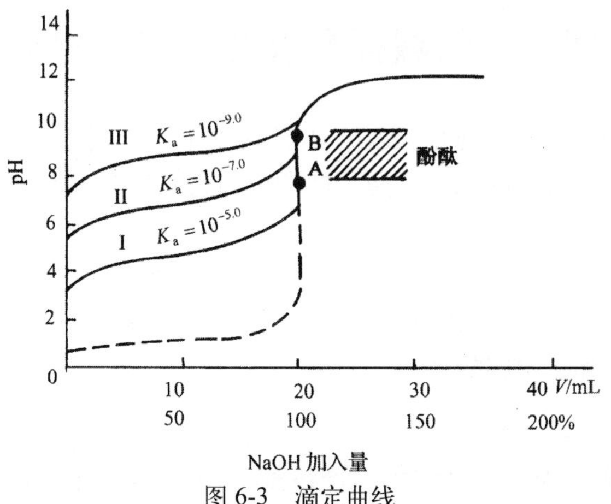

图 6-3　滴定曲线

（二）指示剂的选择

从表 6-3 和图 6-3 可以看出强碱滴定一元弱酸有以下特点：①由于 HAc 是弱酸，滴定开始前溶液的 pH 比同浓度 HCl 溶液的 pH 大，滴定曲线起点的 pH 在 2.88 而不在 1.00。②滴

定开始后溶液 pH 升高较快，这是因为反应产生的 Ac^- 抑制了 HAc 的电离，曲线斜率较大。但是继续滴加 NaOH，由于 NaAc 的不断生成，在溶液中形成了 HAc-Ac^- 缓冲体系，溶液 pH 增加缓慢，滴定曲线较为平坦。接近化学计量点时，溶液中 HAc 浓度迅速减小，溶液的缓冲能力减弱，溶液的 pH 增加较快，曲线斜率又迅速增大。③化学计量点时，溶液的 pH 不是 7.00，而是 8.73。这是因为计量点时，溶液组成为 NaAc，溶液呈弱碱性而不是中性。④化学计量点后，溶液 pH 的变化规律与 NaOH 滴定 HCl 时情况相同，因而这一滴定过程的突跃范围在 pH＝7.75～9.70，比强碱滴定强酸时小得多，且处于碱性区域。因此，滴定只能选用在碱性范围变色的指示剂，如酚酞、百里酚酞或百里酚蓝等。

如果用相同浓度的强碱滴定不同强度的一元弱酸，可以得到如图 6-3 所示Ⅰ、Ⅱ、Ⅲ三条滴定曲线。从图中可以看出，当弱酸浓度一定时，K_a 值越大，即酸越强，滴定的突跃范围越大；K_a 值越小，即酸越弱，滴定突跃范围越小。当 $K_a < 10^{-9}$ 时，即使强碱浓度为 1.000 $mol \cdot L^{-1}$ 也无明显的突跃，利用一般的酸碱指示剂无法判断滴定终点。

化学计量点附近滴定突跃范围的大小，不仅与被测酸的 K_a 值有关，还与浓度有关。用较浓的标准溶液滴定较浓的试样，可使滴定突跃范围有所增大，滴定终点也较易判断。但这也是有限度的，对于 K_a 值太小（如 $K_a < 10^{-9}$）的弱酸，即使用较浓的强碱溶液滴定，也无法用指示剂准确判断滴定终点。由于人眼对颜色辨别能力的限度有 0.3 个 pH 单位的不确定性，通常要求滴定突跃范围大于 0.3 个 pH 单位，否则就不能准确滴定。

用强酸（0.1000 $mol \cdot L^{-1}$）滴定一元弱碱（0.1000 $mol \cdot L^{-1}$），pH 的变化与强碱滴定一元弱酸的变化方向相反，突跃范围为 pH＝4.30～6.25 的酸性区域。只能选用甲基橙、甲基红等在酸性区域变色的指示剂。

实验证明，当弱酸的 $cK_a \geqslant 10^{-8}$ 时，滴定突跃就大于 0.3 个 pH 单位，人眼能够辨别出指示剂的颜色变化，可以直接进行滴定，终点误差也在允许的 ±0.1% 范围以内。对于 $cK_a < 10^{-8}$ 的弱酸，可采用其他方法进行测定。比如用仪器来检测滴定终点，利用适当的化学反应使弱酸强化，或在酸性比水更弱的非水介质中进行滴定等。

第四节　酸碱标准溶液的配制和标定

酸碱滴定中最常用的标准溶液是 HCl 和 NaOH 溶液，有时也用 H_2SO_4 和 KOH。实际工作中应根据需要配制合适浓度的标准溶液，最常用的为 0.1000$mol \cdot L^{-1}$。

一、酸标准溶液

HCl 标准溶液通常是用间接法配制成近似所需浓度的溶液，然后用基准物质进行标定。常用的基准物质有硼砂和无水碳酸钠等。

（一）硼砂（$Na_2B_4O_7 \cdot 10H_2O$）

硼砂在水中重结晶 2 次，结晶析出温度控制在 50℃以下才可获得 $Na_2B_4O_7 \cdot 10H_2O$，符合基准物质的要求。所得结晶必须在室温下，保存于相对湿度为 60%的恒湿器中，否则结晶水含量会发生改变，待恒重后即可使用。硼砂作为基准物质的优点是摩尔质量大（381.4$g \cdot mol^{-1}$）、稳定、容易制得纯品，缺点是在空气中易风化失去部分结晶水。

标定反应为

$$Na_2B_4O_7 + 2HCl + 5H_2O = 4H_3BO_3 + 2NaCl$$

到达计量点时，按下式计算 HCl 标准溶液的浓度：

$$n(HCl):n(Na_2B_4O_7\cdot 10H_2O)=2:1$$

$$c_{HCl}=\frac{2m_{Na_2B_4O_7\cdot 10H_2O}}{M_{Na_2B_4O_7\cdot 10H_2O}V_{HCl}}$$

选用甲基红作指示剂，终点变色明显。

（二）无水碳酸钠（Na_2CO_3）

其优点是易得纯品。但 Na_2CO_3 易吸收空气中的水分，用前应在 270℃～300℃干燥至恒重，置于干燥器中保存备用。用时称量要快，以免吸收空气中的水分而引入误差。

标定反应为

$$Na_2CO_3+2HCl=2NaCl+H_2CO_3$$

$$H_2CO_3 \rightarrow CO_2\uparrow+H_2O$$

到达计量点时 $n(HCl):n(Na_2CO_3)=2:1$

$$c_{HCl}=\frac{2m_{Na_2CO_3}}{M_{Na_2CO_3}V_{HCl}}$$

选用甲基橙作指示剂，终点变色不太敏锐。

二、碱标准溶液

NaOH 强烈地吸收空气中的 H_2O 和 CO_2，故应选用间接法配制其标准溶液，即配制成近似浓度的碱溶液，然后加以标定。用于标定的基准物质有邻苯二甲酸氢钾、草酸、苯甲酸等，最常用的是邻苯二甲酸氢钾。

邻苯二甲酸氢钾（$KHC_8H_4O_4$）易溶于水，不含结晶水，不易吸收空气中的水分，易保存，且摩尔质量大（$204.23\ g\cdot mol^{-1}$），是较理想的基准物质。

标定反应为

$$C_6H_4(COOH)(COOK) + NaOH = C_6H_4(COONa)(COOK) + H_2O$$

达到计量点时

$$c_{NaOH}=\frac{m_{KHC_8H_4O_4}}{M_{KHC_8H_4O_4}V_{NaOH}}$$

在化学计量点时，溶液的 pH 约为 9.1，可选用酚酞作指示剂，变色相当敏锐。

由于 NaOH 强烈地吸收空气中的 H_2O 和 CO_2，因此在 NaOH 溶液中常含有少量的 Na_2CO_3。用该溶液做标准溶液，如果选用甲基橙做指示剂，则滴定终点时，Na_2CO_3 被中和至 CO_2 和 H_2O，不会引入误差；如用酚酞做指示剂，滴定至酚酞出现浅红色时，Na_2CO_3 仅作用生成 $NaHCO_3$，这样就引入了误差。

除此之外，在蒸馏水中也常含有 CO_2，$CO_2 + H_2O = H_2CO_3$，能与 NaOH 反应，但反应速度不太快。当用酚酞做指示剂时，常使滴定终点不稳定，稍放置，粉红色褪去，这就是

CO_2 不断转变为 H_2CO_3 的缘故。因此，如果用酚酞做指示剂，必须煮沸蒸馏水以除去 CO_2 的影响。

第五节　酸碱滴定法的应用

酸碱滴定法广泛用于工业、农业、医药、食品等方面。如水果、蔬菜、食醋中的总酸度、天然水的总碱度、土壤、肥料中氮、磷含量的测定等都可用酸碱滴定法进行测定。下面举几个实例来说明酸碱滴定法的某些应用。

一、食醋中总酸度的测定

食醋中含 $30g \cdot L^{-1} \sim 50g \cdot L^{-1}$ 的 HAc，此外，还含有少量其他的有机酸如乳酸等。在测定食醋的总酸度时，全部以 HAc 的百分含量来表示。由于 HAc 的 K_a 为 1.76×10^5，$cK_a > 10^{-8}$，故可以用碱标准溶液直接滴定。用 NaOH 标准溶液滴定 HAc 的反应如下：

$$NaOH + HAc = NaAc + H_2O$$

由于化学计量点时溶液显碱性，故选用酚酞做指示剂，当溶液由无色变为淡红色时即为滴定终点。根据消耗 NaOH 标准溶液的体积，按下式可算出食醋中 HAc 的质量浓度。

$$\rho_{HAc} = \frac{c_{NaOH} V_{NaOH} M_{HAc}}{V}$$

二、血浆中总氮含量的测定

血浆中含有蛋白质，蛋白质的含量可用总氮含量来表示。测定时将试样与浓 H_2SO_4 共煮，进行消化分解，使有机物转化为 CO_2 和 H_2O，所含的氮转化为 $(NH_4)_2SO_4$（为了缩短消化时间，可加 $CuSO_4$ 做催化剂，加 K_2SO_4 提高溶液的沸点）。生成的溶液用过量的 NaOH 碱化后进行蒸馏，蒸出的 NH_3 收集在过量的酸标准溶液（如 HCl 标准溶液）中，然后以甲基红为指示剂，用 NaOH 标准溶液滴定剩余的酸，便可算出血浆中总氮含量。这种测定方法称为 Kjeldahl 定氮法，在生物化学和食品分析中常用。反应式如下：

$$(NH_4)_2SO_4 + 2NaOH = 2NH_3 \uparrow + Na_2SO_4 + 2H_2O$$

$$NH_3 + HCl\text{（过量）} = NH_4Cl$$

$$HCl\text{（剩余）} + NaOH = NaCl + H_2O$$

试样的质量为 m，则 N 的质量分数为

$$w_N = \frac{(c_{HCl} V_{HCl} - c_{NaOH} V_{NaOH}) \cdot M_N}{m}$$

第六节　分析结果的误差和有效数字

在定量分析中，要求分析结果必须具有一定的准确度。但由于受分析方法、测量仪器、试剂及分析人员主观条件等方面的限制，使得测定结果不可能完全与真实值一致，测定中的误差是客观存在的。因此，我们有必要了解测定过程中误差产生的原因，以及如何避免和减少误差。同时，对有效数字的概念也要有清楚的认识，并学会应用。

一、误差产生的原因和分类

误差（error）是指测定结果与真实值之间的差值。根据误差产生的原因和性质，可分为系统误差（systematical error）和偶然误差（accidental error）两类。

（一）系统误差

系统误差是由测定过程中某些固定原因造成的误差。它对试验结果的影响比较恒定，它的大小、正负是可测的。重复测定时重复出现，因此也称为可测误差（measurable error）。系统误差的主要来源有以下几种。

（1）方法误差（methodic error）。由于分析方法本身不够完善造成的误差。例如，重量分析中沉淀的溶解、共沉淀现象、灼烧时沉淀的分解或挥发等造成的误差；滴定分析中化学计量点与滴定终点不符合等造成的误差都属于方法误差。

（2）仪器误差（instrumental error）。由于仪器本身不够精确而造成的误差。如天平两臂长度不相等、砝码生锈、容量仪器刻度和仪表刻度不准确等。

（3）试剂误差（reagent error）。由于试剂不纯或蒸馏水不合格而造成的误差。

（4）操作误差（operational error）。由于操作人员主观原因造成的误差。如操作者对终点颜色的判断偏深或偏浅，读取滴定管刻度偏高或偏低等。

（二）偶然误差

偶然误差是由一些随机的偶然因素造成的误差，也称随机误差（random error）。例如，测定时环境的微小变动引起测定数据微小的波动等。偶然误差有时大，有时小，有时正，有时负，具有可变性。

除上述两类误差外，由于工作人员的粗心、不遵守操作规程等造成过失误差（gross error）。例如，读错刻度、丢失试液、加错试剂、记录或计算错误等。如遇到这类明显错误的测定数据，应弃去。

二、误差的表示方法

（一）准确度与误差

准确度（accuracy）是指测定值（x）与真实值（T）符合的程度。准确度的高低用误差来衡量，误差越小，表示分析结果的准确度越高。

误差又分绝对误差（absolute error，E）和相对误差（relative error，RE）两种。分别表示为

$$E = x - T \tag{6-5}$$

$$RE = \frac{E}{T} \times 100\% \tag{6-6}$$

仅用绝对误差不能全面反映测量误差对分析结果的影响程度，而相对误差反映了误差在真实值中所占的分数，对于比较测定结果的准确度更为合理。因此，通常用相对误差来表示分析结果的准确度。绝对误差和相对误差都有正值和负值，正值表示实验结果偏高，负值表示实验结果偏低。

（二）精密度与偏差

由于真实值是未知的，无法求得分析结果的准确度，因此通常用精密度（precision）来

衡量分析结果的可靠性。精密度是指多次平行测定结果相互接近的程度。精密度的高低用*偏差*（deviation）来衡量。

单次测定值（x_i）与多次测定值算术平均值（$\bar{x}$）的差值称为*绝对偏差*（absolute deviation, d）。

$$d_i = x_i - \bar{x} \tag{6-7}$$

在实际工作中，常用*绝对平均偏差*（absolute average deviation, $\bar{d}$）、*相对平均偏差*（relative average deviation, $R\bar{d}$）和*标准偏差*（standard deviation, s）表示分析结果的精密度。分别表示如下：

$$\bar{d} = \frac{|d_1| + |d_2| + \ldots + |d_n|}{n} \tag{6-8}$$

$$R\bar{d} = \frac{\bar{d}}{\bar{x}} \times 100\% \tag{6-9}$$

$$s = \sqrt{\frac{d_1^2 + d_2^2 + \cdots + d_n^2}{n-1}} \quad (n \leqslant 20) \tag{6-10}$$

式中，n 为测定次数，$|d|$ 为绝对偏差的绝对值。

滴定分析测定常量成分时，分析结果的相对平均偏差一般应小于 0.2%。

测定结果的偏差越小，表示分析结果的精密度越高，但不一定准确度高，因为可能存在系统误差。精密度高是保证准确度的先决条件，精密度低，所得测定结果不可靠，也就谈不上准确度高。

三、提高分析结果准确度的方法

（一）选择合适的分析方法

各种分析方法的准确度和灵敏度不同，应根据具体的要求来选择合适的方法。

（二）减小测量误差

任何分析方法都离不开测量，为了保证分析结果的准确度，必须尽量减小测量误差。

（三）检验和消除系统误差

消除测量过程中的系统误差，是一个非常重要而又比较难以处理的问题。分析结果的精密度往往看不出系统误差的存在，所以检验和消除系统误差对于提高分析的准确度极为重要。根据具体情况，可采用不同的方法来检验和消除系统误差。

（1）对照试验。在相同条件下，将已知准确结果的标准试样和被测试样同时进行测定，通过对标准试样的分析结果和其准确值进行比较，就可以判定是否存在系统误差。用其他可靠的分析方法进行对照试验也是经常采用的一种方法。作为对照试验的分析方法必须可靠，一般选用国家颁布的标准分析方法或经典分析方法。

（2）空白试验。由试剂和器皿带进杂质所造成的系统误差，一般可用空白试验来消除。所谓空白试验，就是在不加试样的情况下，按照与试样分析相同的条件和步骤进行试验，试验所得结果称为空白值。若空白值较小，直接从试样分析结果中扣除空白值，就可以得到较为可靠的分析结果；若空白值较大，则应提纯试剂或改用其他适当的器皿来进行试验。

（3）校准仪器。仪器不准确引起的系统误差，可通过校准仪器来减小。例如砝码、滴定管、容量瓶等，在精确的分析中，必须进行校准，并在计算结果时采用校正值。

（四）增加平行测定次数，减小偶然误差

偶然误差在分析操作中是无法避免的，并且难以找出确定的原因，似乎没有规律性。但如果进行很多次测定，便会发现数据的分布符合一般的统计规律（statistical law），因此，在实际工作中，如果消除了系统误差，平行测定次数越多，则测定值的算术平均值越接近真实值。所以增加平行测定次数，可以减小偶然误差对分析结果的影响。在一般分析中，对同一试样平行测定 3～4 次，以获得较准确的分析结果。

四、有效数字及运算规则

（一）有效数字

所谓有效数字（significant figure），就是实际上能够测到的数字。也就是说，在一个数中，除最后一位数是不确定的外，其他各位数都是确定的。例如，用 50mL 滴定管滴定，最小刻度是 0.1mL，体积读数为 25.32mL，表示前三位数是准确的，第四位数是估读的，属于可疑数字。但这四位数都是有效的，它不仅表示滴定体积为 25.32mL，而且说明计量的精确度为 ±0.01mL。

在确定有效数字位数时，应注意“0”的意义。例如，在 0.0380 这个数中，前两位的“0”不是有效数字，只起定位作用；而最后一位的“0”是有效数字。有效数字的位数应与测量仪器的精密程度相对应。例如，使用 50mL 滴定管时，由于它可以读至 ±0.01mL，那么数据记录就只能记到小数点后第二位。常遇到的 pH、pK_a、lg$K$ 等对数值，其有效数字的位数仅取决于小数部分数字的位数，因为整数部分只能说明读数的方次。例如，pH = 11.02，它只有两位有效数字，$[H^+] = 9.5\times10^{-12}\ mol\cdot L^{-1}$。

（二）运算规则

运算规则的提出，是要保证计算的最后结果能确切地反映测量数据的不确定性。

几个数值相加或相减时，它们和或差的有效数字的保留，应以绝对误差最大的那个数，也就是小数点后位数最少的那个数为准。例如，将 0.1028、142.53 和 1.2376 三个数相加。先确定有效数字保留的位数，进行修约（rounding）后再作计算。这三个数值中，142.53 的小数点后位数最少，只有两位，以此为准，其余两个数值分别修约为 0.10 和 1.24 后再相加，得到

$$0.10 + 142.53 + 1.24 = 143.87$$

乘除法与加减法有所不同，所得结果有效数字的位数取决于相对误差最大的那个数，也就是有效数字位数最少的那个数。例如运算

$$\frac{0.0257\times38.23\times4.708}{108.02}$$

各数值的相对误差分别为

0.0257	$\frac{0.0001}{0.0257}\times100\% = 3.9\times10^{-1}\%$
38.23	$\frac{0.01}{38.23}\times100\% = 2.6\times10^{-2}\%$
4.708	$\frac{0.001}{4.708}\times100\% = 2.1\times10^{-2}\%$

$$108.02 \qquad \frac{0.01}{108.02}\times100\% = 9.3\times10^{-3}\%$$

其中，有效数字位数最少的 0.0257 相对误差最大，故修约后计算结果为：

$$\frac{0.0257\times38.2\times4.71}{108} = 0.0428$$

综上所述，实验中数据记录和计算规则如下：

（1）记录数据时，只保留一位不确定数字。

（2）几个数据相加减时，有效数字位数的保留，取决于绝对误差最大的数。

（3）几个数据乘除时，有效数字位数的保留，以相对误差最大的数为准。在运算过程中，可暂时多保留一位数字，得到最终结果时，再进行修约。

（4）有关化学平衡的计算，一般保留 2 位或 3 位有效数字。重量分析、滴定分析测定数据多于 4 位有效数字时，计算结果只需保留 4 位有效数字。如果某种分析方法测量数据不足 4 位有效数字时，则按有效数字位数最少的数据来保留有效数字。

学 习 要 点

1. 滴定分析法的概念及常用术语。

滴定分析法：是将一种已知准确浓度的试剂溶液，滴加到一定体积的被测物质的溶液中，直到所加的试剂与被测物质按化学计量关系定量完全反应为止，然后根据消耗标准溶液的浓度和体积，计算出被测物质的含量的分析方法。

标准溶液（滴定剂）：滴加到被测物质溶液中的已知准确浓度的试剂溶液。

反应达到化学计量点：滴加的滴定剂与被测物质按照化学反应的定量关系恰好完全反应。

滴定终点：在滴定过程中，指示剂发生颜色突变而停止滴定的这一点。

2. 滴定分析法的一般过程和类型。

滴定分析的一般过程：标准溶液的配制、标准溶液的标定和试样组分含量的测定。

滴定分析法的类型：酸碱滴定法、沉淀滴定法、配位滴定法和氧化还原滴定法。

3. 滴定分析法对化学反应的要求和滴定方式。

滴定分析法对化学反应的要求：①反应必须定量完成；②反应能够迅速完成；③要有简便可靠的方法确定滴定终点。常用的滴定方式：直接滴定法、返滴定法、置换滴定法和间接滴定法。

4. 一级标准物质与标准溶液的标定：能用于直接配制准确浓度溶液的物质称为一级标准物质，又称基准物质。用基准物质或已知准确浓度的溶液来确定标准溶液准确浓度的操作过程称为标定。

5. 滴定分析的计算：滴定反应 $a\text{A} + b\text{B} = d\text{D} + e\text{E}$ 达到化学计量点时：$n_\text{A} : n_\text{B} = a : b$

被测物是溶液：$c_\text{B} = \dfrac{b}{a}\dfrac{c_\text{A}V_\text{A}}{V_\text{B}}$；被测物是固体：$w_\text{B} = \dfrac{m_\text{B}}{m} = \dfrac{b}{a}\dfrac{c_\text{A}V_\text{A}M_\text{B}}{m}$

6. 酸碱指示剂：在一定 pH 范围内能发生颜色变化的物质。$\text{pH} = \text{p}K_\text{HIn} \pm 1$ 称为指示剂的理论变色范围，$\text{pH} = \text{p}K_\text{HIn}$ 称为指示剂的理论变色点。

7. 滴定曲线和指示剂的选择。

以滴定过程中所加入的酸或碱标准溶液的量为横坐标，以溶液的 pH 为纵坐标作图，绘得的曲线称为酸碱滴定曲线。选择指示剂的原则是：指示剂的变色范围全部或部分落在突跃范围内。

8. 酸碱标准溶液的配制与标定、酸碱滴定法的应用。

9. 分析结果的误差与偏差的概念、准确度与精密度的意义、有效数字及其运算规则。

思考题

1. 下列解释名词：

滴定分析　化学计量点　滴定终点　滴定曲线　系统误差　偶然误差

2. 滴定分析法包括哪几部分？有哪些常见的类型？滴定分析法对化学反应有哪些要求？

3. 何谓基准物质？作为基准物质应符合哪些条件？

4. 标准溶液的配制方法有哪些？在定量分析中，标准溶液的浓度常控制在什么范围？

5. 在滴定分析中，化学计量点和滴定终点有什么不同？在强酸与强碱的滴定和一元弱酸（碱）的滴定中，化学计量点、滴定终点和中性点之间的关系如何？

6. 何为酸碱滴定曲线？何为突跃范围？酸碱滴定中突跃范围的大小与哪些因素有关？选择指示剂的原则是什么？

7. 何谓酸碱指示剂？溶液的颜色是如何随溶液 pH 值改变而改变的？溶液的颜色与指示剂的结构、酸式和碱式的浓度有何关系？变色范围和变色点如何确定？

8. 标定 HCl 标准溶液，常用的基准物质有哪些？标定 NaOH 标准溶液，常用的基准物质有哪些？

9. 误差如何分类？系统误差的主要来源有哪些？何谓准确度？绝对误差和相对误差如何表示？

10. 下列说法是否正确，为什么？

（1）酸碱滴定中，指示剂恰好发生颜色突变时即为化学计量点。

（2）标定 HCl 溶液的浓度时，若基准物质硼砂失去部分结晶水，则 HCl 溶液的浓度偏低。

（3）酸碱滴定的突跃范围与酸碱浓度成正比，而与酸碱强度成反比。

（4）强碱滴定一元弱酸的计量点的 pH 一定大于 7.00。

（5）用 0.1000 $mol \cdot L^{-1}$ NaOH 标准溶液分别滴定体积相同、浓度相同的 HCl 溶液和 HAc 溶液，达化学计量点时所消耗 NaOH 溶液的体积相同。

（6）NaAc 是一元弱碱，所以可用 HCl 标准溶液直接滴定。

（7）强酸滴定强碱的 pH 突跃范围与所选用的指示剂的变色范围有关。

（8）当溶液中 H^+离子浓度与 OH^-离子浓度相等时，酸碱指示剂显示其中间色。

（9）用 NaOH 溶液滴定 HCl 溶液时选用酚酞为指示剂。因产物为 NaCl，故终点时溶液的 pH 为 7。

（10）滴定分析法测定结果准确度较高，相对误差不超过 0.2%，所以也适合微量组分的测定。

（11）在滴定分析中，滴定终点与化学计量点越接近，滴定误差就越小。

练 习 题

1. 下列物质能否用酸碱滴定法直接准确滴定？若能，计算计量点时的 pH，并选择合适的指示剂。

（1）0.10 mol•L^{-1}H_3BO_3；

（2）0.10 mol•L^{-1}NH_4Cl；

（3）0.10 mol•L^{-1}NaCN。

2. 称取基准物质邻苯二甲酸氢钾（M=204.2g•mol^{-1}）0.5032g，以酚酞为指示剂，标定 NaOH 溶液的浓度，滴定至终点时消耗 22.56mLNaOH 溶液，求此 NaOH 溶液的浓度。

3. 下列情况各引起什么误差？如果是系统误差，应如何消除？

（1）砝码的锈蚀；

（2）称量时试样吸收了空气中的水分；

（3）天平零点稍有变动；

（4）滴定管读数时，最后一位数字估计不准；

（5）试剂含有微量被测组分；

（6）滴定时指示剂选择不当。

4. 在用邻苯二甲酸氢钾标定 NaOH 溶液的浓度时，若在实验过程中发生下列过失情况，将对实验结果产生什么影响？

（1）滴定管中 NaOH 溶液的初读数应为 0.15mL，误记为 0.05mL；

（2）称量邻苯二甲酸氢钾的质量应为 0.4375g，误记为 0.4315g；

（3）滴定完后，下端尖嘴外出现液滴；

（4）滴定过程中，向锥形瓶中加入少量蒸馏水；

（5）滴定时，操作者不小心从锥形瓶中溅出少量试剂。

5. 今有一样品分送 6 处，分析蛋白质中含氮量，结果为：0.3510，0.3496，0.3492，0.3526，0.3511 及 0.3501。求算：①分析结果的平均值；②绝对偏差；③平均偏差；④相对平均偏差。

6.用沉淀法测定纯 NaCl 中氯的百分含量（%），得到下列结果：59.82，60.06，60.46，59.86 和 60.24。计算平均结果及平均结果的绝对误差和相对误差。

7. 现有一弱碱型指示剂，其 K_{In^-} = 1.30×10^{-5}，计算该指示剂的理论变色点和理论变色范围，确定其酸色和碱色的 pH。

8. 称取分析纯 Na_2CO_3 1.3350g，配制成一级标准溶液 250.00mL，用来标定近似浓度为 0.1 mol•L^{-1}HCl 溶液，测得一级标准物质溶液 25.00 mL 恰好与 HCl 溶液 24.50mL 反应完全。计算 HCl 溶液的准确浓度。

9. 标定浓度为 0.1000 mol•L^{-1}NaOH 溶液，欲消耗 25mL 左右 NaOH 溶液，应称取基准物质草酸 H_2CO_3•$2H_2O$ 多少克？能否将称量的相对误差控制在±0.05%范围内？若改用邻苯二甲酸氢钾 $KHC_8H_4O_4$，结果又如何？

10. 酚红是一种常用的指示剂，其 K_a = 1.00×10^{-8}。它的酸式色是黄色，碱式色是红色。计算其酸色和碱色的 pH。分别写出该指示剂在 pH 为 6、7、8、9、12 时所显示出的颜色。

第七章　难溶电解质的沉淀溶解平衡

【学习目的】

掌握：难溶电解质的溶度积常数的表达式、溶度积和溶解度的关系及计算；应用溶度积规则判断沉淀的生成、溶解及沉淀的先后次序；分步沉淀和沉淀的转化。

熟悉：难溶电解质的同离子效应和盐效应。

了解：同离子效应和分步沉淀的计算及应用。

电解质有易溶于水的，也有难溶于水的。像 $BaSO_4$、AgCl、Ag_2CrO_4 这些溶解度（solubility）很小的电解质都是难溶电解质，其特点是溶解部分在水中会发生电离。因此，在难溶电解质的饱和溶液中，存在着未溶解的固体和其溶液中相应离子之间的平衡，这种平衡属于多相离子平衡（heterogeneous ion equilibrium），也是一种常见且重要的化学平衡，称为沉淀溶解平衡（precipitation dissolution equilibrium）。在实际工作中经常利用沉淀溶解平衡原理来进行物质的制备、分离、净化及定性、定量分析。在医学中也有不少的应用实例，如人体内尿结石的形成，骨骼的形成及龋齿的产生等，都涉及一些与沉淀溶解平衡有关的知识。本章主要根据化学平衡移动的一般原理来讨论沉淀溶解平衡的规律及应用。

第一节　溶度积原理

严格来说，在水中绝对不溶的物质是不存在的。物质在水中的溶解度有大小之分，习惯上把溶解度小于 0.01g/100g 水的物质称为难溶物；溶解度在 0.01 g/100g～0.1g/100g 水之间的物质称为微溶物；溶解度较大的物质称为易溶物。与难溶电解质溶解性有关的特征常数（specificity constant）是溶度积常数（solubility product constant）。

一、溶度积

在一定温度下，将难溶电解质 AgCl 晶体放入纯水中，虽然 AgCl 在水中的溶解度很小，但已溶解的那部分 AgCl 在水中完全电离成 Ag^+ 离子和 Cl^- 离子，这一过程称为溶解（dissolution）。

$$AgCl(s) \underset{\text{沉淀}}{\overset{\text{溶解}}{\rightleftharpoons}} Ag^+ + Cl^-$$

在 AgCl 溶解的同时，已溶解在溶液中的部分 Ag^+ 离子和 Cl^- 离子在运动中碰到固体表面时，重新回到固体表面，这一过程称为沉淀（precipitation）。沉淀和溶解是同时发生的一个可逆过程。当溶解速率(dissolution rate)和沉淀速率(precipitation rate)相等时，溶解和沉淀这两个相反过程便达到平衡，称为沉淀溶解平衡。此时的溶液为饱和溶液（saturated solution）。

根据化学平衡定律，上述沉淀溶解平衡的平衡常数表达式可表示为

$$K=\frac{[Ag^+][Cl^-]}{[AgCl]}$$

因为 AgCl 是未溶解的固体，其浓度为一常数，可并入常数项，所以上式可写为

$$K_{sp} = [Ag^+][Cl^-] \tag{7-1}$$

式中，K_{sp} 称为溶度积常数，简称*溶度积*（solubility product）；$[Ag^+]$、$[Cl^-]$ 均为平衡浓度。对于不同类型的难溶电解质，其溶度积表达式不同。

AB 型　如 $BaSO_4$　　$BaSO_4(s) \rightleftharpoons Ba^{2+} + SO_4^{2-}$

$$K_{sp} = [Ba^{2+}][SO_4^{2-}]$$

AB_2 型　如 PbI_2　　$PbI_2(s) \rightleftharpoons Pb^{2+} + 2I^-$

$$K_{sp} = [Pb^{2+}][I^-]^2$$

A_2B 型　如 Ag_2CrO_4　　$Ag_2CrO_4(s) \rightleftharpoons 2Ag^+ + CrO_4^{2-}$

$$K_{sp} = [Ag^+]^2[CrO_4^{2-}]$$

A_mB_n 型　　$A_mB_n(s) \rightleftharpoons mA^{n+} + nB^{m-}$

$$K_{sp} = [A^{n+}]^m[B^{m-}]^n$$

由此可见，在一定温度下，难溶电解质的饱和溶液中离子浓度幂的乘积是一个常数（指数为电离方程式中离子的计量系数），这一关系称为*溶度积原理*（solubility product principle）。严格地说，难溶电解质饱和溶液中离子活度幂的乘积才等于常数，称为*活度积*（activity product），用 K_{ap} 表示。由于在难溶电解质的饱和溶液中离子强度很小，活度系数近似等于 1，故 $K_{sp} \approx K_{ap}$。

K_{sp} 也是温度的函数，但通常温度对 K_{sp} 的影响不大，所以在实际应用中，当温度变化不大时，可采用常温下的 K_{sp} 数据。一些常见难溶电解质的 K_{sp} 见表 7-1。

表 7-1　一些常见难溶电解质的 K_{sp}（298.15K）

难溶电解质	K_{sp}	难溶电解质	K_{sp}
AgCl	1.77×10^{-10}	CuS	1.27×10^{-36}
AgBr	5.35×10^{-13}	$Fe(OH)_2$	4.87×10^{-17}
AgI	8.52×10^{-17}	$Fe(OH)_3$	2.79×10^{-39}
Ag_2S	6.3×10^{-50}	FeS	1.3×10^{-18}
Ag_2CrO_4	1.12×10^{-12}	HgS	6.44×10^{-53}
$BaSO_4$	1.08×10^{-10}	$Mg(OH)_2$	5.61×10^{-12}
$BaCO_3$	2.58×10^{-9}	MnS	4.65×10^{-14}
BaC_2O_4	1.6×10^{-7}	$Mn(OH)_2$	2.06×10^{-13}
$BaCrO_4$	1.17×10^{-10}	PbI_2	9.8×10^{-9}
$CaSO_4$	4.93×10^{-5}	$Pb(OH)_2$	1.42×10^{-20}
$CaCO_3$	3.36×10^{-9}	PbS	9.04×10^{-29}
CaC_2O_4	1.46×10^{-10}	$PbSO_4$	2.53×10^{-8}
$Cd(OH)_2$	7.2×10^{-15}	$PbCrO_4$	2.8×10^{-13}
CdS	1.4×10^{-29}	$Zn(OH)_2$	3.10×10^{-17}
$Cu(OH)_2$	2.2×10^{-20}	ZnS	2.93×10^{-25}

应该注意，上述 K_{sp} 表达式虽然是根据难溶强电解质的多相离子平衡推导出来的，但其

结论同样适用于难溶弱电解质的沉淀溶解平衡。所不同的是难溶强电解质的溶解和电离为同一过程，而难溶弱电解质的溶解和电离是两个过程。

二、溶度积和溶解度

在一定温度下，溶解度和溶度积都可以用来表示难溶电解质在水中的溶解能力(dissolving capacity)，它们之间必然有一定的联系，可以相互换算。换算时应注意：①浓度单位必须采用 $mol•L^{-1}$，即计算溶度积时，溶解度单位必须换算成 $mol•L^{-1}$；②由于难溶电解质的溶解度很小，即溶液很稀，所以换算时，可以把饱和溶液的密度近似为 $1.0g•mL^{-1}$。

例 7-1 已知 298.15K 时，$BaSO_4$ 在水中的溶解度为 0.000242g/100g，求 $BaSO_4$ 的 K_{sp}。

解：因为 $BaSO_4$ 饱和溶液很稀，其密度近似为 $1.0\ g•mL^{-1}$，$M(BaSO_4)=233.4g•mol^{-1}$

所以 $m_{溶液}=100+0.000242\approx 100$（g），$V_{溶液}\approx$100mL ，$BaSO_4$ 的溶解度 s 为

$$s=\frac{0.000242}{233.4\times 0.10}=1.04\times 10^{-5}\ mol•L^{-1}$$

平衡时

$$BaSO_4\ (s) \rightleftharpoons Ba^{2+}+SO_4^{2-}$$

$$[Ba^{2+}]=[SO_4^{2-}]=s$$

故

$$K_{sp,BaSO_4}=[Ba^{2+}][SO_4^{2-}]=s^2=(1.04\times 10^{-5})^2=1.08\times 10^{-10}$$

例 7-2 已知 298.15K 时，AgCl、$PbCrO_4$、Ag_2CrO_4 的 K_{sp} 分别为 1.77×10^{-10}、2.8×10^{-13}、1.12×10^{-12}，分别计算它们的溶解度。

解：(1) 设 AgCl 的溶解度为 s（$mol•L^{-1}$）

平衡时

$$AgCl\ (s) \rightleftharpoons Ag^{+}+Cl^{-}$$

$$[Ag^{+}]=[Cl^{-}]=s\ ，则\ K_{sp,AgCl}=[Ag^{+}][Cl^{-}]=s^2$$

故

$$s_{AgCl}=\sqrt{K_{sp,AgCl}}=\sqrt{1.77\times 10^{-10}}=1.33\times 10^{-5}\ (mol•L^{-1})$$

(2) 设 $PbCrO_4$ 的溶解度为 s（$mol•L^{-1}$）

平衡时

$$PbCrO_4\ (s) \rightleftharpoons Pb^{2+}+CrO_4^{2-}$$

$$[Pb^{2+}]=[CrO_4^{2-}]=s\ ，则\ K_{sp,PbCrO_4}=[Pb^{2+}][CrO_4^{2-}]=s^2$$

故

$$s_{PbCrO_4}=\sqrt{K_{sp,PbCrO_4}}=\sqrt{2.8\times 10^{-13}}=5.29\times 10^{-7}\ (mol•L^{-1})$$

(3) 设 Ag_2CrO_4 的溶解度为 s（$mol•L^{-1}$）

平衡时

$$Ag_2CrO_4(s) \rightleftharpoons 2Ag^{+}+CrO_4^{2-}$$

$$[Ag^{+}]=2s\ ，[CrO_4^{2-}]=s，则\ K_{sp,Ag_2CrO_4}=[Ag^{+}]^2[CrO_4^{2-}]=(2s)^2\cdot s=4s^3$$

故

$$s_{Ag_2CrO_4}=\sqrt[3]{\frac{K_{sp,Ag_2CrO_4}}{4}}=\sqrt[3]{\frac{1.12\times 10^{-12}}{4}}=6.56\times 10^{-5}\ (mol•L^{-1})$$

由例 7-2 计算结果可以看出，AgCl 和 $PbCrO_4$ 都是 AB 型难溶电解质，因为它们的 s 和 K_{sp} 的关系式相同，所以 $K_{sp,AgCl}>K_{sp,PbCrO_4}$，则 $s_{AgCl}>s_{PbCrO_4}$；AgCl 和 Ag_2CrO_4 的类型不同，它们的 s 和 K_{sp} 的关系式不同，前者 $s=\sqrt{K_{sp}}$，后者（属于 A_2B 型）$s=\sqrt[3]{\frac{K_{sp}}{4}}$，虽然 $K_{sp,AgCl}>K_{sp,Ag_2CrO_4}$，但 $s_{AgCl}<s_{Ag_2CrO_4}$。

综上所述，对同一类型难溶电解质，可直接用溶度积的大小来比较溶解度大小；对不同

类型的难溶电解质，不能直接用溶度积的大小来比较溶解度的大小，只有通过计算才能比较。

运用上述 K_{sp} 与 s 间的相互关系进行换算时，必须满足下列条件：

（1）难溶电解质溶于水的部分必须完全电离。如难溶弱电解质，由于溶液中还存在着已溶解的分子与离子之间的电离平衡，所以用溶度积来计算溶解度也会产生较大的误差。

（2）难溶电解质饱和溶液中离子强度必须很小。如 $CaSO_4$、$CaCrO_4$ 等，由于溶解度较大，其饱和溶液中离子强度较大，所以用浓度代替活度计算，将会产生较大的误差。

（3）难溶电解质离子在水溶液中不能有任何副反应或副反应程度很小。如难溶硫化物、碳酸盐、磷酸盐等，由于 S^{2-}、CO_3^{2-}、PO_4^{3-} 离子易发生水解，就不能按上述方法进行计算。

三、溶度积规则

为了判断难溶电解质沉淀的生成和溶解，把化学平衡移动原理应用到沉淀溶解平衡体系中，可总结出判断沉淀生成和溶解的规律。

任意条件（即非平衡状态）下，难溶电解质溶液中，其离子浓度幂的乘积称为*离子积*（ionic product），用符号 Q_c 表示。如任意条件下 AgCl 水溶液中：$Q_c = c_{Ag^+} \cdot c_{Cl^-}$ 。

虽然 Q_c 和 K_{sp} 的表达形式类似，但二者的含义却不同。在一定温度下，K_{sp} 为一常数，它是难溶电解质的特征常数，而 Q_c 是个不定值。K_{sp} 仅是 Q_c 的一个特例。

对某一难溶电解质，K_{sp} 与 Q_c 之间的关系有以下三种情况：

（1）$Q_c = K_{sp}$ 时，体系达到平衡状态，溶液为*饱和溶液*（saturated solution）。

（2）$Q_c > K_{sp}$ 时，溶液为*过饱和溶液*（oversaturated solution），有沉淀析出，直至 $Q_c = K_{sp}$，达到平衡。

（3）$Q_c < K_{sp}$ 时，溶液为*不饱和溶液*（unsaturated solution），无沉淀析出。若体系中有难溶电解质沉淀存在，沉淀将溶解，直至 $Q_c = K_{sp}$，达到平衡。

以上三条关于沉淀生成和溶解的规律称为*溶度积规则*（solubility product rule）。此规则是难溶电解质沉淀溶解平衡移动规律的总结，也是判断沉淀生成和溶解的依据。

第二节　沉淀溶解平衡的移动

沉淀溶解平衡也是一个动态平衡，平衡是暂时的，有条件的。当难溶电解质溶液中离子浓度发生改变时，平衡就会发生移动，直至 $Q_c = K_{sp}$，达到新的平衡。

一、沉淀的生成

根据溶度积规则，$Q_c > K_{sp}$ 是产生沉淀的必要条件。要从溶液中沉淀出某一离子时，就必须加入一种*沉淀剂*（precipitating agent，precipitant），使难溶电解质溶液中 $Q_c > K_{sp}$，即可析出沉淀。

例 7-3　将 1mL0.010 mol•L^{-1}$Pb(NO_3)_2$ 溶液和 2mL0.010 mol•L^{-1}KI 溶液混合，是否有 PbI_2 沉淀析出？

解：查表 $K_{sp,PbI_2} = 9.8 \times 10^{-9}$

混合后：　$c_{Pb^{2+}} = \dfrac{0.01 \times 1}{3} = 3.33 \times 10^{-3} \ \text{mol•L}^{-1}$，

$$c_{I^-}=\frac{0.01\times 2}{3}=6.67\times 10^{-3}\ \ \text{mol·L}^{-1}$$

$$Q_c=3.33\times 10^{-3}\times(6.67\times 10^{-3})^2=1.48\times 10^{-7}$$

因为 $Q_c>K_{sp}$，所以两种溶液混合后有 PbI_2 沉淀析出。

例 7-4 将 0.001 mol•L^{-1}$FeCl_3$ 溶液与 0.20 mol•L^{-1} 氨水等体积混合，有无沉淀析出？

解：查表 $K_{sp,Fe(OH)_3}=2.79\times 10^{-39}$，$K_{b,NH_3}=1.76\times 10^{-5}$

等体积混合后：$c_{Fe^{3+}}=5.0\times 10^{-4}\text{mol}\cdot\text{L}^{-1}$，$c_{NH_3}=0.10\text{mol}\cdot\text{L}^{-1}$

因为 $c_{NH_3}/K_b>500$，$c_{NH_3}K_b>20K_w$，所以可以用最简式计算 c_{OH^-}：

$$c_{OH^-}=\sqrt{c_{NH_3}\cdot K_{b,NH_3}}=\sqrt{0.10\times 1.76\times 10^{-5}}=1.33\times 10^{-3}\ \ (\text{mol·L}^{-1})$$

$$Q_{Fe(OH)_3}=c_{Fe^{3+}}\cdot c^3_{OH^-}=5.0\times 10^{-4}\times(1.33\times 10^{-3})^3=1.18\times 10^{-12}$$

因为 $Q_{Fe(OH)_3}>K_{sp,Fe(OH)_3}$，所以，溶液中有 $Fe(OH)_3$ 沉淀析出。

二、同离子效应和盐效应

在 $PbSO_4$ 饱和溶液中存在着下列平衡：

$$PbSO_4\ (s)\rightleftharpoons Pb^{2+}+SO_4^{2-}$$

若向该体系中加入少量易溶强电解质 Na_2SO_4，由于溶液中 SO_4^{2-} 离子浓度增大，使 $Q_c>K_{sp}$，平衡向左移动，结果从溶液中析出更多的 $PbSO_4$ 沉淀。$PbSO_4$ 的析出表明其溶解度减小了。这种在难溶电解质的饱和溶液中，加入少量含有相同离子的易溶强电解质，使难溶电解质溶解度减小的作用称为同离子效应。

例 7-5 分别计算 $PbSO_4$（1）在纯水中的溶解度；（2）在 0.10 mol•L^{-1}Na_2SO_4 溶液中的溶解度。

解：查表 $K_{sp,PbSO_4}=2.53\times 10^{-8}$

（1）在纯水中

$$s=\sqrt{K_{sp}}=\sqrt{2.53\times 10^{-8}}=1.59\times 10^{-4}\ \ (\text{mol·L}^{-1})$$

（2）在 Na_2SO_4 溶液中

$$PbSO_4\ (s)\rightleftharpoons Pb^{2+}\ +\ SO_4^{2-}$$

平衡时　　s　　$0.10+s$

由于 K_{sp} 较小，溶液中的 SO_4^{2-} 离子主要来源于 Na_2SO_4，所以 s 与 0.10 相比可忽略不计，$0.10+s\approx 0.10$

$$K_{sp}=[Pb^{2+}][SO_4^{2-}]=0.10s$$

$$s=\frac{K_{sp}}{0.10}=\frac{2.53\times 10^{-8}}{0.10}=2.53\times 10^{-7}\ \ (\text{mol·L}^{-1})$$

同离子效应使 $PbSO_4$ 的溶解度明显减小。

若向 $PbSO_4$ 饱和溶液中加入少量 KNO_3，$PbSO_4$ 的溶解度将如何变化呢？由于 KNO_3 是易溶强电解质，它在溶液中全部电离，所以加入 KNO_3 后，溶液中离子强度将会增大，离子之间的相互牵制作用加强，从而使离子的活动性降低，活度减小，结果使平衡向 $PbSO_4$ 溶解的方向移动。当达到新的平衡时，$PbSO_4$ 的溶解度略微增大。这种在难溶电解质的饱和溶液中，加入少量不含相同离子的易溶强电解质，使难溶强电解质的溶解度略微增大的作用称为*盐效应*。

在发生同离子效应的同时，必然伴随着盐效应。二者的效果相反，但前者比后者的影响要大得多。在一般情况下，尤其是在较稀的溶液中，当有同离子效应发生时，可以不考虑盐效应。

加入过量的沉淀剂，由于同离子效应，可使某种离子沉淀得更完全。但由于在一定温度下其 K_{sp} 为一常数，即使加入大量的沉淀剂，也不可能使被沉淀离子的浓度为零。在定性分析中，一般认为，若溶液中残留的被沉淀离子浓度小于 1.0×10^{-5} 时，可以认为被沉淀离子已沉淀完全。

实际工作中要注意，加入沉淀剂要适当过量，若过量太多，由于盐效应起主导作用，反而会使溶解度增大。一般认为，加入沉淀剂以过量 20%～30%为宜。若沉淀剂易挥发，则可过量 20%～50%。

例 7-6 向 0.010 $mol\cdot L^{-1}CuSO_4$ 溶液中通入 H_2S 气体，通过计算判断：(1) 是否有 CuS 沉淀生成；(2) Cu^{2+} 离子是否沉淀完全；(3) Cu^{2+} 离子沉淀完全时，溶液中的 S^{2-} 离子浓度是多大。

解：查表 $K_{a_1,H_2S}=9.1\times10^{-8}$，$K_{a_2,H_2S}=1.1\times10^{-12}$，$K_{sp,CuS}=1.27\times10^{-36}$

(1) 在溶液中，$c_{S^{2-}}\approx K_{a2,H_2S}=1.1\times10^{-12}\ mol\cdot L^{-1}$，$c_{Cu^{2+}}=0.010\ mol\cdot L^{-1}$

$$Q_c=c_{Cu^{2+}}c_{S^{2-}}=10^{-2}\times1.1\times10^{-12}=1.1\times10^{-14}$$

因为 $Q_c>K_{sp}$，所以有 CuS 沉淀生成。

(2) $c_{Cu^{2+}}\approx\dfrac{K_{sp,CuS}}{c_{S^{2-}}}=\dfrac{1.27\times10^{-36}}{1.1\times10^{-12}}=1.15\times10^{-24}\ (mol\cdot L^{-1})$

因为 $c_{Cu^{2+}}$ 远远小于 $10^{-5}\ mol\cdot L^{-1}$，故 Cu^{2+} 离子已沉淀完全。

(3) Cu^{2+} 离子沉淀完全时，$c_{Cu^{2+}}<10^{-5}\ mol\cdot L^{-1}$

此时 $$c_{S^{2-}}=\frac{K_{sp,CuS}}{c_{Cu^{2+}}}=\frac{1.27\times10^{-36}}{10^{-5}}=1.27\times10^{-31}\ (mol\cdot L^{-1})$$

三、分步沉淀

前面讨论的都是加入一种沉淀剂使一种离子沉淀的情况。如果溶液中有两种或两种以上的离子能与同一种沉淀剂作用生成沉淀，当逐步加入沉淀剂时，溶液中不同的离子就会按照先后顺序分别沉淀出来，这种现象称为*分步沉淀*（fractional precipitation）。

分步沉淀时，Q_c 先超过 K_{sp} 的难溶电解质先沉淀，Q_c 后超过 K_{sp} 的难溶电解质后沉淀。

例 7-7 向含有 0.010 $mol\cdot L^{-1}$ CrO_4^{2-} 离子和 0.010 $mol\cdot L^{-1}$ SO_4^{2-} 离子的混合溶液中，逐滴加入 $Pb(NO_3)_2$ 溶液［忽略加入 $Pb(NO_3)_2$ 引起的体积变化］，$PbCrO_4$ 和 $PbSO_4$ 哪个先沉淀？

解：查表 $K_{sp,PbCrO_4}=2.8\times10^{-13}$，$K_{sp,PbSO_4}=2.53\times10^{-8}$

要析出沉淀，必须满足 $Q_c>K_{sp}$

析出 $PbSO_4$ 沉淀时，需满足 $c_{Pb^{2+}}\cdot c_{SO_4^{2-}}>K_{sp,PbSO_4}$，则

$$c_{Pb^{2+}} > \frac{K_{sp,PbSO_4}}{c_{SO_4^{2-}}} = \frac{2.53\times10^{-8}}{0.010} = 2.53\times10^{-6}\quad (mol•L^{-1})$$

析出 $PbCrO_4$ 沉淀时，需满足 $c_{Pb^{2+}}\cdot c_{CrO_4^{2-}} > K_{sp,PbCrO_4}$，则

$$c_{Pb^{2+}} > \frac{K_{sp,PbCrO_4}}{c_{CrO_4^{2-}}} = \frac{2.8\times10^{-13}}{0.010} = 2.8\times10^{-11}\quad (mol•L^{-1})$$

因为 $PbCrO_4$ 比 $PbSO_4$ 开始沉淀时所需沉淀剂的浓度小，所以先析出 $PbCrO_4$ 沉淀，后析出 $PbSO_4$ 沉淀。

由例 7-7 的结果可以看出，对同类型的难溶电解质，当混合溶液中各离子浓度相同时，可直接根据 K_{sp} 的大小来判断沉淀的先后顺序。K_{sp} 小的难溶电解质离子先沉淀，K_{sp} 大的难溶电解质离子后沉淀。

例 7-8　向含有 0.010 mol•L^{-1} Cl^-离子和 0.010 mol•L^{-1} CrO_4^{2-}离子的混合溶液中，逐滴加入 $AgNO_3$ 溶液（忽略体积变化），判断沉淀的先后顺序。

解：析出 AgCl 沉淀时需满足 $c_{Ag^+}\cdot c_{Cl^-} > K_{sp,AgCl}$

$$c_{Ag^+} > \frac{K_{sp,AgCl}}{c_{Cl^-}} = \frac{1.77\times10^{-10}}{0.01} = 1.77\times10^{-8}\quad (mol•L^{-1})$$

析出 Ag_2CrO_4 沉淀时需满足 $c_{Ag^+}^2\cdot c_{CrO_4^{2-}} > K_{sp,Ag_2CrO_4}$

$$c_{Ag^+} > \sqrt{\frac{K_{sp,Ag_2CrO4}}{c_{CrO_4^{2-}}}} = \sqrt{\frac{1.12\times10^{-12}}{0.01}} = 1.06\times10^{-5}\quad (mol•L^{-1})$$

因为 AgCl 比 Ag_2CrO_4 开始沉淀时所需沉淀剂的浓度小，所以，先析出 AgCl 沉淀，后析出 Ag_2CrO_4 沉淀。

由例 7-8 的结果可以看出，AgCl 和 Ag_2CrO_4 是不同类型的难溶电解质，虽然 $K_{sp,Ag_2CrO_4} < K_{sp,AgCl}$，但 Ag_2CrO_4 开始沉淀时所需沉淀剂的浓度却比 AgCl 要大，结果 AgCl 先沉淀。对不同类型的难溶电解质，不能直接根据 K_{sp} 的大小来判断沉淀的先后顺序，必须通过计算来判断。

四、沉淀的溶解

根据溶度积规则，沉淀溶解的必要条件是 $Q_c < K_{sp}$。因此，要想使沉淀溶解，就必须创造一定的条件，降低饱和溶液中难溶电解质离子浓度，使沉淀溶解平衡向沉淀溶解的方向进行。降低离子浓度使沉淀溶解的主要方法有以下几种。

（一）生成弱电解质使沉淀溶解

在难溶电解质饱和溶液中加入一种试剂，若有弱酸、弱碱、水及难电离的可溶性盐生成，都将降低难溶电解质离子浓度，使平衡发生移动，沉淀溶解。

一些难溶碳酸盐（如 $CaCO_3$、$BaCO_3$）、亚硫酸盐（如 $BaSO_3$）及 K_{sp} 不太小的硫化物（如 ZnS、CdS、PbS、FeS）等可溶于强酸或较强的酸中。如 CdS 可溶于较浓的盐酸中。

$$CdS(s) \rightleftharpoons Cd^{2} + S^{2-}$$
$$+$$
$$2HCl = 2Cl^{-} + 2H^{+}$$
$$\rightleftharpoons$$
$$H_2S$$

在 CdS 饱和溶液中加入 HCl 后，由于 H^+离子与溶液中的 S^{2-}离子生成了难电离的 H_2S，降低了 S^{2-}离子浓度，使 $c_{Cd^{2+}} \cdot c_{S^{2-}} < K_{sp,CdS}$，平衡向右移动，结果使 CdS 溶解。

一些溶解度不是太小的难溶氢氧化物（如 $Mg(OH)_2$、$Mn(OH)_2$、$Pb(OH)_2$ 等）可溶解在铵盐中。如 $Mg(OH)_2$ 可溶于 NH_4Cl 溶液中。

$$Mg(OH)_2(s) \rightleftharpoons Mg^{2+} + 2OH^{-}$$
$$+$$
$$2NH_4Cl \rightarrow 2Cl^{-} + 2NH_4^{+}$$
$$\rightleftharpoons$$
$$NH_3 + H_2O$$

由于 NH_4^+离子能与饱和溶液中的 OH^-离子结合成弱碱 NH_3，降低了溶液中的 OH^-离子浓度，使 $c_{Mg^{2+}} \cdot c_{OH^-}^2 < K_{sp,Mg(OH)_2}$，所以平衡向 $Mg(OH)_2$ 溶解的方向移动。只要加入足够量的 NH_4Cl，就可使 $Mg(OH)_2$ 全部溶解。

一些金属氢氧化物（如 $Mg(OH)_2$ 、$Cu(OH)_2$、$Fe(OH)_3$ 等）可以溶解在强酸中生成难电离的水。如 $Mg(OH)_2$ 还可以溶解在 HCl 中。

$$Mg(OH)_2(s) \rightleftharpoons Mg^{2+} + 2OH^{-}$$
$$+$$
$$2HCl = 2Cl^{-} + 2H^{+}$$
$$\rightleftharpoons$$
$$2H_2O$$

由于 H^+离子与饱和溶液中的 OH^-离子结合成 H_2O，降低了溶液中的 OH^-离子浓度，使 $c_{Mg^{2+}} \cdot c_{OH^-}^2 < K_{sp,Mg(OH)_2}$，所以平衡向右移动，$Mg(OH)_2$ 溶解。

$PbSO_4$ 可溶解在 NaAc、NH_4Ac 等醋酸盐中。

$$PbSO_4(s) \rightleftharpoons Pb^{2+} + SO_4^{2-}$$
$$+$$
$$2NH_4Ac = 2Ac^{-} + 2NH_4^{+}$$
$$\rightleftharpoons$$
$$Pb(Ac)_2$$

由于 Ac^-离子与饱和溶液中的 Pb^{2+}离子生成了难电离的 $Pb(Ac)_2$，降低了 Pb^{2+}离子浓度，使 $c_{Pb^{2+}} \cdot c_{SO_4^{2-}} < K_{sp,PbSO_4}$，平衡向右移动，所以 $PbSO_4$ 能溶解在 NH_4Ac 溶液中。

（二）生成配离子使沉淀溶解

加入配位剂，与难溶电解质离子生成难电离的配离子而降低其浓度，可使沉淀溶解。如

$Cu(OH)_2$、$Zn(OH)_2$、AgCl 等能溶解在氨水中，AgBr 能溶解在 $Na_2S_2O_3$ 溶液中，AgI 能溶解在 KCN 溶液中。

$$\begin{array}{c} AgCl(s) \rightleftharpoons Ag^+ + Cl^- \\ + \\ 2NH_3 \\ \upharpoonleft\downharpoonright \\ [Ag(NH_3)_2]^+ \end{array}$$

由于 NH_3 分子与饱和溶液中的 Ag^+ 离子生成了难电离的配离子 $[Ag(NH_3)_2]^+$，降低了 Ag^+ 离子浓度，使 $c_{Ag^+} \cdot c_{Cl^-} < K_{sp,AgCl}$，平衡向 AgCl 溶解的方向移动。只要加入足够量的氨水，AgCl 可全部溶解。

（三）发生氧化还原反应使沉淀溶解

加入氧化剂或还原剂，使难溶电解质离子发生氧化还原反应而降低其浓度，以达到沉淀溶解的目的。如 K_{sp} 较小的金属硫化物（如 Ag_2S、CuS 等），可溶于具有氧化性的 HNO_3 中。

$$\begin{array}{c} CuS(s) \rightleftharpoons Cu^{2+} + S^{2-} \\ + \\ HNO_3 \\ \downarrow \\ S\downarrow + NO\uparrow \end{array}$$

$$3CuS + 8HNO3(稀) = 2Cu(NO_3)_2 + 3S\downarrow + 2NO\uparrow + 4H_2O$$

由于 S^{2-} 离子具有还原性，可被 HNO_3 氧化为单质硫，从而降低 S^{2-} 离子浓度，使 $c_{Cu^{2+}} \cdot c_{S^{2-}} < K_{sp,CuS}$，平衡向右移动，所以 CuS 能溶解在 HNO_3 中。

对于 K_{sp} 特别小的难溶电解质，则必须同时降低所对应的阴、阳离子的浓度，才能有效地使 $Q_c < K_{sp}$，从而达到溶解的目的。如 HgS 的 K_{sp}（6.44×10^{-53}）特别小，它既不溶于非氧化性的强酸，也不溶于氧化性的强酸，但它能溶于王水（浓 HCl 和浓 HNO_3 以 3：1 体积比的混合酸）。

$$\begin{array}{ccccc} HgS(s) & \rightleftharpoons & Hg^{2+} & + & S^{2-} \\ & & + & & + \\ & & 4Cl^- & & HNO_3 \\ & & \upharpoonleft\downharpoonright & & \downarrow \\ & & [HgCl_4]^{2-} & & S\downarrow + NO\uparrow \end{array}$$

$$3HgS + 2NO_3^- + 12Cl^- + 8H^+ = 3[HgCl_4]^{2-} + 2S\downarrow + 2NO\uparrow + 4H_2O$$

由于王水中的 Cl^- 离子与 Hg^{2+} 离子生成了配离子 $[HgCl_4]^{2-}$，HNO_3 将 S^{2-} 氧化为单质硫，使溶液中 Hg^{2+} 离子和 S^{2-} 离子浓度同时降低，$c_{Hg^{2+}} \cdot c_{S^{2-}} < K_{sp,HgS}$，所以平衡向右移动，HgS 溶解。

五、沉淀的转化

加入适当的试剂使一种沉淀转变为另一种沉淀的过程称为沉淀的转化（transformation of

precipitate）。

例如，在含有白色 $PbSO_4$ 沉淀的饱和溶液中，加入 Na_2S 溶液并振荡，可以观察到白色 $PbSO_4$ 沉淀变为黑色 PbS 沉淀。

$$\begin{array}{c} PbSO_4(s) \rightleftharpoons Pb^{2+} + SO_4{}^{2-} \\ + \\ S^{2-} \\ \upharpoonleft\downharpoonright \\ PbS \end{array}$$

$$PbSO_4(s) + S^{2-} \rightleftharpoons PbS(s) + SO_4{}^{2-}$$

PbS 的 K_{sp}（2×10^{-37}）比 $PbSO_4$ 的 K_{sp}（2.53×10^{-8}）小得多。当向 $PbSO_4$ 平衡体系中加入 Na_2S 时，由于溶液中 Pb^{2+} 离子与 S^{2-} 离子形成了更难溶的 PbS 沉淀，降低了 Pb^{2+} 离子浓度，使平衡向 $PbSO_4$ 溶解的方向移动，所以沉淀发生了转化。

对同类型的难溶电解质，沉淀转化的方向是由 K_{sp} 大的难溶电解质向 K_{sp} 小的难溶电解质转化，并且 K_{sp} 相差越大，沉淀转化得越完全。对不同类型的难溶电解质，沉淀转化的方向是由溶解度大的向溶解度小的转化。例如，在含有 Ag_2CrO_4 沉淀的饱和溶液中，加入 NaCl 溶液并振荡，可观察到砖红色的 Ag_2CrO_4 沉淀转化为白色的 AgCl 沉淀。

$$\begin{array}{c} Ag_2CrO_4(s) \rightleftharpoons 2Ag^{+} + CrO_4{}^{2-} \\ + \\ 2Cl^{-} \\ \upharpoonleft\downharpoonright \\ 2AgCl\downarrow \end{array}$$

$$Ag_2CrO_4(s) + 2Cl^{-} \rightleftharpoons 2AgCl(s) + CrO_4{}^{2-}$$

学 习 要 点

1. 溶度积常数和溶度积原理：在一定温度下，难溶电解质的饱和溶液中离子浓度幂的乘积是一个常数（指数为电离方程式中离子的计量系数），称为溶度积常数，这一关系称为溶度积原理。

$$A_mB_n\text{（s）} \rightleftharpoons mA^{n+} + nB^{m-} \qquad K_{sp} = [A^{n+}]^m[B^{m-}]^n$$

2. 溶度积（K_{sp}）和溶解度（s）的换算：AB 型 $s=\sqrt{K_{sp}}$，A_2B（AB_2）型 $s=\sqrt[3]{\dfrac{K_{sp}}{4}}$

3. 溶度积规则：

$Q_c>K_{sp}$ 时，有沉淀析出，溶液为过饱和溶液；

$Q_c=K_{sp}$ 时，体系达到平衡状态，溶液为饱和溶液；

$Q_c<K_{sp}$ 时，无沉淀析出，溶液为不饱和溶液。

4. 沉淀溶解平衡的移动：

（1）同离子效应和盐效应的概念，判断是否有沉淀生成、是否沉淀完全及相关计算。

同离子效应：在难溶电解质的饱和溶液中，加入少量含有相同离子的易溶强电解质，使难溶电解质溶解度减小的作用。盐效应：在难溶电解质的饱和溶液中，加入少量不含相同离子的易溶强电解质，使难溶强电解质的溶解度略微增大的作用。

（2）分步沉淀：Q_c先超过K_{sp}的难溶电解质先沉淀，Q_c后超过K_{sp}的难溶电解质后沉淀。

（3）溶解难溶电解质的常用方法：生成弱电解质，生成配离子，发生氧化还原反应。

（4）沉淀的转化：对同类型的难溶电解质，沉淀转化的方向是由K_{sp}大的向K_{sp}小的转化，并且K_{sp}相差越大，沉淀转化得越完全。对不同类型的难溶电解质，沉淀转化的方向是由溶解度大的向溶解度小的转化。

思考题

1. 解释下列名词：

溶度积原理　　同离子效应　　盐效应　　分步沉淀

2. 溶度积和溶解度都能表示难溶电解质在水中的溶解趋势，两者有何异同？

3. 同离子效应和盐效应对难溶电解质的溶解度有何影响？说明原因。

4. 在$PbSO_4$饱和溶液中加入Na_2SO_4溶液，其溶解度减小；若加入KNO_3溶液，其溶解度略微增大。试说明原因。

5. 怎样才算达到沉淀完全？为何沉淀完全时溶液中的被沉淀离子的浓度不等于零？

6. 向$ZnSO_4$溶液中通入H_2S气体，为了使ZnS沉淀完全，为什么要先向溶液中加入NaAc？

7. 为什么HgS不溶于浓HNO_3却溶于王水中？

8. 为什么AgCl能溶解在氨水中？加HNO_3溶液后，为什么又析出白色沉淀？

9. 在$Pb(NO_3)_2$溶液中滴加K_2CrO_4溶液有黄色沉淀析出，再加入Na_2S溶液，沉淀变为黑色。试解释实验现象。

10. 判断下列说法是否正确，并说明理由。

（1）为了使某种离子沉淀得很完全，所加沉淀剂越多，则沉淀得越完全；

（2）将难溶电解质的饱和溶液加水稀释时，其溶度积常数不变，其溶解度也不变；

（3）难溶电解质溶液的导电能力很弱，所以难溶电解质均为弱电解质；

（4）温度一定时，在AgCl饱和溶液中加入NaCl固体，可使AgCl的溶解度显著增大；

（5）难溶电解质在水中达到溶解平衡时，电解质离子浓度的乘积就是该难溶电解质的溶度积常数；

（6）将$BaSO_4$饱和溶液加水稀释时，$BaSO_4$的溶度积常数和溶解度均不变；

（7）溶度积常数较大的难溶电解质，其溶解度必然也较大；

（8）对于相同类型的难溶电解质，可利用溶度积常数的大小直接判断溶解度的大小。

（9）$Mg(OH)_2(s)$在$0.010\ mol\cdot L^{-1}$ NaOH溶液和$0.010\ mol\cdot L^{-1}$ $MgCl_2$溶液中的溶解度相等。

（10）在含有多种可被沉淀的离子的溶液中逐滴加入沉淀试剂时，一定是浓度大的离子先被沉淀出来。

练 习 题

1. 已知 298.15K 时，AgCl 的溶解度为 1.50×10^{-4}g / 100gH_2O，求 AgCl 的溶度积。

2. 假设溶于水的 $Mg(OH)_2$ 完全电离，计算：

（1）$Mg(OH)_2$ 在水中的溶解度；

（2）$Mg(OH)_2$ 饱和溶液的 pH。

3. 假设溶于水的 PbI_2 全部电离，分别计算 298.15K 时 PbI_2

（1）在水中的溶解度；

（2）在 0.10 mol•L^{-1}KI 溶液中的溶解度；

（3）在 0.10 mol•$L^{-1}$$Pb(NO_3)_2$ 溶液中的溶解度。

4. 通过计算说明下列情况有无沉淀析出。

（1）将 2mL0.010 mol•$L^{-1}$$Na_2CO_3$ 溶液与 3mL0.010 mol•$L^{-1}$$BaCl_2$ 溶液混合；

（2）在 0.010 mol•$L^{-1}$$BaCl_2$ 溶液中通入 CO_2 气体达到饱和；

（3）将 0.10 mol•$L^{-1}$$MgCl_2$ 溶液与 0.10 mol•L^{-1} 氨水等体积混合。

5. 将 0.010 mol•$L^{-1}$$FeCl_3$ 溶液、0.010 mol•$L^{-1}$$MgCl_2$ 溶液分别与 NH_3、NH_4Cl 浓度均为 0.20 mol•L^{-1} 的缓冲溶液等体积混合，通过计算分别说明能否产生沉淀。

6. 判断沉淀的先后顺序：

（1）向含有 Mn^{2+}、Pb^{2+}、Fe^{2+} 离子，浓度均为 0.010 mol•L^{-1} 的混合溶液中逐滴加入 NaOH 溶液；

（2）向含有 0.010 mol•$L^{-1}$$I^-$ 离子和 0.010 mol•$L^{-1}$$SO_4^{2-}$ 离子的混合溶液中逐滴加入 $Pb(NO_3)_2$ 溶液。

7. 在 5mL 0.002 mol·$L^{-1}$$FeCl_3$ 溶液、5mL0.002 mol·$L^{-1}$$MnSO_4$ 溶液中，分别加入 15mL NH_3 浓度为 0.20mol·L^{-1}、NH_4Cl 浓度为 0.40 mol·L^{-1} 的缓冲溶液，通过计算分别说明能否产生沉淀。已知 $K_{sp,Mn(OH)_2}=2.06\times10^{-13}$ $K_{sp,Fe(OH)_3}=2.79\times10^{-39}$ $K_b(NH_3)=1.76\times10^{-5}$，$pK_b(NH_3)=4.75$。

8.将 0.50 mL 0.04 mol·L^{-1}NaCl 溶液和 0.40 mL 0.05 mol·L^{-1} K_2CrO_4 溶液混合后，再加水稀释到 2.0 mL，然后向混合溶液中逐滴加入 $AgNO_3$ 溶液（忽略体积变化），问 Cl^-和 CrO_4^{2-} 离子哪一种先沉淀？当第二种离子开始沉淀时，溶液中第一种离子浓度是多少？若使混合溶液中第二种离子浓度为小于 10^{-6} mol·L^{-1}，所需加入 $AgNO_3$ 溶液的浓度为多大？已知 $K_{sp,AgCl}=1.77\times10^{-10}$，$K_{sp,Ag_2CrO_4}=4.0\times10^{-12}$。

9. 通过计算说明：

（1）在 0.0010mol·$L^{-1}$$MnSO_4$ 溶液中通入 H_2S 气体达饱和，是否有 MnS 沉淀析出？

（2）若在 0.0010mol·L^{-1} $MnSO_4$ 溶液中加入等体积 0.0010mol·$L^{-1}$$Na_2S$ 溶液，是否有 MnS 沉淀析出？

（3）Mn^{2+}离子沉淀完全时溶液中的 S^{2-}离子浓度是多大？已知 $K_{sp}(MnS)=4.65\times10^{-14}$，$K_{a1}(H_2S)=9.10\times10^{-8}$，$K_{a2}(H_2S)=1.10\times10^{-12}$。

10. 2mL0.10mol·$L^{-1}$$Pb(NO_3)_2$ 和 2mL0.10mol·$L^{-1}$$BaCl_2$ 溶液混合，再加蒸馏水稀释至 20mL，然后向混合溶液中逐滴加入 K_2CrO_4 溶液（忽略体积变化），通过计算说明：①沉淀的先后顺序；②求第二种离子开始沉淀时，第一种离子的浓度。能否用 K_2CrO_4 将两者完全分离？已知 $K_{sp}(PbCrO_4)=2.8\times10^{-13}$，$K_{sp}(BaCrO_4)=1.17\times10^{-10}$。

第八章　氧化还原与电极电势

【学习目的】

掌握：氧化数、标准电极电势的概念，离子-电子法配平氧化还原反应式，电池组成式的书写；根据标准电极电势判断氧化还原反应的方向；通过标准电动势计算氧化还原反应的平衡常数；电极电势的Nernst方程、影响因素及有关计算。

熟悉：氧化还原反应的定义和实质；原电池的结构及正负极反应的特征；标准氢电极和电极电势的测定；电池电动势与自由能变的关系。

了解：电极类型、电极电势产生的原因；电势法测定溶液pH的原理；氧化还原滴定原理和滴定分析方法。

根据反应过程中是否有电子转移，可以把化学反应分为两大类：一类是反应前后没有电子的转移或偏移的反应，称为非氧化还原反应，如酸碱反应、水解反应、沉淀反应、配位反应等；另一类是反应前后有电子的转移或偏移的反应，称为*氧化还原反应*(oxidation- reduction reaction或redox reaction)。氧化还原反应是一类非常重要的反应，它与医学也有着十分密切的关系。人体的代谢过程、常用的消毒剂和漂白粉的杀菌作用、维生素C的含量分析所采用的碘量法等都属于氧化还原反应。

本章主要内容是以电极电势为核心，讨论氧化剂、还原剂的相对强弱、氧化还原反应进行的方向、程度及氧化还原滴定分析方法。

第一节　氧化还原反应的基本概念

一、氧化还原反应的实质

在氧化还原反应中，得电子和失电子这两个相反过程是同时发生的。得到电子的物质称为*氧化剂*（oxidizing agent），得电子的过程称为*还原*（reduction）；失电子的物质称为*还原剂*（reducing agent），失电子的过程称为*氧化*（oxidation）。

例如Fe^{3+}和I^-反应：

$$2Fe^{3+}+2I^- \rightleftharpoons 2Fe^{2+}+I_2$$

Fe^{3+}是氧化剂，其得到电子被还原为Fe^{2+}，Fe^{3+}发生了*还原反应*（reduction reaction），即

$$Fe^{3+}+e^- \rightleftharpoons Fe^{2+}$$

I^-是还原剂，其失去电子被氧化为I_2，I^-发生了*氧化反应*（oxidation reaction），即

$$2I^- - 2e^- \rightleftharpoons I_2 \quad 或 \quad 2I^- \rightleftharpoons I_2+2e^-$$

氧化反应和还原反应都称为*氧化还原半反应*(redox half-reaction)，简称*半反应*(half- reaction)。前者为*氧化半反应*（oxidizing half-reaction）；后者为*还原半反应*（reducing half-reaction）。

每个半反应都是由同种元素两种价态的物质构成，其中高价态的物质称为*氧化态*(oxidizing state)，又称*氧化型*(oxidizing modality)；低价态的物质称为*还原态*(reducing state)，又称*还原型*（reducing modality）。半反应的氧化态和还原态一起组成*氧化还原电对*（redox electric couple），简称*电对*（electric couple），用氧化态/还原态或Ox/Red表示。如上面两个电对可表示为：Fe^{3+}/Fe^{2+}，I_2/I^-。

对于一般的半反应可表示为

$$氧化态 + ne^- \underset{氧化}{\overset{还原}{\rightleftharpoons}} 还原态$$

即

$$Ox + ne^- \rightleftharpoons Red$$

氧化态和还原态不是孤立的，它们之间可以相互转化。氧化态（电子受体）得到电子后变成相应的还原态，而还原态（电子供体）失去电子后变成相应的氧化态，它们之间的这种相互依存、相互转化的关系称为氧化还原共轭关系。因此，氧化还原电对也可称为*共轭氧化还原电对*（conjugate redox electric couple），简称*共轭电对*（conjugate electric couple）。如在电对Fe^{3+}/Fe^{2+}中，Fe^{3+}是Fe^{2+}的*共轭氧化态*（conjugate oxidation state），而Fe^{2+}是Fe^{3+}的*共轭还原态*（conjugate reduction state）。共轭电对中，氧化态的氧化性越强，其共轭还原态的还原性越弱；还原态的还原性越强，其共轭氧化态的氧化性越弱。

应该注意，氧化半反应和还原半反应也是不能单独存在的，必须同时共存。一个共轭电对中的氧化态要得到电子（或还原态要失去电子），就必须有另一个共轭电对提供（或接受）电子才能实现。也就是说，每个氧化还原反应都是由两个半反应组成的，在反应过程中，实际上是两个电对之间发生了电子转移。

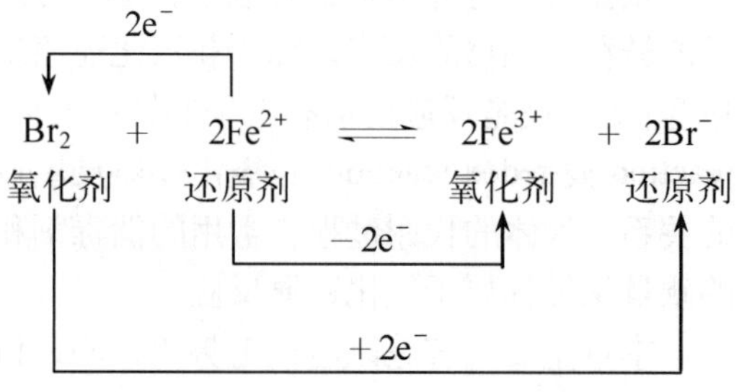

由此可见，氧化还原反应的实质是氧化剂和还原剂之间发生了电子转移或偏移，或者说是两个共轭氧化还原电对之间的电子转移。

二、氧化数

在氧化还原反应中，有些反应电子转移很明显，容易判断，如$2Fe^{3+} + Sn^{2+} \rightleftharpoons 2Fe^{2+} + Sn^{4+}$；但对于一些反应物、产物都是共价分子的氧化还原反应，电子转移不明显，只是电子在元素原子间进行了重排，使某些原子的核外电子排布状态发生了改变，如 $2SO_2 + O_2 = 2SO_3$，这类氧化还原反应不易判断。

为了方便地判断氧化还原反应，确定元素所处的氧化状态以及进行氧化还原反应式的配平，化学家们提出了*氧化数*（oxidation number，又称氧化值）的概念。1970年，国际纯粹化学和应用化学学会（IUPAC）较严格地定义了氧化数的概念：元素的氧化数是指该元素一个原子的*表观荷电数*（apparent charge number），这种荷电数是假设把每个成键电子指定给电负性较大的原子而求得。

按照氧化数的定义，可以得出确定元素氧化数的规则：

（1）在单质中，元素的氧化数为零。如N_2、O_2、Cl_2等分子中，由于同类元素电负性相同，荷电数为零，所以它们的氧化数均为零。

（2）在电中性分子中，所有元素氧化数的代数和为零。

(3) 在离子化合物中，对于单原子离子，元素的氧化数等于离子所带的电荷数，如 $MgCl_2$ 中 Mg^{2+} 离子带两个单位的正电荷，Cl^- 离子带一个单位负电荷，故 Mg、Cl 两种元素的氧化数分别为 +2 和 −1；对于多原子离子，所有元素氧化数的代数和等于离子所带的电荷数。

(4) 在共价化合物中，元素的氧化数是该元素原子在化合状态时的一种“形式电荷数”。例如在 NH_3 分子中，因 N 的电负性比 H 大，每个 H 原子形式上带一个单位正电荷，N 原子形式上带三个单位负电荷，故 H、N 两元素的氧化数分别为 +1 和 −3。

一般情况下，氧元素的氧化数为 −2，氢元素的氧化数为 +1。但也有例外情况，如在 H_2O_2 和过氧化物（如 Na_2O_2）、超氧化物（如 KO_2）、OF_2、O_2F_2 中，O 的氧化数分别为 −1、−1/2、+2、+1；在金属氢化物（如 LiH）中，H 的氧化数为 −1。

由上所述可以看出，氧化数是一个有一定人为性、经验性的概念。因为氧化数是按一定规则指定的一种数字，用它来表示元素原子在化合状态时的形式电荷数，所以它可以是正数、负数，也可以是分数（或小数）。

根据氧化数的定义和以上规则可方便地计算各种元素的氧化数。例如，Fe_3O_4 中，氧的氧化数为-2，铁的氧化数为+8/3；$Cr_2O_7^{2-}$ 中，铬的氧化数为 +6。

氧化数虽然不能确切地表示分子中原子的真实电荷数，但是在反应前后，每分子中元素氧化数的升高（或降低）值和它失去（或得到）的电子数是一致的。由此可见，元素氧化数升高的过程为氧化，元素氧化数降低的过程为还原。氧化数升高的物质为还原剂，氧化数降低的物质为氧化剂。凡是反应前后元素氧化数发生改变的反应都是氧化还原反应。氧化还原反应的实质是反应前后电子发生了转移，它反映在元素氧化数的改变上。例如反应 $2SO_2 + O_2 = 2SO_3$ 中，S 的氧化数由 +4 升高到 +6，SO_2 是还原剂；O 的氧化数由 0 降低到 −2，O_2 是氧化剂。

三、氧化还原反应方程式的配平

配平氧化还原反应方程式的方法很多，常用的有化合价法（valence method）、氧化数法（oxidation number method）和离子－电子法（ion-electron method）。化合价法在中学化学中已介绍过，氧化数法和化合价法很相近，因此，下面重点介绍离子－电子法。

离子－电子法又称半反应法（half-reaction method）。配平的原则是：在氧化还原反应中，氧化剂得到电子的总数等于还原剂失去电子的总数；反应前后各元素的原子总数相等。

例 8-1　$K_2Cr_2O_7$ 在酸性溶液中和 $FeSO_4$ 反应，写出配平的反应方程式。

解：配平步骤如下：

(1) 根据实验事实确定产物，写出未配平的离子反应式。

$$Cr_2O_7^{2-} + Fe^{2+} + H^+ \longrightarrow Cr^{3+} + Fe^{3+}$$

(2) 将离子反应式拆成两个半反应并配平。

① 写出氧化剂及还原产物、还原剂及氧化产物：

$$Cr_2O_7^{2-} \longrightarrow Cr^{3+}$$
$$Fe^{2+} \longrightarrow Fe^{3+}$$

② 配平原子数：

$$Cr_2O_7^{2-} + 14H^+ \longrightarrow 2Cr^{3+} + 7H_2O$$
$$Fe^{2+} \longrightarrow Fe^{3+}$$

③ 配平电荷数：

$$Cr_2O_7^{2-} + 14H^+ + 6e^- \rightleftharpoons 2Cr^{3+} + 7H_2O$$
$$Fe^{2+} \rightleftharpoons Fe^{3+} + e^-$$

在配平原子数时，H、O 原子数的配平通常放在最后进行。反应式中 H、O 原子数的配平按下列方法。

在酸性溶液中，一边多 1 个 O，则在多 O 的一边加 2 个 H^+，而在另一边生成 1 个 H_2O。

在碱性溶液中，一边多 1 个 O，则在多 O 的一边加 1 个 H_2O，在另一边生成 2 个 OH^-。

在中性或弱碱性溶液中，若左边多 1 个 O，则在左边加 1 个 H_2O，在右边生成 2 个 OH^-；若左边少 1 个 O，则在左边加 1 个 H_2O（弱碱性溶液中应加 2 个 OH^-），在右边生成 2 个 H^+（弱碱性溶液中生成 1 个 H_2O）。

（3）根据得失电子总数相等的原则，求出氧化剂和还原剂得失电子数的最小公倍数，将两个半反应式相加即得配平的离子反应方程式。

$$\begin{array}{rl} 1\times & Cr_2O_7^{2-} + 14H^+ + 6e^- \rightleftharpoons 2Cr^{3+} + 7H_2O \\ +)\ 6\times & Fe^{2+} \rightleftharpoons Fe^{3+} + e^- \\ \hline & Cr_2O_7^{2-} + 6Fe^{2+} + 14H^+ \rightleftharpoons 2Cr^{3+} + 6Fe^{3+} + 7H_2O \end{array}$$

（4）写出配平的分子反应方程式。

$$K_2Cr_2O_7 + 6FeSO_4 + 7H_2SO_4 \rightleftharpoons Cr_2(SO_4)_3 + 3Fe_2(SO_4)_3 + K_2SO_4 + 7H_2O$$

例 8-2 用离子－电子法配平反应式 $Cl_2 + NaOH \longrightarrow NaCl + NaClO$。

解：（1）写出离子反应式：

$$Cl_2 + OH^- \longrightarrow Cl^- + ClO^-$$

（2）写出配平的半反应式：

$$Cl_2 + 2e^- \rightleftharpoons 2Cl^-$$
$$Cl_2 + 4OH^- \rightleftharpoons 2ClO^- + 2H_2O + 2e$$

（3）求出最小公倍数，将两个半反应式相加：

$$\begin{array}{rl} & 1\times Cl_2 + 2e^- \rightleftharpoons 2Cl^- \\ +) & 1\times Cl_2 + 4OH^- \rightleftharpoons 2ClO^- + 2H_2O + 2e^- \\ \hline & 2Cl_2 + 4OH^- \rightleftharpoons 2Cl^- + 2ClO^- + 2H_2O \end{array}$$

即
$$Cl_2 + 2OH^- \rightleftharpoons Cl^- + ClO^- + H_2O$$

（4）写出配平的分子反应方程式：

$$Cl_2 + 2NaOH \rightleftharpoons NaCl + NaClO + H_2O$$

离子-电子法仅适用于水溶液中进行的离子反应式的配平。在配平时，不需要计算元素的氧化数，对于一些复杂的反应，用此法配平也比较简便。

第二节　原电池

一、原电池的原理

当氧化剂和还原剂直接接触时，虽然能够发生氧化还原反应，有电子转移（或偏移），但是因为无法形成电子的定向流动而不能产生电流。例如将Zn片放到$CuSO_4$溶液中，虽然可以观察到蓝色溶液逐渐变浅，有红棕色疏松的金属铜沉积在锌片上，但电子的流动是无秩序

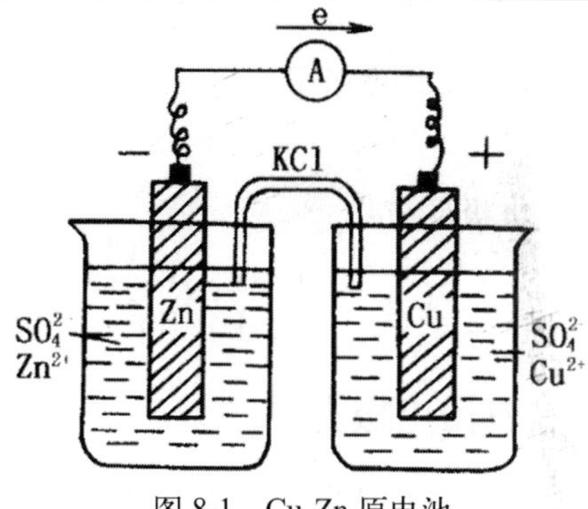

图 8-1　Cu-Zn 原电池

的，所以没有电流产生，只是随着氧化还原过程的进行，化学能转变为热能，放出一定热量，导致溶液温度升高。

如果把 Zn 片放入盛有 $ZnSO_4$ 溶液的烧杯中，把 Cu 片放入盛有 $CuSO_4$ 溶液的烧杯中，两溶液用*盐桥*（salt bridge，盐桥是在 U 形管中装满用饱和 KCl 溶液和琼脂制成的胶冻）相连，再用金属导线将 Zn 片和 Cu 片连接起来，中间串联一个检流计，此时就会发现检流计的指针发生偏转，表明有电流通过。检流计指针偏转的方向表明电子从 Zn 片通过导线流向 Cu 片。像这种利用氧化还原反应产生电流的装置称为*原电池*（primary cell），它使化学能转变为电能。图 8-1 所示装置为 Cu—Zn *原电池*。每个原电池都是由两个*半电池*（half-cell）组成的，半电池又称为*电极*（electrode）。规定电子流入（即接受电子）的电极为*正极*（positive electrode）；电子流出（即给出电子）的电极为*负极*（negative electrode）。

在 Cu–Zn 原电池中，Cu 片和 Zn 片兼作导体（conductor）。Zn 片和 $ZnSO_4$ 溶液组成 Zn 半电池（Zn 电极），为负极；Cu 片和 $CuSO_4$ 溶液组成 Cu 半电池（Cu 电极），为正极。在负极，Zn 失去电子发生氧化反应，生成的 Zn^{2+} 离子进入溶液中；在正极，Cu^{2+} 离子得到电子发生还原反应，生成的 Cu 沉积在 Cu 片上。即

$$\text{正极}\quad Cu^{2+} + 2e^- \rightleftharpoons Cu \quad \text{还原反应}$$
$$\text{负极}\quad Zn \rightleftharpoons Zn^{2+} + 2e^- \quad \text{氧化反应}$$

在电极上发生的这些反应称为*电极反应*(electrode reaction)，又称为*半电池反应*(half-cell reaction)。两个半电池反应相加得到的总反应称为*电池反应*（cell reaction）：

$$Cu^{2+} + Zn \rightleftharpoons Cu + Zn^{2+}$$

原电池中，氧化还原反应是分别在两处进行的，即电子不是直接从还原剂转移到氧化剂，而是通过外电路进行传递，进行有规则的流动，从而产生电流。盐桥的作用是中和过剩的电荷，沟通电路，使反应顺利进行。如在 Cu–Zn 原电池装置中，随着反应的进行，$ZnSO_4$ 溶液中 Zn^{2+}离子增多而带正电（Zn^{2+}过剩），Cu–SO_4 溶液中 Cu^{2+}离子减少而带负电（$SO_4{}^{2-}$过剩），这样就会阻碍电子继续从 Zn 极流向 Cu 极。用盐桥连接两溶液后，盐桥中的 K^+离子向 $CuSO_4$溶液迁移，Cl^-离子向 $ZnSO_4$溶液迁移，分别中和过剩的电荷，使两溶液维持电中性，保证 Zn 的氧化和 Cu^{2+}的还原继续进行。

为了方便，常用电池符号来表示原电池的组成。习惯上把负极写在左边，把正极写在右边；极板与电极其余部分的界面用“｜”表示，“‖”表示盐桥，同一相中的不同物质之间用“,”分开；对于不能兼作导体的固体、气体和液体，可选用惰性电极（只起导电作用，本身不发生变化，如 Pt 电极）起导电作用构成半电池；若有气体参加电极，要注明分压；溶液和介质要注明浓度。例如 Cu–Zn 原电池用电池符号表示为：

$$(-)\ Zn \mid ZnSO_4(c_1) \parallel CuSO_4(c_2) \mid Cu\ (+)$$

从理论上讲，任何一个氧化还原反应都可以设计成一个原电池。对于给定的氧化还原反应，组成原电池时，氧化剂对应的电对做正极，还原剂对应的电对做负极。

如氧化还原反应：$2Fe^{3+} + Sn^{2+} \rightleftharpoons 2Fe^{2+} + Sn^{4+}$设计成原电池时，氧化剂$Fe^{3+}$所对应的

电对Fe^{3+}/Fe^{2+}做正极，还原剂Sn^{2+}所对应的电对Sn^{4+}/Sn^{2+}做负极，电池符号为

$$(-)\ Pt \mid Sn^{4+}(c_1),\ Sn^{2+}(c_2) \parallel Fe^{3+}(c_3),\ Fe^{2+}(c_4) \mid Pt\ (+)$$

电极反应：

$$(+)\quad Fe^{3+} + e^- \rightleftharpoons Fe^{2+}$$
$$(-)\quad Sn^{2+} \rightleftharpoons Sn^{4+} + 2e^-$$

二、常用电极类型

电极是构成电池的基本组成部分，种类很多，常用的有以下四种类型。

（1）金属–金属离子电。将金属插入含有相应离子的溶液中所构成的电极。这是一类简单而普通的电极，如Cu电极。

电极符号　$Cu \mid Cu^{2+}(c)$

电极反应　$Cu^{2+} + 2e^- \rightleftharpoons Cu\ (s)$

（2）气体–离子电极。将吸附有气体的惰性电极浸入含有相应离子的溶液中所构成的电极，如氢电极。

电极符号　$Pt \mid H_2(p) \mid H^+(c)$

电极反应　$2H^+ + 2e^- \rightleftharpoons H_2\ (g)$

（3）均相氧化还原电极。将惰性电极浸入含有同一元素的两种氧化态离子的溶液中所构成的电极，如Fe^{3+}/Fe^{2+}电极。

电极符号　$Pt \mid Fe^{3+}(c_1),\ Fe^{2+}(c_2)$

电极反应　$Fe^{3+} + e^- \rightleftharpoons Fe^{2+}$

（4）金属–金属难溶盐–阴离子电极。将金属表面覆盖一层该金属难溶盐（或氧化物），然后浸入含有该金属难溶盐阴离子的溶液中所构成的电极，如Ag–AgCl电极。

电极符号　$Ag,\ AgCl\ (s) \mid Cl^-\ (c)$

电极反应　$AgCl\ (s) + e^- \rightleftharpoons Ag\ (s) + Cl^-$

第三节　电极电势

一、电极电势的产生

在Cu－Zn原电池中，用导线把两个电极连接起来后就有电流产生，这表明两电极之间存在一定的*电势差*（potential difference），也就是说两电极的*电极电势*（electrode potential）是不相等的。那么，什么是电极电势？不同电极的电极电势为什么会有差异？电极电势又是怎样产生的呢？现以金属－金属离子电极为例加以说明。

金属晶体是由金属原子、金属离子和自由电子所组成。如果把金属放在其盐溶液中，在金属与其盐溶液的接界面上就会发生两个不同的过程：一个是金属表面的金属离子受到极性水分子的吸引进入溶液而电子留在金属表面的过程，金属越活泼或盐溶液浓度越小，这个倾向越大；另一个是溶液中的金属离子碰到金属表面获得电子而沉积在金属表面的过程，金属越不活泼或盐溶液浓度越大，这个倾向越大。当这两个相反过程的速率相等时，就达到平衡：

$$M(s) \rightleftharpoons M^{n+} + ne^-$$

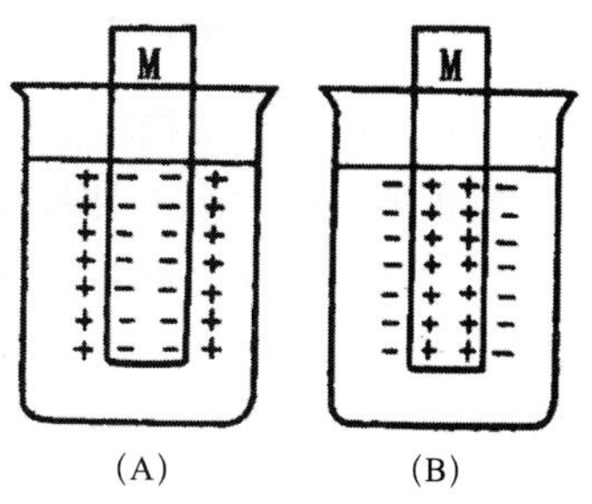

图 8-2　金属的双电层结构

对于活泼金属，金属原子失电子进入溶液的趋势大于溶液中金属离子得电子沉积到金属表面的趋势。当达到平衡时，金属表面带负电，形成一个*负电荷层*（negative charge layer）。由于静电引力，溶液中的金属离子聚集在金属表面附近，形成一个*正电荷层*（positive charge layer），它与金属表面的负电荷层构成*双电层*（double charge layer），如图 8-2 (A)所示。在双电层之间产生的电势差称为金属电极的电极电势，用 E 表示。对于不活泼金属，金属原子失电子进入溶液的趋势小于溶液中金属离子得电子沉积的趋势。达到平衡时，金属表面形成一个正电荷层，金属表面附近形成一个负电荷层。这样也构成了双电层，如图 8-2（B）所示。

由上所述可以看出，双电层的电荷分布情况因组成电极的金属种类和其盐溶液浓度不同而不同，也就是说，不同的电极有不同的电极电势。由于金属表面的金属离子进入溶液中的作用是氧化作用，离子从溶液中沉积的作用是还原作用，所以电极上的氧化还原作用是电极电势产生的根源。

二、标准电极电势

（一）标准氢电极

电极电势的大小，反映出构成该电极的电对得失电子趋势的大小。如果能测出电极电势，就会有助于判断氧化剂和还原剂的相对强弱。但是，单个电极的电极电势绝对值无法测定，只能通过比较而求得各电极电势的相对大小。因此，必须选取某一个电极的电极电势作为标准，才能求得其他各电极的相对电势数值。现在国际上选定*标准氢电极*（Standard Hydrogen Electrode，SHE）作为比较标准。

在298.15K 时，将镀有一层海绵状铂黑的铂片，浸入H^+离子浓度为$1mol\cdot L^{-1}$（严格讲应是活度为1）的酸溶液中，不断通入分压为100kPa的纯氢气气流，使铂黑吸附氢气达到饱和，并与溶液中的H^+离子达到平衡：

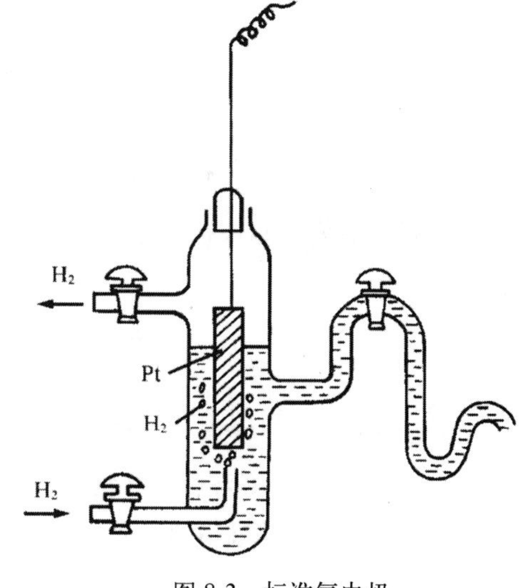

图 8-3　标准氢电极

$$2H^+ + 2e^- \rightleftharpoons H_2\ (g)$$

此时，电对 H^+/H_2 所构成的电极称为标准氢电极(见图 8-3)。标准氢电极的电极电势用 E^0 表示，规定 $E^0 = 0.0000V$。

（二）标准电极电势的测定

测定某电极的电极电势时，可将待测电极与标准氢电极组成原电池。在外电路电流为零时，测得两电极之间的电势差即为原电池的*电动势*（electromotive force），用 ε 表示。电池的正负极可由实验时电流的方向来确定。则

$$\varepsilon = E_{正} - E_{负} \tag{8-1}$$

电动势的大小可用电位计测量。由于 $E^0_{H^+/H_2}=0V$，所以测得原电池的电动势数值后，即可算出待测电极的电极电势。

电极电势的大小主要取决于构成电极的电对的本性，但同时也与温度、浓度等因素有关。为了便于比较，提出标准电极电势的概念：组成电极的有关离子浓度为 $1mol\cdot L^{-1}$（严格讲应该是活度为 1），有关气体的分压为 100kPa，温度为 298.15K 时，所测得的电极电势称为该电极的*标准电极电势*(standard electrode potential)，用 $E^0_{氧化态/还原态}$表示。

测定标准电极电势时，如果组成的原电池中，待测电极为正极，表明其标准电极电势高于标准氢电极，则待测电极的 E^0 为正值，反之为负值。标准状态下的电动势用 ε^0表示，则

$$\varepsilon^0=E^0_{正}-E^0_{负} \quad (8\text{-}2)$$

例如，测定 $E^0_{Fe^{3+}/Fe^{2+}}$ 值时，可将待测电极在标准状态下与标准氢电极组成原电池，由实验电流方向确定出待测电极为正极，标准氢电极为负极，电池组成式为

$$(-)\ Pt\mid H_2\ (100kPa)\mid H^+(1mol\cdot L^{-1})\parallel Fe^{3+}(1mol\cdot L^{-1}),\ Fe^{2+}(1mol\cdot L^{-1})\mid Pt\ (+)$$

测得电动势为0.771V，则

$$\varepsilon^0=E^0_{Fe^{3+}/Fe^{2+}}-E^0_{H^+/H_2}$$

即

$$0.771=E^0_{Fe^{3+}/Fe^{2+}}-0.0000$$

$$E^0_{Fe^{3+}/Fe^{2+}}=0.771V$$

又如测定 $E^0_{Zn^{2+}/Zn}$ 值时，将 Zn 电极在标准状态下与标准氢电极组成原电池，由实验确定出标准氢电极为正极，Zn 电极为负极，电池组成式为

$$(-)\ Zn\mid Zn^{2+}\ (1mol\cdot L^{-1})\parallel H^+(1mol\cdot L^{-1})\mid H_2(100kPa)\ \mid Pt\ (+)$$

测得 ε^0 为0.7618V，则

$$\varepsilon^0=E^0_{H^+/H_2}-E^0_{Zn^{2+}/Zn}$$

$$E^0_{Zn^{2+}/Zn}=-0.7618V$$

用上述方法可以测定出许多电极的标准电极电势。

（三）标准电极电势表及其应用

各种电极的标准电极电势除了由实验直接测定外，也可以从与反应有关的热力学函数及平衡常数等数据计算得到。将298.15K时一些氧化还原电对的标准电极电势值，按由小到大的顺序排列成一个表，称为标准电极电势表（见表8-1）。

表 8-1　标准电极电势(298.15K)

电　对 (氧化态/还原态)	电 极 反 应 氧化态＋$ne^-\rightleftharpoons$还原态	E^0/V
Li^+/Li	$Li^++e^-\rightleftharpoons Li$	－3.04
Zn^{2+}/Zn	$Zn^{2+}+2e^-\rightleftharpoons Zn$	－0.7618
Fe^{2+}/Fe	$Fe^{2+}+2e^-\rightleftharpoons Fe$	－0.447
Cd^{2+}/Cd	$Cd^{2+}+2e^-\rightleftharpoons Cd$	－0.403
Sn^{2+}/Sn	$Sn^{2+}+2e^-\rightleftharpoons Sn$	－0.1375

续表

电　对 (氧化态/还原态)	电 极 反 应 氧化态 + ne^- ⇌ 还原态	E^0/V
H^+/H_2	$2H^+ + 2e^- \rightleftharpoons H_2$	0.0000
Sn^{4+}/Sn^{2+}	$Sn^{4+} + 2e^- \rightleftharpoons Sn^{2+}$	+0.151
Cu^{2+}/Cu	$Cu^{2+} + 2e^- \rightleftharpoons Cu$	+0.3419
I_2/I^-	$I_2 + 2e^- \rightleftharpoons 2I^-$	+0.5355
Fe^{3+}/Fe^{2+}	$Fe^{3+} + e^- \rightleftharpoons Fe^{2+}$	+0.771
Ag^+/Ag	$Ag^+ + e^- \rightleftharpoons Ag$	+0.7996
Br_2/Br^-	$Br_2+2e^- \rightleftharpoons 2Br^-$	+1.066
IO_3^-/I_2	$2IO_3^- + 12H^+ + 10e^- \rightleftharpoons I_2 + 6H_2O$	+1.195
MnO_2/Mn^{2+}	$MnO_2 + 4H^+ + 2e^- \rightleftharpoons Mn^{2+} + 2H_2O$	+1.224
$Cr_2O_7^{2-}/Cr^{3+}$	$Cr_2O_7^{2-}+14H^+ + 6e^- \rightleftharpoons 2Cr^{3+} + 7H_2O$	+1.232
Cl_2/Cl^-	$Cl_2 + 2e^- \rightleftharpoons 2Cl^-$	+1.3583
MnO_4^-/Mn^{2+}	$MnO_4^- + 8H^+ + 5e^- \rightleftharpoons Mn^{2+} + 4H_2O$	+1.507
$S_2O_8^{2-}/SO_4^{2-}$	$S_2O_8^{2-} + 2e^- \rightleftharpoons 2SO_4^{2-}$	+2.01
F_2/F^-	$F_2 + 2e^- \rightleftharpoons 2F^-$	+2.866

从表 8-1 可以看出，表中电对是按 E^0 由负值转为正值的顺序排列的，在电对 H^+/H_2 上方的 E^0 为负值，在 H^+/H_2 下方的 E^0 为正值。

在表中越往下，E^0 值越大，电对中氧化态物质获得电子的倾向越大，其作为氧化剂的氧化能力越强，而对应的还原态物质的还原能力越弱。如表中左下角的 F_2 是最强的氧化剂，而 F^- 离子是最弱的还原剂。

在表中越往上，E^0 值越小，电对中还原态物质失电子的倾向越大，其作为还原剂的还原能力越强，而对应的氧化态物质的氧化能力越弱。如表中左上角的 Li 是最强的还原剂，而 Li^+ 离子是最弱的氧化剂。

在表中，左下角的氧化态物质可以和左上角的还原态物质发生反应。每两个氧化还原电对可以组合成一个氧化还原反应，并且，两电对在表中位置相隔越远，所组成的氧化还原反应自发进行的倾向越大。也就是说，较强的氧化剂和较强的还原剂会自发反应生成相应的产物。因此，运用 E^0 值，可以衡量氧化剂和还原剂的相对强弱，判断氧化还原反应在标准状态下能否自发进行。

例 8-3　根据 E^0 值判断氧化剂 $SnCl_2$、$KMnO_4$、$AgNO_3$、I_2、$FeCl_3$ 氧化能力的相对强弱，并按氧化能力由强到弱的顺序排列。

解：查表得

$$Sn^{2+} + 2e^- \rightleftharpoons Sn \qquad -0.1375V$$
$$MnO_4^- + 8H^+ + 5e^- \rightleftharpoons Mn^{2+} + 4H_2O \qquad +1.507V$$
$$Ag^+ + e^- \rightleftharpoons Ag \qquad +0.7996V$$
$$I_2 + 2e^- \rightleftharpoons 2I^- \qquad +0.5355V$$
$$Fe^{3+} + e^- \rightleftharpoons Fe^{2+} \qquad +0.771V$$

因为 $E^0_{MnO_4^-/Mn^{2+}} > E^0_{Ag^+/Ag} > E^0_{Fe^{3+}/Fe^{2+}} > E^0_{I_2/I^-} > E^0_{Sn^{2+}/Sn}$，

所以这些氧化剂的氧化能力由强到弱的顺序为：$KMnO_4$、$AgNO_3$、$FeCl_3$、I_2、$SnCl_2$。

例 8-4　判断反应 $2FeCl_3 + Cu \rightleftharpoons 2FeCl_2 + CuCl_2$ 在标准状态下自发进行的方向。

解：查表得 $E^0_{Fe^{3+}/Fe^{2+}}=0.771V$，$E^0_{Cu^{2+}/Cu}=0.3419V$

因为 $E^0_{Fe^{3+}/Fe^{2+}}>E^0_{Cu^{2+}/Cu}$，

所以 Fe^{3+}是较强的氧化剂，Cu 是较强的还原剂。

故上述反应正向自发进行。

在使用标准电极电势表时必须注意以下几点：

（1）表中电极反应均采用还原反应：氧化态＋ne^- $\rightleftharpoons$ 还原态。由于标准电极电势是平衡电势（equilibrium potential），电极反应是可逆反应，所以每个电极 E^0 的正、负号不随电极反应方向而改变。例如，无论电极反应是 $Fe^{3+}+e^-\rightleftharpoons Fe^{2+}$，还是 $Fe^{2+}\rightleftharpoons Fe^{3+}+e^-$，它们的 E^0 值都是 0.771V。

（2）由于 E^0 是强度性质，不具有加合性（additivity），其值反映电对在标准状态下得失电子的倾向，故它与电极反应中物质前的系数无关。例如，电极反应 Br_2（l）＋$2e^-\rightleftharpoons 2B^-$ 和 $1/2Br_2$（l）＋e^- $\rightleftharpoons Br^-$的 E^0 值都是 1.066V。

（3）E^0是水溶液体系的标准电极电势，它不适用于非水体系、高温固相反应或离子浓度偏离标准状态太大的情况。

（4）溶液的酸碱性对许多电极的 E^0 值有影响，不同酸碱度下 E^0 值不同，因此标准电极电势表常分为酸表和碱表。酸表中，E^0 值是在$[H^+]=1mol\cdot L^{-1}$（严格的是 $a_{H^+}=1$）的酸性溶液中测定的，用 E^0_A 表示；碱表中，E^0 值是在$[OH^-]=1mol\cdot L^{-1}$（严格的是 $a_{OH^-}=1$）的碱性溶液中测定的，用 E^0_B 表示。①电极反应中有 H^+离子参加，其 E^0 值应从酸表中查；②电极反应中有 OH^-离子参加，其 E^0 值应从碱表中查；③电极反应中没有 H^+ 离子、OH^- 离子参加，则可从存在状态来考虑。如电极反应 $Fe^{3+}+e^-\rightleftharpoons Fe^{2+}$，因为 Fe^{3+} 离子只能在酸性溶液中存在，所以其 E^0 值应从酸表中查。

三、电池电动势与吉布斯自由能

如第二章所述，等温等压下，体系的吉布斯自由能变等于体系在可逆过程中对外所能做的最大有用功（非体积功）：

$$\Delta_r G = W'_{max}$$

对于一个能自发进行的可逆氧化还原反应，在等温等压下，可设计成一个原电池，该体系对外做功，所做的非体积功全部是电功。由于体系对外做功其值规定为负，所以

$$-W_{电}=W'_{max}$$

则
$$\Delta_r G = -W_{电}$$

因
$$W_{电}=q\,\varepsilon$$

故
$$\Delta_r G = -q\,\varepsilon \tag{8-3}$$

式中，q为原电池中所通过的电量，单位为C（库仑）；ε 为原电池的电动势。

如果电池反应中有 n 个电子发生转移，按反应式就有 n mol 的电子参与了电极上的氧化还原反应，因此，原电池中通过的电量为 nF。则

$$\Delta_r G = -nF\,\varepsilon \tag{8-4}$$

式中，F 为法拉第常数（Faraday constant，$96485C\cdot mol^{-1}$）。

当电池中各物质均处于标准状态时，式（8-4）可表示为

$$\Delta_r G^0 = -nF\varepsilon^0 \tag{8-5}$$

由此可见，在氧化还原反应中，将氧化剂所对应的电对做正极，还原剂所对应的电对做负极组成原电池，求出电动势 ε^0，可根据 ε^0 值的大小判断氧化还原反应在标准状态下自发进行的方向。

$$\varepsilon^0 = E^0_{\text{氧}} - E^0_{\text{还}} \tag{8-6}$$

若 $\Delta_r G^0 < 0$，则 $\varepsilon^0 > 0$，反应正向自发进行；

若 $\Delta_r G^0 = 0$，则 $\varepsilon^0 = 0$，反应处于平衡状态；

若 $\Delta_r G^0 > 0$，则 $\varepsilon^0 < 0$，反应逆向自发进行。

例 8-5　判断反应 $2Ag + Cu(NO_3)_2 \rightleftharpoons 2AgNO_3 + Cu$ 在标准状态下向哪个方向进行。

解：查表得 $E^0_{Ag^+/Ag} = 0.7996V$，$E^0_{Cu^{2+}/Cu} = 0.3419V$

$$\varepsilon^0 = E^0_{Cu^{2+}/Cu} - E^0_{Ag^+/Ag} = 0.3419 - 0.7996 = -0.4577\ (V)$$

因为 $\varepsilon^0 < 0$，所以该反应在标准状态下逆向自发进行。

第四节　影响电极电势的因素

影响电极电势的因素很多，除了电对的本性外，主要有温度、物质的浓度、溶液的酸度，若有气体参加反应，则气体分压也对电极电势有影响。

一、能斯特方程

E^0 是标准状态下的电极电势。若在非标准状态下，E 值将随着温度、反应物浓度等条件的改变而改变。能斯特（Nernst）从理论上推导出了 E 与浓度、温度之间的关系。对于一般的电极反应

$$a\ 氧化态 + ne^- \rightleftharpoons b\ 还原态$$

或

$$a\,Ox + ne^- \rightleftharpoons b\,Red$$

则

$$E = E^0 + \frac{2.303RT}{nF}\lg\frac{[Ox]^a}{[Red]^b} \tag{8-7}$$

这个关系式称为能斯特方程式（Nernst equation）。R 为气体常数（$8.314J \cdot mol^{-1} \cdot K^{-1}$）；$F$ 为法拉第常数；T 为绝对温度；n 为电极反应中转移电子数；a、b 分别表示在电极反应中，氧化态物质、还原态物质前面的系数；$[Ox]^a$ 和 $[Red]^b$ 分别代表电极反应中氧化态物质一侧各物质浓度幂次方的乘积和还原态物质一侧各物质浓度幂次方的乘积。

溶液中进行的氧化还原反应一般都是在常温条件下进行的，而且通常温度对电极电势的影响又较小，所以在常温下，除了物质本性外，浓度是影响电极电势的重要因素。在 298.15K 时，将各常数值代入（8-7）式中可得

$$E = E^0 + \frac{0.05916}{n}\lg\frac{[Ox]^a}{[Red]^b} \tag{8-8}$$

上式可以用来计算298.15K时任意浓度下的电极电势。

在书写能斯特方程式时应注意：若电极反应中有气体参加，则用相对分压（分压除以标准压力 100kPa，即 p/p^0）代替浓度；若电极反应中有纯固体和纯液体物质（包括参加电极反应的 H_2O）参加，则它们的浓度为 1。如

$MnO_4^- + 8H^+ + 5e^- \rightleftharpoons Mn^{2+} + 4H_2O$ $\qquad E = E^0 + \dfrac{0.05916}{5}\lg\dfrac{[MnO_4^-][H^+]^8}{[Mn^{2+}]}$

$Zn^{2+} + 2e^- \rightleftharpoons Zn\text{（s）}$ $\qquad E = E^0 + \dfrac{0.05916}{2}\lg[Zn^{2+}]$

$Br_2\text{（l）} + 2e^- \rightleftharpoons 2Br^-$ $\qquad E = E^0 + \dfrac{0.05916}{2}\lg\dfrac{1}{[Br^-]^2}$

$Cl_2\text{（g）} + 2e^- \rightleftharpoons 2Cl^-$ $\qquad E = E^0 + \dfrac{0.05916}{2}\lg\dfrac{p_{Cl_2}/p^0}{[Cl^-]^2}$

例 8-6 分别计算下列电极在 298.15K 时的 E 值。

（1）$Ag \mid Ag^+(0.001mol\cdot L^{-1})$

（2）$Pt \mid Br_2(l) \mid Br^-(0.01mol\cdot L^{-1})$

解：（1）查表得 $Ag^+ + e^- \rightleftharpoons Ag\,(s)$ $\qquad E^0 = 0.7996V$

代入能斯特方程式得

$$E = E^0 + 0.05916\lg[Ag^+] = 0.7996 + 0.05916\lg10^{-3} = 0.622\text{（V）}$$

（2）查表得 $Br_2(l) + 2e^- \rightleftharpoons 2Br$ $\quad E^0 = 1.066V$

$$E = E^0 + \frac{0.05916}{2}\lg\frac{1}{[Br^-]^2} = 1.066 + \frac{0.05916}{2}\lg\frac{1}{(0.01)^2} = 1.1843\text{（V）}$$

由例 8-6 计算结果可以看出，减小氧化态物质的浓度（或增大还原态物质的浓度），E 值减小，氧化态物质的氧化能力减弱，而共轭还原态物质的还原能力增强；减小还原态物质的浓度（或增大氧化态物质的浓度），E 值增大，氧化态物质的氧化能力增强，而共轭还原态物质的还原能力减弱。

二、溶液酸度对电极电势的影响

凡是有 H^+ 或 OH^- 参加的电极反应，溶液的酸度对它们的电极电势影响较大。

例 8-7 已知 $Cr_2O_7^{2} + 14H^+ + 6e^- \rightleftharpoons 2Cr^{3+} + 7H_2O$，$E^0 = 1.232V$，$[Cr_2O_7^{2-}] = [Cr^{3+}] = 1mol\cdot L^{-1}$，分别求 298.15K，$[H^+] = 10mol\cdot L^{-1}$ 和 pH＝3 时的 E 值。

解：$[H^+] = 10mol\cdot L^{-1}$ 时

$$E = E^0 + \frac{0.05916}{6}\lg\frac{[Cr_2O_7^{2-}][H^+]^{14}}{[Cr^{3+}]^2} = 1.232 + \frac{0.05916}{6}\lg10^{14} = 1.370\text{（V）}$$

pH＝3 时，$[H^+] = 10^{-3}mol\cdot L^{-1}$

$$E = 1.232 + \frac{0.05916}{6}\lg(10^{-3})^{14} = 0.8179\text{（V）}$$

计算结果表明，对于含氧酸盐，若增大 H^+ 离子浓度，E 值升高，其氧化能力增强；若减小 H^+ 离子浓度，E 值降低，其氧化能力减弱。因此，含氧酸盐作为氧化剂，在酸性介质中显示出较强的氧化性，并且酸性越强其氧化性越强。

三、加入沉淀剂对电极电势的影响

向电对体系中加入沉淀剂，由于氧化态或还原态物质与沉淀剂生成沉淀，降低了它们的浓度，所以电极电势将会发生改变。

例 8-8　在电对 Ag^+/Ag 体系中，加入 KBr 使溶液中 Br^- 离子浓度最终达到 $1mol\cdot L^{-1}$，计算 $E_{Ag^+/Ag}$ 值。

解：查表得 $Ag^+ + e^- \rightleftharpoons Ag(s)$　　$E^0 = 0.7996V$

加入 KBr 后　$Ag^+ + Br^- \rightleftharpoons AgBr\downarrow$

达到平衡时　$[Br^-] = 1mol\cdot L^{-1}$

则

$$[Ag^+] = \frac{K_{sp}}{[Br^-]} = K_{sp} = 5.35\times10^{-13}\ mol\cdot L^{-1}$$

$$E_{Ag^+/Ag} = E^0_{Ag^+/Ag} + 0.05916\lg[Ag^+]$$

$$= 0.7996 + 0.05916\lg(5.35\times10^{-13})$$

$$= 0.0736(V)$$

由于AgBr的生成，使$[Ag^+]$减小，$E_{Ag^+/Ag} < E^0_{Ag^+/Ag}$，故$Ag^+$离子的氧化能力减弱。

又如在电对I_2/I^-体系中加入$AgNO_3$溶液，由于Ag^+离子与I^-离子生成了AgI沉淀，使$[I^-]$减小，E_{I_2/I^-}增大，结果I_2的氧化能力增强，I^-离子的还原能力减弱。

在电对体系中加入沉淀剂，若氧化态物质与沉淀剂生成沉淀，则 E 值减小，氧化态物质的氧化能力减弱，而共轭还原态物质的还原能力增强；若还原态物质与沉淀剂生成沉淀，则 E 值增大，氧化态物质的氧化能力增强，而共轭还原态物质的还原能力减弱；若氧化态物质和还原态物质均与沉淀剂生成沉淀，则 E 值的大小取决于氧化态和还原态所生成的沉淀物的 K_{sp} 的相对大小。

四、加入配位剂对电极电势的影响

在电对体系中加入配位剂，由于氧化态或还原态物质与配位剂生成了难电离的配离子，使它们的浓度减小，所以电极电势将会发生改变。

例如，在电对 Cu^{2+}/Cu 体系中加入过量的氨水，由于 Cu^{2+}离子与 NH_3 分子结合生成了难电离的配离子$[Cu(NH_3)_4]^{2+}$，结果使$[Cu^{2+}]$减小，E 值减小。

在电对体系中加入配位剂时，若氧化态物质与配位剂生成配离子，则 E 值减小，氧化态物质的氧化能力减弱，而共轭还原态物质的还原能力增强；若还原态物质与配位剂生成配离子，则 E 值增大，氧化态物质的氧化能力增强，而共轭还原态物质的还原能力减弱。

第五节　电极电势和电池电动势的应用

一、判断原电池的正负极并计算电动势

前面已讨论过，原电池中电子总是由负极流向正极，也就是说，正极的电极电势高于负极的电极电势。若将两个电对组成原电池，应是 E 值高的电对做正极，E 值低的电对做负极。

例 8-9　298.15K 时，计算下面原电池两电极的电极电势和电池电动势，标明正、负极，写出电极反应和电池反应。

$Cu\,|\,Cu^{2+}$（0.1mol · L^{-1}）‖ Fe^{3+}（1mol · L-1），Fe^{2+}（0.01mol · L^{-1}）| Pt

解：查表得 $E^0_{Cu^{2+}/Cu}=0.3419V$，　$E^0_{Fe^{3+}/Fe^{2+}}=0.771V$

根据式（8-8）计算两电极的电极电势：

$$E_{Cu^{2+}/Cu}=E^0_{Cu^{2+}/Cu}+\frac{0.05916}{2}\lg[Cu^{2+}]$$

$$=0.3419+\frac{0.05916}{2}\lg 0.1=0.3123(V)$$

$$E_{Fe^{3+}/Fe^{2+}}=E^0{}_{Fe^{3+}/Fe^{2+}}+0.05916\lg\frac{[Fe^{3+}]}{[Fe^{2+}]}$$

$$=0.771+0.05916\lg\frac{1}{0.01}=0.8893(V)$$

由于 $E_{Fe^{3+}/Fe^{2+}}=E_{Cu^{2+}/Cu}$，所以 Cu 电极为负极，$Fe^{3+}/Fe^{2+}$电极为正极。

电动势为　$\varepsilon=E_{正}-E_{负}=0.8893-0.3123=0.577$（V）

电极反应为

正极：　$Fe^{3+}+e^- \rightleftharpoons Fe^{2+}$

负极：　$Cu \rightleftharpoons Cu^{2+}+2e^-$

电池反应为　$2Fe^{3+}+Cu \rightleftharpoons 2Fe^{2+}+Cu^{2+}$

同一种电极，电对的氧化态和还原态浓度不同时，电极电势也不同，同样可以组成原电池。

例 8-10　计算下列电池的电动势。

（－）Ag（s）| Ag^+(0.01mol · L^{-1}) ‖ Ag^+(2mol · L^{-1}) | Ag（s）（＋）

解：查表得 $Ag^++e^- \rightleftharpoons Ag$　$E^0=0.7996V$

则
$$E_{Ag^+/Ag}=0.7996+0.05916\lg[Ag^+]$$

$$E_{正}=0.7996+0.05916\lg 2=0.8174(V)$$

$$E_{负}=0.7996+0.05916\lg 0.01=0.6813(V)$$

故
$$\varepsilon=E_{正}-E_{负}=0.8174-0.6813=0.1361\ (V)$$

这种以浓度差为动力的原电池，称为*浓差电池*（concentration cell）。

二、判断氧化还原反应进行的方向

前面已讨论过，运用标准电极电势数据可以判断氧化还原反应在标准状态下自发进行的方向。如果两个电对的 E^0 值相差较大（一般在 0.2V 以上）时，一般浓度的变化不至于使反应改变方向，所以可直接用 E^0 值来判断反应的方向。如果两电对的 E^0 差值较小，浓度对电极电势的影响不能忽视，特别是有 H^+或 OH^-参与的氧化还原反应，酸度的改变对 E 的影响较大，此时就必须用能斯特方程式计算出 E 值，然后进行判断。在非标准状态下：

$$\Delta_r G=-nF\varepsilon$$

$$\varepsilon=E_{氧}-E_{还} \tag{8-9}$$

若 $\Delta_r G<0$，则 $\varepsilon>0$，反应正向自发进行；

若 $\Delta_r G=0$，则 $\varepsilon=0$，反应处于平衡状态；

若 $\Delta_r G>0$，则 $\varepsilon<0$，反应逆向自发进行。

例 8-11　298.15K 时，已知反应 $2Fe^{3}+Sn^{2+} \rightleftharpoons 2Fe^{2+}+Sn^{4+}$，$E^0_{Fe^{3+}/Fe^{2+}}=0.771V$，$E^0_{Sn^{4+}/Sn^{2+}}=0.151V$。

（1）判断反应在标准条件下能否自发进行；

（2）判断 298.15K，$[Fe^{3+}]=[Sn^{2+}]=0.01mol\cdot L^{-1}$，$[Fe^{2+}]=[Sn^{4+}]=1mol\cdot L^{-1}$时，反应向哪个方向进行。

解：（1）在反应物中，Fe^{3+}为氧化剂，Sn^{2+}为还原剂，则

$$\varepsilon^0 = E^0_{Fe^{3+}/Fe^{2+}} - E^0_{Sn^{4+}/Sn^{2+}} = 0.771V-0.151V=0.620\ (V)$$

因为 $\varepsilon^0>0$，所以反应在标准状态下正向自发进行。

（2）根据式（8-8）计算非标准状态下的电极电势

$$E_{Fe^{3+}/Fe^{2+}}=0.771+0.05916\lg 0.01=0.6527(V)$$

$$E_{Sn^{4+}/Sn^{2+}}=0.151+\frac{0.05916}{2}\lg\frac{1}{0.01}=0.2102(V)$$

$$\varepsilon = E_{Fe^{3+}/Fe^{2+}} - E_{Sn^{4+}/Sn^{2+}} = 0.6527-0.2102=0.4425\ (V)$$

因为 $\varepsilon>0$，所以反应在该状态下仍正向自发进行。

当两个电对的 E^0 值相差不大，又有 H^+离子或 OH^-离子参加反应时，可通过改变溶液的酸度来改变 E 值，从而控制氧化还原反应的方向。

例 8-12　判断反应 $K_2Cr_2O_7+14HCl \rightleftharpoons 2CrCl_3+3Cl_2\uparrow+7H_2O$ 在标准状态下能否正向自发进行；若改用浓盐酸，其他条件仍为标准状态，反应能否正向自发进行？

解：从表 8–1 查出：

$$Cr_2O_7^{2-}+14H^++6e^- \rightleftharpoons 2Cr^{3+}+7H_2O \qquad E^0_{Cr_2O_7^{2-}/Cr^{3+}}=1.232V$$

$$Cl_2\ (g)\ +2e^- \rightleftharpoons 2Cl^- \qquad E^0_{Cl_2/Cl^-}=1.3583V$$

$$\varepsilon^0 = E^0_{Cr_2O_7^{2-}/Cr^{3+}} - E^0_{Cl_2/Cl^-} = 1.232-1.3583=-0.1263\ (V)$$

因为$\varepsilon^0<0$，所以该反应在标准状态下不能正向自发进行。

若改用浓盐酸，则$[H^+]=[Cl^-]=12mol\cdot L^{-1}$，故氧化剂和还原剂所对应的电极电势都将改变。根据式（8-8）可分别计算出它们的 E 值：

$$E_{Cr_2O_7^{2-}/Cr^{3+}} = E^0_{Cr_2O_7^{2-}/Cr^{3+}}+\frac{0.05916}{6}\lg\frac{[Cr_2O_7^{2-}][H^+]^{14}}{[Cr^{3+}]^2}$$

$$=1.232+\frac{0.05916}{6}\lg 12^{14}$$

$$=1.3810(V)$$

$$E_{Cl_2/Cl^-}=E^0_{Cl_2/Cl^-}+\frac{0.05916}{2}\lg\frac{p_{Cl_2}/p^0}{[Cl^-]^2}$$

$$=1.3583+\frac{0.05916}{2}\lg\frac{1}{12^2}$$

$$=1.2945(V)$$

$$\varepsilon = E_{Cr_2O_7^{2-}/Cr^{3+}} - E_{Cl_2/Cl^-} = 1.3810-1.2945=0.0865\ (V)$$

因为 $\varepsilon>0$，故改用浓盐酸后，反应能正向自发进行。

计算结果表明，增大盐酸的浓度，$E_{Cr_2O_7^{2-}/Cr^{3+}}$ 值升高，$Cr_2O_7^{2-}$ 的氧化能力增强；同时 E_{Cl_2/Cl^-} 值降低，Cl^- 的还原能力增强。由于两电对 E^0 差值较小（0.1263V），而 H^+ 离子浓度对 $E_{Cr_2O_7^{2-}/Cr^{3+}}$ 的影响较大，所以可以通过增大盐酸的浓度，使反应由 $\varepsilon<0$ 转变为 $\varepsilon>0$，从而使反应能够正向进行。实验室利用 $K_2Cr_2O_7$ 和浓盐酸反应可制备氯气。

三、判断氧化还原反应进行的限度

当两个氧化还原电对组成原电池时，电池电动势越大，反应的趋势越大。随着反应的进行，电动势逐渐减小，电流减弱，直到两电极电势相等，即 $\varepsilon=0$ 时，不再有电流产生，氧化还原反应处于平衡状态。氧化还原反应进行的程度可由平衡常数来衡量，而平衡常数又可以由电极电势计算。

因为　　$\Delta_r G^0 = -RT\ln K^0$　　$\Delta G^0 = -nF\varepsilon^0$

则　　$RT\ln K^0 = nF\varepsilon^0$

将 $T=298.15$K 及 R、F 的数值代入，得

$$\lg K^0 = \frac{n\varepsilon^0}{0.05916} = \frac{n(E^0_{氧} - E^0_{还})}{0.05916} \tag{8-10}$$

式中，n 为氧化还原反应中电子转移数。

由式（8-10）可知，ε^0 越大，平衡常数 K 越大，反应进行的限度越大。一般来说，$K^0>10^6$，即 ε^0 在 0.2～0.4V 以上时，就可以认为反应进行得很完全了。

例 8-13　计算 298.15K 时反应 $2Fe^{3+} + Sn^{2+} \rightleftharpoons 2Fe^{2+} + Sn^{4+}$ 的平衡常数，判断反应进行的程度。

解：将 $E^0_{Fe^{3+}/Fe^{2+}} = 0.771$V 和 $E^0_{Sn^{4+}/Sn^{2+}} = 0.151$V 代入式（8-10）得

$$\lg K^0 = \frac{2(E^0_{Fe^{3+}/Fe^{2+}} - E^0_{Sn^{4+}/Sn^{2+}})}{0.05916} = \frac{2\times(0.771-0.151)}{0.05916} = 20.96$$

$$K^0 = 9.12\times10^{20}$$

因为 $K^0 \gg 10^6$，所以该反应进行得很完全。

必须注意，利用标准电极电势 E^0 值和平衡常数 K^0 值的大小，只能判断氧化还原反应自发进行的可能性和反应进行的限度，而不能判断反应进行的快慢。有不少氧化还原反应从理论上计算是可以进行的，但反应速率往往很小，以至实际意义不大。

第六节　电势法测定溶液的 pH

电极电势已知且稳定，可作为对比标准的电极称为*参比电极*（reference electrode）；电极电势与溶液中某种特定离子的浓度之间符合能斯特方程式的电极称为*指示电极*（indicator electrode）。通过测定由参比电极和指示电极组成原电池的电动势，求出离子浓度的分析方法称为*直接电势法*（direct potentiometry）。

pH 测定法就是一种测定溶液中氢离子浓度的直接电势法。由于电势法测定 pH 具有迅速、准确和应用范围广等优点，故较常用。

一、电势法测定 pH 的基本原理

如果采用一种电极电势只与溶液中 H^+离子浓度之间符合能斯特方程式的电极做指示电极，将它与参比电极组成原电池，测定其电动势，即可求出溶液的 pH。

例如，在 298.15K 时，氢电极其电极电势随溶液 pH（H^+离子浓度）的改变而改变，其电极反应为

$$2H^+ + 2e^- \rightleftharpoons H_2\text{（g）}$$

$$E_{H^+/H_2} = E^0_{H^+/H_2} + \frac{0.05916}{2}\lg[H^+]^2 = -0.05916\text{pH(V)}$$

测出氢电极的电极电势，便可推算出溶液的 pH。氢电极可做指示电极，标准氢电极作为参比电极，将两电极组成一个原电池，电池组成式为

$$\text{Pt} \mid H_2(100\text{kPa}) \mid H^+(x) \parallel H^+\text{（1mol·L}^{-1}\text{）} \mid H_2\text{（100kPa）} \mid \text{Pt}$$

因为在一般测定中，样品溶液的 H^+离子浓度很小，所以氢电极的电极电势（E_2）小于标准氢电极的电极电势（E_1），即氢电极为负极，标准氢电极为正极。则

$$\varepsilon = E_1 - E_2 = 0 - (-0.05916\text{pH}) = 0.05916\text{pH}$$

$$\text{pH} = \frac{\varepsilon}{0.05916}$$

当测出电池电动势 ε 后就可以计算出溶液的 pH。

在实际应用上，由于标准氢电极、氢电极在制作和使用上都很麻烦，而且还要避免氧化剂杂质和微量硫、汞、砷及氰化物对铂电极的毒害，因此使用较少。现常用饱和甘汞电极和玻璃电极分别作为参比电极和 pH 指示电极。

二、饱和甘汞电极和玻璃电极

（一）饱和甘汞电极

饱和甘汞电极（saturated calomel electrode，SCE）属于金属–难溶盐–阴离子电极，其构造如图 8-4 所示。该电极由两支玻璃套管组成，内管盛有 $Hg\text{-}Hg_2Cl_2$ 糊状混合物，下口用浸有饱和 KCl 溶液的脱质棉塞紧，其上口封入一段铂丝，作为连接导线之用。外管下端熔接有微孔玻璃片，其中盛有含 KCl 晶体的饱和 KCl 溶液，以构成互相连接的通路。上侧部有耳孔与大气相通，耳孔与下端的微孔玻璃片，在不使用时须用胶帽封盖。甘汞电极的组成式为

$$\text{Pt} \mid Hg_2Cl_2(s) \mid Hg(l) \mid KCl$$

电极反应为

$$Hg_2Cl_2(s) + 2e^- \rightleftharpoons 2Hg\text{（l）} + 2Cl^-$$

298.15K 时，甘汞电极的电极电势 $E_{甘}$为：

$$E_{甘} = E^0_{甘} + \frac{0.05916}{2}\lg\frac{1}{[Cl^-]^2} = E^0_{甘} - 0.05916\lg[Cl^-]$$

KCl 溶液的浓度越大，电极电势越低。298.15K 时，若 KCl 为饱和溶液，则电极电势为确定值，即为 0.2415V。

（二）玻璃电极

玻璃电极（glass electrode）是一种氢离子选择电极，其电极电势只与溶液中 H^+离子浓度

有关，且符合能斯特方程式。玻璃电极的构造如图 8-5 所示。玻璃管下端接一特定成分玻璃制成的球形薄膜，膜内有一定浓度的 HCl 溶液(一般为 $0.1mol \cdot L^{-1}$)。在该 HCl 溶液中插入一根镀有 AgCl 的 Ag 丝，构成氯化银电极，称为玻璃电极的内参比电极。将银丝与导线相连，即成玻璃电极。由于玻璃膜内 H^+离子浓度稳定不变，氯化银电极的电极电势也一定（因为溶液中 Cl^-离子浓度一定），故玻璃电极的电极电势取决于膜外溶液中 H^+离子浓度，即取决于被测定溶液的 pH。

玻璃电极的电极组成式为：

Ag，AgCl(s) | HCl($1mol \cdot L^{-1}$) | 玻璃膜 | 待测溶液

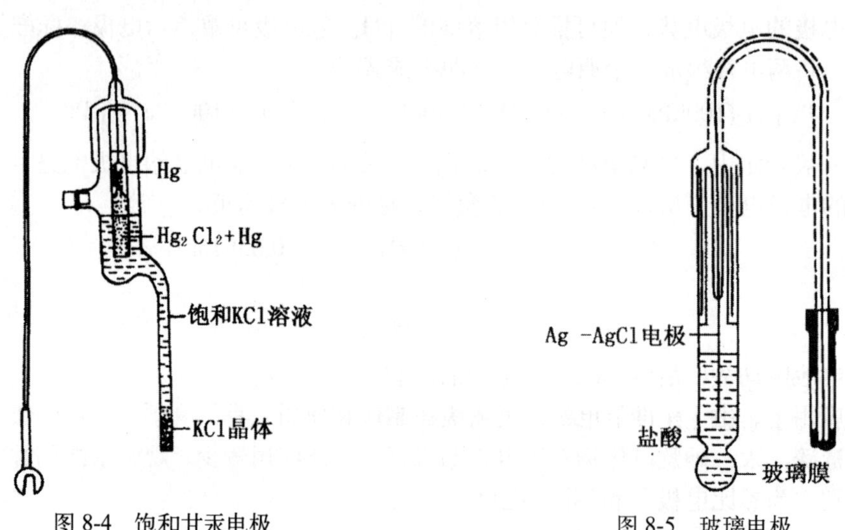

图 8-4　饱和甘汞电极　　图 8-5　玻璃电极

实验证明，玻璃电极的电极电势 $E_{玻}$与玻璃膜外侧溶液中 H^+离子浓度的关系符合能斯特方程式，298.15K 时：

$$E_{玻} = E^0_{玻} + 0.05916\lg[H^+]$$

即

$$E_{玻} = E^0_{玻} - 0.05916\text{pH}$$

（三）复合电极

将指示电极和参比电极组装在一起就构成*复合电极*（combination electrode）。常用的复合电极是由玻璃电极和甘汞电极或玻璃电极和 Ag-AgCl 电极组合而成的。其结构为：玻璃电极和参比电极由电极外套包裹并固定在一起，玻璃电极的玻璃泡位于外套的保护栅内，参比电极的补充液由外套上端小孔加入。复合电极的优点是使用方便，并且测定值较稳定。

三、测定溶液 pH 的方法

用电势法测定溶液的 pH 时，将饱和甘汞电极做参比电极，玻璃电极做指示电极，插入待测 pH 的溶液中组成原电池。电池组成式为：

（－）Ag，AgCl(s) | HCl（$1mol \cdot L^{-1}$） | 玻璃膜 | 待测 pH 值溶液 ‖ SCE（＋）

该原电池的电动势为

$$\varepsilon = E_{甘} - E_{玻} = 0.2415 - (E^0_{玻} - 0.05916\text{pH})$$

即
$$\varepsilon = 0.2415 - E^0_{玻} + 0.05916\text{pH} \tag{8-11}$$

式（8-11）中，$E^0_{玻}$ 值随着玻璃膜的组成、内参比电极种类、膜内溶液的 pH 值、温度等不同而不同。当温度一定时，每个玻璃电极的 $E^0_{玻}$ 是一个定值。实际测定时，不需要知道 $E^0_{玻}$ 值，通过两次测量可消去式中的 $E^0_{玻}$，得到不含 $E^0_{玻}$ 项的 pH 计算公式。

先把玻璃电极和饱和甘汞电极同时插入已知 pH 为 pH_s 的标准缓冲溶液中组成原电池，测出电动势 ε_s，则

$$\varepsilon_s = 0.2415 - E^0_{玻} + 0.05916\text{pH}_s \tag{8-12}$$

然后再把此电池装置中的标准缓冲溶液换成待测溶液，测出电动势 ε，则

$$\varepsilon = 0.2415 - E^0_{玻} + 0.05916\text{pH} \tag{8-13}$$

式（8-13）与式（8-12）相减得：

$$\varepsilon - \varepsilon_s = 0.05916\text{pH} - 0.05916\text{pH}_s$$

即
$$\text{pH} = \text{pH}_s + \frac{\varepsilon - \varepsilon_s}{0.05916} \tag{8-14}$$

式（8-14）中，pH_s 为已知数值，ε 和 ε_s 为先后两次测出的电动势。用上述方法测定溶液的 pH 时，先将玻璃电极和饱和甘汞电极插入标准缓冲溶液中，按照说明书上的操作规程调整 pH 计，直到它所显示的刻度恰为标准缓冲溶液的 pH。然后将两电极洗净，用滤纸吸干，再插入待测液中，此时 pH 计上指针指示的读数为待测液的 pH。

第七节　氧化还原滴定法

以氧化还原反应为基础的滴定分析方法称为氧化还原滴定法。该法是最基本的滴定分析方法之一，它可以直接测定许多具有氧化还原性的物质，也可以间接测定某些不具有氧化还原性的物质。通常根据所用氧化剂的名称命名氧化还原滴定法。例如*铈量法*（cerimetry）、*溴量法*（bromimetry）、*碘量法*（iodimetry）、*高锰酸钾法*（potassium permanganate method）、*重铬酸钾法*（potassium dichromate method）等。本节介绍高锰酸钾法和碘量法。

一、滴定反应的条件和指示剂

（一）滴定反应的条件

一般来说，氧化还原反应机理都比较复杂，反应过程分多步完成，并且有些反应的反应速率慢，常有副反应发生，有时也因介质条件不同而生成不同的产物。实际上，由于滴定分析对准确度和滴定速率的要求，仅有少数的氧化还原反应可以用于滴定分析。因此，作为氧化还原滴定分析的反应，必须满足下列条件。

（1）被滴定的物质必须处于适合滴定的氧化态或还原态。在滴定前，有时需对样品进行预处理，使待测物质转变为适合滴定的氧化态和还原态。例如测定 Mn^{2+}、Cr^{3+} 含量时，由于它们的 E^0 值很高，很难找到适宜的氧化剂作为标准溶液直接滴定，通常是先用过量的强氧化剂 $(NH_4)_2S_2O_8$（稳定性差，反应速率慢，不能用作滴定剂）先将它们氧化成适于滴定的氧化态：MnO_4^- 和 $Cr_2O_7^{2-}$，加热破坏多余的 $(NH_4)_2S_2O_8$，然后再用强还原剂（如 $(NH_4)_2Fe(SO_4)_2$）

标准溶液直接滴定。

(2) 滴定反应必须定量进行，并且平衡常数必须足够大，一般认为 $K^0 > 10^6$ 或 $\varepsilon^0 > 0.4V$ ($n=1$) 时的氧化还原反应可用于滴定分析。

(3) 滴定反应必须有较快的反应速率。常需要采取增加反应温度、加入催化剂等措施来增大反应速率。

(4) 必须有适当的指示剂来指示滴定终点。

（二）指示剂

指示氧化还原滴定终点的常用指示剂有以下三种。

(1) 自身指示剂。在氧化还原滴定中，有些标准溶液或被测物质有颜色，反应的生成物为无色或颜色很浅，可利用反应物的颜色变化来指示滴定终点，这类物质称为自身指示剂(self indicator)。例如高锰酸钾法中 $KMnO_4$ 就是一种自身指示剂。

(2) 氧化还原指示剂。一些本身具有氧化还原性的有机物，其氧化态和共轭还原态具有明显的不同颜色，在滴定过程中，它们被氧化或还原时伴随有颜色变化，从而指示滴定终点，这类物质称为*氧化还原指示剂*（oxidation-reduction indicator）。常用的有二苯胺（Ox：紫色；Red：无色）、亚甲蓝（Ox：绿蓝；Red：无色）等。

(3) 特殊指示剂。有些物质本身不具有氧化还原性，但它们能与氧化剂或还原剂作用产生特殊的颜色，从而可以指示滴定终点，这类特殊物质称为*特殊指示剂*（specific indicator），也称显色指示剂或专属指示剂。例如，淀粉属于此类指示剂，它与 I_2 作用生成蓝色吸附化合物，当 I_2 全部还原为 I^- 时，深蓝色消失。

二、碘量法

（一）概述

碘量法是利用 I_2 的氧化性和 I^- 的还原性来进行滴定分析的。电对 I_2/I^- 的半反应为：

$$I_2 + 2e^- \rightleftharpoons 2I^- \qquad E^0 = 0.5355V$$

碘量法中采用淀粉做指示剂，其灵敏度很高，在 I_2 浓度为 $5\times10^{-6}\ mol\cdot L^{-1}$ 时即显蓝色。

碘量法可分为*直接碘量法*（direct iodimetry）和*间接碘量法*（indirect iodimetry）。

直接碘量法以 I_2 做滴定剂，故又称为碘滴定法。该法只能用于滴定 $E^0 < E^0_{I_2/I^-}$ 的还原性物质，如 Sn^{2+}、S^{2-}、$SO_3{}^{2-}$、$S_2O_3{}^{2-}$、$AsO_2{}^-$、$SbO_3{}^{3-}$和抗坏血酸等。直接碘量法的反应条件为酸性、中性或碱性。当 pH＞9 时，I_2 会发生歧化反应

$$3I_2 + 6OH^- = IO_3{}^- + 5I^- + 3H_2O$$

由于 I_2 所能氧化的物质不多，所以直接碘量法在应用上受到限制。

间接碘量法是利用 I^- 离子的还原性，测定 $E^0 > E^0_{I_2/I^-}$ 的氧化性物质，如 $MnO_4{}^-$、MnO_2、$ClO_3{}^-$等。测定时，先使被测氧化性物质与过量 KI 发生反应定量析出 I_2，然后再用 $Na_2S_2O_3$ 标准溶液滴定析出的 I_2。因此，间接碘量法又称为滴定碘法。该法一般在弱酸性或中性条件下进行。若在强酸性溶液中，$Na_2S_2O_3$ 会分解，I^- 易被空气中的氧氧化。

$$S_2O_3{}^{2-} + 2H^+ = SO_2\uparrow + S\downarrow + H_2O$$

$$4I^- + 4H^+ + O_2 = 2I_2 + 2H_2O$$

若在碱性条件下，$Na_2S_2O_3$ 与 I_2 会发生副反应：

$$S_2O_3^{2-} + 4I_2 + 10OH^- = 2SO_4^{2-} + 8I^- + 5H_2O$$

这种副反应影响滴定反应的定量进行，另一方面，I_2在碱性溶液中会发生歧化反应。

为了防止 I_2 的挥发，可加入过量的 KI，并在室温下进行滴定。滴定速率要适当，不要剧烈摇动。滴定时要使用碘量瓶。

（二）I_2 标准溶液的配制与标定

I_2 具有挥发性和腐蚀性，不宜在分析天平上称量，通常是先配成近似浓度的 I_2 溶液，然后再进行标定。

由于固体 I_2 在水中的溶解度很小，一般将它溶于比其理论浓度大 2～3 倍的 KI 溶液中，使其形成 I_3^- 离子以增加 I_2 的溶解度，同时也可降低 I_2 的挥发。

$$I_2 + I^- \rightleftharpoons I_3^-$$

已经证明，I_2 标准溶液中含有 2%～4%的 KI 便可达到助溶、稳定的目的。为了避免 I^- 的氧化，配成的 I_2 标准溶液须盛于棕色玻璃瓶中。

配好的 I_2 溶液，可用 $Na_2S_2O_3$ 标准溶液标定，也可用基准物质 As_2O_3 进行标定。在实际工作中，一般用 $Na_2S_2O_3$ 标准溶液标定 I_2 溶液，反应方程式如下：

$$I_2 + 2Na_2S_2O_3 = 2NaI + Na_2S_4O_6$$

（三）$Na_2S_2O_3$ 标准溶液的配制与标定

市售硫代硫酸钠（$Na_2S_2O_3 \cdot 5H_2O$）中常含有少量 S、Na_2SO_3、Na_2SO_4 等杂质，并且易风化和潮解，不能直接配制标准溶液。$Na_2S_2O_3$ 水溶液不稳定，易受水中 CO_2、O_2 及微生物的作用而分解：

$$Na_2S_2O_3 + CO_2 + H_2O = NaHSO_3 + NaHCO_3 + S\downarrow$$
$$2Na_2S_2O_3 + O_2 = 2Na_2SO_4 + 2S\downarrow$$

因此，配制 $Na_2S_2O_3$ 溶液时，通常用新煮沸放冷的蒸馏水，以除去 CO_2、O_2 和杀死细菌，并加入少量 Na_2CO_3 使溶液呈弱碱性（pH＝9～10），以防止 $Na_2S_2O_3$ 的分解。光照会促进 $Na_2S_2O_3$ 分解，因此应将配好的溶液盛于棕色瓶中，放置暗处 7 d～10 d，待溶液稳定后，再进行标定，但不易长期保存。

配好的 $Na_2S_2O_3$ 溶液可用 I_2 标准溶液或基准物质（KIO_3、$KBrO_3$、$K_2Cr_2O_7$ 等）进行标定。由于 $K_2Cr_2O_7$ 易制得纯品，其溶液配成后，浓度比较稳定，故常用 $K_2Cr_2O_7$ 标定 $Na_2S_2O_3$ 溶液。$K_2Cr_2O_7$ 在酸性溶液中与 KI 作用析出 I_2，再用 $Na_2S_2O_3$ 溶液滴定。滴定至溶液呈淡黄色（接近滴定终点）时，再加入淀粉指示剂，继续滴定至蓝色刚好消失即达到终点。反应式为：

$$Cr_2O_7^{2-} + 6I^- + 14H^+ = 2Cr^{3+} + 3I_2 + 7H_2O$$
$$I_2 + 2S_2O_3^{2-} = 2I^- + S_4O_6^{2-}$$

反应达到计量点时，有下列关系：

$$n\,(K_2Cr_2O_7) : n\,(Na_2S_2O_3) = 1 : 6$$
$$6n\,(K_2Cr_2O_7) = n\,(Na_2S_2O_3)$$

根据下式计算 $Na_2S_2O_3$ 溶液的准确浓度：

$$c_{Na_2S_2O_3}=\frac{6m_{K_2Cr_2O_7}}{M_{K_2Cr_2O_7}V_{Na_2S_2O_3}}$$

（四）应用实例

1. 直接碘量法测定维生素 C 的含量

维生素 C（$C_6H_8O_6$）是生物体中不可缺少的维生素之一，它具有抗坏血病的功能，故又称抗坏血酸(ascorbic acid)。它具有较强的还原性，能被 I_2 定量氧化为脱氢抗坏血酸($C_6H_6O_6$)：

```
┌────O─────┐  H   OH           ┌──────O───────┐  H   OH
|          |  |   |            |              |  |   |
C — C = C — C — C — CH   + I2 ⇌ C — C — C — C — C — CH   + 2HI
‖   |   |   |   |   |           ‖   ‖   ‖   |   |   |
O  OH  OH   H  OH   H           O   O   O   H  OH   H
```

从反应式看，碱性条件有利于反应向右进行，但碱性条件会使抗坏血酸被空气中的氧氧化，I_2 发生歧化，因此，一般在 HAc 介质中、避光等条件下进行滴定。

达到计量点时，有下列计量关系：

$$n\ (C_6H_8O_6)\ =n\ (I_2)$$

$$m\ (C_6H_8O_6)\ =c\ (I_2)\ V\ (I_2)\ M\ (C_6H_8O_6)$$

根据下式计算维生素 C 的质量分数：

$$w_{C_6H_8O_6}=\frac{m_{C_6H_8O_6}}{m_{样品}}\times100\%$$

2. 间接碘量法测定 NaClO 的含量

NaClO 又叫安替福民（antiformin），为一杀菌剂。NaClO 在酸性溶液中将 I^- 氧化为 I_2，然后再用 $Na_2S_2O_3$ 标准溶液滴定生成的碘，有关反应式为

$$NaClO+2HCl=Cl_2+NaCl+H_2O$$

$$Cl_2+2KI=I_2+2KCl$$

$$I_2+2Na_2S_2O_3=2NaI+Na_2S_4O_6$$

反应达到计量点时：

$$n\ (NaClO)\ :n\ (Na_2S_2O_3)\ =1:2$$

$$n\ (NaClO)\ =\frac{1}{2}n\ (Na_2S_2O_3)$$

根据下式计算 NaClO 的质量分数：

$$w_{NaClO}=\frac{c_{Na_2S_2O_3}V_{Na_2S_2O_3}M_{NaClO}}{2m_{样品}}\times100\%$$

三、高锰酸钾法

（一）概述

高锰酸钾法是用 $KMnO_4$ 作为标准溶液进行滴定的一种分析方法。$KMnO_4$ 作为一种常用的氧化剂，在酸性、中性和碱性溶液中都能发生氧化还原反应，但在酸性溶液中氧化能力最强，还原产物为 Mn^{2+}：

$$MnO_4^- + 8H^+ + 5e^- \rightleftharpoons Mn^{2+} + 4H_2O \qquad E^0 = 1.507V$$

因此，滴定常在酸性溶液中进行，溶液的酸度应控制 $[H^+]$ 在 1 mol · L^{-1}～2 mol · L^{-1} 为宜。酸度过高会导致 $KMnO_4$ 分解；酸度过低会产生褐色的 MnO_2 沉淀，妨碍终点观察，不能用于滴定分析。滴定时常用 H_2SO_4 做酸化剂，而不能用 HNO_3 和 HCl。HNO_3 具有氧化性，会与被测物质反应；HCl 具有还原性，会与 MnO_4^- 反应。

用 $KMnO_4$ 做滴定剂，可以直接滴定一些还原性物质；用返滴定法测定一些不能用 $KMnO_4$ 溶液直接滴定的氧化性物质，也可间接测定一些非氧化性或还原性的物质。

$KMnO_4$ 本身为紫红色，其还原产物 Mn^{2+} 几乎无色，用它滴定无色或浅色溶液时，一般不需另加指示剂，即它可作为自身指示剂。

（二）$KMnO_4$ 标准溶液的配制与标定

1. $KMnO_4$ 标准溶液的配制

$KMnO_4$ 试剂中常含有少量硫酸盐、氮化物、硝酸盐及 MnO_2 等多种杂质，在配制过程中浓度不稳定，所以不能直接配制 $KMnO_4$ 标准溶液。通常是先配制成一近似浓度的溶液，然后再用基准物质进行标定。

称取稍多于理论量的 $KMnO_4$，溶于一定体积的蒸馏水中。由于蒸馏水中常含有少量有机杂质，能将 $KMnO_4$ 还原成 MnO_2，且 MnO_2 又具有催化 $KMnO_4$ 还原的作用，故会使初配制的溶液浓度发生变化。为使 $KMnO_4$ 溶液浓度较快达到稳定，常将配好的溶液加热至沸腾，并保持微沸约 1 小时，然后放置 2 d～3 d，使溶液中可能含有的还原性物质完全被氧化，再用烧结的玻璃漏斗过滤（过滤不能用滤纸，因它能还原 $KMnO_4$）。将过滤后的 $KMnO_4$ 溶液储存在棕色瓶中，放在暗处，以避免其见光分解，使用前再进行标定。通常配制的 $KMnO_4$ 溶液的浓度约为 0.02 mol · L^{-1}。

2. $KMnO_4$ 标准溶液的标定

标定 $KMnO_4$ 溶液的基准物质很多，常用的有 $Na_2C_2O_4$、$H_2C_2O_4 \cdot 2H_2O$、$(NH_4)_2Fe(SO_4)_2 \cdot 6H_2O$ 及纯 Fe 等。其中 $Na_2C_2O_4$ 最常用，其优点是易精制，性质稳定，不含结晶水。在 105℃～110℃烘干 2 h，置于干燥器中冷却后即可使用。标定时，$Na_2C_2O_4$ 和 $KMnO_4$ 在酸性条件下发生如下反应：

$$2MnO_4^- + C_2O_4^{2-} + 16H^+ = 2Mn^{2+} + 10CO_2\uparrow + 8H_2O$$

由于该反应在室温下进行缓慢，故需将溶液加热到 70℃～80℃后再进行滴定。但温度不宜过高，超过 90℃ $H_2C_2O_4$ 会发生分解

$$H_2C_2O_4 \xrightarrow{>90℃} CO_2\uparrow + CO\uparrow + H_2O$$

滴定开始后，溶液中会产生少量 Mn^{2+} 离子，Mn^{2+} 离子具有催化作用，使反应速率大大加快。用 $KMnO_4$ 溶液滴定已知准确浓度的 $Na_2C_2O_4$ 溶液至溶液呈微红色，并在 30s 内不褪色，即达滴定终点。由于空气中的还原性物质能与 $KMnO_4$ 反应，故终点的微红通常不能持久。反应达到计量点时有如下关系：

$$n(KMnO_4) : n(Na_2C_2O_4) = 2 : 5$$

$$n(KMnO_4) = \frac{2}{5} n(Na_2C_2O_4)$$

根据下式计算 $KMnO_4$ 溶液的准确浓度：

$$c_{KMnO_4} = \frac{2m_{Na_2C_2O_4}}{5V_{KMnO_4}M_{Na_2C_2O_4}}$$

（三）应用实例

双氧水中 H_2O_2 含量测定　H_2O_2 既具有氧化性又具有还原性，当它遇到强氧化剂 $KMnO_4$ 时，就表现出还原性。在室温酸性条件下，$KMnO_4$ 能与 H_2O_2 定量反应。因此，可用高锰酸钾法直接测定双氧水中 H_2O_2 的含量，反应方程式如下：

$$2MnO_4^- + 5\,H_2O_2 + 6H^+ = 2Mn^{2+} + 5O_2\uparrow + 8H_2O$$

反应达到计量点时有如下关系：

$$n\,(H_2O_2)\;:n\,(KMnO_4)\;= 5:2$$

$$n\,(H_2O_2)\;= \frac{5}{2}n\,(KMnO_4)$$

根据下式计算双氧水中 H_2O_2 的含量（$g \cdot L^{-1}$）：

$$\rho_{H_2O_2} = \frac{5c_{KMnO_4}V_{KMnO_4}M_{H_2O_2}}{2V_{H_2O_2}}$$

学 习 要 点

1. 氧化还原反应的基本概念。

氧化还原反应：反应前后有电子的转移或偏移的反应。氧化还原反应的实质是氧化剂和还原剂之间发生了电子转移或偏移（即两个共轭氧化还原电对之间的电子转移）。

氧化反应和还原反应都称为氧化还原半反应；每个半反应都是由同种元素两种价态的物质构成；半反应的氧化态和还原态一起组成氧化还原电对。

氧化数：元素的氧化数是指该元素一个原子的表观荷电数，这种荷电数是假设把每个成键电子指定给电负性较大的原子而求得。

2. 离子－电子法配平氧化还原反应方程式。

配平原则：氧化剂得到电子的总数等于还原剂失去电子的总数；反应前后各元素的原子总数相等。注意：在酸性介质中配平的反应方程式中不应出现 OH^-；在碱性介质中配平的反应方程式中不应出现 H^+；在中性介质中配平的反应方程式的左边可以出现水，右边可以出现 H^+ 和 OH^-。

3. 原电池：利用氧化还原反应产生电流的装置。每个原电池都是由两个半电池（又称电极）组成，原电池的 $\varepsilon = E_{正} - E_{负}$，正极发生还原反应，负极发生氧化反应。表示原电池的简单符号电池符号。

组成原电池的方法：①给定一个氧化还原反应组成原电池：氧化剂所对应的电对做正极，还原剂所对应的电对做负极；②给定两个电对组成原电池：E 值大的电对做正极，E 值小的电对做负极。

4. 标准氢电极：在 298.15K 时，将镀有一层海绵状铂黑的铂片，浸入到 H^+ 离子浓度为 $1mol \cdot L^{-1}$（严格讲应是活度为 1）的酸溶液中，不断通入分压为 100kPa 的纯氢气气流，使铂黑吸附氢气达到饱和，并与溶液中的 H^+ 离子达到平衡：$2H^+ + 2e^- \rightleftharpoons H_2$（g）。此时，电对 H^+/H_2

所构成的电极。规定 $E^0{}_{H^+/H_2}=0.0000V$。

5. 标准电极电势：在标准状态下所测得电极的电极电势，用 $E^0{}_{氧化态/还原态}$表示。

电极的标准态：参加电极反应的各种物质：溶液浓度为 $1mol·L^{-1}$（严格讲应该是活度为1），有关气体的分压为100kPa，温度为298.15K，液体和固体为纯净物（$x_i=1$）。

6. 标准电极电势表的应用：①判断氧化剂和还原剂的强弱：E^0值越大，氧化态作为氧化剂的氧化能力就越强，而共轭还原态的还原能力就越弱；E^0值越小，还原态作为还原剂的还原能力就越强，而共轭氧化态的氧化能力就越弱。②对角线规律：左下的氧化态物质（较强的氧化剂）可以和右上的还原态物质（较强的还原剂）发生氧化还原反应。

7. 电池电动势与吉布斯自由能：

$$\Delta_r G=-nF\varepsilon,\quad \Delta_r G^0=-nF\varepsilon^0,\quad \varepsilon^0=E^0{}_{正}-E^0{}_{负},\quad \varepsilon=E_{正}-E_{负}$$

8. 能斯特方程：　$a\mathrm{Ox}+ne^- \rightleftharpoons b\mathrm{Red}$　$E=E^0+\dfrac{2.303RT}{nF}\lg\dfrac{[\mathrm{Ox}]^a}{[\mathrm{Red}]^b}$

9. 影响电极电势的因素：电极本性、温度、离子浓度（气体分压）、溶液酸碱性、加入沉淀剂和配位剂。

①减小氧化态物质的浓度（或增大还原态物质的浓度），E值减小；减小还原态物质的浓度（或增大氧化态物质的浓度），E值增大。

②对于含氧酸盐，若增大H^+离子浓度，E值升高，其氧化能力增强；若减小H^+离子浓度，E值降低，其氧化能力减弱。

③在电对体系中加入沉淀剂，若氧化态物质与沉淀剂生成沉淀，则E值减小；若还原态物质与沉淀剂生成沉淀，则E值增大；若氧化态物质和还原态物质均与沉淀剂生成沉淀，则E值的大小取决于氧化态和还原态所生成的沉淀物的K_{sp}的相对大小。

④在电对体系中加入配位剂时，若氧化态物质与配位剂生成配离子，则E值减小；若还原态物质与配位剂生成配离子，则E值增大。

10. 电极电势和电池电动势的应用。

①判断原电池的正负极并计算电动势：电极电势大的电极做正极，电极电势小的电极做负极。

②氧化还原方向的判据：若$\Delta_r G<0$，则$\varepsilon>0$，反应正向自发进行；
若$\Delta_r G=0$，则$\varepsilon=0$，反应处于平衡状态；
若$\Delta_r G>0$，则$\varepsilon<0$，反应逆向自发进行。

③判断氧化还原反应进行的限度：

$$\lg K^0=\frac{n\varepsilon^0}{0.05916}=\frac{n(E^0_{氧}-E^0_{还})}{0.05916}$$

一般来说，$K^0>10^6$，即ε^0在0.2V～0.4V以上时，就可以认为反应进行得很完全了。

11. 电势法测定溶液的pH：电势法测定pH的基本原理、饱和甘汞电极和玻璃电极、测定溶液pH的方法。

12. 氧化还原滴定法：滴定反应的条件和指示剂、碘量法和高锰酸钾法。

思 考 题

1. 解释下列名词：

氧化数　　原电池　　标准氢电极　　标准电极电势

2. 指出下列物质中哪些只能做氧化剂或还原剂，哪些既能做氧化剂又能做还原剂：

H_2O_2　　$K_2Cr_2O_7$　　Na_2S　　Zn

3. 在氧化还原电对中，若氧化态或还原态物质发生下列变化时，电极电势将如何变化？

（1）氧化态生成配离子　　（2）氧化态和还原态均生成沉淀

（3）还原态生成弱酸　　（4）增大氧化态的浓度

4. 下列电对中，若 H^+ 离子浓度增大，则哪个电对的 E 值增大、减小或不变？

5. 在电对 Cu^{2+}/Cu 体系和电对 S/S^{2-} 体系中，分别加入 Na_2S 溶液和 $CuSO_4$ 溶液，E 值将如何变化？为什么？

6. 在碘水中滴加 Na_3AsO_3 溶液，红棕色褪去；再滴加稀 H_2SO_4，溶液中又出现红棕色。试说明原因。

7. 随着溶液 pH 的升高，下列物质的氧化能力将如何变化？.

$K_2Cr_2O_7$　　H_2O_2　　$CuSO_4$　　$KMnO_4$　　$Cl_2(g)$

8. 虽然 $E^0_{Cr_2O_7^{2-}/Cr^{3+}} < E^0_{Cl_2/Cl^-}$，但实验室还常用 $K_2Cr_2O_7$ 与盐酸反应来制取氯气，试说明原因。

9. H_2S 水溶液久置变浑，K_2SO_3 或 $FeSO_4$ 溶液久置会失效，为什么？

10. 配制好的 $SnCl_2$ 溶液中，常加入 Sn 粒，为什么？

11. 如何判断氧化还原反应进行得是否完全？是否 K^0 值大的反应速率就一定快？K^0 与标准电极电势的关系如何？

12. 判断下列说法是否正确，并说明理由。

（1）因 $E^0_{Fe^{3+}/Fe^{2+}} = 0.771V$、$E^0_{Fe^{2+}/Fe} = -0.447V$，则 Fe^{2+} 和 Fe^{3+} 能发生氧化还原反应；

（2）当原电池反应达到平衡时，原电池电动势等于零，则正、负两极的标准电极电势相等；

（3）因为高锰酸钾是氧化剂，所以它只能用于还原性物质的测定；

（4）氧化还原反应正向进行的条件是 $\Delta G<0$，$\varepsilon<0$；

（5）氢电极的电极电势 $E(H^+/H_2)$ 等于零；

（6）同一元素所形成的化合物中，通常氧化数越高，其得到电子的能力就越强；氧化数越低，其失去电子的趋势就越大；

（7）标准电极电势和标准平衡常数一样，都与反应方程式的计量系数有关；

（8）在氧化还原反应中，两个电对的电极电势相差越大，反应速率就越快；

（9）间接碘量法滴定的酸度条件应为强酸性；

（10）电势法测定溶液 pH 时，用玻璃电极做参比电极，甘汞电极做指示电极。

练 习 题

1. 指出下列化合物中元素符号右上角带*号元素的氧化数。

$Na_2O_2^*$　　$Na_2S_2^*O_3$　　$K_2Mn^*O_4$　　N^*O_2
CaH_2^*　　Pb^*O_2　　$H_3As^*O_4$　　$Hg_2^*Cl_2$

2. 写出碳在下列化合物中的共价键数和氧化数。

CH_3Cl　　CH_4　　$CHCl_3$　　CH_2Cl_2　　CCl_4

3. 用离子－电子法配平下列各反应式。

（1）$Cr_2O_7^{2-} + NO_2^- + H^+ \longrightarrow Cr^{3+} + NO_3^-$

（2）$MnO_4^- + H_2C_2O_4 + H^+ \longrightarrow Mn^{2+} + CO_2\uparrow$

（3）$H_2O_2 + I^- + H^+ \longrightarrow I_2 + H_2O$

（4）$MnO_4^- + SO_3^{2-} + OH^- \longrightarrow MnO_4^{2-} + SO_4^{2-}$

（5）$Cl_2 + OH^- \longrightarrow Cl^- + ClO_3^-$

（6）$KMnO_4 + K_2SO_3 \xrightarrow{中性} MnO_2 + K_2SO_4$

4. 根据标准电极电势表中有关数据完成下列小题。

（1）按氧化能力由强到弱的顺序排列下列氧化剂：

Fe^{2+}　　MnO_4^-　　I_2　　Ag^+　　$Cr_2O_7^{2-}$

（2）按还原能力由强到弱的顺序排列下列还原剂：

Sn^{2+}　　Cl^-　　Zn　　Fe^{2+}　　I^-

5. 分别找出两种满足下列要求的物质。

（1）能将 Br^-氧化为 Br_2，但不能将 Cl^-氧化为 Cl_2；

（2）能将 Sn^{2+}还原为 Sn，但不能将 Zn^{2+}还原为 Zn。

6. 根据 E^0 值，判断下列反应在标准状态下自发进行的方向。

（1）$MnO_4^- + 5Fe^{2+} + 8H^+ \rightleftharpoons Mn^{2+} + 5Fe^{3+} + 4H_2O$

（2）Br_2（l）$+ 2Cl^- \rightleftharpoons 2Br^- + Cl_2$（g）

（3）$Sn^{4+} + 2I^- \rightleftharpoons Sn^{2+} + I_2$（s）

（4）Mg（s）$+ 2H^+ \rightleftharpoons Mg^{2+} + H_2$（g）

7. 将氧化还原反应 $Cu^{2+} + Pb \rightleftharpoons Cu + Pb^{2+}$在标准状态下组成一个原电池，用电池符号表示此原电池的装置并写出电极反应。

8. 计算 298.15K 时下列电极的电极电势。

（1）$MnO_4^-(1mol\cdot L^{-1}) + 8H^+(10^{-5}mol\cdot L^{-1}) + 5e^- \rightleftharpoons Mn^{2+}(1mol\cdot L^{-1}) + 4H_2O$

（2）$AgBr(s) + e^- \rightleftharpoons Ag + Br^-(10^{-2}mol\cdot L^{-1})$

9. 求下列原电池的电动势，标明正、负极并写出电极反应和电池反应。

（1）$Fe|Fe^{2+}(10^{-3}mol\cdot L^{-1}) \parallel Cr^{3+}(10^{-5}mol\cdot L^{-1})|Cr$

（2）$Cd|Cd^{2+}(10^{-3}mol\cdot L^{-1}) \parallel Zn^{2+}(10^{-2}mol\cdot L^{-1})|Zn$

10. 判断下列反应在 298.15K 时自发进行的方向。

（1）$I_2(s) + 2Fe^{2+}(1mol\cdot L^{-1}) \rightleftharpoons 2I^-(10^{-5}mol\cdot L^{-1}) + 2Fe^{3+}(10^{-2}mol\cdot L^{-1})$

（2）$Fe + Sn^{4+}(1mol\cdot L^{-1}) \rightleftharpoons 2Fe^{2+}(0.01mol\cdot L^{-1}) + Sn^{2+}(0.02mol\cdot L^{-1})$

（3）$AsO_4^{3-}(1mol\cdot L^{-1}) + 2I^-(1mol\cdot L^{-1}) + 2H^+(10^{-7}mol\cdot L^{-1}) \rightleftharpoons AsO_3^{3-}(1mol\cdot L^{-1}) + I_2(s) + H_2O$

11. 判断反应 $MnO_2(s) + 4HCl \rightleftharpoons MnCl_2 + Cl_2\uparrow + 2H_2O$ 在标准状态下能否正向自发进行；若改用浓盐酸，而其他条件仍为标准状态，反应将向哪个方向进行？

12. 计算 298.15K 时下列氧化还原反应的平衡常数，判断反应进行的程度。

(1) $Zn + 2HCl \rightleftharpoons ZnCl_2 + H_2\uparrow$

(2) $2Fe^{3+} + 2I^- \rightleftharpoons 2Fe^{2+} + I_2$

(3) $Ag^+ + Fe^{2+} \rightleftharpoons Ag + Fe^{3+}$

13. 298.15K 时，已知 $E^0_{Hg^{2+}/Hg} = 0.851V$，$E^0_{Sn^{4+}/Sn^{2+}} = 0.151V$。试计算：由下列反应组成原电池的 ε^0、$\Delta_r G^0$、K^0 和 $\Delta_r G$。

$Hg^{2+}(0.1mol \cdot L^{-1}) + Sn^{2+}(0.1mol \cdot L^{-1}) \rightleftharpoons Hg(l) + Sn^{4+}(0.1mol \cdot L^{-1})$

14. 298.15K 时，已知电对：$I_2(s)/I^-$、$Br_2(l)/Br^-$ 和 MnO_2，H^+/Mn^{2+}。①在 pH＝2，其他条件为标准态，MnO_2 能否将 I^- 和 Br^- 分别氧化为 I_2 和 Br_2？②写出并配平上述条件下所发生反应的方程式和该反应在标准条件下组成原电池的电池符号，计算该反应的平衡常数 K^0（近似值），判断反应进行的限度。已知 $E^0_{Br_2/Br^-} = 1.07V$，$E^0_{I_2/I^-} = 0.54V$，$E^0_{MnO_2,H^+/Mn^{2+}} = 1.224V$。

15. 已知 298.15K 时，下列原电池电动势为 0.524V。试计算 Ni^{2+} 的浓度。

$(-)Zn \mid Zn^{2+}(0.02mol\ L^{-1}) \parallel Ni^{2+}(x\ mol\ L^{-1}) \mid Ni(+)$ 其中 $E^0_{Zn^{2+}/Zn} = -0.762V$，$E^0_{Ni^{2+}/Ni} = -0.275V$

16. 已知 298.15K 时：$E^0_{Ag^+/Ag} = 0.799V$，$E^0_{Cu^{2+}/Cu} = 0.340V$，现将银片插入 0.10 $mol \cdot L^{-1}$ $AgNO_3$ 溶液中，铜片插入 0.10 $mol \cdot L^{-1}$ $CuSO_4$ 溶液中组成原电池。

(1) 计算该条件下原电池的电动势；

(2) 写出电极反应、电池反应和该原电池的电池符号；

(3) 计算电池反应的平衡常数 K^0 值（近似值），判断反应进行的限度。

17. 已知 $PbSO_4(s) + 2e^- \rightleftharpoons Pb + SO_4^{2-}$　　$E^0 = -0.356V$

$Pb^{2+} + 2e^- = Pb$　　$E^0 = -0.1262V$

试计算 $PbSO_4$ 在 298.15 K 时的 K^0_{sp}。

18. 准确量取过氧化氢试样 25.00mL，置于 250mL 容量瓶中，加水稀释至刻度并混匀。准确吸出 25.00mL，加 H_2SO_4 酸化，用 0.2132 $mol \cdot L^{-1}$ $KMnO_4$ 标准溶液滴定，达终点时，消耗 38.86mL，计算过氧化氢试样溶液的质量浓度。

第九章　原子结构

【学习目的】

掌握：核外电子运动的三大特征；四个量子数的取值限制和它们的物理意义，量子数组合和轨道数的关系；原子轨道、电子云的角度分布；基态原子核外电子排布遵守的三条规律和多电子原子的核外排布；原子的电子组态与元素周期表。

熟悉：波函数ψ，概率密度$|\psi|^2$，电子云；多电子原子的近似能级。

了解：氢原子的 Bohr 模型；电子云的径向分布；元素性质的周期性变化规律。

研究原子结构（atomic structure）是研究物质结构的基础。原子是由原子核和核外电子组成的，化学变化一般只涉及核外电子运动状态的改变，所以研究原子结构主要是研究核外电子的运动状态。而核外电子质量小，运动速率快，属微观粒子，它的运动不遵守经典物理学规律，不能用研究宏观物体的方法来研究。本章运用量子力学（quantum mechanics）的观点，主要讨论原子结构的特点、核外电子的运动状态、核外电子的排布规律、元素性质的周期性变化和原子结构的关系。

第一节　核外电子的运动状态

一、核外电子运动的特征

电子属于微观粒子，在原子核外运动具有其特殊性。对于电子在原子核外的运动状态和排布规律等问题的解决以及近代原子结构的确立都是从氢原子光谱实验开始的。

（一）氢原子光谱和 Bohr 理论

1911 年卢瑟福（E.Rutherford）通过 α 粒子散射实验提出了原子的有核模型（nuclear model）：原子是由带正电荷的原子核和带负电荷的电子组成，原子的直径约为 100pm，核的直径约为 10^{-3}pm，核中质子和中子的质量分别为 1.6724×10^{-27}kg 和 1.6749×10^{-27}kg，而核外电子的质量为 9.1096×10^{-31}kg；电子在核外绕核高速旋转运动，与行星绕太阳旋转相似，这种模型与经典的电动力学是相矛盾的。根据经典电动力学，带负电荷的电子围绕带正电荷的原子核运动时，必然连续不断地辐射电磁波，放出能量，得到连续光谱（continuous spectrum）。原子体系的能量连续不断减小，电子绕核旋转运动的半径也将连续不断地减小，最后必然落在原子核上，原子将湮灭。然而，事实并非如此，多数原子是可以稳定存在的，并且，当原子被火焰、电弧、电火花或其他方法激发时，能发出一系列具有一定频率的光谱线，称为原子光谱（atomic spectrum）。原子光谱是不连续的线状光谱（line spectrum），其中最简单的就是氢原子光谱。将装有高纯度、低压氢气的放电管通过高压电流，氢原子被激发后，所发射的光谱在可见光区有红、蓝绿、蓝、紫四条特征谱线（见图 9-1）。

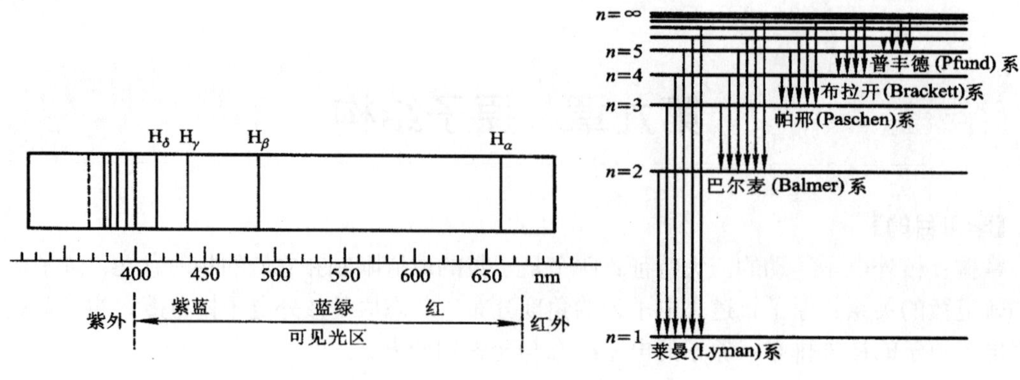

图 9-1 氢原子光谱

1913 年玻尔 (Niels Bohr) 综合了 E. Rutherford 的有核模型、M. Planck 的量子论和 Albert Einstein 的光子学说，提出了*定态原子模型*，成功地解释了氢原子的光谱。Bohr 理论有以下基本假设：

(1) 电子只能在原子核外一定的轨道上运动，在这些轨道上运动的电子既不放出能量也不吸收能量，电子处于稳定状态，即*定态*（stationary state）。电子可以处在不同的定态，能量最低的定态称为*基态*（ground state），能量较高的定态称为*激发态*（excited state）。

(2) 在定态轨道上运动的电子具有一定的能量 E，E 是由某些量子化条件所决定的数值。根据量子化条件可推出氢原子核外轨道能量公式：

$$E=-\frac{R_{\mathrm{H}}}{n^2}, \quad n=1，2，3，4 \tag{9-1}$$

式中，R_{H} 是常量（$n=1$ 时基态能量），等于 2.18×10^{-18}J，n 为主量子数，取正整数。

在物理学里，如果某一物理量的变化是不连续的，就说这一物理量是量子化的。由于电子在各轨道上所具有的能量是由量子数 n 决定，所以电子运动的能量是量子化的。当 n=1 时，电子处于能量最低的基态；当 $n \geqslant 2$ 时，电子处于能量较高的激发态。

(3) 原子中的电子可以吸收一定的能量从能量较低的定态跃迁到能量较高的定态，也可以辐射一定的能量从能量较高的定态跃迁到能量较低的定态。由于处于激发态的电子具有较高的能量，不稳定，随时都有可能从能级高的轨道跃迁到能级低的轨道，所释放出的能量等于这两个定态轨道的能量差，即 $\Delta E=E_2-E_1$，而这份能量以光的形式释放出来，即 $\Delta E=h\nu$，所以激发态原子会发光。则

$$h\nu=E_2-E_1 \tag{9-2}$$

式中，h 为普朗克常数（Planck constant，6.626×10^{-34}J·s）ν 为光子的频率。

Bohr 运用量子化观点，成功地解释了氢原子的线状光谱和原子能稳定存在的原因。但不能说明多电子原子的光谱，也不能说明氢原子光谱的精细结构，原因是玻尔理论建立在“量子化假设的经典力学”基础上，不能完全反映微观粒子的运动特征和规律。但 Bohr 理论的建立仍是物质结构理论发展中的一个重要里程碑。

（二）电子的波粒二象性

关于光的本性问题，1680 年英国科学家牛顿（J.Newton）提出了光的微粒学说，1690 年荷兰物理学家惠更斯（Huygens）提出了光的波动学说。光的干涉、衍射、光电效应以及黑

体辐射等物理现象逐渐被人们认识。直到 20 世纪初，科学家归纳出：凡是与光的传播有关的现象，如干涉、衍射等，光表现为*波动性*（wave duality）；凡是与光和实物相互作用有关的现象，如光电效应、原子光谱等，光表现为*微粒性*（particle duality）。从此，明确了光的*波粒二象性*（wave-particle duality）。

1924 年，法国物理学家德布罗依（L de Broglie）发现电子的行为和光的行为极为相似，于是，他提出了“*物质波*”（substantial wave）的假设：微观粒子如电子、原子等也具有和光类似的波粒二象性。并导出了微观粒子具有波动性的德布罗依关系式（de Broglie relation）

$$\lambda = \frac{h}{p} = \frac{h}{m\upsilon} \tag{9-3}$$

式中，p 为粒子的动量，m 为粒子的质量，υ 为粒子的速率，λ 为粒子波波长。

微观粒子的波动性和粒子性通过 planck 常数 h 统一和联系起来。因此，人们把与运动着的实物粒子相关联的波称为德布罗依物质波。

如何证明德布罗依物质波的存在呢？1927 年美国贝尔实验室的 C. J. Davisson 和 L.H. Germer 通过电子的衍射实验证明了电子等实物粒子具有波动性。将一束加速的电子束通过一层单晶镍晶体（可视为衍射光栅），投射到照相用的底片上，可得到电子的衍射图，见图 9-2。随后，英国的 G.P.Thomson 用极薄的金箔做光栅，也得到了相似的电子衍射图案。

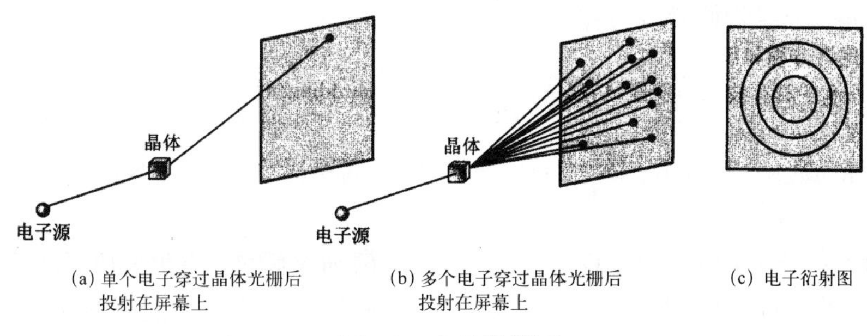

(a) 单个电子穿过晶体光栅后投射在屏幕上　(b) 多个电子穿过晶体光栅后投射在屏幕上　(c) 电子衍射图

图 9-2 电子衍射图

电子的衍射现象证实了实物微粒所具有的波动性，肯定了德布罗依的物质波理论。1928 年以后，人们陆续发现了质子射线、α 粒子射线、中子射线、原子射线和分子射线，这就进一步证明了微观粒子的波粒二象性。

德布罗依物质波是微观粒子的基本属性，其物理意义不能用经典物理学解释，而只能用量子力学和统计学的观点进行说明。一束电子流通过晶体投射到照相底片上，可以得到电子的衍射图案。如果用一个极微弱的电子束射向晶体，使电子几乎是“孤立”的一个一个地发射出去，投在可感光的底片上，就某一个电子而言，我们似乎并不清楚电子会打在什么位置，底片上产生了一个个看似毫无规律的感光点，随着发射电子数的增多，在底片上就产生了具有一定规律的衍射图案，见图 9-2。这种衍射图案表明每个电子在底片不同区域出现的机会不同，在衍射条纹上的区域，电子出现的机会多，而在其他区域电子出现的机会少。这就说明电子波是*概率波*（probability wave），反映运动中的电子在空间不同区域出现的概率。

（三）测不准原理

根据经典力学，宏观物体的空间位置和运动速率（或动量）可以同时准确地被确定，可预测其运动轨迹，微观粒子则不同。1927 年德国科学家海森堡（W. Heisenberg）提出了著名

的*测不准原理*（uncertainly principle）：不可能同时准确地确定微观粒子的空间位置和动量。测不准关系式为

$$\Delta x \cdot \Delta p \geqslant \frac{h}{4\pi} \tag{9-4}$$

式中，Δx 为微观粒子在坐标 x 方向上的位置误差（不确定量），Δp_x 为动量在坐标 x 方向上的误差。

式（9-4）说明，微观粒子的位置越准确，其动量（或速率）就越不准确；反之，其动量越准确，位置就越不准确。

由于微观粒子运动具有能量量子化、波粒二象性和测不准关系这些特征，使人们认识到不能用“在固定的圆形轨道上绕核运动”的经典力学方法来描述微观粒子的运动，只能用量子力学和统计力学的原理和方法来描述微观粒子的运动状态。

二、核外电子运动状态的描述

（一）薛定锷方程和波函数

1926 年，奥地利物理学家薛定锷（E. Schrödinger）根据 de Broglie 物质波的观点，建立了描述微观粒子运动状态的量子力学*波动方程*（wave equation）——*薛定锷方程*（Schrödinger equation），它是一个二阶偏微分方程：

$$\frac{\partial^2 \Psi}{\partial x^2}+\frac{\partial^2 \Psi}{\partial y^2}+\frac{\partial^2 \Psi}{\partial z^2}+\frac{8\pi^2 m}{h^2}(E-V)\Psi=0 \tag{9-5}$$

式中，Ψ 称为*波函数*（wave function），m 是粒子的质量，E 是总能量，V 是势能，x、y、z 是空间坐标。

Schrödinger 方程的求解过程比较复杂，目前较易精确求解的只有类氢原子体系（即单电子体系）。我们只讨论方程的一些结果以及这些结果在描述电子的运动状态时所表达的含义。

波函数 Ψ 是 Schrödinger 方程的解，它是空间坐标 x、y、z 的函数，即 $\Psi=\Psi$（x、y、z）。解一个体系（如氢原子体系）的 Schrödinger 方程，一般可以同时得到一系列的波函数 Ψ（x、y、z）和相应的能量 E。每一个合理的解，都可以用来描述电子的某一种运动状态。在量子力学中，把波函数 Ψ 称为原子轨道函数，简称*原子轨道*（atomic orbital），又叫原子轨函。

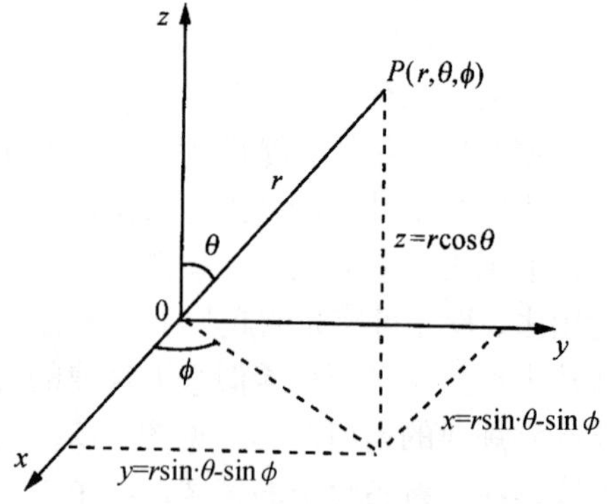

图 9-3　直角坐标和球极坐标的关系

为了更方便地对 Schrödinger 方程进行求解，需要把空间直角坐标(x，y，z)转换成球极坐标（r，θ，ϕ）。r 为核外空间某点 P 到核的距离，$x=r\sin\theta\cdot\cos\phi$，$y=r\sin\theta\cdot\sin\phi$，$z=r\cos\theta$，如图 9-3 所示。因此 $\Psi(x, y, z)$又可表示为 Ψ（r，θ，ϕ）。为了得到 Schrödinger 方程的合理解，要求一些物理量是量子化的，这就必须引用三个参数 n、l、m，这三个参数称为*量子数*（quantum number）。因此，一个合理的波函数（一种运动状态或一个原子轨道）就可以简化为用包含三个量子数（n，l，m）的函数 Ψ（n，l，m）来表示。需要指出的是：量子数 n、l、m 是在 Schrödinger 方程的求解过程中自然产生的，不是人为引入的，这点与 Bohr 理论中人

为引入的量子化条件有本质区别。

（二）概率密度和电子云

波函数 Ψ 是 Schrödinger 方程的解，是一些描述核外电子运动状态的函数。波函数 Ψ 本身只是一个数学函数式，不具有明确的物理意义，但它的绝对值的平方 $|\Psi|^2$ 却有明确的物理意义。$|\Psi|^2$ 表示电子在原子核外空间某点 P（x，y，z）处单位体积内出现的概率，称为概率密度。通常用图形来形象表示，图 9-4 是基态氢原子电子的 $|\Psi|^2$ 图形。

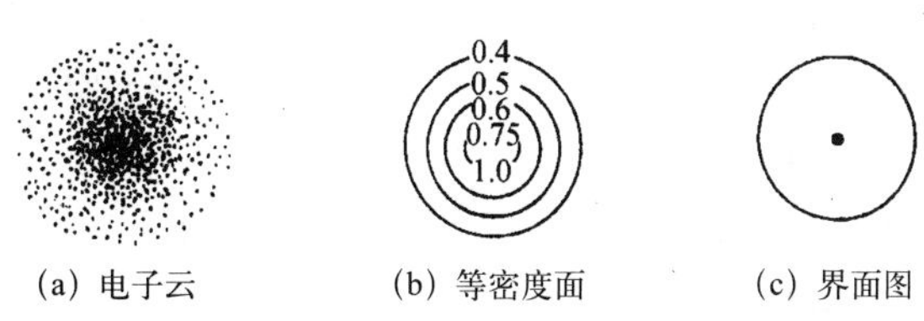

图 9-4　基态氢原子电子的 $|\Psi|^2$ 示意图

图 9-4（a）是用小黑点的疏密来表示电子在空间各点处出现概率密度的大小，$|\Psi|^2$ 大的地方，小黑点的密度大；$|\Psi|^2$ 小的地方，小黑点的密度就小。这种形象化地表示电子在核外出现概率密度大小的图形称为*电子云*，它是 $|\Psi|^2$ 的具体图像。

图 9-4（b）是概率密度的等值线图，是连接在同一平面上 $|\Psi|^2$ 值相同点而成的曲线。图 9-4（c）为电子云界面图，表示电子在空间出现的总概率的 90%都包含在这一等密度曲面内。

值得注意的是：电子云并非是众多电子弥散在核外空间，而是电子在原子核外出现概率密度大小的形象化表示。

（三）量子数

量子化条件是得到 Schrödinger 方程合理解 Ψ 及对应能量 E 所必须要满足的量子数。量子数 n、l、m 有一组合理取值和一定组合，就有一个确定的波函数 Ψ，即有一个原子轨道，有一种对应的电子空间运动状态。电子的自旋运动状态由量子数 m_s 来决定。四个量子数的取值要求和它们的物理意义如下。

1. 主量子数（principal quantum number）

主量子数用符号 n 表示。对于多电子原子，它是决定电子或轨道能量的主要因素。n 可以取非零的任意正整数：1，2，3，4，…，n。对于单电子原子，轨道的能量完全由 n 决定，n 值越小，轨道的能量越低，$n=1$ 时能量最低。在光谱学上通常用字母来表示 n 值，它们的对应关系是：

n	1	2	3	4	5	6	7 …
光谱学符号	K	L	M	N	O	P	Q …

主量子数还表示电子出现最大概率区域离核的远近，n 也称*电子层*（shell）。对于同一 n 值，有时会有几个原子轨道，在这些原子轨道上运动的电子处于近似相同的空间范围，我们说这些电子处于同一电子层。

2. 角量子数（azimcithal quantum number）

角量子数用符号 l 表示，又称副量子数。它决定着原子轨道的形状，是决定电子或轨道能量的次要因素。l 的取值受 n 的限制，只能取小于 n 的正整数和零：$l=0$，1，2，3，4，…，$(n-1)$，可取 n 个值。l 又称*电子亚层*或*能级*（sublevel or subshell）。l 的数值同样可以用光谱学符号来表示，它们的对应关系是：

$$\begin{array}{lcccccc} l & 0 & 1 & 2 & 3 & 4 & \cdots\ (n-1) \\ \text{光谱学符号} & \mathrm{s} & \mathrm{p} & \mathrm{d} & \mathrm{f} & \mathrm{g} & \cdots \end{array}$$

某电子层中的轨道（亚层），需用主量子数和轨道符号表示，如 $n=3$，$l=0$ 的轨道用 3s 表示。

l 的每一个数值表示一种形状的原子轨道或一个亚层。$l=0$ 表示圆球形的 s 轨道（或 s 亚层）；$l=1$ 表示哑铃形的 p 轨道（或 p 亚层）；$l=2$ 表示花瓣形的 d 轨道（或 d 亚层）等。

对于多电子原子，原子轨道的能量由 n、l 共同决定。n 相同时，l 值越大，轨道的能量越高，如 $E_{nd}>E_{np}>E_{ns}$；l 相同时，n 值越大，轨道的能量越高，如 $E_{3s}>E_{2s}>E_{1s}$。能量完全相同的原子轨道称为*简并轨道*（equivalent orbital）或*等价轨道*（degenerate orbital）。

3. 磁量子数（magnetic quantum number）

磁量子数用符号 m 表示。它决定着原子轨道在空间的伸展方向。它的取值受 l 的限制，在给定的 l 值下：$m=0$，±1，±2，±3，…，$\pm l$，可取（$2l+1$）个值。m 的每一个取值表示一个具有某种空间伸展方向的原子轨道。在一个亚层中，m 有几个可能取值，就有几个不同伸展方向的同类原子轨道。例如：$l=0$ 时，$m=0$，只有一个值，表示 s 亚层只有一个伸展方向的 s 轨道。$l=1$ 时，m 可以有三个取值：$m=0$、±1，表示 p 亚层有三个空间伸展方向不同的 p 轨道：p_x、p_y、p_z。这三个 p 轨道的能级相同，能量相等，是简并轨道。$l=2$ 时，m 有 5 个取值：$m=0$、±1、±2，d 轨道在空间有五种取向，表示 d 亚层有 5 个简并轨道：d_{xy}、d_{xz}、d_{yz}、$d_{x^2-y^2}$、d_{z^2}。因此，波函数有两种表示方式，例如，$n=2$，$l=0$，$m=0$ 时，波函数为 $\Psi_{2,0,0}$ 或 Ψ_{2s}；$n=2$，$l=1$，$m=0$、±1 时，波函数为 $\Psi_{2,1,+1}$，$\Psi_{2,1,-1}$，$\Psi_{2,1,0}$，或 ψ_{2p_x}，ψ_{2p_y}，ψ_{2p_z}。由此可知，每个电子层的轨道数为 n^2。

4. 自旋量子数（spin quantum number）

自旋量子数用符号 m_s 表示。m_s 决定电子的自旋方向，它是在研究原子光谱的“精细结构”时得到的。在高分辨率光谱仪下，原子光谱的每一条谱线都是由两条非常接近的光谱线组成。为了解释这一现象，提出了电子除围绕原子核运动外，还绕自身的轴旋转，其方向只可能有两种：顺时针方向和逆时针方向，所以 m_s 只有两个取值：$m_s=\pm1/2$，也常用箭头↑和↓形象地表示。两个电子的自旋方向相同称为平行自旋，方向相反称为反平行自旋。

自旋量子数不包含在波函数里面，但为了全面说明电子的波动性和量子化特征，电子的运动状态（包括自旋状态）要用四个量子数 n、l、m、m_s 来描述，由于一个原子轨道最多可容纳两个自旋方向相反的电子，所以，每个电子层最多可容纳的电子数为 $2n^2$。

表 9-1 列出了三个量子数 n，l，m 的组合和原子轨道的关系。

表 9-1　量子数组合和原子轨道

主量子数 n	轨道角动量量子数 l	磁量子数 m	波函数 Ψ	同一电子层的轨道数（n^2）	同一电子层容纳电子数（$2n^2$）
1	0	0	Ψ_{1s}	1	2
2	0	0	Ψ_{2s}	4	8
	1	0	ψ_{2p_z}		
		±1	ψ_{2p_x}，ψ_{2p_y}		

续表

主量子数 n	轨道角动量量子数 l	磁量子数 m	波函数 Ψ	同一电子层的轨道数（n^2）	同一电子层容纳电子数（$2n^2$）
3	0	0	Ψ_{3s}	9	18
	1	0	ψ_{3p_z}		
		±1	ψ_{3p_x}，ψ_{3p_y}		
	2	0	$\psi_{3d_{z^2}}$		
		±1	$\psi_{3d_{xz}}$，$\psi_{3d_{yz}}$		
		±2	$\psi_{3d_{xy}}$，$\psi_{3d_{x^2-y^2}}$		

（四）原子轨道和电子云的角度分布图

波函数 $\Psi(r, \theta, \phi)$ 是包含三维空间的函数，很难用适当简单的图形表示清楚。因此，可以把波函数分解为两部分函数的乘积：

$$\Psi_{n,l,m}(r, \theta, \phi) = R_{n,l}(r)\ Y_{l,m}(\theta, \phi)$$

其中，$R_{n,l}(r)$ 是坐标（r）的函数，称为*径向波函数*（radial wave function），它与 n、l 两个量子数有关；$Y_{l,m}(\theta, \phi)$ 是角度 θ、ϕ 的函数，称为*角度波函数*（angular wave function），它与 l、m 两个量子数有关。因此，我们可以利用 $R_{n,l}(r)$ 和 $Y_{l,m}(\theta, \phi)$ 从径向分布和角度分布两个方面来研究波函数。

1. 原子轨道的角度分布图

将角度波函数 $Y_{l,m}(\theta, \phi)$ 随方位角 θ、ϕ 变化作图，就得到原子轨道的角度分布图，如图 9-5 所示。

由图 9-5 可以看出，s 轨道的角度分布图为球形；p 轨道有三个形状相同，但伸展方向不同的分布图。由于 $Y_{l,m}(\theta, \phi)$ 与量子数 n 无关，只与 l、m 有关，因此，n 不同，l、m 相同时，角度分布图的形状和伸展方向相同。如 $2p_x$，$3p_x$，$4p_x$ 轨道的角度分布图都是在 zy 平面左右相切的变形椭球，伸展方向在 x 轴上。需要指明的是，图中的正负号没有“电性”的含义，是函数值符号，反映的是电子的波动性，在形成化学键时，同号波区叠加时波相互加强，异号波区叠加时波相互减弱或抵消，其意义只有在原子间形成化学键时才会体现。

2. 电子云的角度分布图

电子云的角度分布图（见图 9-6）与原子轨道的角度分布图相似，但区别有两点：①电子云角度分布图比原子轨道分布图“瘦”一些，这是因为$|\Psi|$值小于 1，所以$|\Psi|^2$ 值更小；②电子云角度分布图没有正负之分，因为$|\Psi|^2$ 均为正值。

（五）原子轨道和电子云的径向分布图

1. 原子轨道的径向分布图

原子轨道的径向分布图是径向波函数 $R_{n,l}(r)$ 对（r）作图，表示在任一角度（θ，ϕ）方向 $R(r)$ 随 r 的变化情况。

图 9-7 为氢原子径向波函数 $R_{n,l}(r)$ -r 图，由图可见 $R(r)$ 随 r 变化时，可以出现负值。

2. 电子云的径向分布图

电子在半径为 r、厚度为 dr 的薄球壳内出现的概率，应该等于概率密度的径向函数部分

$|R|^2$ 乘以该球壳的体积（$4\pi r^2\mathrm{d}r$），即 $R^2\times4\pi r^2\mathrm{d}r=4\pi r^2R^2\mathrm{d}r$。我们将 $4\pi r^2R^2\ \mathrm{d}r$（或 r^2R^2）称为径向分布函数（D）。

利用 D（r^2R^2）对 r 作图，得到径向分布函数图，又称为电子云的径向分布图。此图形象地反映了电子出现的概率大小与离核远近的关系（见图 9-8）。

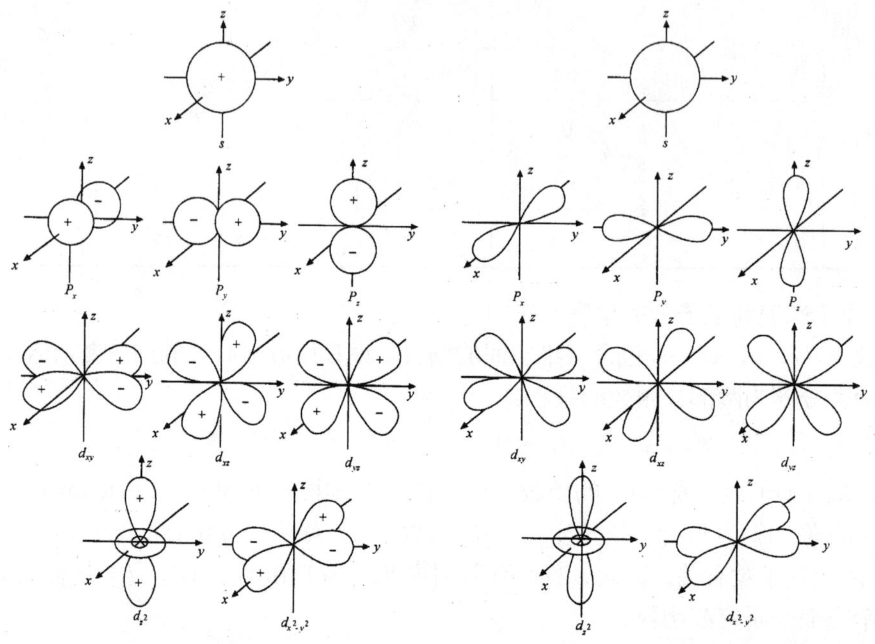

图 9-5　s，p，d 原子轨道的角度分布图　　　图 9-6　s，p，d 电子云角度分布图

从图 9-8 可以看出，曲线的极大值数为 $n-l$。例如：3s 轨道，$n=3$，$l=0$，即有三个极大值，D-r 曲线上有三个峰；n 相同，l 不同时，峰的个数也不同。l 越小，最小峰离核越近，主峰（最大峰）离核越远；n 越大，主峰离核越远。

在多电子原子中，两个原子轨道的 n 和 l 都不相同，情况就较为复杂。例如：4s 轨道有四个峰，3d 轨道有一个峰，而 4s 轨道的第一个峰是最小峰，它出现的位置甚至比 3d 轨道的主峰更靠近原子核。这反映了电子的波动性，也可说明后面内容将要讨论的钻穿效应。

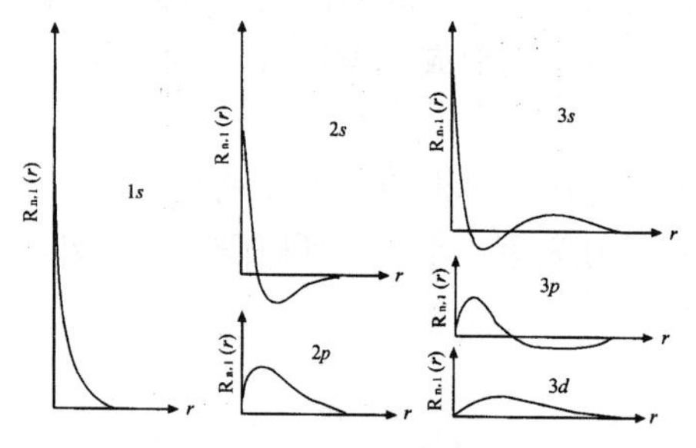

图 9-7　氢原子波函数的 $R_{n,l}(r)$-r 图形

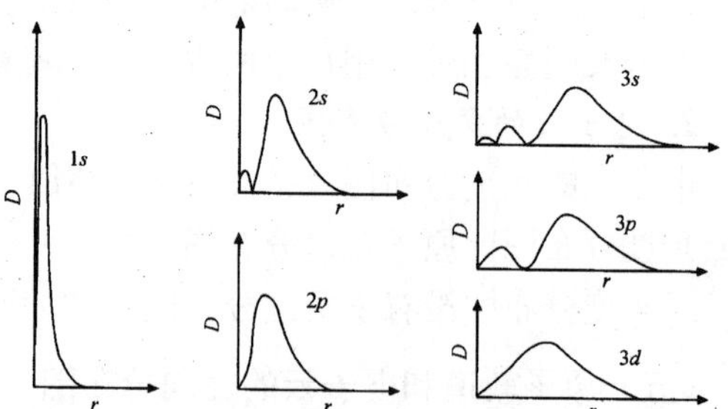

图 9-8　氢原子径向分布函数的 $D(r^2R^2)$-r 图形

第二节　多电子原子结构

氢原子核外只有一个电子，描述这个电子的运动状态的波函数可以通过求解相应的薛定

锷方程得到。在多电子原子中，电子除受到核的吸引外，还存在电子间的排斥作用，这就很难求得精确的波函数，只能得到近似解。这种差异表现在能量上是氢原子的原子轨道能量只与 n 有关，而多电子原子轨道的能量与 n，l 有关。然而，对氢原子结构的研究结论仍可近似地应用到多电子原子结构中。

一、多电子原子轨道的能级

（一）屏蔽效应和钻穿效应

1. 屏蔽效应

对于核电荷为 Z 的多电子原子，某一电子 i 既受到核的吸引，又受到其他电子的排斥。由于其他电子对某一电子 i 的排斥作用，抵消了部分核电荷，削弱了核电荷对电子 i 的吸引，这种作用称为*屏蔽效应*（screening effect）。引入*屏蔽常数*（screening constant）σ，它表示电子之间的排斥作用所抵消掉的部分核电荷。能吸引电子的核电荷称为*有效核电荷*（effective nuclear charge），用 Z' 表示。

$$Z' = Z - \sigma$$

以 Z' 代替 Z，电子 i 的能量可近似地表示为

$$E = -\frac{Z'^2}{n^2}R_H \qquad 即 \qquad E = -\frac{(Z-\sigma)^2}{n^2}R_H$$

由于多个电子在核外运动，所以 $1<\sigma<Z-1$，我们在考虑屏蔽效应时，通常只考虑内层电子对外层电子以及同层电子之间的屏蔽效应，σ 值越大，电子受到的屏蔽作用越强，电子的能量越高。

屏蔽效应的大小有如下规律：

（1）外层电子对内层电子的屏蔽作用可以不考虑，$\sigma=0$。

（2）同层电子之间有屏蔽作用，但它们之间的屏蔽要比内层电子对外层电子的屏蔽效应小，$\sigma=0.35$；1s 轨道上一个电子受到另一个电子的屏蔽作用，$\sigma=0.30$。

（3）内层电子对外层电子有屏蔽作用，（$n-1$）层中的每一个电子对 n 层电子的屏蔽作用为 $\sigma=0.85$，而（$n-2$）层以及更内层电子对外层（n 层）电子的屏蔽作用为 $\sigma=1.0$。

根据上述规则，可以计算元素原子中任一电子的屏蔽常数 σ 及相应的能量。

例如，计算铜原子中 4s 电子的 σ 值及能量，利用上述规律可以计算出 Cu 原子的 4s 电子的 $\sigma=25.30$，$E=-1.86\times10^{-18}$J；若不考虑屏蔽效应，Cu 原子 4s 电子能量为 -1.15×10^{-16}J。

2. 钻穿效应

由图 9-8 可以看出，主量子数 n 越大的电子，出现概率最大的地方离核越远，但在离核较近的地方也有小峰，表明在离核较近的地方，电子也有出现的可能。也就是说，外层电子有可能避开内层电子的屏蔽作用，钻到离核较近的空间区域，使其轨道能量降低，这种现象称为*钻穿效应*（penetration effect）。3s 和 3p 相比，3s 有两个小峰，3p 有一个小峰，所以，3s 电子的钻穿效应大于 3p 电子。同理，3p 电子的钻穿效应又大于 3d 电子。当 n 相同时，钻穿效应的大小为：ns＞np＞nd＞nf，而能量次序则相反：$E_{ns}<E_{np}<E_{nd}<E_{nf}$；当 n，l 都不同时，如 3d 和 4s，从图 9-9 可以看出：4s 有 4 个峰，3d 有一个峰，4s 的最大峰比 3d 的最大峰离核更远，但 4s 的三个小峰中有一个小峰比 3d 的最大峰离核更近， 4s 电子的钻穿效应大，使 4s 轨道的能量降低，结果 $E_{4s}<E_{3d}$。

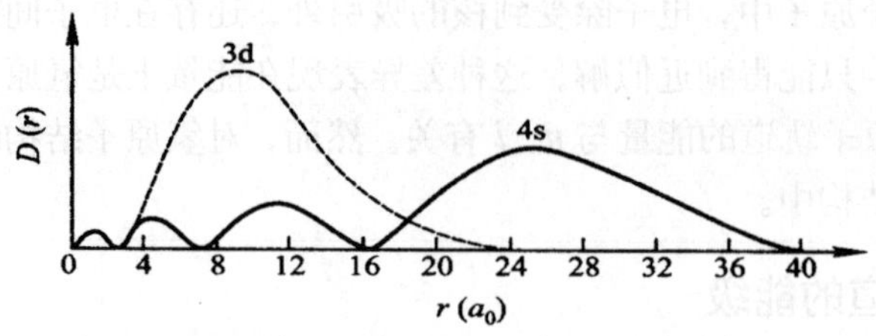

图 9-9　4s，3d 电子的径向分布函数图

（二）多电子原子轨道的能级

美国化学家 L. Pauling 根据光谱实验数据，提出了多电子原子中原子轨道近似能级图（见图 9-10）。可以看出，近似能级图是按原子轨道能量高低而不是按原子轨道离核远近的顺序排列起来的。多电子原子的原子轨道能级顺序为：

$$E_{1s}<E_{2s}<E_{2p}<E_{3s}<E_{3p}<E_{4s}<E_{3d}<E_{4p}< \cdots$$

在近似能级图中，把能量相近的能级划为一组，称为能级组，共分为 7 个能级组。相邻的两个能级组之间的能量差较大，同一能级组内各能级的能量差较小。这种能级组的划分是造成元素周期表中元素划分为周期的本质原因。

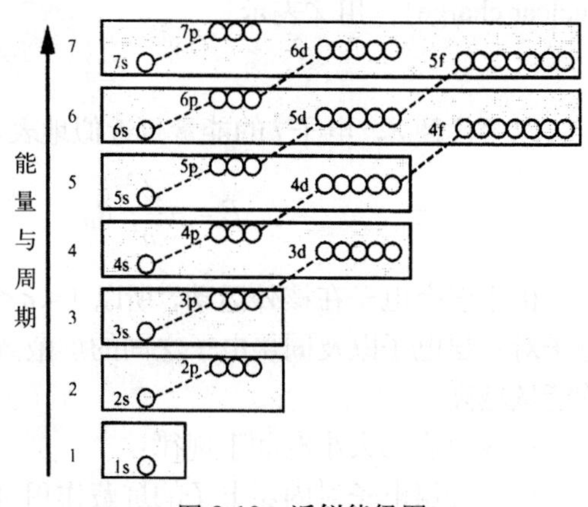

图 9-10　近似能级图

在能级图中，*n*d 轨道的能量可能高于（*n*+1）s 轨道的能量，如 $E_{4s}<E_{3d}$。*n*f 轨道的能量可能高于（*n*+2）s 轨道的能量，如 $E_{6s}<E_{4f}$，我们把这种现象称为**能级交错**。利用屏蔽效应和钻穿效应，可以解释多电子原子轨道能级高低的一般规律。

我国化学家徐光宪提出了一条经验方法：

用（$n+0.7l$）值的大小，比较轨道能量的高低，其值越大，轨道能量也就越高，并把（$n+0.7l$）值的第一位数字相同的合并为一个能级组，称为第几能级组，见表 9-2。

表 9-2　用徐光宪公式计算的多电子原子轨道能级组

原子轨道	1s	2s　2p	3s　3p	4s　3d　4p	5s　4d　5p	6s　4f　5d　6p
($n+0.7l$)值	1.0	2.0　2.7	3.0　3.7	4.0　4.4　4.7	5.0　5.4　5.7	6.0　6.1　6.4　6.7
能级组	I	II	III	IV	V	VI
组内最多电子数	2	8	8	18	18	32

二、多电子原子核外电子排布规则

在多电子原子中，核外电子的排布遵循以下规则。

（一）能量最低原理（Lowest energy principle）

在基态原子中，电子排布时总是先占据能量最低的轨道，只有低能量轨道占满后，才排入较高能量的轨道，以保证原子体系能量最低。

（二）保里不相容原理（Pauli exclusion principle）

在同一原子中，没有运动状态完全相同的两个电子。也就是说，不能有四个量子数完全相同的两个电子存在。根据 n、l、m、m_s 四个量子数的取值及相互组合的合理性要求，可知每一个原子轨道中最多只能容纳两个自旋方向相反的电子，每个电子层中最多可容纳 $2n^2$ 个电子。

（三）洪特规则（Hund's rule）

电子在能量相同的简并轨道上排布时，总是尽可能分占不同的轨道，并且自旋方向相同，以使原子能量最低。例如 N 原子有 7 个电子，其电子排布式为：$1s^22s^22p^3$，3 个 2p 电子在轨道上的排布应是[↑|↑|↑]而不是[↑↓|↑|]

　　$2p^3$　　　　$2p^3$

光谱实验结果表明，简并轨道全充满（p^6 或 d^{10} 或 f^{14}），半充满（p^3 或 d^5 或 f^7）或全空（p^0 或 d^0 或 f^0）状态是能量最低的稳定状态。

电子构型的书写有如下要求：当内层电子的排布达到稀有气体元素电子层结构时，可用稀有气体元素符号加方括号代替，称为*原子实*（atomic perzel）。例如，K 原子基态的电子排布式为 $1s^22s^22p^63s^23p^64s^1$，可写为$[Ar]4s^1$，29 号 Cu 的电子排布式为 $1s^22s^22p^63s^23p^63d^{10}4s^1$，可写为$[Ar]3d^{10}4s^1$。

除了简并轨道的全满、半满和全空的稳定状态排布外，还有一些特殊的排布，如铌不是$[Kr]4d^35s^2$，而是$[Kr]\ 4d^45s^1$；钯不是$[Kr]\ 4d^85s^2$，而是$[Kr]\ 4d^{10}$。这些排布称为不规则排布。

第三节　电子层结构和元素周期表

元素的性质随着核电荷的递增呈现周期性的变化，这种元素性质呈现周期性变化的规律称为*元素周期律*（periodic law of elements），它取决于原子电子层结构变化的周期性，*元素周期表*是元素周期律的具体表现形式。

一、能级组和周期

元素周期表中共有 7 个横行，每一行为一个*周期*（period），分别为第 1 至第 7 周期。能级组是元素划分为周期的根本原因，每一个能级组对应一个周期，见表 9-3。

电子填充各相应能级组的原子轨道时，每改变一个能级组就有一个新的周期产生，电子总是首先进入该能级组的 s 轨道，而最后一个电子总是填在该能级组的 p 轨道上，完成了一个周期。例如，第 4 周期开始的第一个元素 K，电子进入第 4 能级组的 4s 轨道，电子层结构为$[Ar]4s^1$，该周期的最后一个元素为 Kr，其最后一个电子填充在 4p 轨道，完成了第 4 周期元素的排布。因此，除第 1 周期两个元素和未完成的第 7 周期外，每一周期元素核外电子的填充总是从 ns 轨道开始到 np 轨道填满时结束。所以各周期元素的数目依次为 2，8，8，18，18，32。其中第 1 周期为特短周期，第 2、3 周期为短周期，第 4、5 周期为长周期，第 6 周期为特长周期，第 7 周期为不完全周期。

表 9-3　能级组与周期的关系

周期数和周期名称	能级组	起止元素	所含元素个数	能级组内各亚层电子填充次序
1. 特短周期	Ⅰ	$_{1}H \rightarrow {}_{2}He$	2	$1s^{2}$
2. 短周期	Ⅱ	$_{3}Li \rightarrow {}_{10}Ne$	8	$2s^{1\sim2} \rightarrow 2p^{1\sim6}$
3. 短周期	Ⅲ	$_{11}Na \rightarrow {}_{18}Ar$	8	$3s^{1\sim2} \rightarrow 3p^{1\sim6}$
4. 长周期	Ⅳ	$_{19}K \rightarrow {}_{36}Kr$	18	$4s^{1\sim2} \rightarrow 3d^{1\sim10} \rightarrow 4p^{1\sim6}$
5. 长周期	Ⅴ	$_{37}Rb \rightarrow {}_{54}Xe$	18	$5s^{1\sim2} \rightarrow 4d^{1\sim10} \rightarrow 5p^{1\sim6}$
6. 特长周期	Ⅵ	$_{55}Cs \rightarrow {}_{86}Rn$	32	$6s^{1\sim2} \rightarrow 4f^{1\sim14} \rightarrow 5d^{1\sim6} \rightarrow 6p^{1\sim6}$
7. 未完周期	Ⅶ	$_{87}Fr$→未完		$7s^{1\sim2} \rightarrow 5f^{1\sim14} \rightarrow 6d^{1\sim17}$

二、价电子层结构和族

元素的原子参加化学反应时，能参与成键的电子称为*价电子*，价电子所在的电子层称为*价电子层*，在周期表中价电子层结构相似的元素排在同一列，称为*族*（group）。包含长短周期元素的各列称为*主族*，仅包含长周期元素的各列称为*副族*。

（1）主族：周期表共有 8 个主族，即 IA—ⅧA 族。其中ⅧA 族又称 0 族。主族元素原子的最后一个电子填入 ns 或 np 轨道，价电子层结构为 $ns^{1\sim2}$ 或 $ns^{2}np^{1\sim6}$，价电子总数等于族数。

（2）副族：周期表中有 8 个副族，即 IB—ⅧB 族。副族元素原子的最后一个电子填入（$n-1$）d 轨道或（$n-2$）f 轨道上。副族元素又称过渡元素（镧系和锕系称为内过渡元素）。ⅢB—ⅦB 族元素，价电子数等于族数，而 IB—ⅡB 族由于（$n-1$）d 轨道已经填满，所以最外层 ns 轨道上的电子数等于其族数。ⅧB 族有三列元素，它们的最后一个电子填充在（$n-1$）d 轨道上，（$n-1$）d 轨道和 ns 轨道上的电子总数达到 8 个—10 个。

三、价电子层结构和元素分区

根据价电子层结构特点，周期表可划分为 5 个区，如图 9-11 所示。

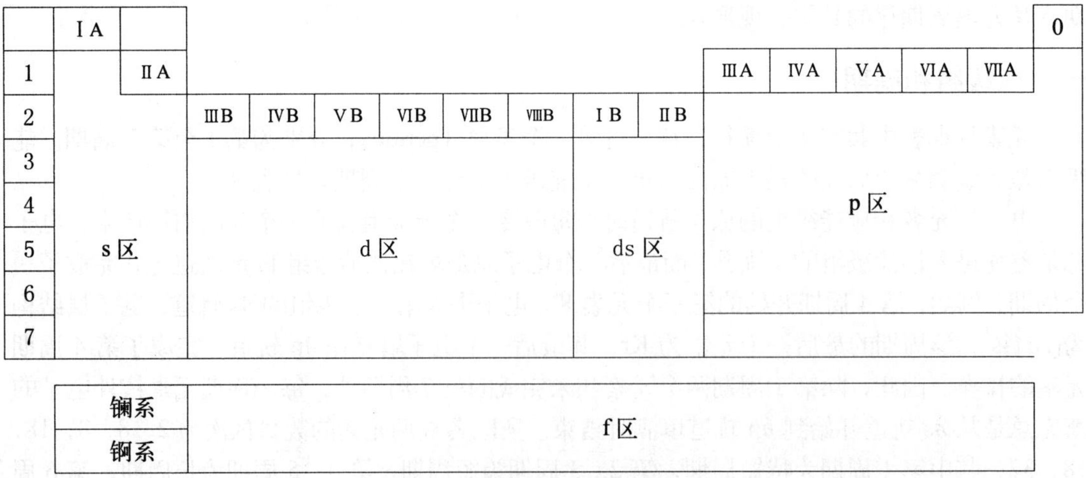

	ⅠA	ⅡA	ⅢB	ⅣB	ⅤB	ⅥB	ⅦB	ⅧB	ⅠB	ⅡB	ⅢA	ⅣA	ⅤA	ⅥA	ⅦA	0
1																
2																
3																
4													p 区			
5	s 区				d 区				ds 区							
6																
7																

镧系	f 区
锕系	

图 9-11　周期表中元素的分区

（1）s 区元素。价电子构型为 $ns^{1\sim2}$，包括 IA—ⅡA 族元素。

（2）p 区元素。价电子构型为 $ns^2np^{1\sim6}$，但 He 元素例外，它的电子构型为 $1s^2$，包括ⅢA—ⅧA 族。

（3）d 区元素。价电子构型为（$n-1$）$d^{1\sim9}ns^{1\sim2}$，但 Pd 元素例外，它的价电子构型为（$n-1$）$d^{10}ns^0$，包括ⅢB~ⅧB 族元素，都是金属元素。

（4）ds 区元素。价电子构型为（$n-1$）$d^{10}ns^{1\sim2}$，包括 IB—IIB 族元素。

（5）f 区元素。最后一个电子填充在（$n-2$）f 轨道上，价电子构型为（$n-2$）$f^{1\sim14}$（$n-1$）$d^{0\sim1}ns^2$，包括镧系和锕系，都是金属元素。

第四节　元素性质的周期性

原子结构的周期性变化决定了元素性质的周期性变化。本节仅介绍原子半径、电离能、电子亲合能、电负性等几个主要性质的周期性变化规律。

一、原子半径

从量子力学的观点分析，电子从原子核附近到距核无限远处都有出现的可能。严格地讲，原子没有固定的半径，根据电子的径向分布函数，只能把基态原子的最外层电子出现概率最大的薄层球壳的半径，近似地看成自由原子的半径，如基态氢原子的半径为 52.9pm。

根据测定数据的来源不同，原子半径一般有三种：共价半径、金属半径和范德华半径。

（一）共价半径（covalent radius）

共价半径是指同种元素的两个原子以共价单键结合时，两原子核间距离的一半。共价半径具有加合性，例如 Cl 原子的共价半径为 99pm，C 原子的共价半径为 77pm，则 C–Cl 键的键长应为 99 + 77 = 176pm。表 9-4 列出了各种元素原子的共价半径。

从表 9-4 可以看出，原子的共价半径随着有效核电荷数的增加呈现周期性的变化。对于主族元素，同一周期从左到右原子半径以较大幅度逐渐减小。因为随着核电荷数的增加，电子层数不变，新增加的电子填充到最外层的 s 轨道或 p 轨道，对屏蔽常数的贡献较小；副族元素原子半径先是缓慢缩小，而后略有增大；镧系和锕系元素由于新增加的电子填入（$n-2$）f 轨道，对屏蔽的贡献较大，但也不能完全“抵消”所增加的核电荷，所以镧系和锕系元素随着核电荷数的增加，原子半径在总趋势上逐渐减小，这种现象称为*镧系收缩*（lanthanide contraction）。

同族元素的原子半径从上到下也会发生变化。主族元素从上到下原子半径增加；副族元素因受到镧系收缩的影响，第 5、6 周期的同一副族元素，原子半径非常接近，甚至基本相等，造成元素性质极为相似，使同一副族元素的分离比较困难。

（二）金属半径（metallic radius）

金属晶体中，相邻两个原子的核间距离的一半称为该元素的金属半径。在金属晶体中，原子的堆积方式不同，测得的金属半径值有所不同。

（三）范德华半径（Van der waals radius）

单质分子晶体中，相邻分子间不属于同一分子的两个最接近的原子核间距离的一半称为范德华半径。一般范德华半径要比同种元素的共价半径大得多。

表 9-4　元素原子的共价半径（pm）

H 37																
Li 156	Be 105											B 91	C 77	N 71	O 60	F 67
Na 186	Mg 160											Al 143	Si 117	P 111	S 104	Cl 99
K 231	Ca 197	Sc 161	Ti 154	V 131	Cr 125	Mn 181	Fe 125	Co 125	Ni 124	Cu 128	Zn 133	Ga 123	Ge 122	As 116	Se 115	Br 114
Rb 243	Sr 215	Y 180	Zr 161	Nb 147	Mo 136	Tc 135	Ru 132	Rh 132	Pd 138	Ag 144	Cd 149	In 151	Sn 140	Sb 145	Te 139	I 138
Cs 265	Ba 210	La 187	Hf 154	Ta 143	W 137	Re 138	Os 134	Ir 136	Pt 139	Au 144	Hg 147	Ti 189	Pb 175	Bi 155	Po 167	At 145
			Ce 183	Pr 182	Nb 181	Pm 181	Sm 180	Eu 199	Gd 179	Tb 179	Dy 175	Ho 174	Er 173	Tm 173	Yb 194	Lu 172

二、元素的电离能和电子亲合能

元素原子失去电子或得到电子的难易，通常用电离能或电子亲合能来衡量。

（一）电离能

处于基态的气态原子失去电子所需要的最低能量称为元素的电离能（ionization energy），用符号 I 表示，单位为 $kJ \cdot mol^{-1}$。原子失去第 1 个电子所需的能量称为第一电离能（I_1）；失去第 2 个电子所需的能量称为第二电离能（I_2），依次类推。各级电离能的大小顺序为 $I_1 < I_2 < I_3$。

电离能的大小主要取决于原子的有效核电荷、原子半径和原子的电子层结构。同一周期主族元素，从左到右电子层数不变，核电荷数依次增加，原子半径依次减小，电离能依次增大。同一主族元素，原子半径的大小对电离能起主要作用，从上到下原子半径依次增大，核对外层电子引力减小，电离能依次减小。副族元素的原子半径差别不大，因此它们的第一电离能值很接近。

（二）电子亲合能

基态的气态原子结合一个电子所引起的能量变化称为元素的电子亲合能（electronic affinity），单位为 $kJ \cdot mol^{-1}$。它反映了元素结合电子的能力。和电离能相似，有第一电子亲合能，第二电子亲合能……电子亲合能的变化规律类似电离能的变化规律。一般来说，一个元素的电离能较高，则它的电子亲合能也较高。卤族元素的原子较易结合电子，放出能量较多，金属元素的原子难以与电子结合成负离子，放出能量较少甚至吸收能量。目前测得的电子亲合能数据较少。

三、元素的电负性

虽然电离能和电子亲合能可以反映原子得失电子的能力大小，但当原子间相互结合形成化学键时，原子的价电子层结构和运动状态将发生变化。同时，原子间的相互影响也对原子间形成化学键的性质产生影响。因此，一般情况下，难以用电离能或电子亲合能一种数据对化学键的性质做出满意的解释。1932 年 Pauling 综合考虑电离能和电子亲合能，提出了电负性（electronegativity）的概念。所谓电负性就是元素原子在形成化学键时，吸引成键电子的相对能力。Pauling 根据热化学实验数据，提出了一套元素的电负性值。并规定氟的电负性值为 3.98（见表 9-5）。

表 9-5 是根据新的热化学数据修正的元素电负性值。从表 9-5 中可以看出，金属元素的电负性值较小，非金属元素的较大。电负性是判断元素是金属或非金属以及了解元素性质的重要参数。电负性值为 2.0 是金属元素和非金属元素的近似分界点，但并非严格界限。某些元素的电负性不是固定不变的，它与元素的氧化态有关。同一周期，从左到右元素的电负性递增；同一主族，从上到下元素的电负性递减，副族元素的电负性没有明显的变化规律。

表 9–5　元素的电负性

H 2.18																
Li 0.98	Be 1.57											B 2.04	C 2.55	N 3.04	O 3.44	F 3.98
Na 0.93	Mg 1.31											Al 1.61	Si 1.90	P 2.19	S 2.58	Cl 3.16
K 0.82	Ca 1.00	Sc 1.36	Ti 1.54	V 1.63	Cr 1.66	Mn 1.55	Fe 1.80	Co 1.88	Ni 1.19	Cu 1.90	Zn 1.65	Ga 1.81	Ge 2.01	As 2.18	Se 2.55	Br 2.96
Rb 0.82	Sr 0.95	Y 1.22	Zr 1.33	Nb 1.60	Mo 2.16	Tc 1.90	Ru 2.28	Rh 2.20	Pd 2.20	Ag 1.93	Cd 1.69	In 1.73	Sn 1.06	Sb 2.05	Te 2.10	I 2.66
Cs 0.79	Ba 0.89	La 1.10	Hf 1.3	Ta 1.5	W 2.36	Re 1.90	Os 2.20	Ir 2.20	Pt 2.28	Au 2.54	Hg 2.00	Ti 2.04	Pb 2.33	Bi 2.02	Po 2.00	At 2.20

学 习 要 点

1. 核外电子运动特征：①能量量子化；②具有波动性和粒子性；③空间位置和动量不可能同时准确确定。

2. 薛定锷方程和波函数：

$$\frac{\partial^2\Psi}{\partial x^2}+\frac{\partial^2\Psi}{\partial y^2}+\frac{\partial^2\Psi}{\partial z^2}+\frac{8\pi^2 m}{h^2}(E-V)\Psi=0$$

Ψ 称为波函数，它是薛定锷方程的解，$\Psi=\Psi$（x、y、z）。在量子力学中，把波函数 Ψ 称为原子轨道函数，简称原子轨道。

3. 概率密度和电子云：

电子在原子核外空间某点 P（x，y，z）处单位体积内出现的概率，称为概率密度（$|\Psi|^2$）。用小黑点代表其分布所得到的空间图像称为电子云。

4. 量子数：描述原子核外电子运动状态的四个参数。

主量子数：$n=1$，2，3，…，n，可取 n 个值。它是决定电子或轨道能量的主要因素。n 还表示电子出现最大概率区域离核的远近。

角量子数（又称副量子数）：$l=0$，1，2，…，$(n-1)$，可取 n 个值。它决定着原子轨道的形状，是决定电子或轨道能量的次要因素。l 的每一个数值表示一种形状的原子轨道或一个亚层。

磁量子数：$m=0$，±1，±2，…，$\pm l$，可取（$2l+1$）个值。它决定着原子轨道在空间的伸展方向。m 的每一个取值表示一个具有某种空间伸展方向的原子轨道。

自旋量子数：$m_s = \pm 1/2$，它决定电子的自旋方向，即顺时针方向和逆时针方向。常用箭头↑和↓形象地表示。

5. 原子轨道角度分布图和电子云角度分布图相似，有两点不同之处：①原子轨道角度分布图中有＋、－号，电子云角度分布图中没有；②电子云角度分布图较“瘦”。

6. 屏蔽效应和钻穿效应：

在多电子原子中，其他电子对某一电子 i 的排斥作用，抵消了部分核电荷，削弱了核电荷对电子 i 的吸引，这种作用称为屏蔽效应；外层电子有可能避开内层电子的屏蔽作用，钻到离核较近的空间区域，使其轨道能量降低，这种现象称为钻穿效应。

7. 近似能级图和多电子原子的原子轨道能级：

在近似能级图中，把能量相近的能级划为一组，称为能级组，共分为7个能级组。原子轨道能级顺序为：$E_{1s} < E_{2s} < E_{2p} < E_{3s} < E_{3p} < E_{4s} < E_{3d} < E_{4p} < \cdots$。

8. 基态原子核外电子排布三原则：能量最低原理、保里不相容原理、洪特规则。核外电子填入轨道顺序为

$$\rightarrow ns \rightarrow (n\text{-}2)\ f \rightarrow (n\text{-}1)\ d \rightarrow np$$

9. 元素周期律和元素周期表：元素的性质随着核电荷的递增呈现周期性变化的规律称为元素周期律。元素在周期表中的位置（周期、族、区）由该元素原子核外电子的分布所决定。

思考题

1．氢原子光谱为何是线状光谱？谱线的波长与能级间的能量差有何关系？

2．原子核外电子的运动有什么特征？如何理解波粒二象性？电子的波动性是通过什么实验得到证实的？

3．原子轨道是否意味着电子在原子核外运动时，有固定的运动轨迹？如3p轨道，电子的运动轨迹是否像“8”字形？

4．概率、概率密度和电子云有何关系？

5．什么是屏蔽效应和钻穿效应？它们和能级交错有什么关系？

6．写出量子数的符号、名称、取值条件，并简述它们各表示的意义。

7．哪些亚层有等价轨道？这些亚层中最多可容纳多少电子？

8．波函数 $\Psi_{3,1,0}$ 代表哪几个量子数取值的原子轨道？

9．原子轨道角度分布和电子云角度分布的含义有何不同？它们的图形有何相似和区别？

10．在元素周期表中，共有几个周期、几个区？每个区各包含哪几个族？怎么区分主族和副族？试写出s、p、d、ds区元素的价层电子构型。

11．主族元素和副族元素的基态原子的电子构型各有什么特点？

12．过渡元素在化学反应中失电子顺序和电子填充顺序是否一致？原子的核外电子排布式中轨道顺序和近似能级图中轨道顺序是否一致？

13．何为电离能、电子亲合能和电负性？它们在周期中的递变规律以及和元素金属、非金属性的关系如何？

14．为何第 n 电子层有 n^2 个原子轨道，能容纳 $2n^2$ 个电子？

15．下列说法是否正确，为什么？

（1）最外层电子构型为 ns^2 的元素一定是碱土金属元素；

（2）凡是微小的物体都具有明显的波动性。

（3）元素周期表中所属的族数就是它的最外层电子数；

（4）d 轨道的角度分布为“花瓣”形，表明电子沿“花瓣”形轨道运行；

（5）一个原子中不可能存在两个运动状态完全相同的电子；

（6）电子具有波粒二象性，没有固定的轨道，其运动可以用统计方法来描述。

（7）波函数是描述核外电子空间运动状态的函数式，每个波函数代表电子的一种空间运动状态。

（8）测不准原理表明，同时准确测定电子的位置和运动速率是不可能的；

（9）电子出现概率的大小决定于概率密度和体积，因此概率密度大，概率不一定大；

（10）主量子数 n 相同的两个电子其能量也相等；

（11）同族元素的电负性数值从上到下依次递减；

（12）电子受到的屏蔽作用越大，轨道能量就越高；电子的钻穿能力越强，轨道的能量就越低；

（13）H 原子和 B 原子核电荷数都与它们的有效核电荷数相等；

（14）在多电子原子中，钻穿效应造成能级交错；

（15）元素在周期表中所属的族数等于它的最外层电子数；

（16）O 原子和 H 原子的原子轨道的能量，均由主量子数 n 确定。

练 习 题

1．氮的价电子构型为 $2s^22p^3$，试用四个量子数分别表明每个电子的运动状态。

2．下列各量子数哪些是不合理的？为什么？

（1） n=2，l=2，m=0；

（2） n=1，l=0，m=±1；

（3） n=3，l=1，m=±1；

（4） n=2，l=2，m=±2。

3．电子层、能级、原子轨道各需要哪些量子数确定？用合理的量子数表示 3d 能级、$4p_x$ 原子轨道、$5s^1$ 电子。

4．下列元素原子的电子排布各违背了什么原理？写出改正后的电子排布。

（1）$1s^22s^22p_x^22p_z^1$　　（2）$1s^22s^22p^63s^3$　　（3）$1s^22s^22p^63s^23p^63d^{10}4s^14p^3$

5．一个波函数包含 n，l，m，m_s 四个量子数，所以只有当四个量子数全部确定时才可以确定一个波函数，这句话是否正确？如何理解波函数和原子轨道？

6．用 $\Psi_{n,l,m}$ 和轨道符号（如 3d）的形式分别表示下列原子轨道：

（1）$n=3$，$l=0$，$m=0$；

（2）$n=2$，$l=1$，$m=+1$；

（3）$n=4$，$l=2$，$m=-2$。

7．写出下列元素原子的核外电子排布式：

$_{19}K$，　$_{14}Si$，　$_{24}Cr$，　$_{29}Cu$，$_{33}As$，　$_{42}Mo$，　$_{52}Te$

8．已知某些元素原子的价电子构型分别为：

$5s^2$；$3s^23p^2$；$3d^54s^2$；$4d^{10}5s^2$

它们分别属于第几周期，第几族，哪个区？

9．试给出下列原子或离子的电子排布式和未成对电子数。

（1）第 6 周期第 6 个元素；

（2）4p 轨道半充满的主族元素；

（3）原子序数为 35 的元素的最稳定离子；

（4）第 3 周期的稀有气体元素。

10．元素原子的最外层仅有一个电子，该电子的 4 个量子数是 $n=4$，$l=0$，$m=0$，$m_s=+1/2$，问：

（1）符合上述条件的元素可以有几种？分别写出元素符号和名称。

（2）写出相应元素原子的核外电子排布式和原子序数，确定它们在元素周期表中的位置。它们属于金属元素还是非金属元素？最高氧化数是多少？

11．第 4 周期元素原子中，核外未成对电子数最多的是多少个？分别写出这些电子的 4 个量子数。该元素属于哪一族、哪一区？写出该元素原子的核外电子排布式和原子序数。

12．已知元素原子 A，电子最后排入 3d 轨道，最高氧化数为 4；元素原子 B，电子最后排入 4p 轨道，最高氧化数为 5。

（1）写出 A、B 元素原子的电子排布式和相应的原子序数；

（2）确定它们在元素周期表中所处的周期、族和区。

13．第 4 周期的 A、B、C 三种元素，价电子数依次为 1、2、7，原子序数按 A、B、C 顺序增大。已知 A、B 原子次外层电子数为 8，而 C 原子的次外层电子数为 18，根据结构判断：

（1）哪些是金属元素？哪些是非金属元素？分别写出核外电子排布式、原子序数和元素符号；

（2）分别写出 A、B、C 的简单离子；

（3）B、C 元素间能形成何种化合物？写出化合物的化学式。

14．某一元素的原子序数小于 36，若该元素原子失去 1 个电子后，则其 $l=2$ 的轨道上电子半充满。试写出该元素原子的价层电子排布式和元素符号，确定该元素在元素周期表中所处的周期、族和区。

15．某元素基态原子中有 6 个电子在 $n=3$、$l=2$ 的能级上，试推测该元素的原子序数、核外电子排布和 d 轨道上的未成对电子数。

16．第 4 周期某元素，已知该元素原子的最外层有 2 个电子，次外层有 13 个电子。

（1）推测该元素原子的核外电子排布和所处的族和区；

（2）确定该元素的最高氧化数，属于金属元素还是非金属元素；

（3）其原子失去 4 个电子后，在 $l=2$ 的轨道上还有几个电子？

17．第 5 周期某元素原子失去 2 个电子后，在 $l=2$ 的轨道上电子全充满。试推断该元素的原子序数、元素符号、原子的核外电子排布，并确定其在周期表中所处的周期、族和区。

18．比较下列元素：

（1）氟与氯哪个元素的电负性大？

（2）氧与氮哪个元素的第一电离能大？

（3）氧与负氧离子（O）哪个电子亲合能大？

第十章　共价键与分子间力

【学习目的】

掌握：化学键的概念；现代价键理论的基本要点、共价键特征和本质，σ键和π键的特征；杂化和杂化轨道、s-p 型杂化、等性杂化和不等性杂化的概念及应用；分子的极性与分子的极化；范德华力的类型、特点和应用；氢键形成条件、特征和应用。

熟悉：价层电子对互斥理论判断 AB_n 型分子空间构型的规则及应用；分子轨道理论要点，第 1、2 周期同核双原子分子轨道能级，并能用其解释分子的磁性与稳定性。

了解：异核双原子分子轨道能级图；键参数；离域π键及其形成条件。

保持物质性质的最小微粒是分子。物质的性质主要取决于分子的性质，而分子的性质又决定于分子的结构。对分子结构的研究主要包括三个方面：①分子或晶体中相邻原子或离子间的强烈相互作用，即化学键（chemical bond），它包括离子键（ionic bond）、共价键（covalent bond）和金属键（metallic bond）；②分子中原子在空间排列的几何形状，即空间构型（space configuration）；③分子之间较弱的作用力，即分子间作用力（intermolecular force）。本章主要介绍共价键理论、分子的空间构型和分子间作用力。

第一节　现代价键理论

1916 年美国化学家路易斯(G. N. Lewis)提出了经典的共价键理论，他认为共价键是成键原子各提供一些电子组成共用电子对而形成的，成键后每个提供电子的原子其最外电子层结构都达到稀有气体元素原子的最外电子层结构，因此稳定。但是，对于有些稳定的分子，如 BF_3 分子，B 原子与 F 原子形成稳定的 BF_3 分子后，B 原子的最外电子层结构并没有达到稀有气体元素原子的最外电子层结构形式；又如 PCl_5 分子，中心原子 P 的最外层电子数超过了 8 个。这些分子都能够稳定存在，但却不能用 G. N. Lewis 提出的理论进行解释。同时，G. N. Lewis 提出的理论也不能说明共价键的方向性，更不能说明分子的其他一些性质，如空间构型、稳定性、磁性等。

1927 年德国化学家 Heitler 和 Lowdon 应用量子力学处理 H_2 分子的结构。在此研究的基础上，Pauling 和 Slater 等人提出了现代价键理论（valence bond theory，VB 法）和杂化轨道理论（hybrid orbital theory）。1932 年美国化学家 R.S.Muiliken 和德国化学家 F.Hund 又提出了分子轨道理论（molecular orbital theory）。现代价键理论和分子轨道理论的建立，形成了两种现代共价键理论。

一、现代价键理论的基本要点

在用量子力学的理论对 H_2 分子的形成过程进行研究时发现，当电子自旋方向相反的两个氢原子逐渐接近时，两个氢原子的 1s 轨道发生重叠。由于波函数 Ψ_{1s} 在所有空间区域都是

正值，重叠后电子在核间的概率密度增大，体系能量不断降低。当两个氢原子核间距达到 74pm（理论值为 87pm）时，两核间的电子概率密度最大，体系能量达到最低值，处于稳定状态，即 H_2 分子的基态，两个 H 原子间形成稳定的共价键。当两个电子自旋方向相同的 H 原子相互靠近时，两个 1s 轨道重叠部分的波函数值互相抵消，核间的电子概率密度很小，几乎为零。因此，两核间的排斥作用增大，体系的能量升高，而且随着核间距 r 的减小而一直增大，不能形成稳定的 H_2 分子，也就不能形成化学键（见图 10-1 和图 10-2）。

综上所述，所谓共价键是指原子间由于成键电子的原子轨道重叠而形成的化学键。现代价键理论的基本要点是：

（1）两个原子相互靠近形成共价键时，只有自旋方向相反的单电子才可以相互配对（或原子轨道重叠），使体系的能量降低，形成稳定的共价键。

（2）成键时，两原子轨道尽可能地达到最大重叠，重叠越多，体系能量越低，形成的共价键也越稳定，称为原子轨道的最大重叠原理。

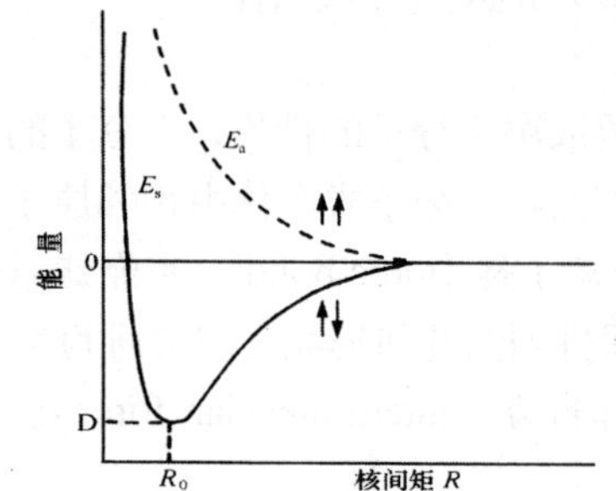

图 10-1　氢分子形成过程能量变化曲线

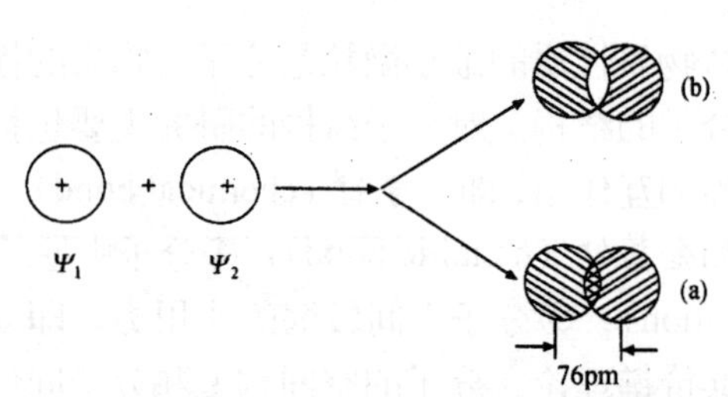

图 10-2　H_2 分子的两种状态（a）基态、（b）排斥态

二、共价键的特征

（一）共价键的饱和性

两原子自旋方向相反的两个单电子相互配对形成共价键后，每一个成键电子就不能再和其他原子的单电子配对成键。因此，一个原子所形成的共价键数目取决于该原子中价电子层上的单电子数，这就是共价键的饱和性。

（二）共价键的方向性

根据原子轨道的最大重叠原理，共价键总是尽可能沿着原子轨道最大重叠方向形成。在原子轨道中，除 s 轨道呈球形对称外，p、d、f 原子轨道在空间都有一定的伸展方向。因此，原子轨道只有沿着一定的方向才能发生最大程度的重叠，才能形成稳定的共价键，这就是共价键的方向性，如图 10-3 所示。

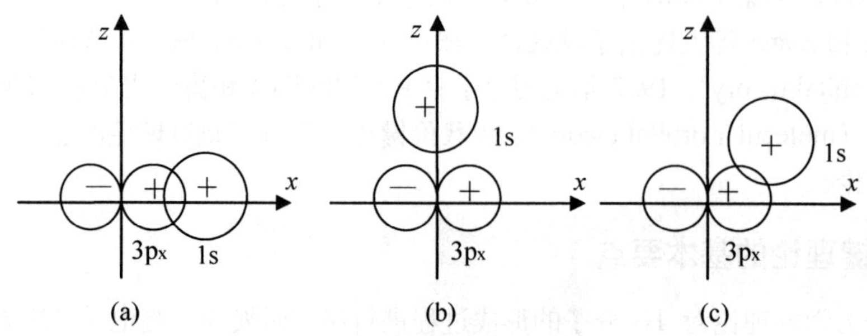

图 10-3　共价键方向性示意图

三、共价键的类型

原子间形成化学键时，由于原子轨道的重叠方式不同，可以形成两种不同类型的共价键，即 σ 键（sigma bond）和 π 键（pi bond）。

（一）σ 键

两原子轨道沿着键轴（成键两原子核间的连线）方向进行同号区域重叠（即“头碰头”的方式重叠），轨道重叠部分沿键轴呈圆柱形对称分布，符号不变，这种重叠所形成的共价键称为 σ 键。对于成键的 s、p 轨道上的电子可以沿 x 轴方向靠近形成 s–s、s–p_x、p_x–p_x σ 键，如图 10-4（a）所示。

（二）π 键

两原子轨道沿着垂直于键轴方向进行同号区域重叠（即“肩并肩”的方式重叠），轨道重叠部分垂直于包含键轴的平面呈镜面反对称分布（原子轨道在镜面两侧波区的符号相反），这种重叠所形成的共价键称为 π 键，如图 10-4（b）所示。

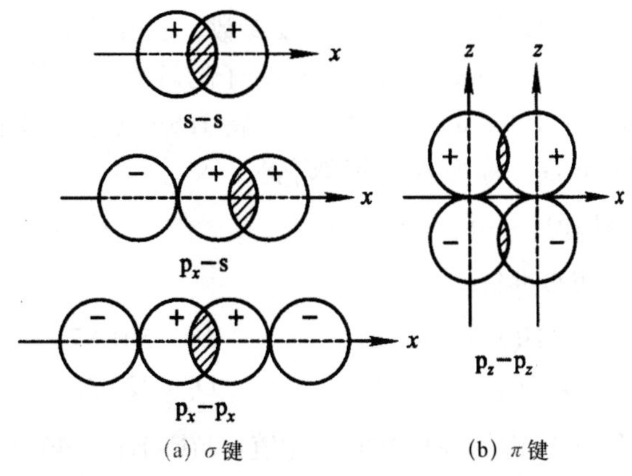

图 10-4　σ 键和 π 键

例如，在 N_2 分子中，每个 N 原子的 $2p_x$、$2p_y$、$2p_z$ 轨道上各有 1 个单电子，其中两个 $2p_x$ 轨道以“头碰头”方式沿键轴方向重叠形成一个 σ 键，两个 $2p_y$ 轨道、$2p_z$ 轨道只能以“肩并肩”的方式沿着垂直于键轴的方向进行重叠，形成两个 π 键，所以 N_2 分子中有一个 σ 键和两个 π 键，如图 10-5 所示。

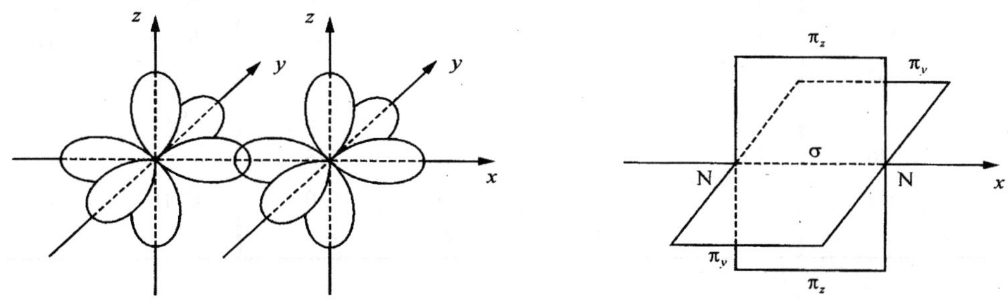

图 10-5　N_2 分子中的 σ 键和 π 键

由于 σ 键比 π 键的重叠程度大，因而 σ 键比 π 键牢固。一般来说，π 键较易断开，稳定性差，不能单独存在，只能与 σ 键以双键或三键共存于分子中。σ 键牢固，不易断开，可以单独存在。

四、配位共价键

正常的共价键都是由形成共价键的两个原子各提供一个电子相互配对而形成的。如果形成共价键的一对电子是由一个原子所提供，即一个原子单独提供电子对进入另一个原子的空轨道而成键，这种共价键称为*配位共价键*（coordinate covadent bond），简称*配位键*（coordinate bond）一般用“→”表示。

例如，在 CO 分子中有 1 个 σ 键、1 个正常 π 键和 1 个 π 配键。

分子中要形成配位键必须同时具备两个条件：①一个成键原子的价电子层有孤对电子；②另一个成键原子的价电子层有空轨道。

五、几种重要的键参数

表征化学键性质的物理量统称为*键参数*（bond parameter）。重要的键参数有以下几种。

（一）键能

键能（bond energy）是表征化学键性质的重要参数，它表示键的牢固程度。用 E 表示，单位为 $kJ \cdot mol^{-1}$。对于双原子分子，键能就等于分子的解离能（D）。对于多原子分子，键能与解离能不相等。例如，在 100kPa、298.15K 下，将 1mol 气态双原子分子 AB 解离成理想气态原子 A 和 B 所需要的能量，称为 AB 的解离能。

$$AB(g) \longrightarrow A(g) + B(g) \qquad E = D$$

又如 H_2O 分子解离分两步进行：

$$H_2O(g) \longrightarrow H(g) + OH(g) \qquad D_1 = 501.87\ kJ \cdot mol^{-1}$$

$$OH(g) \longrightarrow H(g) + O(g) \qquad D_2 = 423.38\ kJ \cdot mol^{-1}$$

O–H 键的键能是两个 O–H 键的解离能的平均值：$E(O\text{–}H) = 462.62\ kJ \cdot mol^{-1}$。

平均键能是一种近似值，需注意的是双键或三键的键能不等于相应单键键能的简单倍数。通常键能越大，共价键强度越大。一些双原子分子的键能和某些键的平均键能见表 10-1。

表 10-1　一些双原子分子的键能和某些键的平均键能 $E(kJ \cdot mol^{-1})$

分子名称	键能	分子名称	键能	共价键	平均键能	共价键	平均键能
H_2	436	HF	565	C–H	413	N–H	391
F_2	165	HCl	431	C–F	460	N–N	159
Cl_2	247	HBr	366	C–Cl	335	N＝N	418
Br_2	193	HI	299	C–Br	289	N≡N	946
I_2	151	NO	286	C–I	230	O–O	143
N_2	946	CO	1071	C–C	346	O＝O	495
O_2	943			C＝C	610	O–H	463
				C≡C	835		

（二）键长

键长（bond length）是指形成共价键的两个原子的核间距。在不同化合物中，同样两种原子间的键长也有差别。键长的大小与键的稳定性有很大的关系，共价键的键长越短，键能越高，键越牢固。通常，相同两个原子形成的共价键，单键键长＞双键键长＞三键键长。例

如 C–O 键长为 143pm，C＝O 键长为 121pm，C≡O 键长为 113pm。

（三）键角

键角（bond angle）是分子中键与键之间的夹角。键角是反映分子空间构型重要因素之一，它表明了分子在形成时原子在空间的相对位置。所以根据键角和键长的数据可以确定分子的空间构型。例如，CO_2 分子中 O–C–O 键角是 180°，表明 CO_2 为直线型构型，CH_4 分子中 C–H 键之间的夹角都是 109°28′，每个 C–H 键的键长都是 109.1pm，因此可以确定 CH_4 是正四面体构型。

（四）键的极性

键的极性是由形成化学键的元素的电负性所决定的。当形成化学键的元素电负性相同时，核间电子云密度的最大区域正好位于两核的中间位置，成键两原子核的正电荷重心和成键电子的负电荷重心相重合，这样的共价键称为非极性共价键（nonpolar covalent bond）。一般来说，同种元素两原子间的共价键都是非极性共价键，如 H_2、O_2、S_8、P_5 等。当成键元素的电负性不同时，两个原子核之间电子云密度的最大区域就偏向电负性较大的元素原子一端，两核之间的正电荷重心与成键电子的负电荷重心不重合，键的一端就表现出正电性，另一端为负电性，这样的共价键称为极性共价键（polar covalent bond）。一般来说，键的极性大小决定于成键元素电负性的相对大小。电负性差值越大，键的极性就越强。当电负性相差很大时，成键电子就完全偏离到电负性较大的原子上，原子变成了离子，形成离子键。

第二节　杂化轨道理论

价键理论虽能成功说明共价键的形成，解释共价键的方向性和饱和性，但它不能阐明分子的空间构型。例如，实验测得 H_2O 分子空间构型为 V 型，H–O–H 键的键角为 104°45′，CH_4 分子的空间构型为正四面体，H–C–H 键的键角为 109°28′。为了说明这些实验事实，1931 年 Pauling 等人提出了杂化轨道理论，这一理论在解释成键能力、空间构型、分子的稳定性等方面丰富和发展了现代价键理论。

一、杂化和杂化轨道的概念

杂化轨道理论认为原子轨道在成键时不是固定不变的。形成分子时，一个原子的价电子层轨道受到其他原子的影响，轨道状态发生改变，重新组合成相同数目的新原子轨道，这一过程称为杂化（hybridization），形成的新轨道叫杂化轨道（hybrid orbit）。杂化轨道与杂化前的原子轨道比较，轨道的形状、空间伸展方向、轨道间的夹角、成键能力都发生了改变。

二、杂化轨道理论的基本要点

（1）原子在成键时，同一原子中能量相等或相近的原子轨道参与杂化，组成新的原子轨道。

（2）原子轨道杂化后形成的杂化轨道数等于参与杂化的原子轨道数。

（3）杂化轨道的形状、空间伸展方向与原来参与杂化的原子轨道不同。杂化轨道的伸展方向总是沿着杂化轨道间夹角最大、距离最远的方向伸展，以保证杂化轨道间排斥力最小，能量最低，成键能力最强。所以，以杂化轨道成键形成的分子较稳定，同时分子也都具有不同的空间构型。

三、杂化轨道的类型

对于主族元素来说，*n*s、*n*p 轨道的能级较为接近，可以进行 s、p 轨道间的杂化。主要有 sp、sp^2、sp^3 三种类型的杂化轨道。

（一）sp 杂化

由 1 个 *n*s 轨道和 1 个 *n*p 轨道杂化形成两个形状和能量完全等同的 sp 杂化轨道的过程称为 sp 杂化。每个 sp 杂化轨道都含有 1/2 的 s 轨道成分和 1/2 的 p 轨道成分，两个 sp 杂化轨道在空间是直线型分布，轨道间的夹角为 180° ，如图 10-6 所示。

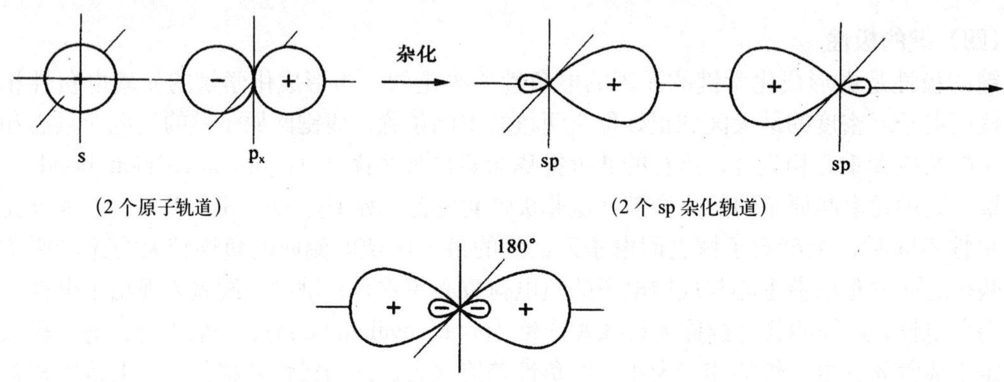

图 10-6　sp 杂化轨道示意图

例如 $BeCl_2$ 分子，基态 Be 原子的价电子构型为 $2s^22p^0$。形成 $BeCl_2$ 分子时，Be 原子受到 Cl 原子的影响，价层上的 1 个 2s 电子激发到 2p 轨道上，价电子构型变为 $2s^12p^1_x$。1 个 s 轨道和 1 个 2p 轨道进行 sp 杂化，杂化后形成两个 sp 杂化轨道，并向直线两端伸展。然后 2 个 Cl 原子具有单电子的 3p 轨道分别沿着直线两端与 Be 原子的 sp 杂化轨道重叠，形成两个 Be−Cl σ 键。所以，$BeCl_2$ 分子的空间构型为直线型，键角为 180°，如图 10-7 所示。

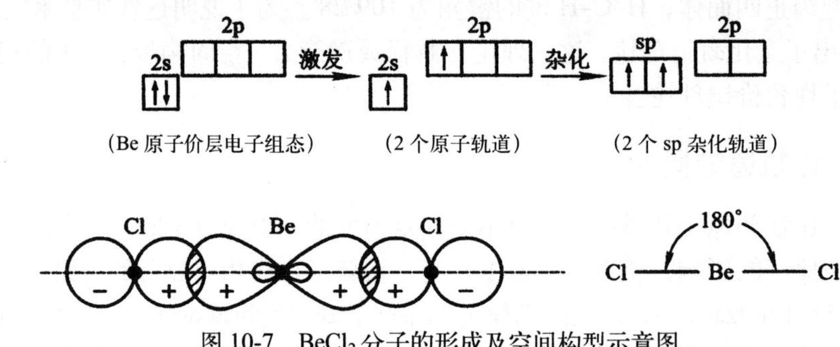

图 10-7　$BeCl_2$ 分子的形成及空间构型示意图

（二）sp^2 杂化

由 1 个 *n*s 轨道和 2 个 *n*p 轨道杂化形成 3 个 sp^2 杂化轨道的过程称为 sp^2 杂化。每个 sp^2 杂化轨道都含有 1/3 的 s 轨道成分和 2/3 的 p 轨道成分，3 个 sp^2 杂化轨道在空间呈平面正三角形分布，轨道间的夹角为 120°，见图 10-8（a）。

例如 BF_3 分子，B 原子的基态价电子构型为 $2s^22p^1_x$ 。形成 BF_3 分子时，B 原子受到 F 原子的影响，2s 轨道上的一个电子激发到 2p 空轨道，价电子构型变为 $2s^12p^1_x2p^1_y$ 。1 个 2s 轨道和 2 个 2p 轨道进行 sp^2 杂化，杂化后形成 3 个 sp^2 杂化轨道，并向平面三角形的三个顶角方向伸展。然后，3 个 F 原子的具有单电子的 2p 轨道分别沿着三角形的三个顶点与 B 原

子的 sp^2 杂化轨道重叠，形成 3 个 B–F σ 键。所以，BF_3 分子的空间构型为平面三角形，键角为 120°，如图 10-8（b）所示。

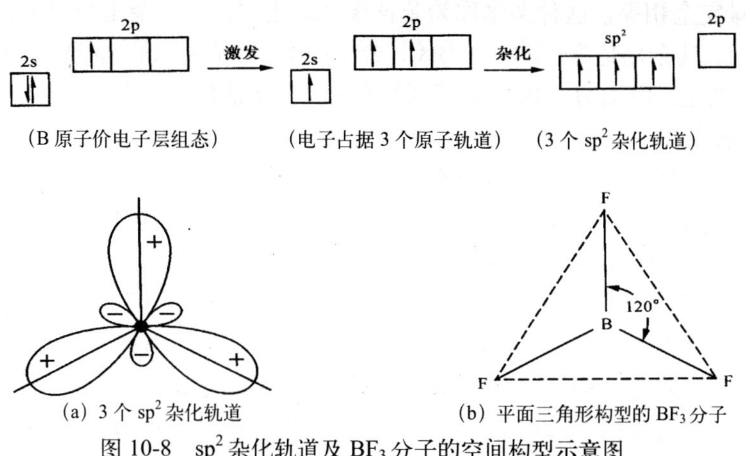

（a）3 个 sp^2 杂化轨道　　（b）平面三角形构型的 BF_3 分子

图 10-8　sp^2 杂化轨道及 BF_3 分子的空间构型示意图

（三）sp^3 杂化

由 1 个 *n*s 轨道和 3 个 *n*p 轨道杂化形成的 4 个 sp^3 杂化轨道的过程称为 sp^3 杂化。每个 sp^3 杂化轨道含有 1/4 的 s 轨道成分和 3/4 的 p 轨道成分。4 个 sp^3 杂化轨道在空间呈正四面体分布，轨道间的夹角为 109°28′，如图 10-9（a）所示。

例如 CH_4 分子，基态 C 原子的价电子构型为 $2s^22p^2$。在形成 CH_4 分子时，2s 轨道上的一个电子激发到 2p 轨道上，价电子构型变为 $2s^12p^1_x2p^1_y2p^1_z$。1 个 2s 轨道和 3 个 2p 轨道进行 sp^3 杂化，形成 4 个 sp^3 杂化轨道，并向四面体的四个顶角方向伸展。然后，4 个 H 原子具有单电子的 1s 轨道分别沿着正四面体的 4 个顶点与 C 原子的 sp^3 杂化轨道重叠，形成 4 个 C–H σ 键。所以，CH_4 分子的空间构型为正四面体，键角为 109°28′，如图 10-9（b）所示。

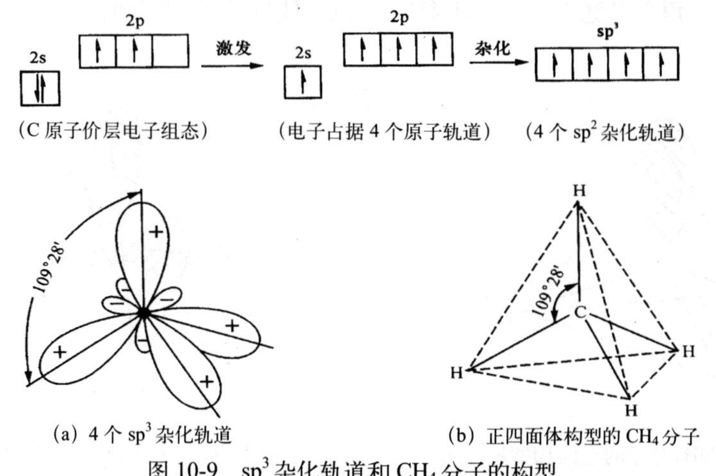

（a）4 个 sp^3 杂化轨道　　（b）正四面体构型的 CH_4 分子

图 10-9　sp^3 杂化轨道和 CH_4 分子的构型

四、等性杂化和不等性杂化

根据杂化后形成的所有杂化轨道的能量是否相同，所含杂化轨道的成分是否相等，轨道的杂化分为等性杂化（equivalent hybridization）和不等性杂化（nonequivalent hybridization）。

（一）等性杂化

杂化后所形成的杂化轨道中所含原来轨道的成分（实际是参与杂化的轨道上的电子数）完全相同，能量完全相等，这种杂化称为等性杂化。通常，参与杂化的原子轨道都含有单电子或都是空轨道，其杂化是等性的。如$BeCl_2$分子中Be原子采取的sp杂化，BF_3分子中的B原子采取的sp^2杂化，CCl_4分子中C原子采取的sp^3杂化都是等性杂化。

（二）不等性杂化

杂化后所形成的杂化轨道中所含原来轨道的成分不完全相同，能量不相等，这种杂化称为不等性杂化。通常参与杂化的原子轨道上有孤对电子，其杂化是不等性的。如NH_3分子中的N原子和H_2O分子中的O 原子的杂化都是不等性杂化。

例如，实验测得NH_3分子的空间构型为三角锥形，键角为107°18′。基态N原子的价电子构型为$2s^22p_x^12p_y^12p_z^1$，在形成NH_3分子时，N原子的1个具有孤对电子的2s轨道和3个具有单电子的2p轨道进行sp^3不等性杂化，形成4个sp^3杂化轨道。其中1个sp^3杂化轨道上填充了1对电子，含有较多的2s轨道成分，能量稍低。另外3个sp^3杂化轨道上各填充1个电子，含有较多的2p轨道成分，能量稍高。3个具有单电子的sp^3杂化轨道分别与3个H原子的具有单电子的1s轨道重叠，形成3个N–H σ键。具有孤对电子的未成键的sp^3杂化轨道电子云则密集于N原子周围。由于sp^3杂化轨道上未参与成键的孤对电子对N–H键成键电子的较强的排斥作用，使3个N–H键键角缩小为107°18′，小于109°28′。所以，NH_3分子的空间构型为三角锥形，如图10-10所示。NF_3分子和NH_3分子具有相同的杂化过程和空间构型。

又如，实验测得H_2O分子的空间构型为V形，键角为104°45′。基态O原子的价电子构型为$2s^22p_x^22p_y^12p_z^1$，有两对孤对电子。在形成H_2O分子时，O原子也采取了sp^3不等性杂化，形成4个sp^3杂化轨道。有两个sp^3轨道上填充了1对电子，另两个sp^3杂化轨道各填充了1个电子。两个具有单电子的sp^3杂化轨道分别与H 原子的具有单电子的1s 轨道重叠形成两个O－H σ键。由于两个sp^3 杂化轨道上两对未参与成键的孤对电子对O－H键更强的排斥作用，使O－H键键角变得更小，为104°45′，所以，H_2O分子的空间构型为V形，如图10-11所示。

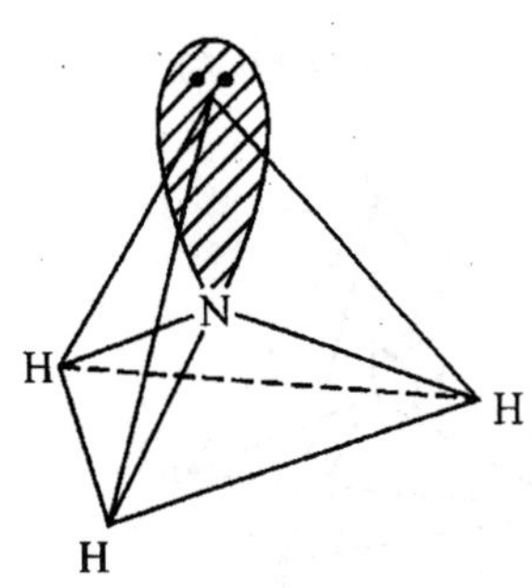

图10-10 NH_3分子的空间构型示意图

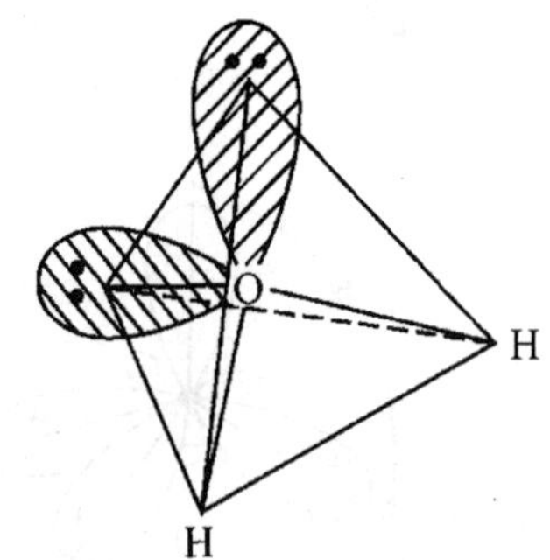

图10-11 H_2O分子的空间构型示意图

第三节 价层电子对互斥理论

运用杂化轨道理论可以解释某些多原子分子的空间构型，但是一个分子究竟采取哪种类型的杂化方式成键，有时却难以预言。为了预测多原子分子或离子的空间构型，1940年，西奇威克（Sidgwick）等人提出了分子的几何构型与价层电子对互斥作用有关的假设。1957 年，吉莱斯皮（Gillespie）等人正式提出了*价层电子对互斥理论*（valence shell electron pair repulsion theory，VSEPR 法）。该理论能够简便、准确地预测主族元素所形成的多原子分子或离子的空间构型。

一、价层电子对互斥理论的基本要点

（1）对于 AB_n 型多原子分子或离子（A 是中心原子，B 是配位原子），其构型取决于围绕在中心原子 A 周围的价层电子对数。价层电子对包括 σ 成键电子对和未成键的孤对电子。

（2）中心原子价层电子对间，由于相互排斥作用而趋向分布尽可能远离，所以分子尽可能采取对称性结构，这样斥力最小，体系趋于稳定。

电子对之间的夹角越小排斥力越大；成键电子对受两个原子核的吸引，所以电子云比较紧缩，而孤对电子只受到中心原子的吸引，电子云较"肥大"，对邻近电子的斥力较大，价层电子对间斥力大小顺序为：

孤对电子 — 孤对电子 ＞ 孤对电子 — 成键电子 ＞ 成键电子 — 成键电子

按照斥力最小原则，价层电子对数与价层电子对构型的关系如表 10-2 所示。

表 10-2　价层电子对数与价层电子对构型的关系

价层电子对数	2	3	4	5	6
价层电子对构型	直线形	平面三角形	正四面体形	三角双锥形	正八面体形

（3）中心原子和配位原子间若形成双键或三键，则按单键计算。双键或三键的成键电子多，相应斥力就大。斥力大小顺序为：

三键 ＞ 双键 ＞ 单键

二、推断多原子或离子构型的步骤

（一）确定中心原子的价层电子对数

$$价层电子对数=\frac{中心原子的价电子数+配位原子提供的电子总数\pm 离子电荷数}{2}$$

中心原子 A 所提供的价电子数等于其所在周期表中的族数。配位原子 B 所提供的电子数规定为：卤素原子和氢原子均提供 1 个电子；氧族元素原子提供的电子数为 0。若是阳离子则应减去电荷数，若是阴离子则应加上电荷数；若分子中有双键或三键，则按共价单键处理。

计算电子对数时，如果中心原子的价层电子总数为奇数电子（有一个成单电子），则应将单电子看成电子对。

例如，分别确定 ClF_3、NH_4^+、SO_4^{2-}和 NO_2 的中心原子的价层电子对数：

ClF_3 分子中，Cl 原子的价层电子对数为：（7＋3）/2= 5；

NH_4^+离子中，N 原子的价层电子对数为：（5＋4－1）/2= 4；

SO_4^{2-}离子中，S 原子的价层电子对数为：（6＋0＋2）/2= 4；

NO_2 分子中，N 原子周围的价电子总数为 5，则价层电子对数为 3。

（二）推断多原子分子或离子的空间构型

根据中心原子的价层电子对数和孤对电子数，再由表 10-3 可推断分子的空间构型。

表 10-3　AB_n 分子或离子的中心原子的价层电子对构型和分子的空间构型

价层电子对数	价层电子对构型	成键电子对数	孤对电子数	分子类型	分子的空间构型	实例
2	直线形	2	0	AB_2	直线形	$HgCl_2$，CO_2
3	平面三角形	3	0	AB_3	平面三角形	NO_3^-，BCl_3，CO_3^{2-}
		2	1	AB_2	角形（V 形）	NO_2，O_3，SO_2，$PbCl_2$
4	四面体形	4	0	AB_4	四面体形	CH_4，SiF_4，CCl_4，NH_4^+
		3	1	AB_3	三角锥形	NH_3，H_3O^+，PF_3，$AsCl_3$
		2	2	AB_2	角形（V 形）	H_2O，SF_2，H_2S
5	三角双锥形	5	0	AB_5	三角双锥形	PCl_5，PF_5，AsF_5
		4	1	AB_4	变形四面体	$TeCl_4$，SF_4
		3	2	AB_3	T 形	ClF_3，BrF_3
		2	3	AB_2	直线形	IF_2^-，ICl_2^-，I_3^-，XeF_2
6	正八面体形	6	0	AB_6	正八面体形	SF_6，AlF_6^{3-}
		5	1	AB_5	正方锥形	IF_5，BrF_5^{2-}
		4	3	AB_4	平面正方形	ICl_4^-，XeF_4

1. 理想构型

若中心原子的价层电子对全是成键电子对（无孤对电子），即电子对数=配位数 n 时，电子对的空间构型就是该分子的空间构型。

例如，确定 BCl_3 分子和 PO_4^{3-} 离子的空间构型

B 的价层电子对数是（3+1×3）/2=3，3 对电子与 3 个 Cl 成键，无孤对电子，故 BCl_3 分子为平面三角形。

P 价层电子对数=（5+0+3）/2 = 4，PO_4^{3-} 离子中，P 周围有 4 对电子与 4 个配位 O 原子成键，无孤对电子，所以为正四面体形。

2. 有孤对电子的分子或离子的空间构型

对许多分子来说，中心原子的电子对中，除有成键电子对外还有孤对电子，分子的空间构型将不同于价层电子对的空间构型。

例如，H_2O 分子的价层电子对数为：（6+2）/2= 4，价层电子对的空间构型为四面体，但分子的空间构型为角形（或 V 形），这是因为孤对电子占据了四面体中的两个顶点。

例 10-1　确定 ClF_3 分子的空间构型。

解: Cl 的价层电子对数=（7+3）/2 =5，有 2 对孤对电子，电子对的空间构型为三角双锥，其中三个顶角被成键电子对所占据，两个顶角被孤对电子所占据，因此，ClF_3 分子的空间构型为 T 形。

价层电子对互斥理论和杂化轨道理论是从不同角度探讨分子的空间构型。价层电子对互斥理论优点是简明、直观、应用范围也比较广泛。但它也具有一定的局限性，如它主要适用于中心原子是主族元素的 AB_n 型分子或离子的构型预测，只能对分子构型作定性的描述，但得不到定量的结果，也不能阐明键成键原理和键的相对稳定性。

第四节　分子轨道理论

价键理论在解释化学键的形成、共价分子的空间构型方面得到了很好的应用。由于它的基本要点是电子配对（或原子轨道重叠），成键电子是定域的，因此，这一理论在解释分子的某些性质时就遇到了困难。例如价键理论不能说明分子的磁性，不能解释某些物质所呈现的颜色，也不能定量地比较分子稳定性的大小。1932 年，美国化学家 R.S.Mulliken 和德国化学家 F.Hund 等人提出了分子轨道理论（MO 法），这种理论的建立对分子结构的研究和发展起到了重要作用。

一、分子轨道理论的要点

（1）分子轨道理论最突出的基本观点是把分子看作一个整体，分子中的电子不再从属于某一个特定的原子，而是在整个分子空间范围内运动，即电子是离域的。电子在分子空间范围内的运动状态也可用波函数 Ψ 描述。波函数 Ψ 又称为*分子轨道*（molecular orbital），可用符号 σ、π 等表示。$|\Psi|^2$ 表示电子在分子中空间各处出现的概率密度。

（2）分子轨道可以由分子中相应的原子轨道线性组合（Linear Combination of Atomic Orbital，简称 LCAO）而得到。有几个原子轨道参与组合，就形成几个分子轨道。在原子轨道组合成分子轨道时，由两个原子轨道（Ψ_a、Ψ_b）相加（波区符号相同）重叠组成的分子轨道（$\Psi_I = \Psi_a + \Psi_b$）称为*成键分子轨道*（bonding molecular orbital），用 σ、π 表示。在成键分子轨道中，电子在两核间出现的概率密度增大，其能量低于参与组合的原子轨道能量，轨道上的电子利于成键。由两个原子轨道相减（波区符号不相同）重叠所组成的分子轨道（$\Psi_{II} = \Psi_a - \Psi_b$）称为*反键分子轨道*（antibonding molecular orbital），用 σ^*、π^* 表示。对于反键分子轨道，电子在两核间出现的概率密度很小，几乎等于零，其能量高于参与组合的原子轨道能量，轨道上的电子不利于成键。

（3）原子轨道在组合成分子轨道时，必须满足下列三条原则才能有效地组成分子轨道。

（a）对称性匹配原则。只有对称性匹配的原子轨道才能组合成分子轨道。原子轨道的对称性是否匹配，可以根据将原子轨道的角度分布图进行两种对称操作（即旋转和反映）来判断。旋转是绕着键轴（通常选定 x 轴为键轴）旋转 180°；反映是对包含键轴的某一个平面（包含 x 轴和 y 轴，或 x 轴和 z 轴的平面）进行镜像反映。若进行旋转或镜像反映操作后原子轨道的形状、位置和波区符号均未改变，称为旋转或反映操作对称，如有改变则称为反对称。两个原子轨道对旋转和反映两种操作均为对称或反对称则二者为对称性匹配，能够组合成分子轨道；若一个原子轨道对某一种对称操作是对称，而另一个原子轨道对同一种对称操作是反对称，则二者为对称性不匹配，不能组合成分子轨道，如图 10-12 所示。

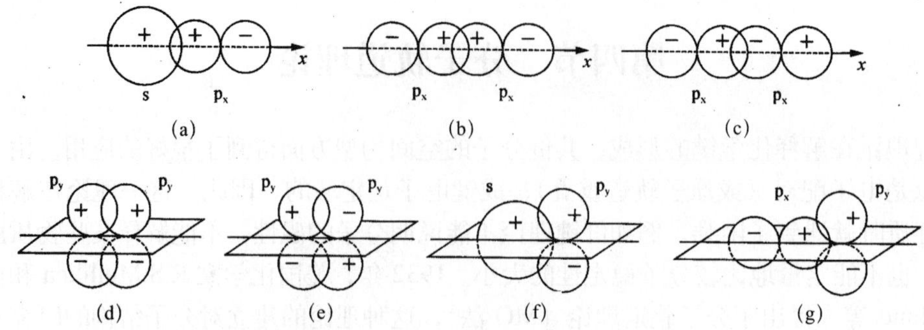

图 10-12　原子轨道对称性匹配示意图

图 10-12 的（a）、(b)、(c）中，原子轨道对于 x 轴呈圆柱形对称，均为对称性匹配，可组合成分子轨道；(d)、(e）中，两个 p_y 轨道对于 xz 平面,都呈反对称，也是对称性匹配，可以组合成分子轨道；在（f)、(g）中，对于 xz 平面，一个原子轨道呈对称，而另一个原子轨道呈反对称，则二者对称性不匹配，不能组合成分子轨道。对称性匹配的两个原子轨道组合成分子轨道时，波区符号相同（即同为正号波区重叠或同为负号波区重叠）的原子轨道组合时形成成键分子轨道；波区符号相反（即正号波区和负号波区重叠）的两个原子轨道组合时形成反键分子轨道，如图 10-13 所示。

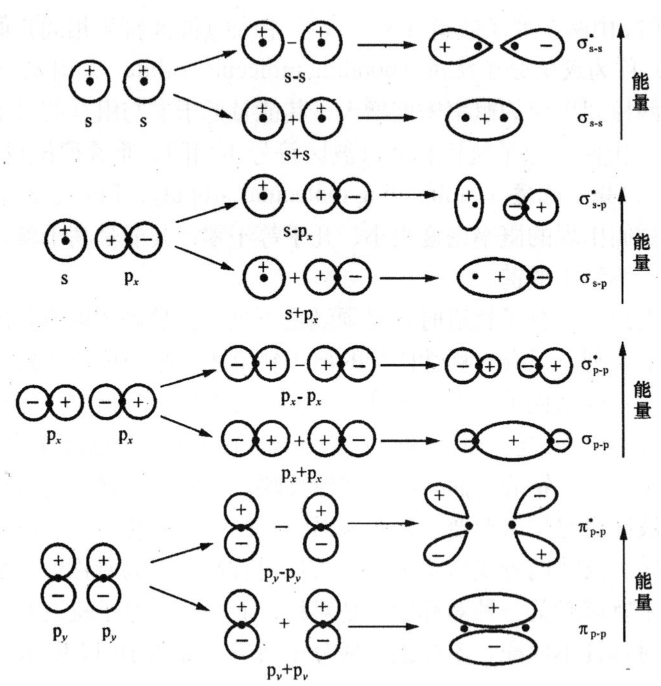

图 10-13　对称性匹配的原子轨道组合成分子轨道示意图

(b）能量近似原则。原子轨道组合成分子轨道时，除要求原子轨道的对称性匹配外，原子轨道之间能量应当相近。若能量相差太大，不能有效地组成分子轨道。原子轨道之间能量相差越小，越能有效地组成分子轨道，分子轨道的成键能力也越强，称为能量近似原则。

(c）最大重叠原则。对称性匹配、能量近似的原子轨道进行线性组合时，总是按照重叠程度最大的原则进行重叠。重叠程度越大，成键轨道的能量就越低，成键效应越强，形成的化学键也越牢固，称为最大重叠原则。

(4) 电子在分子轨道上的排布与在原子轨道上的排布类似，同样遵守 Pauli 不相容原理、能量最低原理和 Hund 规则。

(5) 在分子轨道理论中，用键级（bond order）来表示键的牢固程度。键级的定义为

键级 = 1/2（成键轨道上的电子数 − 反键轨道上的电子数）

一般说来，键级越大，键能越高，键越牢固，分子也越稳定，键级为零，表明分子不能存在。因此可以用键级值的大小，近似定量地比较分子的稳定性。

二、分子轨道的能级

分子轨道也有对应的能级，按照分子轨道的能级高低顺序，把分子轨道排列起来，即可得到分子轨道的能级图，如图 10-14 所示。

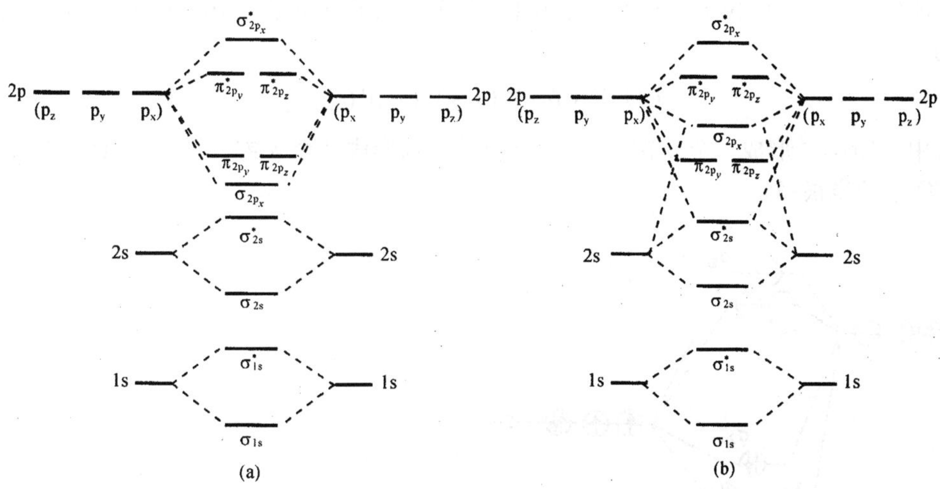

图 10-14　同核双原子的分子轨道的两种能级顺序图

（一）同核双原子分子轨道能级

现以第 2 周期同核双原子分子为例来说明分子轨道的组合及能级的高低。在第 2 周期元素中，由于不同的元素，其 2s、2p 轨道的能量差不同，组合成的分子轨道的能级顺序就有两种形式：一种是原子的 2s 轨道和 2p 轨道能量差较大（一般能量差大于 1500kJ · mol^{-1}），根据能量近似原则，在进行原子轨道的组合时，不会发生 2s 轨道和 2p 轨道的相互作用，只能进行 s-s 和 p-p 轨道的组合，形成的同核双原子分子轨道能级顺序为

$$\sigma_{1s} < \sigma_{1s}{}^{*} < \sigma_{2s} < \sigma_{2s}{}^{*} < \sigma_{2px} < \pi_{2py} = \pi_{2pz} < \pi_{2py}{}^{*} = \pi_{2pz}{}^{*} < \sigma_{2px}{}^{*}$$

O_2、F_2 分子的分子轨道能级符合这种能级顺序［见图 10-14（a)］。

除 O_2、F_2 分子外，其他第 2 周期元素的同核双原子分子，如 Li_2、Be_2、B_2、C_2、N_2 分子的分子轨道能级顺序为

$$\sigma_{1s} < \sigma_{1s}{}^{*} < \sigma_{2s} < \sigma_{2s}{}^{*} < \pi_{2py} = \pi_{2pz} < \sigma_{2px} < \pi_{2py}{}^{*} = \pi_{2pz}{}^{*} < \sigma_{2px}{}^{*}$$

这些分子中，原子的 2s 轨道和 2p 轨道的能量差较小（一般小于 1500kJ · mol^{-1}），在组合分子轨道时，一个原子的 2s 轨道除了和另一个原子的 2s 轨道发生重叠组成分子轨道外，还有可能与 2p 轨道重叠，这种 2s 轨道和 2p 轨道间相互影响的结果使 σ_{2px} 分子轨道的能量升

高，超过 π_{2py} 和 π_{2pz} 轨道能量［见图 10-14（b）]。

（二）异核双原子分子轨道能级

异核双原子分子和同核双原子分子类似，也是通过原子轨道的线性组合形成分子轨道。第 2 周期的异核双原子分子（如 CO、HF、NO 等），由于组成分子的原子的核电荷数不同，元素电负性不同，所以组合成分子轨道的能级顺序也会不同。但可以参照第 2 周期的同核双原子分子的方法进行处理。基本方法是：若分子中两个异核原子的核电荷数之和小于或等于 N 原子核电荷数的 2 倍，则此异核双原子分子的分子轨道能级顺序符合图 10-14（b）所示顺序；若两个原子的核电荷数之和大于 N 原子核电荷数的 2 倍，则此异核双原子分子的分子轨道能级顺序符合图 10-14（a)。

例如，CO 分子和 N_2 分子所含原子数、电子数都相等，二者为等电子体（isoster)。等电子体分子具有相似的结构，在性质上也有许多相似之处。按照分子轨道理论，CO 分子的分子轨道能级与 N_2 分子相似，其分子轨道组合方式及电子排布见图 10-15。CO 的分子轨道结构式为

$$CO\,[KK\,(\sigma_{2s})^2\,(\sigma^*{}_{2s})^2\,(\pi_{2p})^4\,(\sigma_{2p})^2\,]$$

其中，$(\sigma_{2p})^2$ 形成一个 σ 键，2 个 $(\pi_{2p})^2$ 分别形成 2 个 π 键，键级为（8－2）/2＝3，所以 CO 分子也很稳定。

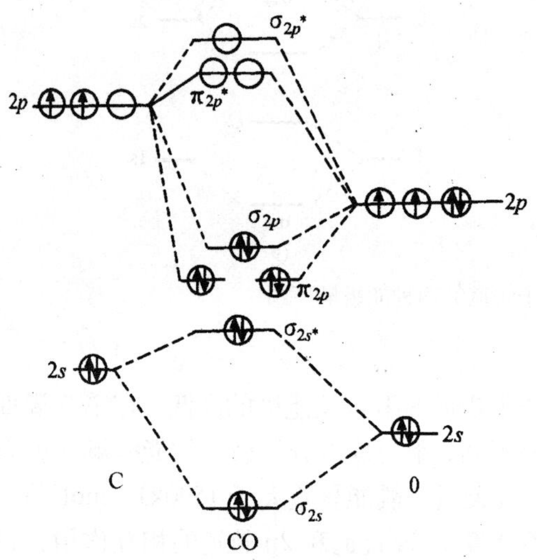

图 10-15　CO 分子轨道能级及电子排布

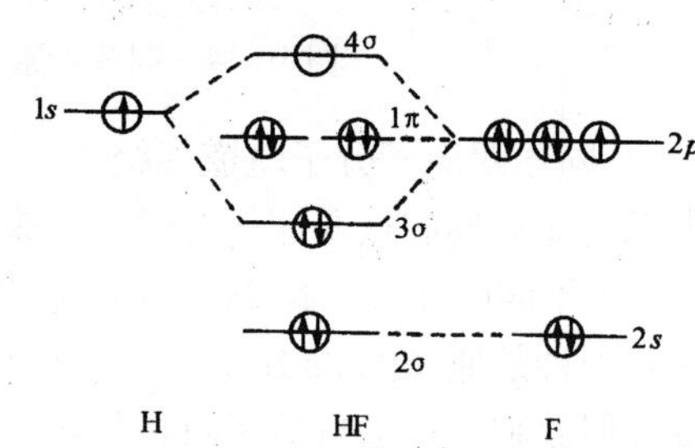

图 10-16　HF 分子轨道能级及电子排布

又如，在形成 HF 分子时，由于 H 原子的 1s 轨道和 F 原子的 2p 轨道能量相近，根据分子轨道的对称性匹配和能量最低原则，H 原子的 1s 轨道只有与 F 原子的 $2p_x$ 轨道才能有效地组成分子轨道，这样 F 原子的 1s、2s、$2p_y$、$2p_z$ 对形成 HF 分子没有贡献，仍然保持原来的轨道状态。HF 分子的分子轨道能级顺序如图 10-16 所示。HF 分子的分子轨道结构式为

$$HF\,[(1\sigma)^2(2\sigma)^2(3\sigma)^2(1\pi)^4\,]$$

键级为 1。只有 3σ 轨道上的一对电子可以成键，所以 HF 分子中只有一个 σ 键。

凡是没有参与轨道组合的原子轨道，形成分子后，仍基本保持它们在原子中的轨道状态，此种轨道称为非键分子轨道（non-bond molecular orbital)，这种轨道上的电子称为非键电子

(non-bond electron)。HF 分子中 1σ、2σ 和两个 1π 轨道均是非键轨道。

三、分子轨道理论的应用

分子轨道理论可以较好地解释一些分子的形成，比较不同分子稳定性的相对大小，判断分子是否具有磁性，推测一些双原子分子或离子能否存在。

例如，用 MO 法分析 N_2 分子和 O_2 分子的结构，比较两种分子稳定性的大小，解释 O_2 分子具有顺磁性的原因。

N 原子的价电子层结构为 $1s^22s^22p^3$，两个 N 原子共 14 个电子，根据电子排布三原则，按照图 10-14(b)的能级填充电子，N_2 分子的分子轨道结构式为

$$N_2[(\sigma_{1s})^2(\sigma_{1s}^*)^2(\sigma_{2s})^2(\sigma_{2s}^*)^2(\pi_{2py})^2(\pi_{2pz})^2(\sigma_{2px})^2]$$

由于 N_2 分子的 σ_{1s} 轨道和 σ_{1s}^* 轨道是由 N 原子的内层原子轨道组合而成的，且电子都已填满，σ_{1s} 轨道的能量降低和 σ_{1s}^* 轨道能量升高相同，相互抵消，可以认为内层电子对 N_2 分子的形成没有贡献，所以 $(\sigma_{1s})^2$ 和 $(\sigma_{1s}^*)^2$ 可用 KK 表示，则

$$N_2[KK(\sigma_{2s})^2(\sigma_{2s}^*)^2(\pi_{2py})^2(\pi_{2pz})^2(\sigma_{2px})^2]$$

其中，$(\sigma_{2s})^2$ 和 $(\sigma_{2s}^*)^2$ 能量的降低和升高相等，相互抵消，不能成键；$(\sigma_{2px})^2$ 可形成 1 个 σ 键，$(\pi_{2py})^2$ 和 $(\pi_{2pz})^2$ 分别形成 2 个 π 键。所以，N_2 分子中含有共价三键，键级为（8－2）/2＝3。由于形成三键的电子都排布在成键分子轨道上，且 π 轨道的能量较低，使体系能量大为降低，所以 N_2 分子很稳定。由于 N_2 分子中没有成单电子，所以 N_2 分子是抗磁性物质。

O 原子的价电子层结构为 $1s^22s^22p^4$，两个 O 原子共 16 个电子。O_2 分子的分子轨道式为

$$O_2[KK(\sigma_{2s})^2(\sigma_{2s}^*)^2(\sigma_{2px})^2(\pi_{2py})^2(\pi_{2pz})^2(\pi_{2py}^*)^1(\pi_{2pz}^*)^1]$$

其中，$(\sigma_{2px})^2$ 形成 1 个 σ 键，$(\pi_{2py})^2$ 和 $(\pi_{2py}^*)^1$、$(\pi_{2pz})^2$ 和 $(\pi_{2pz}^*)^1$ 分别形成 3 电子 π 键。所以，在 O_2 分子中有 1 个 σ 键和 2 个三电子 π 键，键级为（8－4）/2＝2，分子结构式为：O ≡ O。由于反键 π^* 轨道上的一个电子参与成键，O_2 的分子轨道中有 2 个单电子，所以 O_2 分子是顺磁性物质。

比较 O_2 分子和 N_2 分子的键级可知，N_2 比 O_2 稳定。

例如，推测氢分子离子 H_2^+ 和 Be_2 分子能否存在。

H_2^+ 中只有 1 个电子，按照分子轨道理论，其分子轨道式为：$[(\sigma_{1s})^1]$，键级为 1/2。由于 $(\sigma_{1s})^1$ 可形成 1 个单电子键，使体系能量降低，所以 H_2^+ 可以存在，但不稳定。

Be_2 分子中有 8 个电子，其分子轨道式为：$[KK(\sigma_{2s})^2(\sigma_{2s}^*)^2]$，键级为（2－2）/2＝0。由于进入成键轨道和反键轨道的电子数相等，净成键作用为零，所以，可以推测 Be_2 分子不能存在。

四、离域 π 键

分子中多个原子间有相互平行的 p 轨道，这些 p 轨道连贯重叠在一起构成一个整体，p 电子在多个原子间运动，形成 π 型化学键。这种不局限在两个原子之间的 π 键称为离域 π 键，或共轭大 π 键。用符号 Π_a^b 表示，a 表示参与成键的原子数，b 表示参与成键的 p 电子数。

形成离域 π 键的条件是：

（1）参加成键的原子数大于（或等于）3，且这些原子必须在同一个平面上，否则就不

能相互重叠；

（2）参加成键的每个原子都有一个相互平行的 p 轨道，如果中间某一原子没有平行的 p 轨道，则就不能连成离域 π 键；

（3）p 电子的数目要小于 p 轨道数目的 2 倍。

如苯分子中有 6 个碳原子和 6 个氢原子。根据光谱和衍射实验研究可知，苯分子的 6 个碳原子和 6 个氢原子都在同一平面上，分子中各键角均为 120°，因此苯环上的每个碳原子均采用 sp^2 杂化，形成 6 个 C–C σ 键和 6 个 C–H σ 键。每一个碳原子还有 1 个没有参与杂化的 p 轨道且互相平行，每个 p 轨道上均有 1 个 p 电子。按照分子轨道理论，这 6 个 p 轨道不是两两组合形成三个定域的 π 键，而是 6 个 p 轨道交互重叠形成一个包含 6 个 C 原子的大 π 键 Π_6^6，如图 10-17 所示。参与成键的 6 个 p 电子是在整个分子中运动，不再从属于某个原子，所以说苯分子中的 π 键是离域的。

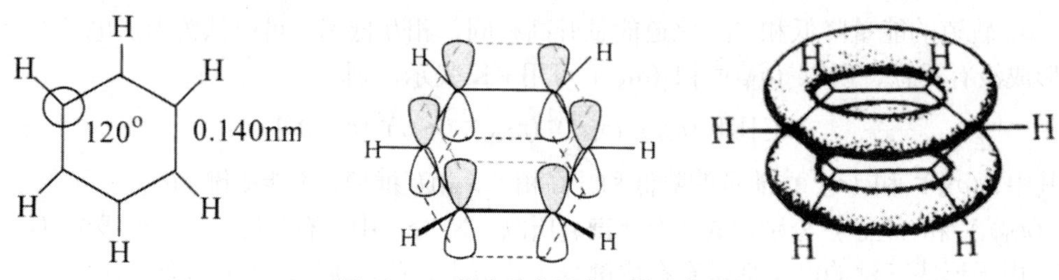

图 10-17　苯分子离域大 π 键示意图

第五节　分子间作用力

化学键是分子内部原子与原子间的相互作用力。键能约为 150 $kJ \cdot mol^{-1}$ ～ 650$kJ \cdot mol^{-1}$。分子之间也存在着一定的作用力，只是这种作用力比化学键要小，大约几十千焦每摩尔。这种作用力的存在，是物质表现出不同物态（气态、液态和固态）形式的主要原因，对分子的极化和变形起到重要作用。分子间的作用力主要有*范德华力*（范德华 force）和*氢键*（hydrogen bond）。

一、分子的极性与分子的极化

（一）分子的极性

在分子中存在着原子核形成的正电荷重心和电子形成的带负电荷重心，根据分子中正、负电荷重心是否重合，可将分子分为*极性分子*（polar molecule）和*非极性分子*（nonpolar molecule）。正、负电荷重心相重合的分子是非极性分子；正、负电荷重心不相重合的分子是极性分子。

对于双原子分子而言，化学键的极性就是分子的极性。例如 HCl、CO 分子等都是由极性共价键构成，则为极性分子；O_2、F_2 分子等都是由非极性共价键构成，则为非极性分子。

对于多原子分子，分子是否具有极性，不仅取决于化学键的性质，而且还决定于分子空间结构的对称性。如果分子中所有的共价键都是非极性共价键，则分子（除 O_3 外）是非极性分子，如 P_4、S_5 等分子都是非极性分子；如果分子中有极性共价键，分子是否有极性就要看分子的空间构型。例如 CO_2、CH_4、BF_3 分子，虽然分子中的共价键都是极性键，但 CO_2

分子是直线型，CH_4 分子是正四面体型，BF_3 分子是平面正三角形，分子的空间构型对称，正、负电荷重心重合，因此它们都是非极性分子。H_2O 分子是 V 形，NH_3 是三角锥形，分子的空间构型不对称，正、负电荷重心不相重合，因此，H_2O、NH_3 分子是极性分子。

分子极性的大小可以用偶极矩（dipole moment）衡量。偶极矩是分子中正、负电荷中心间的距离 d 与正电荷重心或负电荷重心上的电量 q 的乘积。

$$\mu=q\cdot d$$

μ 的单位是 C · m（库仑 · 米）。偶极矩是一个矢量，其方向是从正极指向负极。$\mu>0$，分子为极性分子，并且 μ 越大，分子的极性越强；$\mu=0$，分子为非极性分子。偶极矩可以用实验方法测得，一些简单分子的偶极矩实验测定值见表 10-4。

表 10-4　一些分子的偶极矩 $\mu/\times10^{-30}$C · m

分子	μ	分子	μ	分子	μ
H_2	0	BF_3	0	CO	0.40
Cl_2	0	SO_2	5.33	HCl	3.43
CO_2	0	H_2O	6.16	HBr	2.63
CH_4	0	HCN	6.99	HI	1.27

（二）分子的极化

极性分子固有的偶极矩，称为永久偶极（permanent dipole）。当有外电场存在时，无论是极性分子还是非极性分子，都会发生正负电荷重心的相对位移，这样产生的偶极矩称为诱导偶极（induced dipole），这种作用称为分子的极化，如图 10-18 所示。在外电场作用下，正、负电荷重心发生暂时的位移，电子云密度分布发生变化，分子发生变形，这种现象称为分子的变形性。

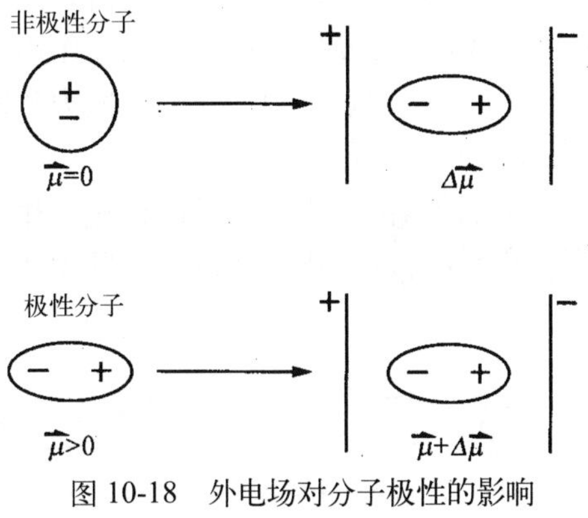

图 10-18　外电场对分子极性的影响

分子的极化不仅在外电场作用下能够产生，分子之间相互作用时也会发生，这正是分子间普遍存在相互作用力的重要原因。

二、范德华力

范德华力是分子之间普遍存在的作用力，比化学键要弱，这种分子间的作用力对物质的一些物理性质如沸点、熔点、表面吸附、溶解度等都有重要影响。范德华力包括取向力（orientation fore）、诱导力（inducation force）和色散力（dispersion force）。

（一）取向力

取向力是指存在于极性分子和极性分子之间的作用力。当极性分子相互接近时，由于极性分子固有偶极间的静电作用，使本处于杂乱无章的极性分子发生定向排列并相互吸引，这种永久偶极之间的静电作用力称为取向力，如图 10-19 所示。

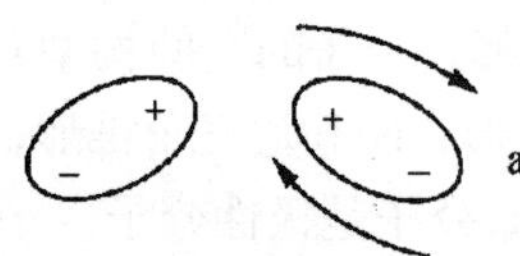

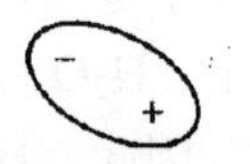
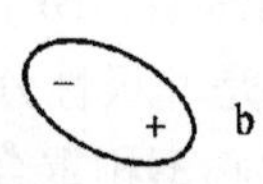

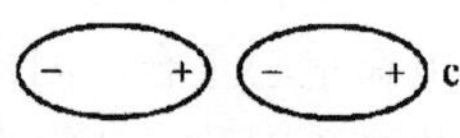

图 10-19　取向力示意图

（二）诱导力

极性分子和非极性分子之间也存在着相互作用力。当极性分子和非极性分子相互接近时，极性分子的永久偶极所产生的微电场对非极性分子的极化作用，使非极性分子发生变形而产生诱导偶极。然后极性分子的永久偶极与非极性分子的诱导偶极相互吸引。这种诱导偶极和永久偶极之间的作用力称为诱导力，如图 10-20 所示。极性分子相互接近时，因永久偶极的相互作用，也产生诱导偶极，使其偶极矩增大。因此，极性分子间除了存在取向力外，还存在诱导力。

（三）色散力

非极性分子之间也有相互作用力，这种作用力的大小，对分子的一些性质起着重要作用。例如 Cl_2、Br_2、I_2 都是非极性分子，但在常温下，Cl_2 是气体，Br_2 是液体，I_2 是固体，这是由于 Cl_2、Br_2、I_2 分子之间作用力大小不同造成的。

对所有分子而言，由于原子核在不停地振动，电子在不断地运动，使分子中正负电荷重心不断发生瞬时相对位移，产生瞬时间的偶极，称为瞬时偶极。瞬时偶极将诱导其相邻的分子产生偶极，并发生偶极间的相互作用（见图 10-21）。瞬时偶极间相互作用产生的作用力称为色散力。当用量子力学处理色散力时发现，这种分子间作用力的理论关系式与光的色散公式相似，色散力因此而得名。

瞬时偶极的产生虽然时间极短，相互间的作用也比较微弱，但却不断地重复产生，并不断地相互诱导和作用，所以，色散力在所有分子之间都始终存在。

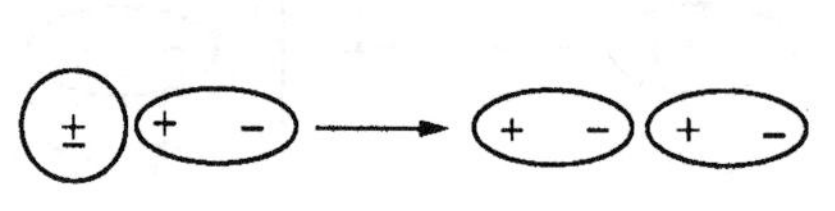

图 10-20　诱导力示意图

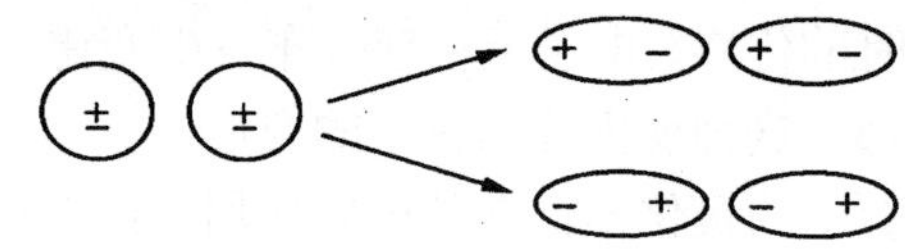

图 10-21　色散力示意图

综上所述，在极性分子之间同时存在取向力、诱导力和色散力；在极性分子和非极性分子之间，既有诱导力也有色散力；而在非极性分子之间只存在色散力。一些分子间三种作用力大小的比较见表 10-5。

范德华力是分子之间作用力的一种，不属于化学键。其特点是：①它是静电引力，作用能只有几到几十千焦每摩尔，比化学键小 1～2 个数量级；②它是近距离作用力，作用范围只有几十到几百皮米（10^{-12}m）；③它不具有方向性和饱和性；④对多数分子，色散力是主要的，只有极性大的分子，取向力才比较显著，诱导力通常都很小。

物质的一些物理性质如沸点、熔点、密度、溶解度、表面张力等都与分子间作用力有关。一般说来，分子间作用力越强，物质的熔点、沸点越高。例如，CF_4、CCl_4、CBr_4、CI_4 都是非极性分子，分子间只存在色散力。由于色散力随它们的分子量依次增大而递增，所以，它们的沸点依次递增。溶解度的大小也受分子间作用力大小的影响，所谓“相似相溶”，就是指溶剂分子和溶质分子的极性相似时，溶质更容易溶解，溶解度就会更大。

表 10-5　分子间范德华力的分配情况（$kJ \cdot mol^{-1}$）

分子	取向力	诱导力	色散力	总能量
Ar	0.000	0.000	8.49	8.49
CO	0.003	0.008	8.74	8.75
HI	0.025	0.113	25.86	26.00
HBr	0.686	0.502	21.92	23.11
HCl	3.305	1.004	16.82	21.13
NH_3	13.31	1.548	14.94	29.80
H_2O	36.38	1.929	8.996	47.31

三、氢键

范德华力随分子量的增大而增强。在同系物如 H_2O、H_2S、H_2Se 中，H_2S、H_2Se 符合上述变化规律。H_2O 的分子量最小，但它的熔点、沸点却最高。同样，HF 在卤化氢的系列中，NH_3 在氮族氢化物系列中也有类似的反常现象。由此可见，在 H_2O、HF、NH_3 中，分子间除有范德华力外，还有其他的作用力，这就是氢键。

（一）氢键的形成

在 HF 分子中，H 原子与 F 原子以极性共价键结合，由于 F 原子的电负性大，原子半径小，使 HF 分子中的电子云强烈偏向 F 原子，H 原子带正电荷。由于 H 原子只有一个电子，成键后已无内层电子，使 H 原子几乎变成裸露的核，具有很强的正电性，它能与另一个 HF 分子中 F 原子的孤对电子相互吸引，产生较强的定向作用力，我们把这种作用力称为氢键。所以，氢键是 H 原子与电负性大、原子半径小的原子 X 结合成强极性共价键 H－X 后，又与另一个分子中电负性大的原子 Y 相互作用而形成的。X 和 Y 可以是相同的原子，也可以是不同的原子。氢键可表示为

$$X-H\cdots\cdots Y$$

氢键的强弱与 X、Y 原子的电负性大小以及原子半径有关。X、Y 原子的电负性越大、半径越小，形成的氢键就越强。所以，较强的氢键均出现在 F、O、N 原子间。常见氢键的强弱顺序是：

$$F-H\cdots\cdots F>O-H\cdots\cdots O>O-H\cdots\cdots N>N-H\cdots\cdots N>O-H\cdots\cdots Cl>O-H\cdots\cdots S$$

（二）氢键的特点

由 X－H……Y－R 分解为 X－H 和 Y－R 时所需要的能量称为氢键的键能。氢键的键能一般小于 $42kJ \cdot mol^{-1}$，比化学键弱，但比分子间的范德华力要强。

氢键的键长是指 X－H……Y 中 X 原子到 Y 原子的核间距，比范德华力的半径要小，但比共价键要长的多，氢键 F－H……F 的键长约为 255pm。

氢键具有方向性和饱和性。氢键的饱和性是指 H 原子与一个电负性大的原子 X 结合成分子后，只能与一个其他分子的电负性大的原子形成一个氢键。方向性是指 H 原子在形成氢键时，总是沿着另一个分子中电负性大的原子的孤对电子云伸展方向去接近，即形成的氢键 X－H……Y 尽可能在一条直线上。这样才可保证 X 原子与 Y 原子间距离最远，斥力最小，形成的氢键更稳定。

（三）氢键的类型

氢键有分子间氢键和分子内氢键。一个分子的H原子与另一个分子中电负性大的原子相互吸引而形成的氢键称为分子间氢键（见图10-22）；一个分子中的H原子与同一分子中的另一电负性大的原子相互吸引而形成的氢键称为分子内氢键。分子内氢键一般不在同一直线上，但大多数分子内氢键是形成了环状的稳定结构（见图10-23）。

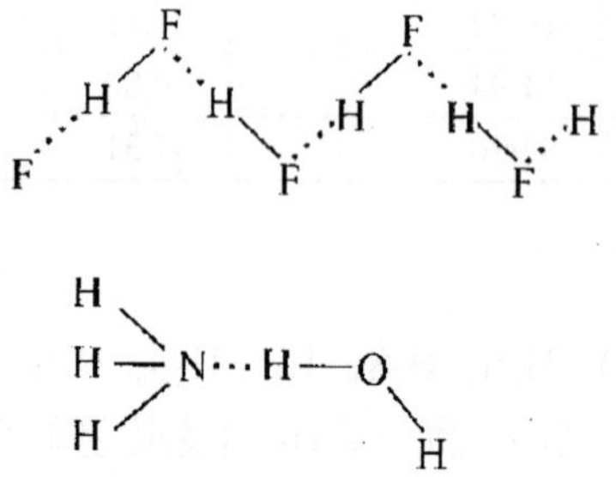

图10-22　分子间氢键

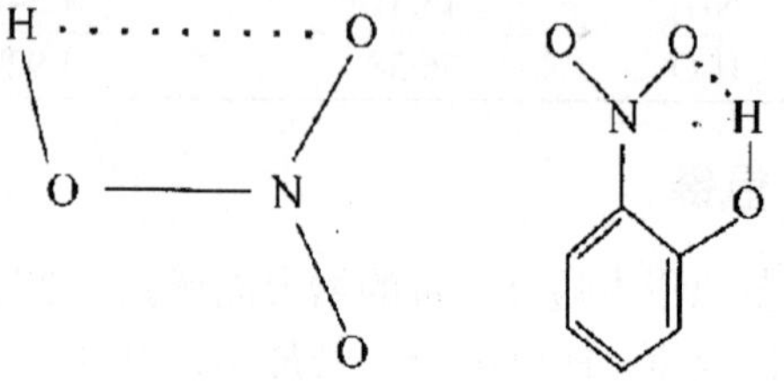

图10-23　分子内氢键

（四）氢键对物质性质的影响

通常说来，分子间氢键的形成使物质的熔点、沸点升高和汽化热比同系物增大。如水、氨和氟化氢等物质的熔点沸点比同系物的熔点沸点高。分子内氢键的形成常使其熔点沸点比同系物低。例如邻硝基苯酚的熔点是318K，而对硝基苯酚的熔点是387K。因为前者形成分子内氢键，而后者则形成的是分子间氢键。根据氢键的饱和性，邻位形成分子内氢键后就不能再形成分子间氢键，所以，邻硝基苯酚的熔点比对硝基苯酚的熔点低。

氢键的形成也影响着一些物质的溶解度。如乙醇、丙三醇等可以同水混溶，氢键起着重要作用。大分子溶质与溶剂分子可以形成多个氢键，溶液的密度和黏度增大，流动性减弱。但如果溶质分子存在分子内氢键，则溶液的密度和黏度就不会有明显提高。

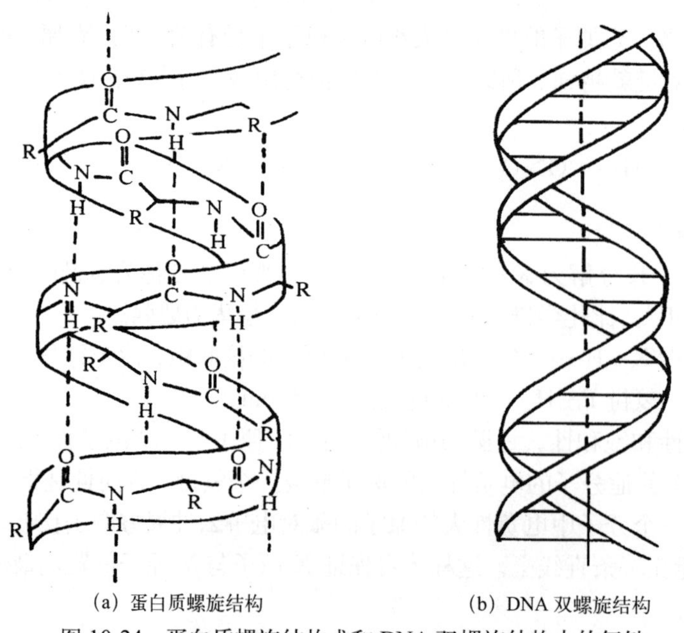

(a) 蛋白质螺旋结构　　(b) DNA双螺旋结构

图10-24　蛋白质螺旋结构式和DNA双螺旋结构中的氢键

生物体内也广泛存在氢键，如蛋白质分子、核酸分子中均有分子内氢键。在蛋白质的α螺旋结构中，螺旋之间羰基上的氧和亚胺基上的氢形成分子内氢键［见图 10-24（a)］。又如脱氧核糖核酸（DNA），它是由磷酸、脱氧核糖和碱基组成的具有双螺旋结构的生物大分子，两条链通过碱基间氢键配对而保持双螺旋结构［见图 10-24（b)］，维系并增强其稳定性。一旦氢键遭到破坏，分子双螺旋结构也将发生变化，生物活性也将丧失或改变。因此，氢键在生物化学、分子生物学和医学生理学的研究方面有着重要意义。

学 习 要 点

1. 化学键：分子或晶体中相邻原子或离子间的强烈相互作用力。它包括离子键、共价键和金属键。

2. 共价键：①定义：原子间由于成键电子的原子轨道重叠形成的化学键；②特征：具有方向性和饱和性；③类型（按原子轨道重叠部分的对称性分）：σ 键和 π 键；④配位共价键：成键的一对电子由一个原子单方面提供而形成的共价键。

3. 键参数：表征化学键性质的物理量，主要有键能、键长、键角、键的极性。

4. 杂化和杂化轨道：形成分子时，一个原子的价电子层轨道受到其他原子的影响，轨道状态发生改变，重新组合成相同数目的新原子轨道的过程称为杂化，形成的新轨道叫杂化轨道。对于主族元素，杂化轨道的主要类型有 sp、sp^2、sp^3。杂化轨道的成键能力增强。

等性杂化：杂化后所形成的杂化轨道中所含原来轨道的成分完全相同，能量完全相等，通常参与杂化的原子轨道都含有单电子或都是空轨道。

不等性杂化：杂化后所形成的杂化轨道中所含原来轨道的成分不完全相同，能量不相等，通常参与杂化的原子轨道上有孤对电子。

5. 价层电子对互斥理论要点：AB_n 型多原子分子或离子，其构型取决于中心原子 A 周围的价层电子对数。价层电子对包括 σ 成键电子对和未成键的孤对电子。中心原子的价层电子对间，由于相互排斥作用而趋向分布尽可能远离，以使斥力最小，体系趋于稳定。

6. 分子轨道和分子轨道能级。

（1）分子中相应的原子轨道线性组合得到分子轨道。由两个原子轨道（Ψ_a、Ψ_b）相加重叠所组成的分子轨道（$\Psi_I = \Psi_a + \Psi_b$）称为成键分子轨道，用 σ、π 表示；由两个原子轨道相减重叠所组成的分子轨道（$\Psi_I = \Psi_a - \Psi_b$）称为反键分子轨道，用 σ^*、π^* 表示。

（2）有效组成分子轨道的三原则：对称性匹配原则、能量近似原则和最大重叠原则。

（3）第二周期同核双原子分子轨道能级顺序为：

O_2、F_2 分子：

$$\sigma_{1s} < \sigma_{1s}^* < \sigma_{2s} < \sigma_{2s}^* < \sigma_{2px} < \pi_{2py} = \pi_{2pz} < \pi_{2py}^* = \pi_{2pz}^* < \sigma_{2px}^*$$

Li_2、Be_2、B_2、C_2、N_2 分子：

$$\sigma_{1s} < \sigma_{1s}^* < \sigma_{2s} < \sigma_{2s}^* < \pi_{2py} = \pi_{2pz} < \sigma_{2px} < \pi_{2py}^* = \pi_{2pz}^* < \sigma_{2px}^*$$

（4）键级 = 1/2（成键轨道上的电子数 − 反键轨道上的电子数）。

7. 离域 π 键形成的条件：①参加成键的原子数大于或等于 3，且成键原子必须在同一个平面上；②参加成键的每个原子都有一个相互平行的 p 轨道；③p 电子的数目要小于 p 轨道数目的 2 倍。

8. 分子的极性：正、负电荷重心相重合的分子是非极性分子；正、负电荷重心不相重合的分子是极性分子。分子极性的大小可以用偶极矩衡量（$\mu = q \cdot d$）：$\mu > 0$ 的分子为极性分子；$\mu = 0$ 的分子为非极性分子。

9. 范德华力：取向力、诱导力和色散力。取向力只存在于极性分子之间；诱导力存在于极性分子之间、极性分子和非极性分子之间；色散力存在于一切分子之间。结构相似的同系列物质，分子间力越大，物质的沸点和熔点越高。溶质和溶剂分子间力越大，互溶度越大。

10. 氢键对物质性质的影响：①分子间形成氢键，物质的熔点沸点升高，分子内形成氢键，物质的熔点沸点降低；②溶质和溶剂分子间形成氢键，互溶度增大；③分子间形成氢键的液体，一般黏度大，分子易缔合。

思 考 题

1. 解释下列名词：

（1）σ 键和 π 键　　　　（2）等性杂化和不等性杂化

（3）成键轨道和反键轨道　（4）氢键

2. 共价键的本质是什么？为什么共价键具有方向性和饱和性？

3. σ 键和 π 键各有何特点？二者有何区别？

4. 用 VB 法和 MO 法分别说明为何 H_2 分子能稳定存在而 He_2 分子不能稳定存在？

5. 按照杂化轨道理论，中心原子的杂化轨道和杂化前的原子轨道有何不同之处？杂化轨道在成键时有何优点？

6. 实验测得 H_2O 分子的键角为 $104^\circ 45'$，试用杂化轨道理论说明为何 H_2O 分子的键角会小于 $109^\circ 28'$。

7. 按照 VSEPR 法，中心原子的价层电子对构型和分子的几何构型有何区别？试以 NH_3 分子为例说明。

8. 试用 MO 法分别说明 O_2 分子的顺磁性和 N_2 分子的抗磁性。

9. 已知稀有气体的沸点按 He、Ne、Ar、Kr、Xe 顺序依次递增，为什么？

10. 二甲醚（CH_3OCH_3）和乙醇（C_2H_5OH）的组成相同，但前者的沸点比后者低，为什么？

11. 试回答下列问题：

（1）为什么氨易溶于水，而甲烷却难溶于水？

（2）为什么 HBr 的沸点比 HCl 的高，但却比 HF 的低？

（3）为什么 HNO_3 的沸点比 H_2SO_4 的沸点低？

（4）为什么室温下 CI_4 是固体，CF_4 和 CH_4 是气体，CCl_4 是液体？

（5）在室温下，为什么水是液体而 H_2S 是气体？

12．下列说法是否正确，为什么？

（1）只有 s 轨道与 s 轨道重叠才能形成 σ 键；

（2）配位键与共价键形成方式不同，所以配位键没有方向性和饱和性；

（3）CO_2、H_2O、H_2S、CH_4 分子中都含有极性键，因此都是极性分子；

（4）相同原子间双键的键能等于其单键键能的 2 倍；

（5）非极性分子只含非极性共价键；

（6）氢键是有饱和性和方向性的一类化学键；

（7）四氯化碳的熔点、沸点都很低，所以分子不稳定；

（8）根据 MO 法，在 N_2^+离子中有 1 个单电子 σ 键和 2 个 π 键；

（9）ClO_3^-离子的空间构型和中心原子 Cl 的价层电子对构型均为平面正三角形；

（10）在多原子分子中，键的极性越强，分子的极性就越大；

（11）凡是中心原子采用 sp^3 杂化轨道成键的分子，其空间构型必定是正四面体；

（12）一般来说，共价单键是 σ 键，在双键或三键中只有 1 个 σ 键。

练 习 题

1. 试用杂化轨道理论说明下列分子的中心原子可能采取的杂化类型及分子的空间构型。

（1）SF_2　（2）PH_3　（3）SiH_4　（4）BeH_2　（5）BCl_3

2. BF_3 分子的空间构型是平面正三角形，而 NF_3 分子的空间构型是三角锥形，试用杂化轨道理论解释。

3. 按照 VSEPR 法，确定出下列分子或离子的价层电子对数、孤对电子数及价层电子对构型，并推断其空间构型。

（1）SO_2　（2）NH_4^+　（3）ClF_3　（4）ICl_4^-

（5）PO_4^{3-}　（6）I_3^-　（7）ClF_5　（8）SF_6

4. 根据 VSEPR 法，预测下列分子的空间构型，指出其偶极矩是否大于零，并判断分子的极性。

（1）NCl_3　（2）SiF_4　（3）$CHCl_3$　（4）BCl_3　（5）H_2S

5. 写出下列分子或离子的分子轨道式，指出所形成的化学键，计算它们的键级，指出哪个具有顺磁性，哪个具有反磁性？哪个最稳定，哪个最不稳定？

（1）B_2　（2）O_2^+　（3）F_2　（4）He_2^+

6. 用分子轨道理论说明 He_2 不能存在的原因。

7. 试用分子轨道理论说明 O_2^-离子和 O_2^{2-}离子能否存在？写出它们的分子轨道结构式，并比较它们的稳定性和磁性。

8. 分别写出下列各组分子或离子的中心原子的杂化状态及分子或离子的空间构型。

（1）BF_3 和 BF_4^-　（2）H_2O 和 H_3O^+　（3）NH_3 和 NH_4^+

9. 解释 F_2 分子的化学键比 O_2 分子的化学键弱的原因。

10. 判断下列分子或离子中大键的类型。

（1）C_4H_6　（2）NO_2　（3）O_3　（4）CO_3^{2-}　（5）CO_2

11. 氧元素与碳元素的电负性相差较大，但 CO 分子的偶极矩很小，CO_2 分子的偶极矩却为零，为什么？

12. 说明下列分子之间存在着什么样的分子间力（取向力、诱导力、色散力、氢键）。

（1）苯和 CCl_4　（2）甲醇和水　（3）NaCl 和水　（4）HBr 气体

13. 下列分子中，哪个分子的极性较强？并说明原因。

（1）HCl 和 HI　（2）H_2O 和 H_2S　（3）CH_4 和 $CHCl_3$　（4）BF_3 和 NF_3

14. 将下列两组物质按沸点由低到高的顺序排列，并说明理由。

（1）Cl_2，I_2，F_2，Br_2　　（2）H_2，CO，Ne，HF

15. 下列化合物分子中，哪些能形成氢键？是分子间氢键，还是分子内氢键？

（1）NH_3 ，HCl ，H_2O ，H_2S ，CH_4，HF；

（2）H_2SO_4 ，H_3PO_4 ，H_3BO_3 ，HNO_3 ，H_2CO_3 ，HCN；

（3）邻硝基苯甲酸，对硝基苯酚，邻硝基苯酚，邻羟基苯甲醛，对羟基苯甲酸；

（4）乙醇和水，乙醚和水，氨和水，5%的甘油溶液，HF和H_2O，CH_4和H_2O。

16. 某一化合物的分子式为AB_4，A属第四主族元素，B属第七主族元素，A、B的电负性分别为2.55和3.16。试回答下列问题：

（1）已知AB_4的空间构型为正四面体，推测原子A与原子B成键时采用的杂化类型。

（2）A–B键的极性如何？AB_4分子的极性如何？

（3）AB_4在常温下为液体，该化合物分子间存在什么作用力？

（4）若AB_4与$SiCl_4$比较，哪一个的熔点、沸点高？

第十一章　配位化合物

【学习目的】

掌握：配位化合物的定义、组成和命名；配位化合物价键理论的基本要点，sp、sp^3、dsp^2、sp^3d^2、d^2sp^3 等杂化轨道，内轨型和外轨型配位化合物；配位平衡的基本概念和稳定常数的意义；螯合物及螯合效应。

熟悉：配合物的几何构型和配合物的磁性；影响配合物稳定性的因素及简单应用。

了解：配位滴定原理和配位滴定分析方法；配合物在医学上的意义。

配位化合物（coordination compound）简称配合物，过去称为络合物（complex compound），其原意是指复杂的化合物。

配合物是组成比较复杂、应用极为广泛、发展十分迅速的一类化合物。在现代结构化学理论和近代物理实验方法的推动下，配合物的研究迅速发展，成为一门独立的极其活跃的学科——配位化学。在医学方面，血液中的血红素是一种含 Fe^{2+} 的配合物，很多生物催化剂——酶，都是金属配合物。从分子水平研究微量元素在生化过程和病理、药理方面所起的作用，利用金属配合物的形成进行金属中毒治疗，体内某些金属元素缺乏所引起的疾病的诊断和治疗等都涉及配位化学的理论和方法。本章概括介绍一些配合物的基本知识、基础理论和配位滴定分析方法。

第一节　配合物的基本概念

一、配合物的定义

在蓝色的 $CuSO_4$ 溶液中加入过量的氨水，溶液就变成了深蓝色。实验证明，这种深蓝色化合物是 $CuSO_4$ 和 NH_3 形成的复杂化合物 $[Cu(NH_3)_4]SO_4$。它在溶液中全部解离成复杂的 $[Cu(NH_3)_4]^{2+}$ 离子和 SO_4^{2-} 离子：

$$[Cu(NH_3)_4]SO_4 = [Cu(NH_3)_4]^{2+} + SO_4^{2-}$$

溶液中 $[Cu(NH_3)_4]^{2+}$ 离子是大量的，它像弱电解质一样难以电离。若向此溶液中滴加 NaOH 溶液，没有蓝色的 $Cu(OH)_2$ 沉淀析出；若滴加 Na_2S 溶液，有黑色的 CuS 沉淀析出，这说明溶液中有 Cu^{2+} 离子，但浓度很低。NH_3 分子中的 N 原子有未成键的孤对电子，Cu^{2+} 离子的外层具有能接受孤对电子的空轨道，它们以配位键结合形成配位单元 $[Cu(NH_3)_4]^{2+}$。同样，$[Pt(NH_3)_2Cl_2]$ 是由 Pt^{2+} 离子和 2 个 NH_3 分子、2 个 Cl^- 离子以配位键结合成的配位单元。像这些由一个简单离子（或原子）与一定数目的阴离子或中性分子以配位键结合而成的具有一定特性的配位单元，带电荷的称为配位离子（coordination ion），不带电荷的称为配位分子

(coordination molecule)。配位分子和含有配离子的化合物称为配位化合物*。配合物可以是酸、碱、盐，如 $H_2[PtCl_6]$ 、$[Zn(NH_3)_4](OH)_2$、$K_3[Fe(CN)_6]$、$[Co(NH_3)_5H_2O]Cl_3$ 等。配合物和配离子的定义虽有所不同，但在使用上没有严格的区分，习惯上把配离子也称为配合物。

二、配合物的组成

配合物是由*内界*（inner sphere）和*外界*（outer sphere）组成的。*中心原子*（central atom）和*配体*（ligand）构成配合物的内界，又称内配位层，是配合物的特征部分，写在方括号内。与配离子带相反电荷的离子组成配合物的外界。配位分子没有外界。配离子和外界离子所带电荷相反，电量相等，故配合物是电中性的。例如，若配合物内界中含有多种配体，这种配合物称为混合配体配合物（mixed-ligand complex），简称*混配物*。

（一）中心原子

中心原子又称配合物的形成体。它是配合物的核心部分，位于配离子的中心，一般为带正电荷的阳离子，常见的为过渡金属元素离子，如 Fe^{3+} 、Zn^{2+}、Cd^{2+}、Hg^{2+}、Co^{3+}、Cr^{3+} 等。少数配合物的中心原子是中性原子，如$[Ni(CO)_4]$的中心原子是 Ni 原子。此外，少数高氧化态的非金属元素也能作为中心原子，如$[SiF_6]^{2-}$中的 Si（Ⅳ)、$[BF_4]^-$中的 B（Ⅲ)。

（二）配体和配位原子

与中心原子结合的中性分子或阴离子称为配体。常见的配体有 H_2O、CO、NH_3、CN^-、OH^-、X^-（卤素离子）等。此外，负氢离子（H^-）和能提供π键电子的有机分子或离子（如 C_2H_4、$C_5H_5^-$）等也可做配体。能提供配体的物质称为配位剂。如 $Na_2S_2O_3$、NaCl、KI 等。

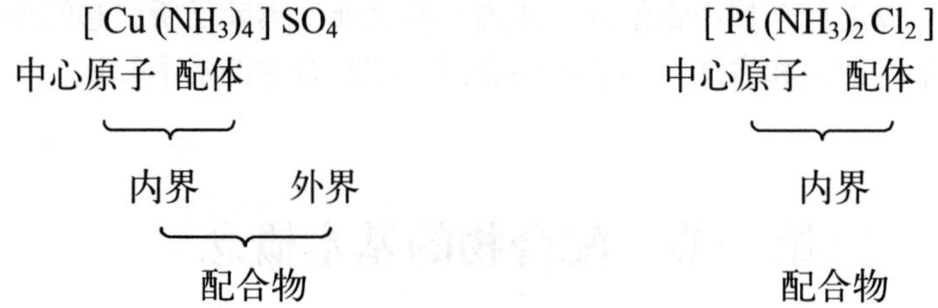

配体中能提供孤对电子直接与中心原子以配位键相结合的原子称为*配位原子*（ligand atom)。配位原子通常是电负性较大的非金属元素原子，如 O、N、F、Cl、Br、I、S、P、C 等。

按配体中配位原子的多少，可将配体分为*单齿配体*（monodentate ligand）和*多齿配体*（multidentate ligand)。只含有一个配位原子的配体称为单齿配体，如 H_2O、NH_3、OH^-、X^- 等。含有两个或两个以上配位原子的配体称为多齿配体。例如，乙二胺（ethylenediamine，缩写为 en）中含有两个配位原子，为二齿配体；乙二胺四乙酸（Ethylene Diamine Tetraacetic Acid，缩写为 EDTA）中含有 6 个配位原子，称为六齿配体。

有少数配体虽具有两个配位原子，但在形成配离子时只用一个配位原子与中心原子形成配位键，这类配体称为*异性双基配体*，也属于单齿配体。例如 SCN^-离子作为配体，S 原子和 N 原子都是配位原子，当它与 Hg^{2+}形成配离子$[Hg(SCN)_4]^{2-}$时，S 原子为配位原子；当它与 Cu^{2+}形成配离子$[Cu(NCS)_4]^{2-}$时，N 为配位原子。常见配体见表 11-1。

---

* 中国化学学会《无机化学命名原则》（1980 年版）关于配合物的定义为：“配合物是由可以给出孤对电子或多个不定域电子的一定数目的离子或分子（称为配体）和具有接受孤对电子或多个不定域电子的空位的原子或离子（统称为中心原子）按一定组成和空间构型所形成的化合物。”

表 11-1　常见配体

名　　称	缩　　写	化学式	齿　　数
卤素离子		F^-、Cl^-、Br^-、I^-	1
氰根、异氰根		CN^-、NC^-	1
硫氰酸根、异硫氰酸根		SCN^-、NCS^-	1
硝基、亚硝酸根		NO_2^-、ONO^-	1
氨、水		NH_3、H_2O	1
羰基		CO	1
羧基		—COOH	1
吡啶	Py	(吡啶环结构式)	1
草酸根	ox	$^-OOC—COO^-$	2
乙二胺	en	$NH_2CH_2CH_2NH_2$	2
氨基乙酸	gly	$NH_2CH_2COO^-$	2
二乙三胺	dien	$NH_2CH_2CH_2NHCH_2CH_2NH_2$	3
氨三乙酸	NTA	$N(CH_2COOH)_3$	4
乙二胺四乙酸	EDTA	$CH_2N(CH_2COOH)_2$ | $CH_2N(CH_2COOH)_2$	6

（三）配位数

直接与中心原子以配位键结合的配位原子的总数称为中心原子的配位数（coordination number）。常见的配位数为 2、4、6。若配体是单齿配体，则配位数与配体数相等；若配体是多齿配体，则配位数与配体数不相等。例如，$[Cu(NH_3)_4]^{2+}$配离子中，因 NH_3 为单齿配体，所以配位数和配体数相等，都是 4；$[Cu(en)_2]^{2+}$配离子中，en 为二齿配体，配体数是 2，配位数却是 4。

中心原子配位数的大小主要取决于中心原子和配体的性质（电荷、半径和核外电子排布）。①一般来说，中心原子半径较大，其周围排布配体较多，则配位数增大。如 Al^{3+}与 F^-可形成$[AlF_6]^{3-}$，而 B（Ⅲ）却因半径小只能形成$[BF_4]^-$。②对同一配体而言，同一元素高价态中心原子的配位数比低价态中心原子的配位数大。如 Pt^{4+} 与 Cl^-形成 $[PtCl_6]^{2-}$，Pt^{2+}与 Cl^-形成$[PtCl_4]^{2-}$。③对同一中心原子而言，其配位数随配体半径的增大而减少。如 Al^{3+} 与 F^- 形成$[AlF_6]^{3-}$，而 Al^{3+}与 Cl^-只形成$[AlCl_4]^-$。除此之外，增大配体浓度，降低反应温度，有利于形成高配位数的配合物。

（四）配离子的电荷

配离子的电荷等于中心原子和配体二者电荷的代数和。由于配合物是电中性的，所以，也可以根据外界离子的总电荷来确定配离子的电荷。同样由配离子的电荷也可计算出中心原子的氧化数。例如对配合物 $K_3[Fe(CN)_6]$，可由外界 K^+离子所带电荷确定出配离子所带电荷为-3，根据 $x+6\times(-1)=-3$，$x=+3$，可确定出中心原子的氧化数为$+3$。

三、配合物的命名

配合物的系统命名原则如下：

（一）内界与外界

内外界之间的命名遵循一般无机化合物的命名原则。命名时阴离子在前，阳离子在后。

像酸、碱、盐一样称为“某酸”“氢氧化某”“某化某”和“某酸某”。

（二）内界

内界的命名顺序为：

配体数—配体名称—合—中心原子名称（中心原子的氧化数）

配体数用“一、二、三……”表示，中心原子的氧化数用罗马数字“Ⅰ，Ⅱ，Ⅲ，Ⅳ……”表示。例如：

$[Ag(NH_3)_2]Cl$	氯化二氨合银（Ⅰ）
$[Cu(en)_2]SO_4$	硫酸二（乙二胺）合铜（Ⅱ）
$K_4[Fe(CN)_6]$	六氰合铁（Ⅱ）酸钾
$[Cu(NH_3)_4][PtCl_4]$	四氯合铂（Ⅱ）酸四氨合铜（Ⅱ）
$H_2[PtCl_6]$	六氯合铂（Ⅳ）酸
$[Zn(NH_3)_4](OH)_2$	氢氧化四氨合锌（Ⅱ）

如果内界有两种以上的配体，则配体的命名顺序如下：

（1）内界中既有无机配体又有有机配体时，则先无机配体，后有机配体。

（2）内界中既有离子配体又有分子配体时（同是无机配体或有机配体），则先离子配体后分子配体。

（3）不同的中性分子配体或离子配体，按配位原子元素符号英文字母顺序排列。

（4）同类配体中，若配位原子相同，配体所含原子数不同，则将含较少原子数的配体排在前面，含较多原子数的配体排在后面。

（5）同类配体中，若配位原子相同，所含原子的数目也相同时，则按与配位原子相连的原子元素符号英文字母顺序排列。

不同配体名称之间以圆点（·）分开，复杂配体及有机配体名称写在圆括号中。例如：

$[Co(NH_3)_2(en)_2]Cl_3$	三氯化二氨·二(乙二胺)合钴（Ⅲ）
$K[Pt(NH_3)Cl_5]$	五氯·氨合铂（Ⅳ）酸钾
$[Co(NH_3)_5H_2O]Cl_3$	三氯化五氨·水合钴（Ⅲ）
$[PtCl(NO_2)(NH_3)_4]SO_4$	硫酸氯·硝基·四氨合铂（Ⅳ）
$[Co(ONO)(NH_3)_5]SO_4$	硫酸亚硝酸根·五氨合钴（Ⅲ）
$NH_4[Cr(NCS)_4(NH_3)_2]$	四（异硫氰酸根）·二氨合钴（Ⅲ）酸铵
$[Pt (NO_2)NH_3(NH_2OH)(py)]Cl$	氯化硝基·氨·羟胺·吡啶合铂（Ⅱ）
$[Pt (NH_2) NO_2 (NH_3)_2]$	氨基·硝基·二氨合铂（Ⅱ）

对于配位分子，命名时中心原子的氧化数可不必标明，如

$[Fe(CO)_5]$	五羰基合铁
$[Co(NH_3)_3(NO_2)_3]$	三硝基·三氨合钴

第二节　配合物的价键理论

配合物的化学键理论主要有价键理论（valence bond theory）、晶体场理论（crystal field

theory)、配位场理论（coordination field theory）和分子轨道理论（molecular orbital theory）。利用这些理论可以阐明配合物的中心原子与配体之间结合力的本质，解释配合物的某些性质，如中心原子的配位数，配合物的空间构型、颜色、磁性和稳定性等。本节只讨论配合物的价键理论。

一、价键理论的基本要点

1931 年，美国化学家 Pauling 把杂化轨道理论应用到配位化学中，用以说明配合物的化学键性质，随后经过逐步完善，就形成了配合物的价键理论。它的基本要点如下：

（1）配合物中，中心原子和配体之间以配位键结合。中心原子必须具有适当的空轨道，配体必须提供未键合的孤对电子。

（2）为了增强成键能力，中心原子的空轨道在成键前必须先进行杂化，形成数目相等、能量相同且具有一定方向性的杂化轨道。然后，每个杂化轨道分别与配体的被孤对电子所占据的轨道重叠，形成配位键。这种键的本质是共价性的。

（3）中心原子的价电子构型与配体的种类、数目共同决定杂化类型，而杂化类型决定配合物的空间构型、相对稳定性和磁性。中心原子采用不同的杂化方式成键，可形成不同空间构型的配合物，如表 11-2 所示。

表 11-2　中心原子的杂化类型和配合物的空间构型

杂化类型	配位数	空间构型	实例
sp	2	直线形	$[Ag(NH_3)_2]^+$、$[Cu(NH_3)_2]^+$、$[Au(CN)_2]^-$、$[Ag(CN)_2]^-$
sp^2	3	平面三角形	$[CuCl_3]^{2-}$、$[HgI_3]^-$
sp^3	4	四面体形	$[NiCl_4]^{2-}$、$[Zn(NH_3)_4]^{2+}$、$[Cd(NH_3)_4]^{2+}$、$[HgI_4]^{2-}$
dsp^2	4	平面四方形	$[Ni(CN)_4]^{2-}$、$[PtCl_4]^{2-}$、$[Cu(NH_3)_4]^{2+}$、$[Pt(NH_3)_2Cl_2]$
dsp^3	5	三角双锥形	$[Fe(CO)_5]$、$[Ni(CN)_5]^{3-}$
sp^3d^2	6	八面体	$[FeF_6]^{3-}$、$[Fe(H_2O)_6]^{3+}$、$[Co(NH_3)_6]^{2+}$、$[Ni(NH_3)_6]^2$
d^2sp^3	6	八面体	$[Fe(CN)_6]^{4-}$、$[Cr(NH_3)_6]^{3+}$、$[Co(CN)_6]^{3-}$、$[PtCl_6]^{2-}$

二、内轨型配合物和外轨型配合物

在形成配合物时，中心原子采用不同类型的杂化方式成键，可形成不同类型的配合物。价键理论认为，配合物可分为内轨型配合物（inner-orbital coordination compound）和外轨型配合物（outer-orbital coordination compound）。

在成键时，不同配体对中心原子的影响不同，形成的配合物的类型不同。

实验证明，X^-（F^-、Cl^-、Br^-、I^-）、SCN^-、H_2O 做配体，对中心原子的影响小，一般形成外轨型配合物；CN^-、NO_2^-、CO 做配体，对中心原子的影响较大，一般形成内轨型配合物；NH_3 对中心原子的影响随中心原子不同而不同，形成的配合物既有外轨型的，又有内轨型的。

（一）外轨型配合物

中心原子采用外层的 *n*s、*n*p、*n*d 轨道进行杂化与配体成键，所形成的配合物称为外轨型配合物。这类配合物，中心原子的价电子构型在成键前后未发生变化。

例如，形成$[FeF_6]^{3-}$配离子时，中心原子 Fe^{3+}在成键时，采用能量相近的外层空的 4s、

4p、4d轨道进行 sp^3d^2 杂化，形成6个能量相等且在空间呈正八面体分布的杂化轨道。然后，6个 F^- 的被孤对电子占据的2p轨道沿着正八面体的6个顶点与6个 sp^3d^2 杂化轨道重叠成键（形成σ配键）。电子排布如下：

Fe：　　[Ar]$3d^64s^2$

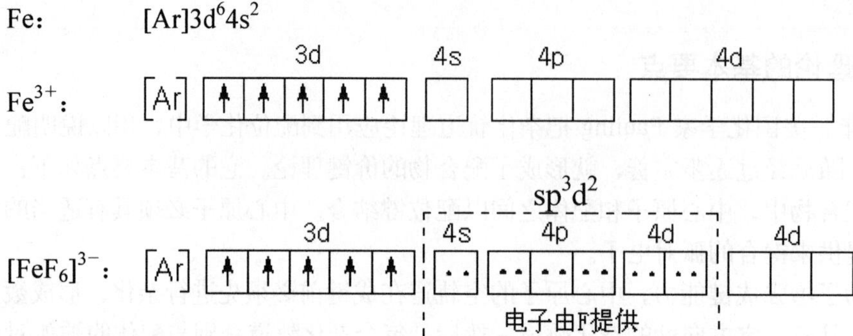

F^- 离子对中心原子 Fe^{3+} 的影响小，Fe^{3+} 的电子构型在成键前后未发生变化。

由于 Fe^{3+} 采用外层轨道进行杂化成键，故 $[FeF_6]^{3-}$ 为外轨型配合物，其空间构型为正八面体。

又如，形成 $[Ni(NH_3)_4]^{2+}$ 配离子时，由于 NH_3 对中心原子 Ni^{2+} 的影响不大，Ni^{2+} 采用外层空的4s、4p轨道进行 sp^3 杂化与 NH_3 成键，所以 $[Ni(NH_3)_4]^{2+}$ 为外轨型配合物，其空间构型为正四面体。电子排布为：

Ni：　　[Ar]$3d^84s^2$

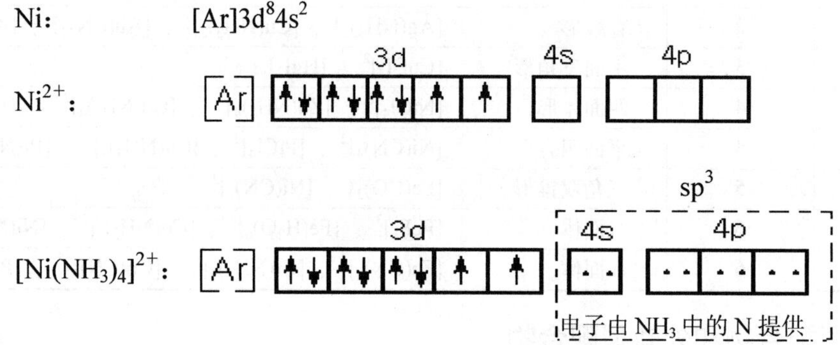

凡是中心原子采用sp、sp^2、sp^3、sp^3d^2 杂化方式成键的配合物都属于外轨型配合物。如 $[Ag(NH_3)_2]^+$、$[CuCl_3]^{2-}$、$[NiCl_4]^{2-}$、$[Fe(H_2O)_6]^{3+}$ 都是外轨型配合物。

（二）内轨型配合物

中心原子采用内层（$n-1$）d轨道和外层 ns、np轨道进行杂化与配体成键，所形成的配合物称为内轨型配合物。这类配合物，中心原子在与配体成键时，往往伴随着电子发生重排。

例如，形成 $[Fe(CN)_6]^{3-}$ 配离子时，由于配体 CN^- 对中心原子 Fe^{3+} 有较强烈的影响，所以当 CN^- 接近 Fe^{3+} 时，Fe^{3+} 的价层电子发生重排，5个3d电子重排到3个3d轨道上。然后，Fe^{3+} 的2个空的3d轨道、1个4s轨道和3个4p轨道进行 d^2sp^3 杂化与 CN^- 成键，故 $[Fe(CN)_6]^{3-}$ 为内轨型配合物，其空间构型为正八面体。电子排布为：

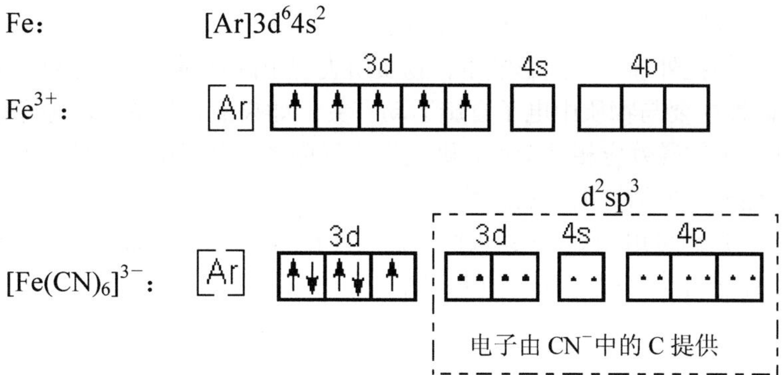

又如，形成$[Ni(CN)_4]^{2-}$配离子时，在配体CN^-的影响下，中心原子Ni^{2+}的价层电子发生重排，3d 轨道上的电子配对，空出 1 个 3d 轨道。然后，Ni^{2+}的 1 个 3d、1 个 4s 和 2 个 4p 轨道进行 dsp^2 杂化与CN^-成键，所以$[Ni(CN)_4]^{2-}$为内轨型配合物，其空间构型为平面四方形。电子排布为：

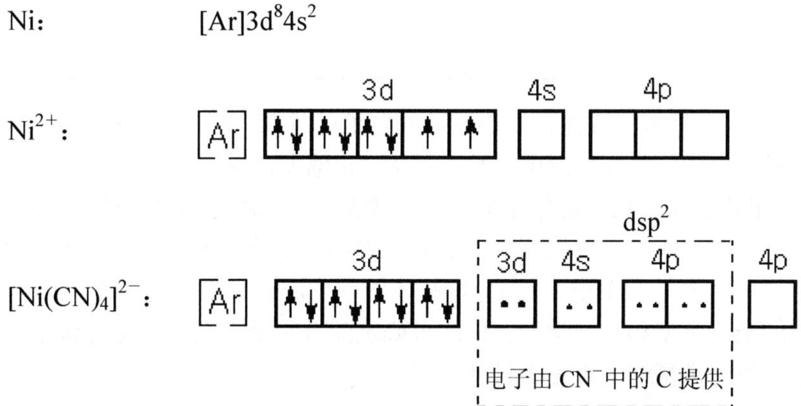

凡是中心原子采用 dsp^2、dsp^3、d^2sp^3 杂化方式与配体成键，所形成的配合物都属于内轨型配合物。如$[PtCl_4]^{2-}$、$[Fe(CO)_5]$、$[Fe(CN)_6]^{4-}$都是内轨型配合物。

对于中心原子、配位数相同的配合物，一般是内轨型比外轨型稳定，在溶液中前者比后者较难解离。如$[Fe(CN)_6]^{3-}$比$[FeF_6]^{3-}$稳定，$[Ni(CN)_4]^{2-}$比$[Ni(NH_3)_4]^{2+}$稳定。

什么情况下形成内轨型配合物或外轨型配合物，这不仅取决于配体的性质，而且还取决于中心原子的电子层结构。

中心原子（$n-1$）d 轨道全充满时，只能形成外轨型配合物。如$[Ag(CN)_2]^-$、$[Zn(NH_3)_4]^{2+}$、$[Cd(CN)_4]^{2-}$、$[HgI_4]^{2-}$等均为外轨型配合物。

中心原子（$n-1$）d 轨道电子数不超过 3 个，成键时，至少有 2 个空的（$n-1$）d 可利用，因此总是形成内轨型配合物。例如，$[Ti(H_2O)_6]^{3+}$、$[V(H_2O)_6]^{3+}$、$[Cr(H_2O)_6]^{3+}$ 均为内轨型配合物。

当中心原子的（$n-1$）d 轨道电子数为 4～7 时，既可形成内轨型配合物，也可形成外轨型配合物。在这种情况下，配体就成了决定配合物类型的主要因素。

三、配合物的磁性

价键理论不仅成功地说明了配合物的空间构型和某些化学性质，而且也能根据配合物中未成对电子数的多少较好地解释配合物的磁性。

物质的磁性是指在外加磁场的影响下，物质所表现出的性质，即顺磁性或反磁性（抗磁性）。而物质的磁性主要与物质中电子自旋运动有关。如果配合物的中心原子的电子都已成对，电子自旋所产生的磁效应相互抵消，则表现出反磁性；如果配合物的中心原子有成单电子，总磁效应不能相互抵消，则为顺磁性。

配合物的磁性强弱可用磁矩（μ）来衡量。对于配合物的中心原子，可以忽略轨道角动量，只考虑电子自旋角动量对磁矩的贡献，则

$$\mu \approx \sqrt{n(n+2)}$$

式中，n 为单电子数，μ 的单位为*波尔磁子*（Bohr magneton, B.M.，$1\text{B.M.} = 9.274 \times 10^{-24}$ J•T^{-1}）。

根据上式可计算出单电子数为 1～5 的磁矩理论值，见表 11-3。

表 11-3　单电子数与磁矩理论值

n	0	1	2	3	4	5
μ /（B.M.）	0.00	1.73	2.83	3.87	4.90	5.92

$\mu=0$ 的配合物，具有反磁性，中心原子的电子已成对；$\mu>0$ 的配合物，具有顺磁性，中心原子有未成对电子，且未成对电子数 n 越大，μ 越大，磁性越强。

通常是利用测定配合物的磁矩来确定内轨型配合物和外轨型配合物。假定配体和外界离子的电子都已配对，则配合物的单电子数就是中心原子的单电子数。将测得的磁矩与理论值对比，确定出中心原子的单电子数n，再与成键前中心原子的单电子数比较，可判断配合物中成键轨道的杂化类型和空间构型。由此可确定配合物是内轨型还是外轨型。一些配合物的磁矩、单电子数与类型的关系见表11-4。

表 11-4　一些配合物的磁矩、单电子数与类型的关系

配合物	中心原子的 d 电子数	单电子数	$\mu_{理}$（B.M.）	$\mu_{实}$（B.M.）	配合物类型
$[Ni(NH_3)_4]^{2+}$	8	2	2.83	3.2	外轨型
$[Ni(CN)_4]^{2-}$	8	0	0	0	内轨型
$[Fe(CN)_6]^{3-}$	5	1	1.73	2.13	内轨型
$[Fe(H_2O)_6]^{3+}$	5	5	5.92	5.40	外轨型
$[CoF_6]^{3-}$	6	4	4.90	5.30	外轨型
$[Co(NH_3)_6]^{3+}$	6	0	0	0	内轨型
$[Cr(H_2O)_6]^{3+}$	3	3	3.87	3.88	内轨型

中心原子含有未成对电子数较多的配合物也称为*高自旋配合物*，含有未成对电子数较少的配合物也称为*低自旋配合物*。通常外轨型配合物多为高自旋，内轨型配合物多为低自旋。如$[Fe(CN)_6]^{3-}$为低自旋配合物，而$[FeF_6]^{3-}$为高自旋配合物。

价键理论成功地阐明了配位键的形成过程，配合物的空间构型，中心原子的配位数及配合物的稳定性和磁性。但它还不能解释配合物的所有性质。如它不能定量解释配合物的稳定性，也不能解释配合物的可见光谱和紫外光谱的特征以及为什么过渡金属配合物具有颜色等问题。对于这些问题，配合物的其他化学键理论可以给予解释，在此不讨论。

第三节　配合物在水溶液中的稳定性

实验证明，配合物的内界和外界之间是靠离子键结合的，它在水溶液中可解离成配离子和简单离子，而配离子在水溶液中却是难电离的，存在着电离平衡。配合物在水溶液中的稳定性就是指配离子或配位分子在水溶液中解离的程度。其解离程度越小，配合物在水溶液中的稳定性越高。

一、配位平衡和解离平衡

向 $ZnSO_4$ 溶液中加入过量的氨水，就会生成无色的 $[Zn(NH_3)_4]^{2+}$ 配离子：

$$Zn^{2+}+4NH_3 \underset{\text{解离}}{\overset{\text{配位}}{\rightleftharpoons}} [Zn(NH_3)_4]^{2+}$$

该反应为*配位反应*（coordination reaction），它的逆反应为*解离反应*（ionization reaction）。在一定温度下，当配位速率和解离速率相等时，就达到了平衡，称为*配位平衡*(coordination equilibrium)。平衡常数为

$$K=\frac{[Zn(NH_3)_4^{2+}]}{[Zn^{2+}][NH_3]^4}$$

上述平衡常数称为*配位平衡常数*（ionization equilibrium constant）。K 值越大，越容易形成配离子，配合物越稳定，故又称为配合物的*稳定常数*(stability constant)，用 $K_{稳}$ 来表示。

对于配离子的解离反应，可以用解离平衡常数（ionization equilibrium constant）来衡量其解离程度的大小。 $[Zn(NH_3)_4]^{2+}$ 的解离平衡为

$$[Zn(NH_3)_4]^{2+} \rightleftharpoons Zn^{2+}+4NH_3$$

$$K_{不稳}=\frac{[Zn^{2+}][NH_3]^4}{[Zn(NH_3)_4^{2+}]}$$

解离平衡常数又称*不稳定常数*（unstable constant），用 $K_{不稳}$ 表示。$K_{不稳}$ 值越大，配离子越容易解离，则配合物越不稳定；$K_{不稳}$ 值越小，则配合物越稳定。显然，$K_{不稳}$ 和 $K_{稳}$ 互为倒数：

$$K_{不稳}=\frac{1}{K_{稳}}$$

事实上，配合物的形成都是分步进行的，每一步平衡都有相应的稳定常数，称为*逐级稳定常数*（stepwise stability constant）。例如：

$$Zn^{2+}+NH_3 \rightleftharpoons [Zn(NH_3)]^{2+} \qquad K_1=\frac{[Zn(NH_3)^{2+}]}{[Zn^{2+}][NH_3]}$$

$$[Zn(NH_3)]^{2+}+NH_3 \rightleftharpoons [Zn(NH_3)_2]^{2+} \qquad K_2=\frac{[Zn(NH_3)_2^{2+}]}{[Zn(NH_3)^{2+}][NH_3]}$$

$$[Zn(NH_3)_2]^{2+}+NH_3 \rightleftharpoons [Zn(NH_3)_3]^{2+} \qquad K_3=\frac{[Zn(NH_3)_3^{2+}]}{[Zn(NH_3)_2{}^{2+}][NH_3]}$$

$$[Zn(NH_3)_3]^{2+} + NH_3 \rightleftharpoons [Zn(NH_3)_4]^{2+} \qquad K_4 = \frac{[Zn(NH_3)_4^{2+}]}{[Zn(NH_3)_3^{2+}][NH_3]}$$

若把这四个平衡反应方程式加起来，可得到总的平衡反应方程式：

$$Zn^{2+} + 4NH_3 \rightleftharpoons [Zn(NH_3)_4]^{2+}$$

根据多重平衡规则，总稳定常数等于逐级稳定常数之积：

$$K_{稳} = K_1 \cdot K_2 \cdot K_3 \cdot K_4$$

总稳定常数又称为*累积稳定常数*（overal stability constant），用β_n表示。则上式可表示为

$$\beta_4 = K_1 \cdot K_2 \cdot K_3 \cdot K_4$$

应该注意，同一类型的配合物，$K_{稳}$越大，配合物越稳定。对不同类型的配合物，不能简单地由$K_{稳}$的大小来比较它们的稳定性，应通过计算来比较。例如$[FeY]^-$ 和 $[Fe(CN)_6]^{3-}$的$K_{稳}$值分别为1.7×10^{24}和1.0×10^{42}，事实上前者比后者稳定得多。

例 11-1 在298.15K时，将0.040 mol · L^{-1} $AgNO_3$溶液与2.0 mol · L^{-1} 氨水溶液等体积混合，计算混合溶液中Ag^+离子浓度。已知$[Ag(NH_3)_2]^+$的 $K_{稳} = 1.12 \times 10^7$。

解：等体积混合后

$$c_{Ag^+} = 0.020\ mol \cdot L^{-1}, \quad c_{NH_3} = 1.0 mol \cdot L^{-1}$$

	Ag^+	+ 2 NH_3	$\rightleftharpoons$ $[Ag(NH_3)_2]^+$
反应前浓度（mol · L^{-1}）	0.020	1.0	
平衡浓度（mol · L^{-1}）	$[Ag^+]$	$1.0 - 0.040 + 2[Ag^+]$	$0.020 - [Ag^+]$
		≈ 0.96	≈ 0.020

$$[Ag^+] = \frac{[Ag(NH_3)_2^+]}{K_{稳}\ [NH_3]^2} = \frac{0.020}{1.12 \times 10^7 \times (0.96)^2} = 1.94 \times 10^{-9} \quad (mol \cdot L^{-1})$$

计算结果表明，$[Ag^+]$远远小于0.020 mol · L^{-1}，故$0.020 - [Ag^+] \approx 0.020$ mol · L^{-1}所引起的误差很小。

二、配位平衡的移动

配位平衡像其他化学平衡一样，也是一种动态平衡。根据化学平衡移动原理，若向平衡体系中加入能与配体或中心原子形成更稳定的配离子的物质；或改变溶液的酸度使配体生成难电离的弱酸，中心原子水解成难溶氢氧化物；或加入某种试剂与中心原子生成难溶物；或使中心原子氧化态发生改变，都将使配位平衡发生移动，直至建立新的平衡。

（一）溶液酸度的影响

1. 酸效应

按照酸碱质子理论，很多配体都是质子碱。若配体的碱性较强，且溶液的酸度提高时，配体就会与 H^+离子生成它的共轭酸。如向$[FeF_6]^{3-}$溶液中加入酸，F^-离子与 H^+离子结合成难电离的HF，使平衡向配离子解离的方向移动。

从配体方面考虑，溶液酸度增大，配体会与 H^+离子结合成弱酸，使配体浓度减小而导致配合物稳定性下降，这一现象称为*酸效应*（acid effect）。

$$[FeF_6]^{3-} \rightleftharpoons Fe^{3+} + 6F^- \quad + 6H^+ \rightleftharpoons 6HF$$

$$[FeF_6]^{3-} \rightleftharpoons Fe^{3+} + 6F^- \quad Fe^{3+} + 3OH^- \rightleftharpoons Fe(OH)_3$$

$K_{稳}$值越小，则酸效应越强；反之，$K_{稳}$值越大，则酸效应越弱。例如，$[Ag(CN)_2]^-$的$K_{稳}$（1.0×10^{21}）比 $[Ag(NH_3)_2]^+$ 的$K_{稳}$（1.6×10^{7}）大得多，所以前者比后者的酸效应小，故$[Ag(CN)_2]^-$在酸性溶液中仍能稳定存在。

2. 水解效应

多数配合物的中心原子是过渡金属离子，而过渡金属离子在水溶液中都有不同程度的水解。若降低溶液的酸度，中心原子会发生水解，它在平衡体系中的浓度就会降低，平衡向配离子解离的方向移动，使配合物的稳定性降低。例如，向$[FeF_6]^{3-}$溶液中加碱，Fe^{3+}离子水解而使平衡发生移动，生成 $Fe(OH)_3$ 沉淀。

从中心原子方面考虑，溶液酸度降低，中心原子会发生水解，使中心原子浓度减小而导致配合物稳定性降低，这一现象称为*水解效应*（hydrolysis effect）。

综上所述，溶液酸度对配位平衡的影响应从酸效应和水解效应两方面考虑。一般在金属离子不发生水解的前提下，降低溶液的酸度有利于增加配合物的稳定性。

（二）其他配位反应的影响

向配位平衡体系中，加入与中心原子形成更稳定配离子的配位剂或加入与配体形成更稳定配离子的含其他金属离子的物质，平衡都将发生移动，配离子发生转化。例如，向$[Ag(NH_3)_2]^+$的平衡体系中加入 KCN 溶液，由于 CN^- 离子和 Ag^+ 离子生成了更稳定的$[Ag(CN)_2]^-$配离子，结果使平衡向$[Ag(NH_3)_2]^+$解离的方向移动。

$$[Ag(NH_3)_2]^+ + 2CN^- \rightleftharpoons [Ag(CN)_2]^- + 2\,NH_3$$

上述平衡的平衡常数为：

$$K=\frac{[Ag(CN)_2^-][NH_3]^2}{[Ag(NH_3)_2^+][CN^-]^2}\cdot\frac{[Ag^+]}{[Ag^+]}=\frac{K_{稳,[Ag(CN)_2]^-}}{K_{稳,[Ag(NH_3)]^+}}=\frac{1.26\times10^{21}}{1.12\times10^{7}}=1.125\times10^{14}$$

由于 K 值很大，故$[Ag(NH_3)_2]^+$的转化很完全。如果加入 KCN 的量足够大，$[Ag(NH_3)_2]^+$可全部转化为$[Ag(CN)_2]^-$。

又如，向$[Zn(NH_3)_4]^{2+}$的平衡体系中加 $CuSO_4$ 溶液，由于 Cu^{2+}离子与 NH_3 生成了更稳定的$[Cu(NH_3)_4]^{2+}$，使平衡向$[Zn(NH_3)_4]^{2+}$解离的方向移动。

$$[Zn(NH_3)_4]^{2+} + Cu^{2+} \rightleftharpoons [Cu(NH_3)_4]^{2+} + Zn^{2+}$$

同样可计算出：$K=7.26\times10^{3}$。

由此可见，加入 Cu^{2+}离子后，虽然平衡发生了移动，配离子也发生了转化，但转化不完全。

（三）氧化还原反应的影响

当向配位平衡体系中加入能与配体或中心原子发生氧化还原反应的物质时，配体或中心原子的浓度就会降低，平衡向配离子解离的方向移动。例如，向$[Fe(SCN)_2]^+$溶液中加入 $SnCl_2$ 溶液，血红色褪去。

$$2[Fe(SCN)_2]^+ \rightleftharpoons 2Fe^{3+} + 2SCN^-$$
$$+$$
$$Sn^{2+}$$
$$\Updownarrow$$
$$2Fe^{2+} + Sn^{4+}$$

（四）沉淀反应的影响

向配位平衡体系中加入能与中心原子形成难溶物的沉淀剂，中心原子的浓度减小，平衡向配离子解离的方向移动；反之，向沉淀平衡体系中加入能与金属离子形成稳定配离子的配位剂，平衡向沉淀溶解的方向移动。由下面的实验可证明这一点。

例如，向$[Ag(NH_3)_2]^+$配离子的平衡体系中加入 NaBr 溶液，配离子解离，生成较难溶的 AgBr 浅黄色沉淀；接着加入 $Na_2S_2O_3$ 溶液，沉淀溶解，生成更稳定的$[Ag(S_2O_3)_2]^{3-}$配离子；再加入 KI 溶液，配离子解离，生成更难溶的 AgI 黄色沉淀。平衡反应方程式如下：

$$[Ag(NH_3)_2]^+ + Br^- \rightleftharpoons AgBr\downarrow + 2NH_3$$
$$AgBr + 2S_2O_3^{2-} \rightleftharpoons [Ag(S_2O_3)_2]^{3-} + Br^-$$
$$[Ag(S_2O_3)_2]^{3-} + I^- \rightleftharpoons AgI\downarrow + 2S_2O_3^{2-}$$

由此可见，配离子的稳定性越差，生成的难溶电解质的溶解度越小，配离子越容易解离；难溶电解质的溶解度越大，生成的配离子的稳定性越高，平衡越容易向生成配离子的方向移动。

例 11-2 将 0.60 mol · L^{-1} KCN 溶液与 0.20 mol · L^{-1}$AgNO_3$溶液等体积混合，再加入固体 KI（忽略体积变化）使 I^-离子浓度为 0.10 mol · L^{-1}，通过计算说明是否有 AgI 沉淀产生。

解：等体积混合后

$$c_{Ag^+} = 0.10\ \text{mol}\cdot\text{L}^{-1},\quad c_{CN^-} = 0.30\ \text{mol}\cdot\text{L}^{-1}$$

	Ag^+	+	$2CN^-$	$\rightleftharpoons$	$[Ag(CN)_2]^-$
反应前浓度（mol · L^{-1}）	0.1		0.3		
平衡浓度（mol · L^{-1}）	$[Ag^+]$		$0.3-0.2+2[Ag^+]$ ≈ 0.1		$0.1-[Ag^+]$ ≈ 0.1

$$[Ag^+] = \frac{[Ag(CN)_2^-]}{K_{稳,[Ag(CN)_2]^-}[CN^-]^2} = \frac{0.10}{1.26\times10^{21}\times(10)^2} = 7.94\times10^{-21}\ (\text{mol}\cdot\text{L}^{-1})$$

因 $Q_c = c_{Ag^+}\cdot c_{I^-} = 7.94\times10^{-21}\times10^{-1} = 7.94\times10^{-22} < K_{sp} = 8.52\times10^{-17}$，

故在此条件下无 AgI 沉淀生成。

第四节 螯合物

一、螯合物的概念

单齿配体 NH_3 和多齿配体 en 都能与 Cu^{2+}形成配离子：$[Cu(NH_3)_4]^{2+}$和$[Cu(en)_2]^{2+}$。二者在结构上的不同之处是后者具有环状结构。

$$\left[\begin{array}{ccc} H_3N\searrow & & \swarrow NH_3 \\ & Cu & \\ H_3N\nearrow & & \nwarrow NH_3 \end{array}\right]^{2+} \qquad \left[\begin{array}{ccc} CH_2—H_2N\searrow & & \swarrow NH_2—CH_2 \\ | & Cu & | \\ CH_2—H_2N\nearrow & & \nwarrow NH_2—CH_2 \end{array}\right]^{2+}$$

由中心原子与多齿配体以配位键结合而形成的具有环状结构的配合物称为螯合物(chelate compound)，也称内配合物。螯合二字是指螯合成环，它形象地把多齿配体的两个相邻配位原子比作螃蟹的两只螯把中心原子钳住。螯合物中的多原子环称为螯合环。多数螯合物具有五原子环（五员环）或六原子环（六员环）。在螯合物中，中心原子与多齿配体数目之比称为螯合比。如$[Cd(en)_2]^{2+}$的螯合比为 1∶2。

二、螯合剂

含有多齿配体且能与中心原子形成螯合物的配位剂称为螯合剂 (chelating agent)。螯合剂具有如下特点：①螯合剂中必须含有两个或两个以上能给出孤对电子的配位原子；②螯合剂中两个相邻配位原子之间最好间隔两个或三个其他原子。

一般常见的螯合剂是含有 N、O、S、P 等原子的有机化合物。特别是氨羧螯合剂应用更广泛。氨基乙酸 NH_2CH_2COOH、氨三乙酸 $N(CH_2COOH)_3$、乙二胺四乙酸都属于氨羧螯合剂。其中乙二胺四乙酸最常用，它是一个四元酸，可用 H_4Y 表示。因 H_4Y 在水中的溶解度较小，故常用它的二钠盐(Na_2H_2Y)作为螯合剂，习惯上把二者统称为 EDTA。Na_2H_2Y 在水溶液中易解离成 H_2Y^{2-}离子：

$$Na_2H_2Y \rightleftharpoons 2Na^+ + H_2Y^{2-}$$

EDTA 能通过 6 个配位原子与很多金属离子形成螯合物，且形成的螯合物具有组成一定和稳定性高的特点。无论 EDTA 与几价的金属离子形成螯合物，其螯合比都是 1∶1 。例如：

$$Li^+ + H_2Y^{2-} \rightleftharpoons LiY^{3-} + 2H^+$$
$$Cd^{2+} + H_2Y^{2-} \rightleftharpoons CdY^{2-} + 2H^+$$
$$Fe^{3+} + H_2Y^{2-} \rightleftharpoons FeY^- + 2H^+$$

EDTA 配位能力很强，不易形成配合物的 Mg^{2+}、Ca^{2+}等离子都能与它形成相当稳定的螯合物。例如，Ca^{2+}离子能与 EDTA 形成很稳定的含有 5 个五员环的 CaY^{2-}离子，其结构见图 11-1。EDTA 与二价至四价的金属离子配位时，多数情况下配位数是 6，可形成 5 个五员环；少数情况下配位数为 4，可形成 3 个五员环。

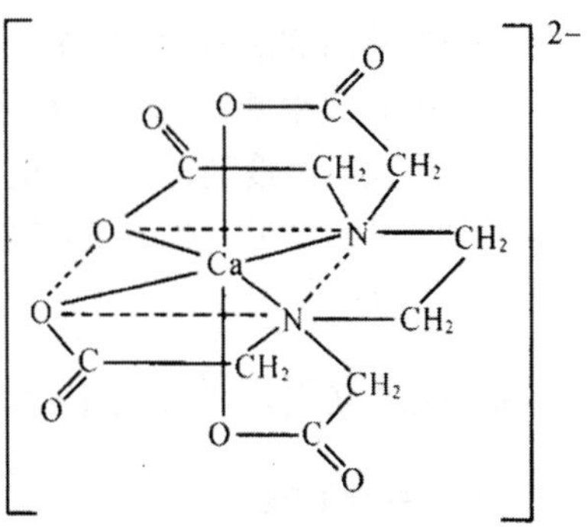

图 11-1　CaY^{2-}离子的结构

三、螯合效应

螯合物比具有相同配位原子的简单配合物要稳定得多，其在水中更难解离。例如$[Cu(en)_2]^{2+}$和$[Cu(NH_3)_4]^{2+}$的 $K_稳$值分别为 $10^{13.32}$和 10^{20}。$[Cu(en)_2]^{2+}$中有两个五员环，它要解离出一个 en 分子需要破坏两个配位键，而$[Cu(NH_3)_4]^{2+}$解离出一个 NH_3 分子只需破坏一个配位键，所以在水溶液中$[Cu(en)_2]^{2+}$更难解离、更稳定。像这种由于螯合环的形成而使螯合物具有特殊稳定性的作用称为螯合效应(chelating effect)。

实验证明，多齿配体中配位原子越多，生成的螯合物的螯合环越多，螯合效应越强。这是由于螯合环越多，使螯合物完全解离成金属离子和配体需破坏键的数目越多，则越难解离。故螯合物中的螯合环越多稳定性越高。

除了螯合环的数目影响螯合物的稳定性外，螯合环的大小也会影响螯合物的稳定性。一般是具有五员环或六员环的螯合物稳定性高。

第五节　配位滴定法

一、概述

配位滴定法（coordinate titration）是以配位反应为基础的滴定分析方法。它以配位剂作为滴定剂（标准溶液），可以直接或间接滴定许多被测金属离子。

能用于配位滴定的配位反应，除了必须满足滴定分析的基本条件外，还必须能生成足够稳定、中心原子与配体比例恒定的配合物，并且此配合物最好能溶于水。

现在广泛采用螯合剂作为滴定剂，它与金属离子配位形成的螯合物稳定性高，螯合比恒定，这类反应能满足配位滴定的要求。这种利用多齿配体对金属离子的强烈螯合作用进行滴定的方法称为*螯合滴定法*（chelatometric titration）。因此配位滴定法主要是指螯合滴定法。

螯合滴定中，最常用的螯合剂是EDTA（H_4Y和Na_2H_2Y），因此，用EDTA做滴定剂的螯合滴定法又称为EDTA滴定法。EDTA滴定反应的特点是：反应速率快，与金属离子M形成的螯合物MY（略去电荷）稳定性高，螯合比恒定（1∶1），水溶性好，且大多数为无色，便于指示剂确定终点。

在水溶液中，H_4Y分子中两个羧基上的质子转移到氮原子上形成兼性离子：

$$\begin{array}{lcr} HOOC\text{-}CH_2\diagdown\ + & & +\ \diagup CH_2COO^- \\ & \diagup NH\text{-}CH_2\text{-}CH_2\text{-}NH \diagdown & \\ {}^-OOC\text{-}CH_2 & & CH_2COOH \end{array}$$

在酸性较高的溶液中，H_4Y可再接受两个H^+而形成H_6Y^{2+}，它相当于六元酸，在水溶液中存在六级解离平衡，七种存在形式：H_6Y^{2+}、H_5Y^+、H_4Y、H_3Y^-、H_2Y^{2-}、HY^{3-}、Y^{4-}。各种存在形式的浓度随溶液pH的改变而改变。在$pH<1$的强酸性溶液中，主要以H_6Y^{2+}形式存在；在$pH=2.67\sim6.16$的溶液中，主要以H_2Y^{2-}形式存在；在$pH>10.26$的碱性溶液中，主要以Y^{4-}形式存在。

二、影响配位滴定的主要因素

（一）溶液的酸度

溶液中MY的稳定性除决定于其$K_{稳}$的大小外，还与溶液的酸度有关。如在MgY^{2-}溶液中存在如下平衡：

$$MgY^{2-} \rightleftharpoons Mg^{2+} + Y^{4-}$$

溶液的pH越小，Y^{4-}与H^+结合成H_3Y^-、H_2Y^{2-}、HY^{3-}等形式的可能性越大，MgY^{2-}的稳定性就越低，即酸效应越强。pH增大，虽然酸效应会减弱，但不能过高，否则金属离子会与OH^-结合成难溶的$Mg(OH)_2$沉淀，即水解效应增强，MgY^{2-}也不稳定。因此，在EDTA滴定过程中，选择合适的 pH 是十分重要的。为了保持滴定过程中溶液的 pH 基本恒定，且反应进行完全，滴定前必须加入合适的缓冲溶液。一些金属离子被 EDTA 滴定的最低 pH 见表 11-5。

表 11-5　一些金属离子被 EDTA 滴定的最低 pH

金属离子	$\lg K_{稳}$	最低 pH	金属离子	$\lg K_{稳}$	最低 pH
Mg^{2+}	8.64	9.7	Zn^{2+}	16.4	3.9
Ca^{2+}	11.0	7.5	Pb^{2+}	18.3	3.2
Mn^{2+}	13.8	5.2	Ni^{2+}	18.56	3.0
Fe^{2+}	14.33	5.0	Cu^{2+}	18.7	2.9
Al^{3+}	16.11	4.2	Hg^{2+}	21.8	1.9
Co^{2+}	16.31	4.0	Sn^{2+}	22.1	1.7
Cd^{2+}	16.4	3.9	Fe^{3+}	24.23	1.0

（二）其他配位剂

如果滴定体系中存在可与金属离子配位的其他配位剂（L），将会使 EDTA 与金属离子的配位能力下降，这种现象称为**配位效应**（coordination effect）。ML_n 的 $K_{稳}$越大，配位效应越强。例如，在 pH＝5～6，用 EDTA 滴定 Al^{3+}离子时，溶液中不能有 F^-离子存在，因为 F^-能与 Al^{3+} 形成稳定的配离子$[AlF_6]^{3-}$，故会影响 AlY^-的形成。而在 pH＝10，用 EDTA 滴定 Zn^{2+}时，NH_3-NH_4Cl 缓冲溶液中的 NH_3 虽能与 Zn^{2+}形成$[Zn(NH_3)_4]^{2+}$，但其稳定性小，终点时 Y^{4-}可从$[Zn(NH_3)_4]^{2+}$中夺取 Zn^{2+}，形成更稳定的 ZnY^{2-}，故不影响滴定。

（三）其他共存金属离子

如果滴定体系中存在其他金属离子 N，由于 N 与滴定剂或指示剂形成稳定的配合物，从而干扰 M 的测定，给滴定带来误差。在这种情况下，通过加入掩蔽剂（只与干扰离子发生反应，而不与被测离子发生反应的试剂），可以在干扰离子存在下选择滴定 M。例如，在 pH＝10，用 EDTA 滴定水中的 Ca^{2+}、Mg^{2+}时，有 Fe^{3+}、Al^{3+}、Hg^{2+}、Pb^{2+}等共存，对测定有干扰。加入三乙醇胺，它与 Fe^{3+}、Al^{3+}都形成稳定的配合物，而不与 Ca^{2+}、Mg^{2+}形成配合物，故可消除 Fe^{3+}、Al^{3+}的干扰；加入 Na_2S，由于生成 HgS、PbS 沉淀，可消除 Hg^{2+}、Pb^{2+}的干扰。

三、金属指示剂与滴定终点的判断

在配位滴定中，通常利用一种能与金属离子生成有色配合物的显色剂（水溶性有机染料）来指示滴定终点，这种显色剂称为金属离子指示剂，简称**金属指示剂**（metallochrome indicator）。作为金属指示剂应具备下列条件：

（1）指示剂与金属离子形成的配合物（MIn）的颜色与指示剂（HIn）自身的颜色有明显的差别。

（2）显色反应灵敏、迅速，并且有良好的变色可逆性。

（3）MIn 的稳定性要适当，既要有足够的稳定性（一般要求 $K_{稳,\ MIn}>10^4$），又要比 MY 的稳定性小$\left(一般要求\dfrac{K_{稳,\ MY}}{K_{稳,\ MIn}}>10^2\right)$。如果 MIn 的稳定性太低，就会提前出现终点，且变色不敏锐；如果 MIn 稳定性太高，就会出现终点拖后，甚至使滴定剂不能夺取其中的 M，显色反应失去可逆性，得不到滴定终点。

金属指示剂一般为有机弱酸，它自身的颜色随溶液 pH 的不同而不同。如铬黑 T (Eriochrome Black T，EBT 或 BT）是常用的金属指示剂，用 NaH_2In 表示，它在水溶液中存在下列平衡：

$$\underset{\text{紫红色}}{H_2In^-} \underset{pKa_2=6.3}{\overset{-H^+}{\rightleftharpoons}} \underset{\text{蓝色}}{HIn^{2-}} \underset{pKa_3=11.6}{\overset{-H^+}{\rightleftharpoons}} \underset{\text{橙色}}{In^{3-}}$$

根据指示剂变色原理，EBT 在不同 pH 溶液中颜色变化为：当 $pH=pKa_2=6.3$ 时，$[H_2In^-]=[HIn^{2-}]$，溶液呈现紫红色和蓝色的混合色；当 $pH<6.3$ 时，$[H_2In^-]>[HIn^{2-}]$，溶液呈现紫红色；当 $pH=6.3\sim11.6$ 时，溶液呈现蓝色；当 $pH>11.6$ 时，$[In^{3-}]>[HIn^{2-}]$，溶液呈现橙色。

由于 EBT 在 $pH<6.3$ 和 $pH>11.6$ 时所呈现的颜色与 MIn 的红色接近，故在这两种条件下都不能指示终点。实验结果证明，使用 EBT 的最适宜酸度为 $pH=9.0\sim10.5$，此时 EBT 呈蓝色。选用 $pH=10$ 的缓冲溶液控制酸度，用 EDTA 直接滴定 Ca^{2+}、Mg^{2+}、Zn^{2+}、Cd^{2+}等金属离子时，EBT 是良好的指示剂。现以 EDTA 滴定 Mg^{2+}为例说明终点的判断。

滴定开始前，加入的 EBT 与少量 Mg^{2+}结合成酒红色的 $MgIn^-$：

$$Mg^{2+}+HIn^{2-}\text{（蓝色）}\rightleftharpoons H^++MgIn^-\text{（酒红色）}$$

在滴定过程中，随着 EDTA 的加入，游离的 Mg^{2+}逐渐被配位，形成无色 MgY^{2-}：

$$Mg^{2+}+HY^{3-}\rightleftharpoons H^++MgY^{2-}\text{（无色）}$$

当达到化学计量点时，EDTA 从 $MgIn^-$中夺取 Mg^{2+}，使 HIn^{2-}游离出来，溶液从酒红色变为蓝色，颜色变化明显，从而可指示终点到达：

$$MgIn^-\text{（酒红色）}+HY^{3-}\rightleftharpoons MgY^{2-}+HIn^{2-}\text{（蓝色）}$$

应当指出，在用 EBT 指示滴定终点时，由于 EBT 与一些金属离子如 Al^{3+}、Fe^{3+}、Cu^{2+}、Co^{2+}、Ni^{2+}等生成非常稳定的配合物，到达终点时，过量的 EDTA 很难从这些配合物中置换出 EBT，故在化学计量点时不能变色或变色不敏锐，使终点推迟，这种现象称为指示剂的封闭现象。为了消除封闭现象，可在加指示剂前，先加入掩蔽剂，使其与封闭离子形成稳定配合物。如用 EDTA 滴定水中 Ca^{2+}、Mg^{2+}时，Fe^{3+}、Al^{3+}对 EBT 有封闭作用，可在滴定前先加入三乙醇胺，然后再加 EBT，可消除干扰。

四、应用实例

（一）EDTA 标准溶液的配制和标定

EDTA在水中的溶解小，一般常用EDTA二钠盐（$Na_2H_2Y\cdot2H_2O$）先配制成近似浓度的溶液，然后用Zn、ZnO、$ZnSO_4$、$CaCO_3$等基准物质配成标准溶液，在pH≈10（用NH_3–NH_4Cl缓冲溶液调节），以EBT做指示剂进行滴定，再根据标准溶液的浓度及终点时消耗的体积计算出EDTA的准确浓度。通常所用EDTA标准溶液浓度在$0.01mol\cdot L^{-1}\sim0.05mol\cdot L^{-1}$之间。

准确称取一定量的基准物质 ZnO（在 110℃烘至恒重）加盐酸溶解后直接配制成标准溶液。

（二）水的总硬度测定

水的总硬度是指水中 Ca^{2+}、Mg^{2+}的总浓度（$mmol \cdot L^{-1}$）。测定时，以 EBT 作为指示剂，加 NH_3-NH_4Cl 缓冲溶液调节 pH≈10，用 EDTA 标准溶液直接滴定至终点。按下式计算水的总硬度：

$$总硬度（mmol \cdot L^{-1}） = \frac{c_{EDTA}V_{EDTA}}{V_{水样}} \times 1000$$

第六节 配合物在生物、医药方面的应用

自然界中大多数化合物都是以配合物的形式存在的。配合物的应用非常广泛，它与生物学、医药学有着密切的关系。

生物体内许多金属元素都是以配合物的形式存在，并发挥着各自的作用。人体内输送氧气的血红蛋白中的血红素，是 Fe^{2+}的卟啉类螯合物；在一些低级动物（如蟹、蜗牛）的血液中，执行输氧功能的血蓝蛋白是含铜的蛋白质螯合物；某些海洋无脊椎动物（如海鞘）的血液中具有载氧作用的是钒的螯合物。

植物中参与光合作用的叶绿素是以 Mg^{2+}为中心原子的卟啉类螯合物。现在已知在光合作用中，不只是镁螯合物在起作用，至少有四种金属（Mg、Mn、Fe、Cu）的螯合物在共同完成这个作用。

维生素 B_{12} 是 Co^{3+}的卟啉类配合物，它的主要功能是促使红细胞成熟，缺少它就会引起恶性贫血；对调节体内物质代谢（尤其是糖类代谢）有重要作用的胰岛素是含锌的配合物；很多其他金属蛋白质和金属酶也是一些复杂的配合物。

职业中毒、环境污染、金属代谢障碍及过量服用金属元素药物均能引起有毒元素 Hg、As、Pb、Cd 等在体内积累和必要元素的过量，造成金属中毒。对于金属中毒，临床上用螯合疗法进行解毒。一般是选择合适的配位剂或螯合剂与这些金属离子形成配合物而排出体外。例如，二巯基丁二酸钠作为解毒剂可与进入体内的有毒金属 As、Hg 形成稳定的配合物而解毒。$Na_2[CaY]$可用作铅中毒的解毒剂，因为 Pb^{2+}可以与$[CaY]^{2-}$反应生成更稳定、无毒且可溶性的$[PbY]^{2-}$而排出体外。有些药物本身就是配合物，有些药物是在体内形成配合物。如治疗血吸虫病的酒石酸锑钾、用于治疗血钙过多的 EDTA 二钾盐、给贫血病人补铁质的枸橼酸铁铵等都是配合物或配合剂。

学习要点

1. 配合物的基本概念。

配合物：由一个简单离子（或原子）与一定数目的阴离子或中性分子以配位键结合而成的具有一定特性的配位单元，带电荷的称为配位离子，不带电荷的称为配位分子。配位分子和含有配离子的化合物称为配位化合物。

中心原子：配合物中接受配体孤对电子的原子或离子。

配位体：配合物中提供孤对电子的分子或离子。只含有一个配位原子的配体称为单齿配

体，含有两个或两个以上配位原子的配体称为多齿配体。

配位原子：配体中能提供孤对电子直接与中心原子以配位键相结合的原子。

配位数：直接与中心原子以配位键结合的配位原子的总数。

命名：按系统命名原则命名。

2. 配合物的价键理论：

(1) 中心原子的杂化轨道与配体孤对电子占据的轨道重叠形成配位键；

(2) 中心原子采用外层的 ns、np、nd 轨道进行杂化与配体成键所形成的配合物称为外轨型配合物，中心原子采用 sp、sp^2、sp^3、sp^3d^2 杂化方式成键；中心原子采用内层（$n-1$）d 轨道和外层 ns、np 轨道进行杂化与配体成键所形成的配合物称为内轨型配合物，中心原子采用 dsp^2、dsp^3、d^2sp^3 杂化方式成键。内轨型配合物比外轨型配合物稳定。

(3) 磁矩（μ）：$\mu \approx \sqrt{n(n+2)}$，$\mu>0$ 的配合物具有顺磁性，$\mu=0$ 的配合物具有反磁性。

3. 稳定常数和不稳定常数：$K_{稳}$越大，越容易形成配离子，配合物越稳定；$K_{不稳}$值越大，配离子越容易解离，配合物越不稳定。$K_{不稳}=1/K_{稳}$。

4. 影响配位平衡移动的因素：溶液酸度、其他配位反应、氧化还原反应、沉淀反应。

5. 螯合物：中心原子与多齿配体以配位键结合而形成的具有环状结构的配合物称为螯合物。

螯合剂：含有多齿配体且能与中心原子形成螯合物的配位剂。特点：①必须含有两个或两个以上能给出孤对电子的配位原子；②两个相邻配位原子之间最好间隔两个或三个其他原子。

螯合效应：由于螯合环的形成而使螯合物具有特殊稳定性的作用。螯合物的螯合环越多，螯合效应越强。一般是具有五员环或六员环的螯合物稳定性高。

6. 配位滴定法、影响配位滴定的主要因素、金属指示剂和滴定终点的判断。

思 考 题

1. 区别下列名词：

(1) 配合物与螯合物　　(2) 单齿配体与多齿配体

(3) 内界与外界　　(4) 内轨配合物和外轨配合物

(5) d^2sp^3 杂化和 sp^3d^2 杂化　　(6) 酸效应和水解效应

2. 举例说明配合物与复盐、简单化合物、螯合物的区别。

3. 何谓中心原子、配位原子、配体和配位数？

4. 在 $AgNO_3$ 溶液中依次加入 NaCl 溶液、过量 $NH_3 \cdot H_2O$ 溶液、KBr 溶液、过量 $Na_2S_2O_3$ 溶液、KI 溶液、过量 KCN 溶液、Na_2S 溶液，将会出现什么现象？解释这些现象并写出反应方程式。

5. 一些顺式铂的配合物可以作为活性抗癌药剂，如 cis-$PtCl_4(NH_3)_2$、cis-$PtCl_2(NH_3)_2$、cis-$PtCl_2$(en)等。实验测得它们都是反磁性物质，试用杂化轨道理论说明它们的成键情况，指出它们是内轨型配合物还是外轨型配合物。

6. 在黄色的 $FeCl_3$ 溶液中加入过量的 NH_4F 溶液，会出现什么现象？将混合溶液一分为二分别加入 NaOH 溶液和稀 H_2SO_4 溶液，会出现什么现象？试解释这些实验现象。

7. 为什么 AgCl 能够溶解在过量的氨水中？溶解之后再分别加入 1 滴 NaCl 溶液和 1 滴

NaBr 溶液会出现什么现象？试解释这些实验现象。

8. 在$[Ag(NH_3)_2]NO_3$溶液中加入 KI 溶液，有黄色沉淀析出；但在$K[Ag(CN)_2]$溶液中加入 KI 溶液，没有黄色沉淀析出。为什么？

9. 在$FeCl_3$的CCl_4溶液中滴加 KI 溶液，CCl_4层中出现紫红色；如果先在$FeCl_3$的CCl_4溶液中加入过量的NH_4F溶液，使溶液由黄色变为无色后再滴加 KI 溶液，则CCl_4层中没出现紫红色。试解释上述实验现象。

10. 螯合剂有何特点？它与金属离子形成的螯合物有哪些特点？螯合物的稳定性与哪些因素有关？

11. 判断下列说法是否准确。

（1）配位滴定中，金属离子与滴定剂 EDTA 一般是以 1∶1 配位；

（2）由于$[Fe(CN)_6]^{3-}$比$[FeY^-]^-$的$K_{稳}$大，所以前者比后者稳定；

（3）配合物的中心原子都是金属元素；

（4）配体的数目就是中心原子的配位数；

（5）配离子的电荷数等于中心原子的电荷数；

（6）由于$[Fe(H_2O)_6]^{2+}$和$[Fe(CN)_6]^{4-}$的空间构型相同，所以中心原子的杂化方式相同；

（7）中心原子的配位数为 4 的配离子的空间构型均为正四面体；

（8）多齿配体与中心原子形成的螯合环越大，螯合物就越稳定；

（9）对于一些难溶于水的金属化合物，加入配位剂后，由于产生盐效应而使其溶解度增大；

（10）外轨型配合物的磁矩一定比内轨型配合物的磁矩大；

12. 在$[Zn(NH_3)_4]SO_4$溶液中存在着平衡：$[Zn(NH_3)_4]^{2+} \rightleftharpoons Zn^{2+} + 4NH_3$，分别向该体系中加入少量下列物质，分别判断平衡移动的方向。

（1）稀H_2SO_4溶液　　（2）Na_2S溶液　　（3）$NH_3 \cdot H_2O$

（4）$CuSO_4$溶液　　（5）KCN 溶液

练 习 题

1. 铂的两种配合物的化学组成分别为$PtCl_4 \cdot 4NH_3$和$PtCl_4 \cdot 2NH_3$，前者水溶液导电，加入$AgNO_3$溶液，有 1/2 的Cl^-离子以 AgCl 沉淀析出；后者水溶液不导电，加入$AgNO_3$溶液后，没有 AgCl 沉淀析出。试写出这两种配合物的化学式并命名。

2. 指出下列配合物的内界、外界、中心原子、配体、配位原子和配位数，并按系统命名法命名。

（1）$[Co(NH_3)_5Cl]Cl_2$　　（2）$H_2[SiF_6]$　　（3）$[Zn(OH)(H_2O)_3]Cl$

（4）$[Cr(NH_3)_6]Cl_3$　　（5）$[Fe(CO)_5]$　　（6）$K[Co(en)(C_2O_4)_2]$

（7）$[CoCl_2(NH_3)_3(H_2O)]Cl$　　（8）$K_4[Mn(CN)_6]$

3. 写出下列配合物的化学式。

（1）氯化二氯•二（乙二胺）合钴（Ⅲ）　　（2）二氯•二羟基•二氨合铂（Ⅳ）

（3）四（异硫氰酸根）•二氨合铬（Ⅲ）酸铵　　（4）二（硫代硫酸根）合银（Ⅰ）酸钠

（5）草酸根•二氨合镍（Ⅱ）　　（6）硫酸亚硝酸根•五氨合钴（Ⅲ）

4. 根据价键理论指出下列配离子的中心原子所采用的杂化轨道类型，并确定它们属于哪种类型的配合物和它们的空间构型。

（1）$[Fe(H_2O)_6]^{2+}$　　（2）$[HgI_4]^{2-}$　　（3）$[Fe(CN)_6]^{4-}$

（4）$[Cu(NH_3)_2]^{+}$　　（5）$[Ni(CN)_4]^{2-}$

5. 实验证明：$[NiCl_4]^{2-}$是顺磁性的，空间构型为正四面体，而$[Ni(CN)_4]^{2-}$却是反磁性的，空间构型为正方形，试用价键理论解释。

6. 实验测得下列物质的磁矩$\mu_{实}$（B.M.）如下：

（1）$[MnCl_4]^{2-}$　$\mu_{实}=5.88$　　（2）$[Mn(CN)_6]^{4-}$　$\mu_{实}=1.70$

（3）$[Fe(H_2O)_6]^{2+}$　$\mu_{实}=4.91$　　（4）$[Fe(CN)_6]^{4-}$　$\mu_{实}=0$

试分别判断它们是外轨型还是内轨型配合物。

7. 根据有关配离子的$K_{稳}$值，分别计算下列平衡的K值，判断反应进行的方向。

（1）$[Cu(NH_3)_4]^{2+}+Cd^{2+} \rightleftharpoons [Cd(NH_3)_4]^{2+}+Cu^{2+}$

（2）$[HgI_4]^{2-}+4CN^- \rightleftharpoons [Hg(CN)_4]^{2-}+4I^-$

8. 在298.15 K时，计算AgCl在6.0 mol · L^{-1}氨水中的溶解度。已知AgCl的$K_{sp}=8.52\times 10^{-17}$，$[Ag(NH_3)_2]^+$的$K_{稳}=1.12\times10^7$。

9. 计算溶液中与1.0×10^{-3} mol·L^{-1}$[Cu(NH_3)_4]^{2+}$溶液和1.0 mol·L^{-1}NH_3处于平衡状态时游离Cu^{2+}的浓度；在1L此溶液中，若加入0.001 mol NaOH是否有$Cu(OH)_2$沉淀生成？若加入0.001 molNa_2S，是否CuS沉淀生成（忽略溶液体积变化）？已知$K_{稳}$（$[Cu(NH_3)_4]^{2+}$）$=2.09\times 10^{13}$，$K_{sp,Cu(OH)_2}=2.20\times10^{-20}$，$K_{sp,CuS}=6.30\times10^{-36}$。

10. 一定质量的ZnO与20.00 mL0.1000 mol•L^{-1}HCl溶液恰能完全作用，若滴定相同质量的ZnO，需用0.0500 mol•L^{-1}EDTA标准溶液多少毫升？

第十二章　胶体分散系和表面现象

【学习目的】

掌握：分散系及各类分散系的特点；溶胶的基本性质、胶团结构及表达式、溶胶的稳定性因素及聚沉作用；高分子溶液对溶胶的保护作用；膜平衡及应用。

熟悉：高分子溶液的稳定性与破坏条件；表面能、表面活性剂及其结构特点、吸附作用及类型、乳浊液和乳化作用。

了解：胶体的制备方法和净化；高分子溶液与溶胶的区别；凝胶形成和性质。

胶体化学（colloidal chemistry）是研究胶体分散系（colloidal dispersed system）的形成、破坏及物理化学性质的一门学科。胶体分散系是物理化学性质特殊的高度分散的体系。胶体分散系在自然界中普遍存在，与人类的生活及环境密切相关，并且在医学上也有其重要的意义。例如，生命体中的蛋白质、核酸、糖原等物质的存在形式都属于胶体；血液、细胞液、淋巴液等具有胶体的性质。多相的胶体分散系分散程度高，具有很大的相界面，它与表面现象（surface phenomena）有着密切的联系，因此了解和掌握胶体分散系及表面现象的有关知识是十分必要的。

第一节　分散系

一、分散系及分类

一种物质或几种物质分散在另一种物质中所形成的体系称为分散体系（dispersed system），简称分散系。其中被分散的物质称为分散相（dispersed phase）或分散质；容纳分散相的连续介质称为分散介质（dispersed medium）或分散剂。例如，碘酒、蛋白质水溶液、泥浆都是分散系。其中碘、蛋白质、泥土是分散相，而酒精、水是分散介质。

分散系的分类有许多方法，最基本的是以分散相粒子大小来划分。按分散相粒子的直径大小可将分散系分为三类。

（1）分散相粒子直径小于 1nm（纳米）的分散系称为分子和离子分散系（molecular and ionic dispersion system），又叫做真溶液，属于均相体系。如葡萄糖水溶液、NaCl 溶液、$CuSO_4$溶液等。

（2）分散相粒子直径在 1nm～100nm 之间的分散系称为胶体分散系，简称胶体（colloid）。它包括溶胶（sol）和高分子溶液（solution of high molecule）。固态分散相分散于液态分散介质中所形成的胶体称为胶体溶液，简称溶胶。溶胶的分散相粒子是由许多低分子、离子或原子聚集而成的胶粒（colloidal particle），它与分散介质之间有界面存在，属于非均相体系。如$Fe(OH)_3$溶胶、As_2S_3溶胶及金、银、硫等单质溶胶等。高分子溶液的分散相粒子是单个的高分子，属于均相体系，如蛋白质溶液、核酸溶液等。

（3）分散相粒子直径大于 100 nm 的分散系称为粗分散系（coarse dispersion system），属于非均相体系，它包括*悬浊液*（suspension）和*乳浊液*（emulsion），如泥浆、豆浆等。分散系的分类情况及特征见表 12-1。

表 12-1　分散系的分类及特征

分散系类型		分散相组成	分散相粒子直径	特　征
分子和离子分散系	真溶液	低分子或离子	<1nm	均相，透明，均匀，稳定不沉降
胶体分散系	溶胶	分子、离子或原子的聚集体	1nm～100nm	非均相，不均匀，有相对稳定性，不易沉降
	高分子溶液	单个高分子	1nm～100nm	均相，透明，均匀，稳定，不沉降
粗分散系	悬浊液	固体颗粒	>100nm	非均相，不透明，不均匀
	乳浊液	液体小滴	>100nm	不稳定，能自动沉降

二、胶体分散系的分类

习惯上将胶体分散系分为*亲液溶胶*（lyophilic sol）和*疏液溶胶*（lyophobic sol）两种。此处的亲液与疏液，是为了区分分散相与分散介质形成的是单相，还是多相胶体分散系。亲液溶胶就是高分子溶液，它属于单相体系，是*热力学稳定体系*（stable system of thermodynamics）。疏液溶胶属于多相体系，它有高度的分散性和巨大的相界面，这使它具有热力学不稳定性。将亲液溶胶称为高分子溶胶，而将疏液溶胶简称为溶胶更能反映出它们的热力学性质，这也是目前命名胶体分散系的趋势。

胶体分散系和其他分散系之间，尤其是和粗分散系之间，是没有严格界限的。例如，乳浊液常具备有胶体分散系的性质，但乳浊液中的微小液滴的直径常超过 100nm。广义的胶体分散系主要包括非均相的胶体、粗分散系和均相的高分子溶液等。因此组成胶体分散系的分散相和分散介质可以是固态、液态或气态。根据分散相和分散介质的聚集状态，可将胶体分散系分为八类（见表 12-2）。

表 12-2　胶体分散系的类型

分 散 相	分散介质	名　称	实　例
固体	固体	固溶胶	有色玻璃，红宝石，合金
固体	液体	溶胶	$Fe(OH)_3$ 溶胶，As_2S_3 溶胶
固体	气体	气溶胶	烟，空气中的粉尘
液体	固体	固体乳剂	珍珠，土壤，硅凝胶
液体	液体	乳浊液	牛奶，油和水的分散系
液体	气体	液气溶胶	云雾，液体喷雾剂
气体	固体	固体泡沫	泡沫塑料，浮石
气体	液体	泡沫	灭火器泡沫，肥皂水泡沫

第二节　表面现象和乳浊液

在一个分散体系中，如果存在不同的相，那么在相与相之间必然存在相界面。在相界面上物质的性质有明显的改变，从而产生许多独特的现象。物质在任何两相的界面上发生的物理化学现象统称为*界面现象*（interface phenomena）。当形成界面的一方为气体时，习惯上称这种*界面*（interface）为*表面*（surface），因此，界面现象也称为表面现象。

一、表面能

物质的表面现象与表面积密切相关。一定量的物质，分割得越细，则分散的程度越高，所暴露的面积就越大。物质的*分散度*（degree of dispersion）常用*比表面积*（specific surface area）来衡量。比表面积是单位体积的物质所具有的表面积。对于松散的聚集体或多孔性物质，则比表面积是单位质量的物质所具有的表面积。比表面积用符号 S_0 表示。则

$$S_0 = \frac{A}{V} \qquad 或 \qquad S_0 = \frac{A}{W} \tag{12-1}$$

式中，A 为物质的总表面积；V 为总体积；W 为总质量。

从式（12-1）可以看出，对于一定量的物质，颗粒越小，总表面积就越大，则比表面积也就越大，即体系的分散程度就越高。只有高度分散的体系，表面现象才能达到可以觉察的程度。如胶体分散系分散程度高，具有很大的表面积，因此，表面现象明显。

任何两相界面上的分子与相内部分子所处的环境都是不一样的。现以图 12-1 所示气体－液体系为例。处于液体内部的 A 分子，所受周围分子的引力是对称的，可以相互抵消，合力为零。但液体表面的 C 分子及靠近表面的 B 分子的情况与 A 分子大不相同。由于下面密集的液体分子对它们的引力远大于上方稀疏的气体分子对它们的引力，所以不能相互抵消，合力垂直于液面而指向液体内部。也就是说，液体表面分子有向内移动的趋势，企图使表面积自动地收缩到最小。若要增大表面积，就必须克服内部分子的引力，将液体内部分子移到液体表面而做功，所做的功以势能形式储存于表面分子内。因此，液体表面分子比内部分子要多出一部分能量，多出的这部分能量称为*表面能*（surface energy），用符号 E 表示，单位为焦耳（J）。

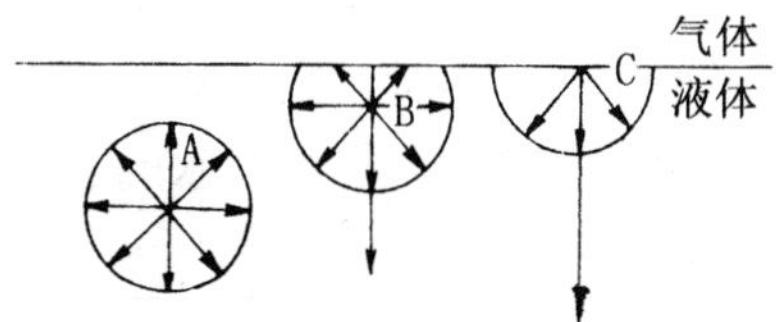

图 12-1　液体表面分子受力情况示意图

$$E = \sigma \cdot A \tag{12-2}$$

式中，σ 为增加单位表面积时体系表面能的增量，称为*比表面能*（specific surface energy），单位是焦 · 米$^{-2}$（$J \cdot m^{-2}$）；A 为增加的表面积。

表面能不仅存在于液体表面，同样存在于固体表面，只要有表面或界面存在，就一定有表面能或界面能存在。

σ 在数值上等于在液体表面上垂直作用于单位长度线段上的表面紧缩力。物理学上又把 σ 称为*表面张力*（surface tension），单位为牛 · 米$^{-1}$（$N \cdot m^{-1}$）。表面张力和比表面能是同一物理现象的两种不同描述，前者表示力，后者表示能量，数值和符号都相同，但物理意义却有所不同。

由（12-2）式可知，表面能的大小与表面积及比表面能有关。因为体系的分散程度越大，表面积越大，表面能也就越高，则体系处于不稳定状态，所以表面能有自动降低的趋势，以便使体系变得较为稳定。表面能的降低可通过自动减小 A 或自动减小 σ 来实现。对于纯液体，在一定温度下 σ 是一个常数，因此表面能的降低可通过缩小表面积来实现。例如，通常水珠、汞滴总是呈球形，几个小水珠会自动合并成一个较大的水珠，就是通过减小表面积来降低表面能，使体系处于稳定状态。对于表面积难于改变的体系，可通过改变 σ 来降低表面能。例如，对于固体物质，往往通过吸引其他物质的分子或离子聚集在其表面上来改变表面组成以降低比表面能，从而使体系表面能降低。

二、表面活性剂

在液体中加入某种物质，使所形成的溶液的表面张力降低，这种物质叫作*表面活性剂*（surface active agent 或 surfactant）或*表面活性物质*（surface active substance）。如肥皂、烷基磺酸钠（合成洗涤剂）等都是表面活性剂。若在溶液中加入某种物质而使溶液的表面张力增大，则这种物质为非表面活性物质。如 NaCl、Na_2SO_4、KOH 等无机盐及蔗糖、甘露醇等多羟基有机物都是非表面活性物质。

表面活性剂的分子结构特征是：既含有亲水性（hydrophilic）极性基团，如 $-COOH$、$-OH$、$-SO_3H$、$-NH_2$、$-SH$ 等；又含有疏水性（hydrophobic）非极性基团（亲油基），如直链或带苯环的有机烃基。极性基团和非极性基团都分别处于表面活性剂分子的两端，形成不对称结构，如图 12-2 所示。

表面活性剂分子是既亲油又亲水的*两亲分子*（amphiphilic molecular）。当把表面活性剂溶于液体如水中时，亲水基团进入水中，而疏水基团则力图离开水相，若水中表面活性剂的量不大，它就主要集中在水的表面而定向排列，从而降低了水的表面张力。

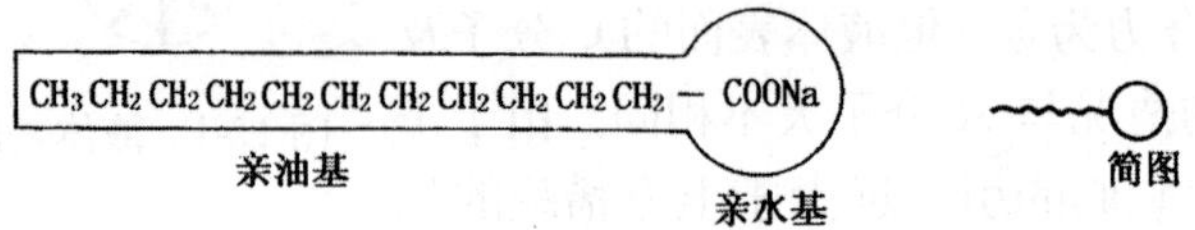

图 12-2　表面活性物质分子（月桂酸钠）示意图

表面活性剂的极性取代基可以是离子，也可以是不电离的基团。一般把表面活性剂分为离子表面活性剂和非离子表面活性剂两大类。

离子表面活性剂包括阳离子表面活性剂、阴离子表面活性剂和两性表面活性剂。这类物质溶于水后可离解为大小不同、电荷相反的两种离子。①阳离子表面活性剂由疏水链和阳离子亲水基团组成。在医药应用中较重要的是季胺盐型阳离子表面活性剂，如新洁尔灭（十二烷基二甲基苄基溴化铵）是常用的外用消毒杀菌的阳离子表面活性剂。②阴离子表面活性剂由疏水链和阴离子亲水基团组成。常见的有脂肪酸盐（肥皂类）。③两性离子表面活性剂由疏水链和阴、阳离子亲水基团组成。主要有氨基酸型和甜菜碱型两类。主要用于去污和杀菌。

非离子型表面活性剂是以连接在疏水链上的羟基（$-OH$）或以醚键（$-O-$）结合为亲水基的表面活性剂。如多元醇型非离子型表面活性剂聚氧乙烯脱水山梨醇脂肪酸盐（商品名为吐温：Tween），是常用的难溶性药物的增溶剂及水包油型乳状液的乳化剂。

表面活性剂在生命科学中有重要的意义。如构成细胞膜的脂类（磷脂、糖脂等）以及由胆囊分泌的胆汁酸盐等都是表面活性物质。

三、吸附作用

固体或液体物质的表面层分子或离子吸引其他物质的分子或离子聚集在其表面上的过程称为吸附（adsorption），产生这种现象的作用称为吸附作用（adsorption action）。在表面上能发生吸附作用的物质称为吸附剂（adsorbent），被吸附的物质称为吸附质（adsorbate）。

（1）固体-气体界面上的吸附。气体分子在固体表面上相对聚集的现象称为气体在固体表面上的吸附，简称为气固吸附。许多疏松的多孔性固体物质，如活性炭、硅胶等，都有很大的表面积，它们都具有较大的吸附能力。当它们与一些气体如氯气、氨气接触时，便很快地将这些气体吸附在它们的表面。降低的表面能以热能的形式释放出来，使周围的温度升高。其中活性炭、硅胶为吸附剂，氯气、氨气为吸附质。在实际应用中，活性炭可做除臭剂、防毒面具的去毒剂等。在实验室常用硅胶做干燥剂，防止仪器和试剂受潮。

（2）固体-溶液界面上的吸附。此类吸附可以是溶质吸附，也可以是溶剂吸附，通常两者兼有，只是程度不同。例如，活性炭从色素的酒精溶液中吸附的色素就比吸附的酒精少，而从色素的水溶液中吸附的色素就远比吸附的水多。对于固体-溶液界面上的吸附，吸附的溶质可以是电解质，也可以是非电解质。所以，可将固体对溶液的吸附分为分子吸附、离子专属吸附和离子交换吸附三类。在此不作讨论。

（3）溶液表面的吸附。溶质在表面层中与溶液中浓度不同的现象称为溶液的表面吸附(surface adsorption of solution)。在一定温度下，纯液体（如纯水）的表面张力是一定值。当加入溶质形成溶液后，表面张力就会改变。向水中加入一种表面活性剂，由于在表面层中表面活性剂分子比水分子所受到的指向溶液内部的引力要小一些，所以这些表面活性剂分子自动浓集于表面，使溶液的表面张力减小，溶液的表面能降低。结果溶液表面浓度大于溶液内部浓度，这种吸附为正吸附（positive adsorption）。向纯水中加入一种非表面活性物质，由于表面层中非表面活性物质分子比水分子所受到的指向溶液内部的引力要大一些，这种物质分子的溶入将使溶液的表面张力增大。从能量趋于最小的原则出发，这些非表面活性物质分子倾向于较多地进入内部而较少地留在表面层，以使溶液的表面张力尽量小些，从而降低体系的表面能。结果溶液表面浓度小于溶液内部浓度，这种吸附为负吸附(negative adsorption)。

四、乳浊液

乳浊液是以液体为分散相分散在另一种不相溶的液体分散介质中所形成的粗分散系。常见的乳浊液是一相为水，而另一相为不溶于水的液体。习惯上把不溶于水的液体统称为“油”。把油和水放在一起剧烈振荡即可形成乳浊液。若油分散在水中，则形成的乳浊液为水包油型乳浊液（oil in water emulsion），用 O/W 表示，如牛奶、豆浆、农药乳剂等；若水分散在油中，则形成的乳浊液为油包水型乳浊液（water in oil emulsion），用 W/O 表示，如原油等。用上述方法形成的乳浊液很不稳定，一旦停止振荡，小液滴就会自动合并而分成两层。这是因为形成乳浊液时，油和水之间的界面积大为增加，使体系的界面能增高而处于不稳定状态。当油和水分为两层时体系的界面积和界面能最小，故油和水的乳浊液能自动分层。

要制得比较稳定的乳浊液，则必须加入表面活性物质来降低两相间界面张力，从而增加体系的稳定性。这种能增加乳浊液稳定性的表面活性物质称为乳化剂（emulsifying agent），乳化剂能够使乳浊液稳定的作用称为乳化作用（emulsification）。

乳化作用是由于乳化剂是表面活性物质，它能被吸附到分散相和分散介质的两相界面上并作定向排列，即分子中的亲水基团伸向极性液层（如水中），而疏水基团伸向非极性液层（如油中）。其结果不仅降低了界面张力，而且还在细小液滴周围形成了具有一定机械强度的单分子层保护膜，阻止了液滴之间的聚集合并，从而增强了乳浊液的稳定性，如图 12-3 所示。

乳浊液的类型取决于乳化剂的类型，而乳化剂又分为水溶性乳化剂和油溶性乳化剂。水溶性乳化剂（如钠肥皂、钾肥皂等）分子中亲水基团较大，它可大大降低水的界面能，从而使水滴不易形成，能使油滴分散在水中形成 O/W 型乳浊液［见图 12-3(a)］；油溶性乳化剂（如钙肥皂、铝肥皂等）分子中疏水基团较大，它能降低油的界面张力使水珠分散在油中形成稳定的 W/O 型乳浊液［见图 12-3(b)］。由于乳浊液主要显示分散相的性质，因此可用稀释法和染色法来鉴别其类型。稀释法是将乳浊液置于洁净的玻片上，然后滴加水，能与水均匀混合的为 O/W 型乳浊液，不能与水均匀混合的为 W/O 型乳浊液；若滴加油，能与油均匀混合的为 W/O 型，不能与油均匀混合的是 O/W 型。染色法是将少量只溶于油而不溶于水的染料加于乳浊液中，轻轻振荡后在显微镜下观察，整个乳浊液呈现染料颜色的是 W/O 型，若只有分散相小液滴呈现染料颜色的是 O/W 型。

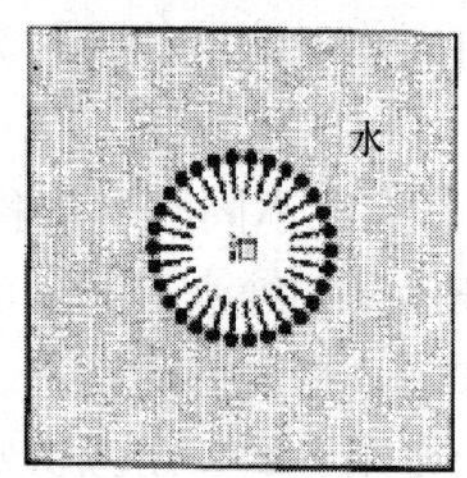

(a) 水包油型（O/W）

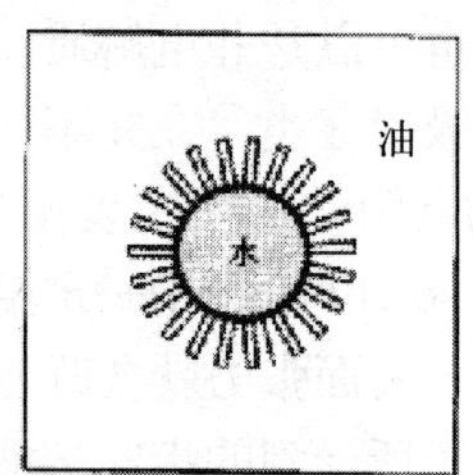

(b) 油包水型（W/O）

图 12-3　乳浊液示意图

乳浊液和乳化作用在生物学和医学上有重要意义。如食用的乳汁、药用的鱼肝油乳剂及临床上用的脂肪乳剂输液等都是各种形式的乳浊液。食物中的油脂进入人体后，要先由胆汁酸盐进行乳化，使之成为极小的乳滴才易被肠壁吸收。此外，消毒和杀菌用的药剂常制成乳剂，以增加药物和细菌的接触，提高药效。

第三节　溶　胶

一、溶胶的制备与净化

（一）溶胶的制备

要制得比较稳定的溶胶，需满足两个条件：①分散相粒子直径必须在 1nm～100nm 之间；②分散相粒子在液体介质中保持分散而不聚集，一般需加入稳定剂。制备溶胶的方法原则上有两种：①大化小，即将固体大颗粒分割成胶粒大小，称为分散法；②小变大，即将小分子或离子聚集成胶粒，称为凝聚法。

1. 分散法

分散法包括机械分散法（即研磨法）、溶胶法、电弧分散法、超声波分散法等，其中常用的是前两种方法。①研磨法是用胶体磨把大颗粒固体磨细，在研磨的同时加入丹宁、明胶、表面活性剂等做稳定剂。如医药用的硫溶胶、工业用的胶体石墨都是用胶体磨研磨而制成的。②溶胶法是一种使暂时凝聚起来的分散相又重新分散的方法。把新生成的沉淀洗涤后，加入适宜的电解质溶液做稳定剂，经搅拌后沉淀就会重新分散成胶体粒子而形成溶胶。例如，新制得的 AgCl 沉淀，洗涤除去杂质后再加入适量的 $AgNO_3$ 溶液做稳定剂，经搅拌即可制得 AgCl 溶胶。

2. 凝聚法

凝聚法有物理凝聚法和化学凝聚法。①改换溶剂法属于一种物理凝聚法，它是利用同一物质在不同溶剂中溶解度相差悬殊这一特点来制备溶胶的。此制备方法虽简便，但得到的粒子不太细。例如，将松香的酒精溶液滴入水中，由于松香在水中溶解度很小，故松香就以胶粒大小析出而形成松香水溶胶。②化学凝聚法是利用化学反应使生成物凝聚而形成溶胶。在水溶液中进行的氧化还原反应、水解反应、复分解反应等，只要有一种生成物的溶解度比较小，就可以控制反应条件（如反应物浓度、溶剂、温度、 pH 值、搅拌等），使生成物凝聚而得到溶胶。例如：

氧化还原反应　$2H_2S + O_2 = 2S(\text{溶胶}) + 2H_2O$

$2H_2Se + O_2 = 2Se(\text{溶胶}) + 2H_2O$

水解反应　$FeCl_3(\text{稀}) + 3H_2O \xlongequal{\text{煮沸}} Fe(OH)_3(\text{溶胶}) + HCl$

复分解反应　$AgNO_3(\text{稀}) + KCl(\text{稀}) = AgCl(\text{溶胶}) + KNO_3$

$2H_3AsO_3(\text{稀}) + 3H_2S = As_2S_3(\text{溶胶}) + 6H_2O$

（二）溶胶的净化

用以上各种方法制得的溶胶中，往往含有电解质和其他杂质。而过量电解质的存在会影响溶胶的稳定性。除去溶胶中过量电解质及其杂质的过程，称为溶胶的净化（purification）。

常用的净化溶胶的方法是渗析（dialysis）和超过滤。渗析法是利用胶粒不能透过半透膜，而低分子或离子能透过半透膜的性质，将溶胶装入半透膜袋内，放入流动的溶剂水中，因膜内外存在浓度差，膜内的杂质离子或低分子可透过膜进入溶剂，并随水流去（见图 12-4），这样就可以降低溶胶中电解质等杂质的浓度。经较长时间的渗析，便可达到净化溶胶的目的。超过滤是在减压（或加压）下，使胶体粒子与分散介质、低分子杂质分开的方法，其基本装置是超过滤器。

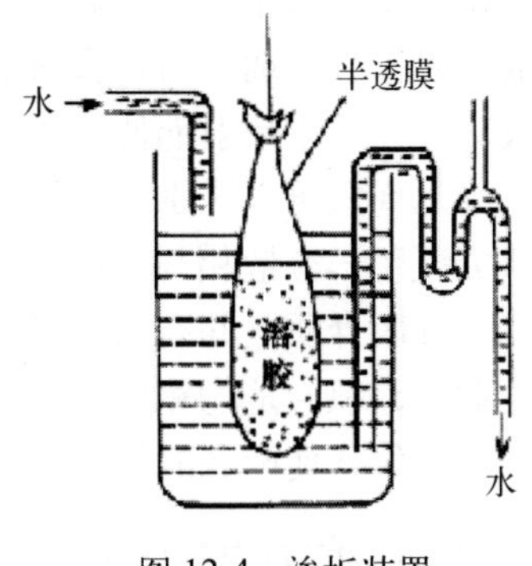

图 12-4　渗析装置

渗析和超过滤不仅可以提纯溶胶及高分子化合物，而且在生物化学中常用超过滤法测定蛋白质分子、酶分子以及病毒和细菌分子的大小。在临床上，利用渗析和超过滤原理，用人工合成的高分子膜（如聚丙烯腈薄膜等）做半透膜制成人工肾，帮助肾功能衰竭的患者清除血液中的毒素和水分。用于严重肾脏病患者的“血透”方法就是基于这种原理，让患者的血液在体外通过装有特制膜的装置，在保持血液中的重要蛋白质和红细胞的情况下，将血液中的有害物质除去。

二、溶胶的性质

（一）溶胶的光学性质

在暗室里让一束聚焦的光通过溶胶，在与光束垂直的方向可以看到一个圆锥形光柱（见图 12-5）。这一现象是英国物理学家丁铎尔（J.Tyndall）在 1869 年首先发现的，故称为丁铎尔现象（tyndall phenomenon）。

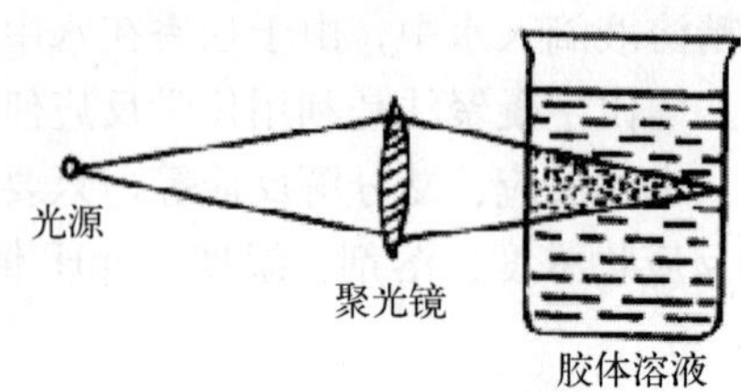

图 12-5　丁铎尔现象

在日常生活中，也常见到丁铎尔现象。例如，阳光从窗户射进屋子里，从侧面可以看到空气中的灰尘所产生的光柱。

丁铎尔现象的产生是由于胶粒对光的散射而引起的。对光的散射和反射与分散相粒子大小有关。可见光的波长在 400 nm～760 nm 之间。当分散相粒子直径小于入射光波长时，便会发生散射现象，即光波环绕粒子而向各个方向传播，散射出来的光称为散射光，又叫乳光。由于溶胶的胶粒直径在 1 nm～100 nm 之间，小于可见光波长，所以当可见光光束照射溶胶时，就会产生明显的散射现象，可以观察到明显的丁铎尔现象。由于真溶液的分散相粒子直径小于 1 nm，远远小于可见光波长，当可见光束照射真溶液时，大部分光线能直接透射过去，对光的散射十分微弱，所以真溶液无明显的丁铎尔现象。当分散相粒子直径大于入射光波长时，大部分光发生反射而使分散系显浑浊，所以悬浊液也无明显的丁铎尔现象。由此可见，利用丁铎尔现象可以区别真溶液、悬浊液和溶胶。

研究证明，分散相与分散介质的折射率相差越大，散射光越强。溶胶属于非均相体系，分散相和分散介质之间有明显界面，两者折射率相差很大，散射光很强。高分子溶液虽属于胶体分散系，但它是均相体系，其分散相与分散介质之间有亲合力，分散相粒子被一层分散介质分子裹住，使两者的折射率相差不大，散射光很弱，所以丁铎尔现象也不明显。

（二）溶胶的动力学性质

溶胶中胶体粒子的热运动在微观上表现为布朗运动（Brown movement），而在宏观上表现为扩散和渗析，重力或离心力则为沉降作用提供了推动力。对溶胶动力学性质的研究，可用来测定粒子大小和形状，了解溶胶的稳定性和聚沉（coagulation）。

1. 布朗运动

1827 年，英国植物学家布朗用显微镜观察悬浮在水中的花粉时，发现花粉微粒在不停地做不规则运动。后来人们发现其他粒子如胶粒也在不停地进行着不规则运动，并且粒子越小，温度越高，运动也就越快。粒子的这种不规则运动称为布朗运动（见图 12-6）。布朗运动的产生，是由于周围分散介质分子从各个方向以不同的力撞击胶粒，而在每一瞬间胶粒所受到的合力方向不断改变，所以它的运动方向时刻都在发生改变，故胶粒处于不停的无秩序运动状态（见图 12-7）。

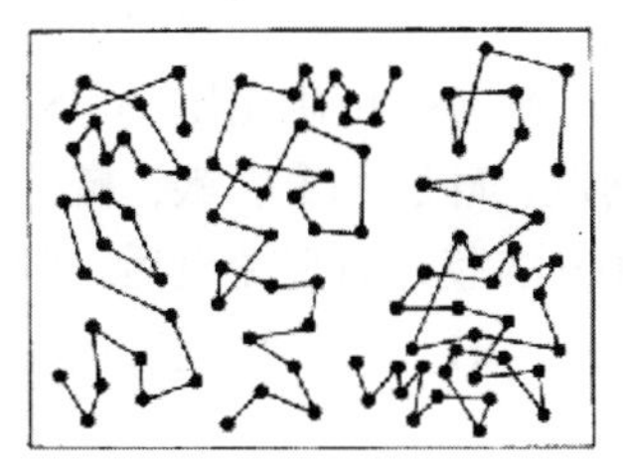

图 12-6　布朗运动示意图

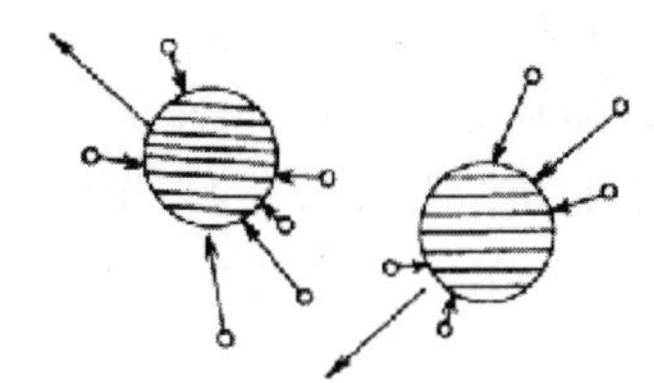

图 12-7　胶粒受介质撞击示意图

2. 扩散

溶胶中的胶粒能自发地从浓度大的一方向浓度小的一方迁移，以使体系浓度均一的过程称为扩散。正是布朗运动，才使胶粒能够实现扩散。在生物体内，扩散是物质输送或物质分子、离子透过细胞膜的动力之一。胶粒的*扩散速率*（diffusion rate）与温度、粒子大小有关。温度越高、粒子越小，扩散速率就越快。因胶粒半径和质量大于真溶液中溶质分子的半径和质量，所以胶粒的扩散速率比真溶液中溶质分子的扩散速率要小得多。

3. 沉降与沉降平衡

分散在液态介质中的胶粒必然受到两方面的作用力：①重力，其方向向下；②扩散力，其方向向上。胶粒受重力作用而下沉并与分散介质分离的过程称为*沉降*（sedimentation）。由布朗运动引起的*扩散作用*（diffusion action）力图使溶胶的浓度均匀一致，而由重力引起的*沉降作用*（sedimentation action）则力图使胶粒下沉。当*沉降速率*（sedimentation rate）和扩散速率相等时即达到平衡状态，称为*沉降平衡*（sedimentation equilibrium）。沉降平衡后，溶胶下部的浓度高，上部的浓度低，随着高度的增加，浓度逐渐降低，形成一定的*浓度梯度*（concentration gradient）。

粒子不太小的体系，布朗运动不剧烈，通常在重力作用下沉降较快，可以在较短时间达到平衡；而对于分散程度较高的溶胶，胶粒小，布朗运动剧烈，扩散能力强，则在重力作用下沉降速率很慢，往往需要较长时间才能达到沉降平衡。为了加速胶粒或高分子的沉降，可利用离心机，在比地球重力大百万倍的离心力作用下，使胶粒或高分子沉降下来。目前，超速离心机已广泛用于测定溶胶、高分子溶液中分散相粒子大小及它们的分子量。

（三）溶胶的电学性质

溶胶具有较高的表面能，是*热力学不稳定体系*（unstable system of thermodynamics），胶粒有自动聚集变大的趋势。但事实上很多溶胶可以在相当长的时间内稳定存在而不聚集。研究结果表明，溶胶中的胶粒带有相同的电荷，在电场中会向带相反电荷的电极移动。胶粒带电是溶胶稳定的重要原因。

1. 电动现象

研究较多、应用较广的*电动现象*（electrokinetic phenomena）是*电泳*（electrophoresis）和*电渗*（electroosmosis）。这两种电学性质都是由外加电势差引起的固相和液相之间的相对移动。

（1）电泳。将两个电极插入溶胶，通直流电后，可以观察到溶胶的胶粒向某一电极方向移动。这种在外加电场作用下，分散相粒子在分散介质中做定向移动的现象称为电泳（见图 12-8）。例如，在 U 形管中注入黄色的 As_2S_3 溶胶，小心地在溶胶上面加一层水，As_2S_3 溶胶和纯水

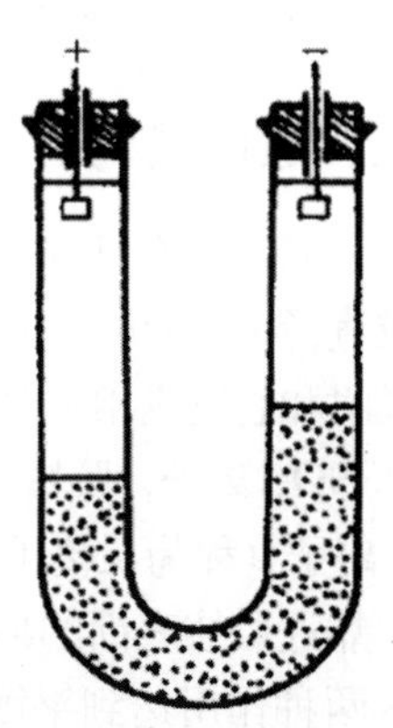

图 12-8　电泳装置

间有清晰的界面。通直流电后，As_2S_3 溶胶中的胶粒向正极移动，U 形管中正极一侧黄色液面上升，负极一侧黄色液面下降，这说明溶胶带电。由电泳方向可确定出 As_2S_3 溶胶胶粒带负电荷，为*负溶胶*（negative sol）。大多数金属硫化物溶胶、硅胶和金、银、硫等单质溶胶都是带负电的负溶胶。若在 U 形管中注入棕红色的 $Fe(OH)_3$ 溶胶，通直流电后，胶粒向负极移动，说明 $Fe(OH)_3$ 溶胶胶粒带正电荷，为*正溶胶*（positive sol）。大多数氢氧化物溶胶是带正电荷的正溶胶。

（2）电渗。由于整个溶胶是电中性的，所以液体介质必然与胶粒带相反电荷。上述电泳实验是在介质不运动时观察胶粒的运动情况。若设法使胶粒不运动，通直流电后，可以观察到介质通过多孔隔膜（活性炭、素烧磁片等）向带相反电荷的电极移动。这种在外加电场作用下，胶粒固定不动而液体介质通过多孔性物质定向移动的现象称为电渗。

通过电泳和电渗现象的研究，可以进一步了解胶体粒子的结构以及外加电解质对溶胶稳定性的影响。这两种电动现象不仅具有理论意义，而且还具有实际应用价值。例如，在生物化学中，可根据各种蛋白质分子、核酸分子、病毒等*电泳速率*（electrophoresis rate）的不同将它们分离。

2. 胶粒带电的原因

通常所说溶胶带电是指胶粒带电。胶粒带电的原因主要有两方面。

（1）*选择性吸附*（selective adsorption）。由于溶胶的分散程度高，表面能大，则分散相粒子会吸附其他物质的分子或离子而降低其表面能，使体系趋于稳定。因此，胶粒中的*胶核*（colloidal nucleus，分子、原子、离子的聚集体）常常选择性吸附与其组成相类似的离子而带电。例如，制备 As_2S_3 溶胶时，通入的过量 H_2S 在溶液中会电离出 H^+ 离子和 HS^- 离子，由 As_2S_3 分子聚集成的胶核就会优先吸附和它组成相类似的 HS^- 离子，使胶粒带负电。制备 AgI 溶胶时，若体系中 $AgNO_3$ 过量，由 AgI 分子聚集成的胶核优先吸附和它有相同组成的 Ag^+ 离子，使胶粒带正电；若体系中 KI 过量，则胶核优先吸附 I^- 离子使胶粒带负电。

（2）*表面分子电离*（ionization of surface molecule）。当胶核与介质接触时， 表面层上的分子与介质分子作用而发生电离，其中一种离子扩散到介质中，另一种离子留在胶核表面，使胶粒带电。例如，硅胶的胶核是由很多 SiO_2 分子聚集而成的，其表面层的 SiO_2 分子与 H_2O 分子作用生成 H_2SiO_3 分子，它是一种弱电解质，在溶液中可发生电离：

$$SiO_2 + H_2O \rightleftharpoons H_2SiO_3$$
$$H_2SiO_3 \rightleftharpoons 2H^+ + SiO_3^{2-}$$

其中，H^+ 离子进入介质中，而 SiO_3^{2-} 离子留在胶核表面，使硅胶的胶粒带负电。

三、胶团结构

将 $AgNO_3$ 稀溶液和 KI 稀溶液混合即可得到 AgI 溶胶，由 m 个 AgI 分子（约 10^3 个）聚集成直径为 1 nm～100 nm 的固体粒子（胶核），它是溶胶分散相粒子的核心。由于胶核能选择性吸附和它组成相类似的离子，因此，当体系中 $AgNO_3$ 过量时，溶液中存在 Ag^+ 离子、K^+ 离子和 NO_3^- 离子，胶核表面优先吸附 n（n 比 m 要小得多）个 Ag^+ 离子而带电，带相反电荷的 NO_3^- 离子（称为反离子）则分布在周围的介质中。这些反离子，一方面受到胶核的静电引力有力图靠近胶核表面的趋势，另一方面因离子的扩散作用（热运动）又有远离胶核表面的趋势。当这两种作用达到平衡时，有（$n-x$）个 NO_3^- 离子被胶核紧密吸附在其表面上，这（$n-x$）个 NO_3^- 离子和被吸附在胶核表面的 n 个 Ag^+ 离子所形成的带电层称为*吸附层*（adsorption layer）。

胶核和吸附层组成胶粒，胶粒带 x 个正电荷。在吸附层外面，还有 x（$n>x$）个 NO_3^- 离子疏散地分布在胶粒周围，离胶核越远越稀，形成与胶粒电荷相反的另一带电层，其厚度取决于反离子向介质中扩散的程度，所以称为*扩散层*（diffusion layer）。这种由吸附层和扩散层组成的电性相反的两带电层称为双电层。扩散层和胶粒所带电荷符号相反，电量相等，组成胶团（colloidal micell）。AgI 溶胶的胶团结构可用简式表示为

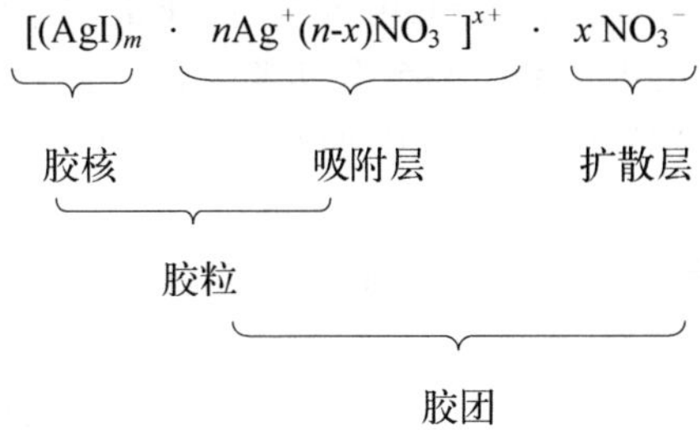

制备AgI溶胶时，若KI过量，则胶核优先吸附 I^- 离子而使胶粒带负电荷，胶团结构简式为：

$$[(AgI)_m \cdot nI^-(n-x)K^+]^{x-} \cdot xK^+$$

由以上胶团结构可知胶粒带电，整个胶团是电中性的。电泳时胶团从吸附层和扩散层间断裂，胶粒作为一个整体向与其电性相反的电极移动，而扩散层中带相反电荷的反离子就向另一电极移动。

四、溶胶的稳定性和聚沉

（一）溶胶相对稳定的原因

前面已讨论过，溶胶是热力学不稳定体系，但却具有*相对稳定性*（relative stability），溶胶之所以具有相对稳定性，除了胶粒布朗运动克服重力下沉而起到部分*稳定作用*（stabilization）外，主要有下面两个原因。

1. 胶粒带电

同一溶胶中胶粒带有相同符号的电荷，由于胶粒之间相互排斥而不易聚集。并且带电越多，斥力越大，胶粒越稳定。胶粒带电是溶胶具有相对稳定性的主要原因。

2. 胶粒表面水化膜的保护作用

形成胶团的吸附层和扩散层的离子都是水化的（如果是非水溶剂则是溶剂化的），胶粒表面就好像包了一层*水化膜*（hydrated membrane），使胶粒彼此隔开不易聚集。水化膜越厚，溶胶就越稳定。然而水化膜不是溶胶稳定的独立因素,若胶粒不带电，那么就不会有水化膜。在胶团中，吸附层和扩散层带有相反的电荷，这两带电层之间有电势差存在。因为这种电势差只有在电泳时，胶粒和扩散层中的反离子做相对运动时才表现出来，故称为*电动电势*（electrokinetic potential），或称 *ζ 电势*（zeta potential）。ζ 电势的大小与吸附层中反离子的多少有关，进入吸附层中的反离子越少，在扩散层中的反离子就越多，则胶粒带电荷越多，ζ 电势越大，水化膜就越厚，胶粒的稳定性就越大；反之，胶粒的稳定性就越小。当反离子全部进入吸附层，扩散层就会消失，ζ 电势为零，则胶粒不带电，水化膜也就不存在了。

（二）溶胶的聚沉

溶胶的稳定性是相对的，有条件的。当溶胶的稳定因素受到破坏时，胶粒就会互相碰撞聚集成较大的颗粒而沉降，最后产生沉淀。这种分散相粒子聚集变大到布朗运动克服不了重

力作用时就会从介质中沉淀出来的过程称为聚沉。使溶胶聚沉的方法很多，但主要有以下几种方法。

1. 加入电解质

制备溶胶时，有极少量的电解质存在，能起到稳定溶胶的作用。但溶胶对电解质是十分敏感的，只要电解质稍微过量，就会引起溶胶聚沉。这是因为加入电解质后，离子浓度增大，则扩散层中的反离子受到电解质溶液中与其电荷符号相同的离子的排斥作用，被挤到吸附层中。此时，ζ 电势降低，胶粒的电荷减少甚至全部被中和，水化膜和扩散层随之变薄或消失，胶粒就会迅速聚沉。例如，向 $Fe(OH)_3$ 溶胶中加入一定量的 K_2SO_4 溶液，就会立即析出棕红色的 $Fe(OH)_3$ 沉淀。

不同的电解质对溶胶的聚沉能力不同，通常用聚沉值来衡量电解质对溶胶的聚沉能力(coagulating capacity)。使一定量的溶胶在一定时间内完全聚沉所需电解质的最小浓度称为聚沉值（coagulation value），其单位为 $mmol \cdot L^{-1}$。由此可见，聚沉值越大，聚沉能力就越小；相反，聚沉值越小，聚沉能力就越大。不同电解质对 As_2S_3、AgI 和 Al_2O_3 溶胶的聚沉值见表 12-3。

电解质对溶胶的聚沉作用主要是由与胶粒带相反电荷的离子所引起的，这种离子称为反离子。同价的反离子聚沉能力几乎相等，反离子的电荷越高，其聚沉能力越强。

表 12-3　不同电解质对几种溶胶的聚沉值（$mmol \cdot L^{-1}$）

As_2S_3（负溶胶）		AgI（负溶胶）		Al_2O_3（正溶胶）	
LiCl	58	$LiNO_3$	165	NaCl	43.5
NaCl	51	$NaNO_3$	140	KCl	46
KCl	49.5	KNO_3	136	KNO_3	60
KNO_3	50	$RbNO_3$	126	K_2SO_4	0.30
$CaCl_2$	0.65	$Ca(NO_3)_2$	2.40	$K_2Cr_2O_7$	0.63
$MgCl_2$	0.72	$Mg(NO_3)_2$	2.60	$K_2C_2O_4$	0.69
$MgSO_4$	0.81	$Pb(NO_3)_2$	2.43	$K_3[Fe(CN)_6]$	0.08
$AlCl_3$	0.093	$Al(NO_3)_3$	0.067		
$1/2Al_3(SO_4)_2$	0.096	$La(NO_3)_3$	0.069		
$Al(NO_3)_3$	0.095	$Ce(NO_3)_3$	0.069		

2. 加入带相反电荷的溶胶

将两种电性相反的溶胶适量混合，也能发生相互聚沉作用。只有其中一种溶胶的总电荷恰能中和另一种溶胶的总电荷时才能发生完全聚沉，否则只能发生部分聚沉，甚至不聚沉。用明矾净化水就是溶胶相互聚沉的典型例子。天然水中的胶体悬浮粒子一般是负溶胶，明矾[$KAl(SO_4)_2 \cdot 12H_2O$]中的 Al^{3+} 离子在水中可水解形成 $Al(OH)_3$ 正溶胶。因此，把适量的明矾放入水中，则正、负溶胶就相互聚沉，再加上 $Al(OH)_3$ 絮状物的吸附作用，使污物清除，达到净化水的目的。

3. 加热

很多溶胶在加热时可发生聚沉。因为升高温度，胶粒的运动速率加快，碰撞机会增加，同时降低了它对离子的吸附作用，从而降低了胶粒所带电荷和水化程度，使粒子在碰撞时聚沉。例如，将 As_2S_3 溶胶加热至沸，便会析出黄色的 As_2S_3 沉淀。

第四节　高分子溶液

一、高分子化合物的特征

高分子化合物又称大分子化合物（macromolecular compound），一般是指相对分子质量在1万以上的物质。高分子化合物包括天然的和合成的。它们一般都是由大量原子组成的碳链化合物。例如，聚乙烯、尼龙等都是合成高分子化合物；天然橡胶、纤维素、淀粉、蛋白质、核酸、糖原等都是天然高分子化合物，其中构成生物体的基本物质蛋白质、核酸、糖原等又称为生物高分子化合物。有些高分子化合物（如蛋白质）在水溶液中往往是以带电离子形式存在的，因此常称为高分子电解质（macromolecular electrolyte）。

高分子化合物的相对质量虽然很大，但组成一般比较简单，它是由一种或多种称作“单体”（monomer）或“链节”（link）的结构单元重复连接而成的。例如纤维素、淀粉、糖原分子是由许多葡萄糖单元（$-C_6H_{10}O_5-$）连接而成的，通式为$(C_6H_{10}O_5)_n$；蛋白质的结构单元是各种氨基酸。高分子化合物一般呈链状或分枝状结构。

高分子化合物的性质与它们的结构有密切的关系，由于常态时链状分子呈现弯曲状，在拉力作用下被伸直，但伸直的链具有自动弯曲恢复原来状态的趋势，所以高分子化合物具有一定的弹性（elasticity）。高分子化合物因具有链状或分枝状结构，在溶液中能牵引介质使它运动困难，故表现为黏度（viscosity）大。当把高分子化合物放入溶剂中时，溶剂分子能进入卷曲成团的高分子化合物分子链空隙中而使其高度溶剂化，可形成稳定的高分子溶液。另一方面，很多高分子化合物分子中含有$-OH$、$-COOH$、$-NH_2$等亲水基团，其水化作用强。当它溶于水时，在其表面上牢固地吸引着许多水分子而形成了水化膜，这层水化膜与胶粒的水化膜相比，在厚度和紧密程度上都要大得多，这也是高分子溶液具有稳定性的主要原因。

高分子溶液的分散相粒子直径通常在胶体分散系的范围内，因而具有溶胶的某些性质，如不能通过半透膜、扩散速率慢等。但是，由于高分子溶液的分散相粒子是单个分子，其组成和结构与胶粒不同，并且该溶液又是稳定的均相体系，所以高分子溶液的更多的性质与溶胶不同而类似于真溶液。溶胶、高分子溶液和真溶液三者性质比较见表12-4。

表12-4　溶胶、高分子溶液和真溶液的性质比较

溶胶	高分子化合物溶液	真溶液
胶粒直径1 nm～100 nm	高分子直径1 nm～100 nm	分子或离子直径小于1 nm
分散相粒子是许多分子、原子、离子的聚集体	分散相粒子是单个分子或离子	分散相粒子是单个分子或离子
多相不稳定体系	单相稳定体系	单相稳定体系
扩散速率慢	扩散速率慢	扩散速率快
不能透过半透膜	不能透过半透膜	能透过半透膜
丁铎尔现象明显	丁铎尔现象微弱	丁铎尔现象微弱
加入少量电解质时聚沉	加入大量电解质时盐析	电解质不影响稳定性

二、高分子化合物的盐析

对于溶胶来说，加入少量的电解质就可以使它聚沉。而对于高分子溶液，要使分散相粒子从溶液中沉淀出来，就必须加入大量的电解质。加入大量电解质使高分子化合物从溶液中沉淀出来的作用，称为*盐析*（salting out）。例如，向蛋白质溶液中加入大量的电解质如$(NH_4)_2SO_4$、Na_2SO_4、NaCl（称为盐析剂）等，都可以使蛋白质在水中的溶解度大大降低而析出沉淀。这是由于电解质离子的强烈*水化作用*（hydration），破坏了蛋白质的水化膜，加之蛋白质吸引电解质中与其电荷相反的离子，又破坏了蛋白质的带电性而发生沉淀。由此可见，盐析作用的实质是破坏高分子化合物的水化作用使其脱水。盐析并不破坏蛋白质的结构，不引起蛋白质变性。加溶剂稀释后，蛋白质可以重新溶解。盐析剂中最重要的是$(NH_4)_2SO_4$，因为SO_4^{2-}离子和NH_4^+离子都有很强的盐析能力，在水中溶解度大，性质温和，不破坏蛋白质的生物活性。

三、高分子溶液对溶胶的保护作用

在一定量的溶胶中，加入足量的高分子溶液，可显著提高溶胶的稳定性，当外界因素干扰时也不易发生聚沉，这种现象称为高分子溶液对溶胶的*保护作用*（protection）。高分子溶液之所以对溶胶具有保护作用，是因为高分子化合物分子易被胶粒吸附在它的表面上，将整个胶粒包裹起来，形成了*保护层*（protecting layer）。同时，由于高分子化合物含有亲水基团，在它的外面又形成了一层水化膜，阻止了胶粒之间的聚集，从而提高了溶胶的稳定性。如图 12-9 所示。

(a) 溶胶未得保护

(b) 溶胶得到保护

图 12-9　高分子溶液对溶胶的保护作用

高分子溶液对溶胶的保护作用在生理过程中具有重要意义。正常人血液中 $CaCO_3$、$Ca_3(PO_4)_2$ 等微溶电解质都是以溶胶的形式存在，由于血液中蛋白质等高分子化合物对这些溶胶起到了保护作用，所以它们在血液中的浓度虽然比其在水中的溶解度大，但仍能稳定存在而不沉降。如果由于某些疾病使血液中蛋白质减少，那么就会减弱其对溶胶的保护作用，这些微溶盐就会在肾、胆囊等器官中沉积，这也是形成各种结石的原因之一。

四、膜平衡

当用半透膜将高分子电解质（如 NaR）溶液与低分子电解质（如 NaCl）溶液隔开时，由于高分子电解质离子 R^-不能透过半透膜，而低分子离子 Na^+和 Cl^-能透过半透膜，并且Na^+离子的透过要受到 R^-离子的静电引力的影响，所以，为了使溶液保持电中性，最后达到渗透平衡时，就出现了低分子电解质离子在膜两侧不均匀分布。这种由于高分子电解质离子的存在而引起低分子电解质离子不均等分布在膜两侧的平衡状态，称为*膜平衡*（membrane equilibrium）。由于董南（Donnan）首先对此观象进行了研究，故又称为*董南平衡*（Donnan equilibrium）。

如果把浓度为 c_1 的 NaR 溶液和浓度为 c_2 的 NaCl 溶液用半透膜隔开时，膜内高分子离子R^-不能透过半透膜，并且由于 R^-离子对 Na^+离子的静电引力，结果使膜内的 Na^+离子不能自由向膜外扩散。因为膜内没有 Cl^-离子，所以 Cl^-离子将由膜外向膜内扩散。为了维持溶液的电中性，必须有相同数目的 Na^+离子进入膜内。设达到平衡时有 x mol · $L^{-1}$$Na^+$离子和 Cl^-离子从膜外进入膜内，则平衡时各种离子的浓度如图 12-10 所示。

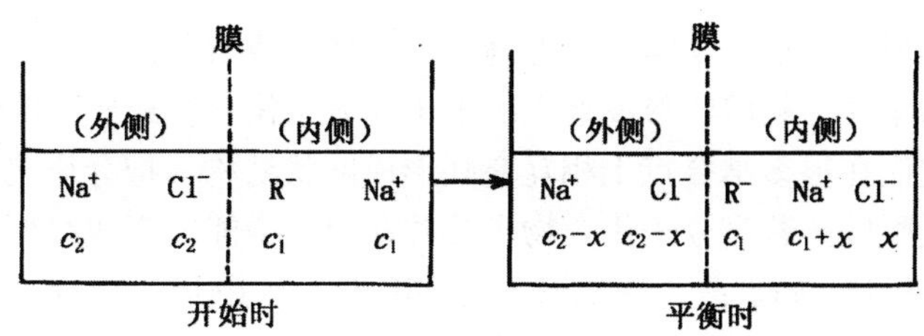

图 12-10　膜平衡示意图

平衡前 Na^+离子和 Cl^-离子进出半透膜的速率为

$$v_{进}=k_{进}\cdot c(Na^+,外)\cdot c(Cl^-,外)$$
$$v_{出}=k_{出}\cdot c(Na^+,内)\cdot c(Cl^-,内)$$

平衡时 Na^+离子和 Cl^-离子进出半透膜的速率相等，即

$$v_{进}=v_{出},\qquad k_{进}=k_{出}$$
$$c(Na^+,外)\cdot c(Cl^-,外)=c(Na^+,内)\cdot c(Cl^-,内) \qquad (12\text{-}3)$$

式（12-3）为膜平衡表示式，它表明平衡时低分子电解质离子在膜两侧浓度的乘积相等。式中各离子浓度均为平衡浓度，将各离子的平衡浓度代入式（12-3），得

$$(c_2-x)^2=(c_1+x)x$$

$$则 \qquad x=\frac{c_2^2}{c_1+2c_2} \qquad 或 \qquad \frac{x}{c_2}=\frac{c_2}{c_1+2c_2} \qquad (12\text{-}4)$$

式中，$\frac{x}{c_2}$为膜外低分子离子 Na^+、Cl^-进入膜内的分数，也称扩散分数（diffusion fraction）。由式（12-4）可知，Na^+离子和 Cl^-离子进入膜内的浓度或扩散分数完全取决于膜内 R^-离子的起始浓度。

当 $c_1>>c_2$时，$\frac{x}{c_2}\approx 0$，说明膜外低分子离子几乎不能透过膜。

当 $c_2>>c_1$时，$\frac{x}{c_2}\approx\frac{1}{2}$，说明约有一半低分子离子进入膜内。

当 $c_2=c_1$时，$\frac{x}{c_2}\approx\frac{1}{3}$，说明约有$\frac{1}{3}$的低分子离子进入膜内。

膜平衡在生理学和生物学上有一定意义。在生物体内，像蛋白质、核酸等都是高分子电解质，它们在体液中都能电离出高分子离子，细胞膜相当于半透膜，但细胞膜对离子的透过并不完全取决于膜孔的大小，膜内蛋白质的含量对膜外低分子电解质离子的透入以及它们在膜两侧的分布有一定影响。然而，生物体内的膜平衡很复杂，影响细胞膜内外物质分布的因素也很多，膜平衡仅是其中原因之一。

第五节　凝　胶

一、凝胶的形成

大多数高分子溶液在一定条件下，黏度逐渐变小，最后失去流动性，形成具有一定形态的半固体物质的过程称为*胶凝*（gelation），所形成的这种半固体物质称为*凝胶*（gel）。例如，将琼脂、动物胶等物质放在热水中溶解，冷却静置后便形成凝胶。

（1）形成凝胶的条件。凝胶的形成首先决定于高分子化合物或胶粒的性质。线形的高分子化合物或胶粒，它们在很多结合点上相互交联形成网状结构，把介质包含在网状结构中，使它不能流动而形成凝胶。若高分子化合物或胶粒在溶液中能转变成线形，或球形分子联结成线形，则也能形成凝胶。如蛋清为球状卵蛋白，煮沸时由于转变成纤维状粒子而形成凝胶。凝胶的形成还与浓度、温度等有关。浓度越大，温度越低，就越容易形成凝胶。

（2）凝胶的类型。凝胶可分为*弹性凝胶*（elastic gel）和*刚性凝胶*（rigid gel）两大类。柔性的线形高分子化合物所形成的凝胶一般是弹性凝胶，如明胶、琼脂、橡胶的凝胶等。这类凝胶经干燥后，体积明显缩小而仍具有弹性，可以拉长而不断裂。若将这种干燥的凝胶再放到合适的溶剂中，体积又会变大，甚至完全溶解。无机凝胶大多数是刚性凝胶，如硅酸凝胶、氢氧化铁凝胶等。这类凝胶干燥后体积变化不大，并且失去弹性而变脆，易磨成粉。

二、凝胶的几种性质

（1）溶胀。将干燥的弹性凝胶放入合适的溶剂中，能自动吸收溶剂而使体积增大的过程称为溶胀（swelling）。例如，植物的种子只有在溶胀后才能发芽生长；生物体中凝胶的溶胀能力随着年龄的增大而降低。老年人皮肤出现皱纹就是有机体溶胀能力减小的缘故。刚性凝胶不具有溶胀这种性质。

（2）离浆。将凝胶放置一段时间，一部分液体会自动从凝胶中分离出来，使凝胶的体积逐渐缩小，这种现象称为*离浆*（syneresis）或*脱液收缩*（synersis）。也可以把离浆看成是胶凝过程的继续，即组成网状结构的高分子化合物间的连接点在继续发展增多，凝胶的体积逐渐缩小，结果把液体挤出网状骨架。脱液收缩后，凝胶体积虽变小，但仍能保持最初的几何形状。离浆现象十分普遍，例如，浆糊、果浆等脱水收缩，腺体的分泌，细胞失水，老年皮肤变皱等都属离浆现象。临床化验用的血清就是从放置的血液凝块中慢慢分离出来的。

凝胶在生物体的组织中占重要地位，生物体中的肌肉组织、皮肤、脏器、细胞膜、软骨等都可看作是凝胶。一方面它们具有一定强度的网状骨架维持某种形态，另一方面又可使代谢物质在其间进行交换。人体中约占体重 2/3 的水，也基本上保存在凝胶里。因此，凝胶与生物学、医学有十分密切的关系。

学 习 要 点

1. 分散系的概念：

一种物质或几种物质分散在另一种物质中所形成的体系称为分散体系。被分散的物质称为分散相，容纳分散相的连续介质称为分散介质。分散系可分为：分子和离子分散系、胶体分散系、粗分散系。

2. 表面能、表面张力、表面活性剂、吸附作用和乳浊液的概念。

3. 溶胶的性质：光学性质（丁铎尔现象）、动力学性质（布朗运动）、电学性质（电泳和电渗）。

电泳：在外加电场作用下，分散相粒子在分散介质中做定向移动的现象；电渗：在外加电场作用下，胶粒固定不动而液体介质通过多孔性物质定向移动的现象。

胶粒带电的原因：选择性吸附和表面分子电离。

4. 胶团结构：m 个分子、原子或离子聚集成胶核，胶核所吸附的 n 个和它组成相类似的离子与（$n–x$）个反离子组成吸附层，胶核和吸附层组成胶粒，胶粒和与它带相反电荷的扩散层组成胶团。AgI 负溶胶胶团结构简式为

$$[(AgI)_m \cdot nAg^+(n\text{-}x)NO_3^-]^{x+} \cdot x\,NO_3^-$$

5. 溶胶的稳定性和聚沉。

溶胶具有相对稳定性的原因：布朗运动、胶粒带电、胶粒表面水化膜的保护作用。

分散相粒子聚集变大到布朗运动克服不了重力作用时就会从介质中沉淀出来的过程称为聚沉。使溶胶聚沉的主要方法有：加入电解质、加入带相反电荷的溶胶和加热 。

6. 高分子溶液对溶胶的保护作用：在一定量的溶胶中，加入足量的高分子溶液，可显著提高溶胶的稳定性，当外界因素干扰时也不易发生聚沉。

7. 膜平衡：由于高分子电解质离子的存在而引起低分子电解质离子不均等分布在膜两侧的平衡状态。膜平衡表示式为：$c(Na^+，外) \cdot c(Cl^-，外) = c(Na^+，内) \cdot c(Cl^-，内)$。平衡时透入膜内的低分子离子的浓度和扩散分数为

$$x = \frac{c_2^2}{c_1 + 2c_2} \text{ 或 } \frac{x}{c_2} = \frac{c_2}{c_1 + 2c_2}$$

8. 凝胶：大多数高分子溶液在一定条件下，黏度逐渐变小，最后失去流动性，形成具有一定形态的半固体物质的过程称为胶凝，所形成的这种半固体物质称为凝胶。

思 考 题

1. 什么叫表面能？什么叫吸附作用？

2. 何谓表面活性物质？其结构特点是什么？说明它能降低溶液表面张力的原因。

3. 什么叫乳浊液？它有几种类型？为什么乳化剂能使乳浊液稳定存在？

4. 汞蒸气易引起中毒，若将液态汞以下面三种状态分布，则哪种引起的危害最大？说明原因。

（1）盛入烧杯中；

（2）盛入烧杯中并在其上覆盖一层水；

（3）散落成直径为 2×10^{-4}cm 的汞滴。

5. 为什么说溶胶是热力学不稳定体系，同时它又具有动力学稳定性？

6. 为什么溶胶会产生丁铎尔效应？说明原因。

7. 电动电势是指溶胶中哪两个带电层之间的电势差？其大小与哪种因素有关？为什么？

8. 溶胶和高分子溶液具有稳定性的原因有哪些？它们有哪些相同点和不同点？

9. 什么是凝胶？它有哪些主要性质？

10. 下列说法是否正确？为什么？

（1）高分子溶液的分散相粒子的直径与溶胶的分散相粒子的直径相近，因此高分子溶液也能产生丁铎尔现象；

（2）能显著降低水的表面张力的物质称为表面活性物质；

（3）As_2S_3 溶胶属于热力学稳定体系；

（4）水包油型乳浊液可表示为 O/W；

（5）溶胶区别于真溶液的最基本特征是丁铎尔效应；

（6）用半透膜将溶胶和电解质溶液隔开，当电解质离子在膜两侧的浓度相等时，即达到膜平衡；

（7）电泳时 AgCl 溶胶的胶粒向正极移动，说明该溶胶是负溶胶，所以该胶核优先吸附 K^+离子；

（8）电泳时 $Fe(OH)_3$ 溶胶向负极移动，说明该溶胶优先吸附了阴离子；

（9）反离子带电越多，其聚沉能力越大；

（10）将油和水混合并充分振荡，即可得到稳定的乳浊液；

（11）溶胶胶体分散系属于多相分散系；

（12）电解质中反离子的价数越高，对溶胶的聚沉能力就越强。

练 习 题

1. 分别写出硅胶和 $Fe(OH)_3$ 溶胶的胶团结构简式，确定它们的电泳方向，并指出这两种溶胶胶粒带电的原因。

2. 写出 As_2S_3 溶胶的胶团结构简式，确定其电泳方向。对于 As_2S_3 溶胶，下列电解质中哪种聚沉能力最强？

Na_3PO_4　　$AlCl_3$　　$CaCl_2$　　NaCl

3. 为了制备 AgI 负溶胶，应在 25 mL 0.016 mol · L^{-1}KI 溶液中，最多加入多少 mL 0.005mol · L^{-1}的 $AgNO_3$ 溶液？

4. 有两种溶胶 A 和 B，A 中需要加入少量 $BaCl_2$ 或较多的 NaCl 就有同样的聚沉能力；B 中需要加入少量 Na_2SO_4 或较多的 NaCl 也有同样的聚沉能力。A 和 B 两溶胶各带何种电荷？

5. 回答下列问题：

（1）由过量的 $AgNO_3$ 与 KBr 作用制备 AgBr 溶胶，则该溶胶中的反离子是哪种离子？

（2）$NaNO_3$、Na_2SO_4、$MgCl_2$、$AlCl_3$ 四种电解质对 AgCl 溶胶的聚沉值（mmol · L^{-1}）分别是：300、295、25、0.5，则该溶胶带何种电荷？电泳时胶粒向哪一电极迁移？

（3）有一溶胶在电泳时胶粒向阳极迁移。若将该溶胶分别加入到如下溶液或溶胶中：①葡萄糖溶液；②NaCl 溶液；③$Fe(OH)_3$ 溶胶；④硅胶。该溶胶在哪种情况下不发生聚沉？

（4）今有甲、乙、丙、丁和 $Al(OH)_3$ 五种溶胶，若将五种溶胶分别按甲与丙、乙与丁、丙与丁、丙与 $Al(OH)_3$ 两两混合，均发生聚沉现象，则属于负溶胶的是哪些？

6. 在三个烧杯中各盛放等量的 $Al(OH)_3$ 溶胶，分别加入电解质 NaCl、Na_2SO_4 和 Na_3PO_4 使其聚沉，需加入电解质的量为 NaCl＞Na_2SO_4＞Na_3PO_4。试判断胶粒带电符号，并确定其电泳方向。

7. ①将等体积的 0.01 mol · L^{-1}KCl 和 0.008 mol · $L^{-1}$$AgNO_3$ 溶液混合；②将等体积的 0.01 mol · $L^{-1}$$AgNO_3$ 和 0.008 mol · L^{-1}KCl 溶液混合，可分别制得带不同符号电荷的 AgCl 溶胶。现将等量的电解质 $AlCl_3$、$MgSO_4$ 及 $K_3[Fe(CN)_6]$分别加入到上述两种 AgCl 溶胶中。试分别写出三种电解质对这两种溶胶聚沉能力的大小顺序。

8. 用半透膜将浓度均为 0.01 mol ·L^{-1} 的高分子电解质（NaR）溶液和低分子电解质（NaCl）溶液隔开，当膜平衡建立后，计算膜两侧各种离子的浓度。

第十三章　分光光度法

【学习目的】

掌握：分光光度法的测定原理，物质对光的选择性吸收和吸收光谱；Lambert-Beer 定律，透光率、吸光度、摩尔吸光系数等基本概念及相互关系；可见分光光度法的常用测定方法：标准曲线法和标准对照法；

熟悉：分光光度法的误差来源，提高测量灵敏度和准确度的方法：参比溶液的概念和选择条件，显色剂的条件与显色反应，测定条件的选择。

了解：分光光度计的基本构造；紫外分光光度法的一般概念。

第一节　概　述

用比较溶液颜色深浅的方法测定有色溶液的浓度，确定某种组分含量的方法称为*比色分析法*（colormetric analysis method）。*分光光度法*（spectrophotometry）是在比色分析的基础上发展起来的一种现代仪器分析方法，它是根据物质的吸收光谱及光的吸收定律对物质进行定性、定量分析的一种方法。分光光度法分为可见分光光度法（光源波长为 380 nm～780 nm）、紫外分光光度法（光源波长为 10 nm～380 nm）和红外分光光度法（光源波长为 780 nm～3×10^5 nm）。本章主要介绍可见分光光度法，并简单介绍紫外分光光度法。

分光光度法的主要特点如下：

（1）灵敏度高。适用于测定浓度为 10^{-4}g•L^{-1}～10^{-1}g•L^{-1}的微量或痕量组分。

（2）准确度较高。分光光度法的相对误差一般为 2%～5%，精密仪器可减至 1%～2%。其准确度虽比容量分析、重量分析低，但能满足微量组分的测定对结果准确度的要求。

（3）操作简便、快速，仪器设备也不复杂，易于掌握。

（4）应用广泛。几乎所有无机离子和许多有机化合物都可以直接或间接利用分光光度法进行测定。目前，分光光度法已经发展成为一种在工农业生产、科学研究和医药卫生等方面应用十分广泛的分析方法。

第二节　基本原理

一、物质对光的选择性吸收

光是一种电磁辐射，又称电磁波。电磁辐射是量子化的，即不连续地，一份一份地发射或吸收，每一份称一个光子。某物质经光照射后，物质分子（或原子）中的电子从低能级跃迁到高能级，即由基态变成激发态。只有光子的能量与被照射物质分子（或原子）基态与激发态之间的能量差相等时，才能被吸收。不同物质的基态和激发态的能量差不同，选择吸收光子的波长也不同。

单一波长的光称为*单色光*（monochromatic light），由不同波长的光组成的光称为*复色光*

(polychromatic light)。白光是一种复色光，由红、橙、黄、绿、青、蓝、紫等单色光按一定比例混合而成。若两种颜色的光按一定比例混合，也可以得到白光，这两种单色光称为互补色光。如图 13-1 中处于直线两端的两种色光为互补色光。

图 13-1　互补色光示意图

物质溶液呈现不同的颜色是由于物质对光具有选择吸收而造成的。当一束白光通过某溶液时，如果溶液对各种波长的光几乎都不吸收，则溶液呈现无色透明；如果溶液对各种波长的光全部吸收，则溶液呈现黑色；如果溶液选择吸收了某些波长的光，而其他波长的光透过溶液，这时溶液呈现透过光的颜色。透过光的颜色是溶液吸收光的互补色。例如，$K_2Cr_2O_7$ 溶液选择性地吸收了白光中的蓝色光而呈现黄色，$KMnO_4$ 溶液选择性地吸收了白光中的绿色光而呈现紫红色。

二、吸收光谱

溶液对不同波长的单色光的吸收程度称为*吸光度*（absorbance）。在分光光度计上，利用不同波长的单色光做入射光，按波长由短到长的顺序依次通过某一溶液可测得不同波长时的吸光度 A。然后以入射光的波长 λ 为横坐标，吸光度 A 为纵坐标作图。所得曲线即为该溶液的*吸收光谱*（absorption spectrum），又称*吸收曲线*（absorption curve）。吸收光谱中，吸光度最大处的波长称为最大吸收波长，用 λ_{max} 表示。图 13-2 是 $KMnO_4$ 溶液的吸收光谱。可以看出，在可见光区，$KMnO_4$ 溶液对 525nm 左右的绿色光吸收程度最大，即 $KMnO_4$ 溶液的 λ_{max} 为 525nm。同一物质，浓度不同时吸收光谱曲线形状基本相同，其最大吸收波长不变，但吸光度随浓度增大而增大。若采用最大吸收波长测定吸光度，则灵敏度最高。吸收光谱体现了物质的特性，是进行定性、定量分析的基础。

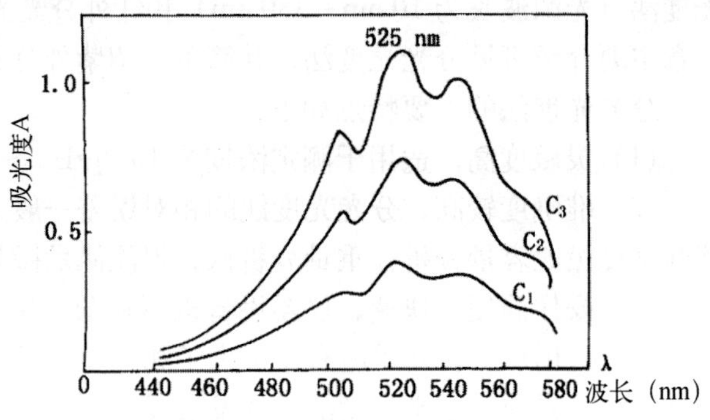

图 13-2　$KMnO_4$ 溶液的吸收光谱

三、透光率与吸光度

当一束平行的单色光通过某有色溶液时，光的一部分被吸收，一部分透过溶液，一部分被比色皿的表面反射。在分光光度法中，由于采用相同质地的比色皿，反射光的强度基本相同，其影响可以相互抵消，不予考虑。设*入射光强度*（incident light intensity）为 I_0，*吸收光强度*（absorptive light intensity）为 I_a，*透射光强度*（transmission intensity）为 I_t，则

$$I_0 = I_a + I_t \tag{13-1}$$

透射光强度与入射光强度之比称为*透光率*（transmittance），用 T 表示，则

$$T=\frac{I_t}{I_0} \tag{13-2}$$

透光率越大，溶液对光的吸收越少；反之，透光率越小，溶液对光的吸收越多。透光率的负对数称为吸光度，用符号 A 表示。

$$A=-\lg T=-\lg\frac{I_t}{I_0}=\lg\frac{I_0}{I_t} \tag{13-3}$$

四、朗伯－比尔定律

溶液对光的吸收除了与溶液本性有关以外，还与入射光波长、溶液浓度、液层厚度及温度等有关。朗伯（Lambert）和比尔（Beer）分别研究了吸光度与液层厚度（l）和溶液浓度（c）之间的定量关系。

朗伯定律指出：当一定波长的单色光通过一固定浓度的溶液时，其吸光度与光通过的液层厚度成正比，即

$$A=k_1 l \tag{13-4}$$

式中，k_1 为比例常数。它与被测物质的性质、入射光波长、溶剂、溶液浓度及温度有关。

朗伯定律适用于所有的均匀介质。

比尔定律指出：当一定波长的单色光通过溶液时，若溶液厚度一定，则吸光度与溶液浓度成正比，即

$$A=k_2 c \tag{13-5}$$

式中，k_2 为与被测物质的性质、入射光波长、溶剂、液层厚度及温度有关的常数。

比尔定律仅适用于单色光。

如果同时考虑液层厚度和溶液浓度对光吸收的影响，将式（13-4）和式（13-5）合并，朗伯－比尔定律（Lambert-Beer Law）可表示为

$$A=Kcl \tag{13-6}$$

式中，K 为吸光系数（absorptivity）。其物理意义是：吸光物质在单位浓度及单位厚度时的吸光度。它与入射光的波长、物质的本性及溶液的温度等有关。

若 c 的单位为 $mol\cdot L^{-1}$，l 的单位为 cm，则 K 用 ε 表示，ε 称为摩尔吸光系数（molar absorptivity）。ε 是指在一定波长时，溶液浓度为 1 $mol\cdot L^{-1}$，液层厚度为 1 cm 的吸光度。单位为 $L\cdot mol^{-1}\cdot cm^{-1}$。式（13-6）可表示为

$$A=\varepsilon cl \tag{13-7}$$

若 c 的单位为 $g\cdot L^{-1}$，l 的单位为 cm，则 K 用 a 表示，a 称为质量吸光系数（quality absorptivity）。a 是指在一定波长时，溶液浓度为 1 $g\cdot L^{-1}$，液层厚度为 1 cm 的吸光度。单位为 $L\cdot g^{-1}\cdot cm^{-1}$。式（13-6）可表示为

$$A=acl \tag{13-8}$$

ε 和 a 的关系可通过被测物质的摩尔质量（M）进行换算：

$$\varepsilon=aM \tag{13-9}$$

在给定单色光、溶剂和温度等条件下，吸光系数是物质的特性常数，它表明物质对某一

特定波长光的吸收能力。吸光系数越大，表示该物质对这一波长的光的吸收能力越强，测定的灵敏度越高。一般 ε 值大于 10^3 即可进行分光光度法测定。

第三节　可见分光光度法

一、分光光度计

可见分光光度法是以可见光做光源，经单色器分光后，以所需波长的单色光做入射光，通过测定溶液吸光度来计算溶液中被测物质含量的一种仪器分析方法。所用的仪器称为分光光度计（spectrophotometer）。分光光度计的型号很多，但其主要部件及结构基本相同，表示如下：

光源→单色器→吸收池→检测器→指示器

下面简单介绍一下各部件的构造及作用。

（一）光源（light source）

可见分光光度计常用钨灯做光源。它能发射 32 nm～3200 nm 波长范围的连续光谱，最适宜的波长范围是 360 nm～1000 nm。入射光的光源应有足够的强度，而且强度应恒定不变，为得到稳定的光源必须严格控制电压，所以电压要稳定。

（二）单色器（monochromator）

单色器的作用是将来自光源的连续光谱按波长顺序进行色散，从中分离出一定宽度的谱带。单色器由狭缝（入光狭缝和出光狭缝）、准直镜、色散元件（常用的有棱镜和光栅）组成。可见分光光度计中的棱镜是由光学玻璃制成的。不同波长的光通过棱镜时具有不同的折射率。光源发出的光经过入射光狭缝由准直镜变成平行光，投射到棱镜，色散后的光再回到准直镜，经准直镜聚焦在出光狭缝，转动棱镜便可在出光狭缝得到所需波长的单色光，见图 13-3。狭缝的宽度应调节适中，以免影响测定的灵敏度。

（三）吸收池（absorption cell）

吸收池又称比色皿。用来盛放被测溶液和参比溶液的容器。它是用无色透明、耐腐蚀的光学玻璃制成的。在测定中使用的一组吸收池一定要规格一致，吸收池的两个透光面必须严格平行且保持洁净，使用时切勿用手直接接触或用粗糙的纸擦拭，以免弄脏或磨毛。常用的吸收池的液层厚度有 0.5 cm、1.0 cm、2.0 cm、3.0 cm、5.0 cm 等，可根据需要选用。

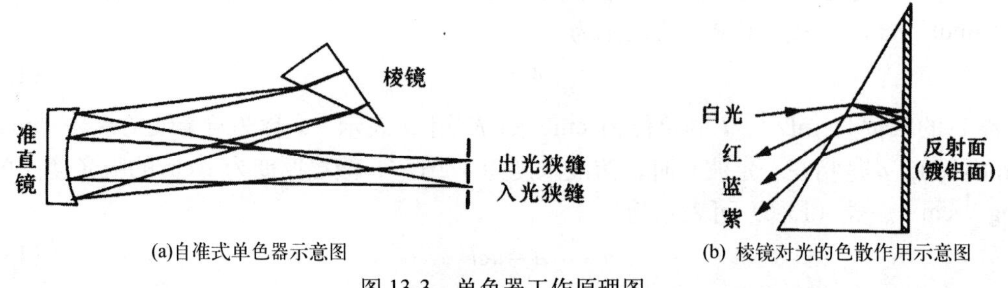

(a)自准式单色器示意图　　(b) 棱镜对光的色散作用示意图

图 13-3　单色器工作原理图

（四）检测器（detector）

可见分光光度计中的检测器一般采用光电管。它的作用是检测通过溶液的光强度，利用光电效应使光信号转变为电信号，经放大器放大后输入指示器。

（五）指示器（indicator）

常用的有微安电表指示器、图表记录器、数字显示等。在微安电表的标尺上，同时刻有吸光度 A 和透光率 T。透光率刻度是等分的，吸光度刻度是不均等的，见图 13-4。显示器可将各种数据显示出来，一些精密型分光光度计还可利用微机对数据进行处理、记录，使测定方法更为方便、准确。

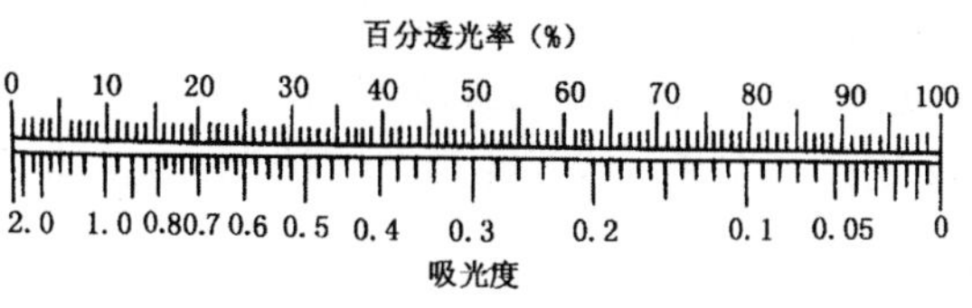

图 13-4　吸光度和透光率标尺

二、测定方法

可见分光光度法主要用于定量测定。其依据是朗伯–比尔定律。常用的方法有以下两种。

（一）标准曲线法

标准曲线法是分光光度法中最常用的方法。其方法是：取标准品配制一系列浓度不同的标准溶液，按选定的显色程序进行显色，在选定波长（λ_{max}）处，用相同厚度的吸收池，分别测定相应的吸光度。然后以标准溶液的浓度为横坐标，以相应的吸光度为纵坐标作图，得一条通过坐标原点的直线——标准曲线（见图 13-5）。然后在相同条件下，测定待测溶液的吸光度，再根据待测溶液的吸光度从标准曲线上查出其对应的浓度。

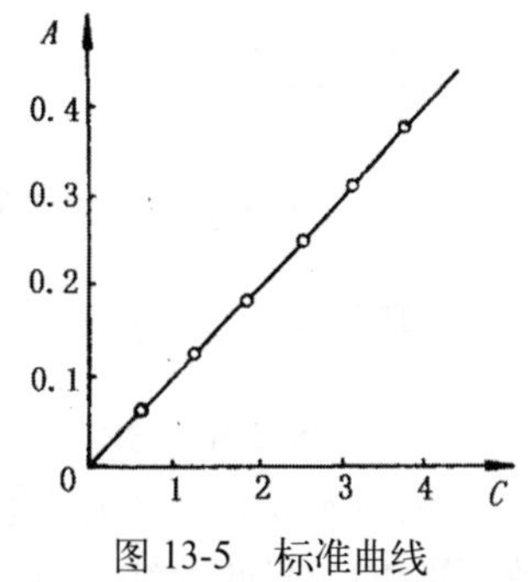

图 13-5　标准曲线

对于经常性的定量分析工作，常采用标准曲线法。在固定仪器和方法的条件下，标准曲线可多次使用，不必每次测绘，必要时可定期核对。如更换仪器或经维修及重新校正波长后，必须重新绘制标准曲线。

（二）标准对照法

先配制一个与待测溶液浓度相近的标准溶液（浓度用 c_s 表示），在选定波长处，测定出吸光度 A_s，在相同条件下测出待测溶液（浓度用 c_x 表示）的吸光度 A_x，则

$$A_s = \varepsilon c_s l \tag{13-10}$$

$$A_x = \varepsilon c_x l \tag{13-11}$$

因是同种物质、同台仪器及同一波长测定，ε 和 l 相同，所以，可按下式计算待测溶液浓度：

$$c_x = \frac{A_x}{A_s} c_s \tag{13-12}$$

此方法适用于非经常性分析工作。

第四节　分光光度法的误差和测定条件的选择

一、分光光度法的误差

分光光度法的误差主要有以下几个方面：

（一）偏离比尔定律引起的误差

按照比尔定律，吸光度 A 与浓度 c 的关系应该是一条通过原点的直线。事实上，A–c 曲线常出现弯曲。主要原因有化学方面和光学方面的因素。

（1）化学因素。溶液中溶质因浓度改变而发生解离、缔合、溶剂化等现象，致使溶液吸光度改变。

（2）光学因素。比尔定律只适用于单色光，而真正的单色光是难以得到的。实际上分光光度计通过单色器得到的是一个狭小波长范围的复色光。由于物质对不同波长的光的吸光系数不同，引起溶液对 Beer 定律的偏离，吸光系数差值越大，偏离越多。

（二）仪器测量误差

仪器测量误差是由光电管的灵敏性差，光电流测量不准，电源不稳定及读数不准等因素引起的。由朗伯-比尔定律可知，测定结果相对误差与透光率（T）和透光率测定误差（ΔT）的大小有关。而 ΔT 可视为一常量，通过作图可知，T 为 36.8%时，相对误差最小，而 T 很大或很小时，相对误差都较大。实际工作中，常通过调节溶液浓度或选择适宜的吸收池将 T 控制在最适宜范围 20%～65%，即吸光度为 0.2～0.7。

（三）主观误差

由于操作不当所引起的误差。在标准溶液和试样溶液处理时没有按相同条件和相同步骤进行。为避免或减少这类误差，得到准确的结果，应严格按照操作规程进行操作。

二、测定条件的选择

（一）波长的选择

入射光波长对测定结果的灵敏度和准确度都有很大影响。选择入射光波长时，应先绘制有色溶液的光吸收曲线，选择该溶液的最大吸收波长 λ_{max} 的光做入射光。如遇干扰时，可选用另一灵敏度稍低，但能避免干扰的波长进行测定。例如，根据图 13-2 测定锰时应选择波长为 525 nm 的光做入射光。如果待测液中某种组分在同样的波长也有吸收，则对测定有干扰，可选另一灵敏度稍低，但能避免干扰的入射光。如测定镍时，用丁二肟做显色剂，镍与丁二肟配合物的 λ_{max} 为 450 nm，若待测液中有 Fe^{3+} 存在时，需加柠檬酸，形成柠檬酸铁配合物，而柠檬酸铁配合物在 450 nm 处也有一定的吸收，对镍测定有干扰，此时可选用 520 nm～530 nm 波长。

（二）显色剂的选择

可见分光光度法只能测定有色溶液，但大多数物质颜色很浅或者无色，必须加入一种适当的试剂，使之生成稳定的有色物质，再进行测定。加入的这种试剂称为*显色剂*（color reagent），使待测物质转变成有色物质的反应称为*显色反应*（color reaction）。为了提高测定的灵敏度和准确度，显色剂必须具备灵敏度高、选择性好、显色产物有确定的组成且稳定，显色剂与显色产物之间颜色差别要大。

（三）显色剂的用量

为使显色反应尽可能进行完全，应加入过量显色剂，但并非显色剂用量越多越好，有些显色反应，过量的显色剂会影响有色产物的组成，对测定不利。

显色剂用量可通过实验确定。方法是固定被测组分浓度不变，改变显色剂用量，在其他条件相同情况下测定相应的吸光度，绘出吸光度与显色剂用量的曲线，如图 13-6 所示，当显色剂用量在 $a \sim b$ 之间时，吸光度为一恒定值，可在此范围内确定显色剂的合适用量。

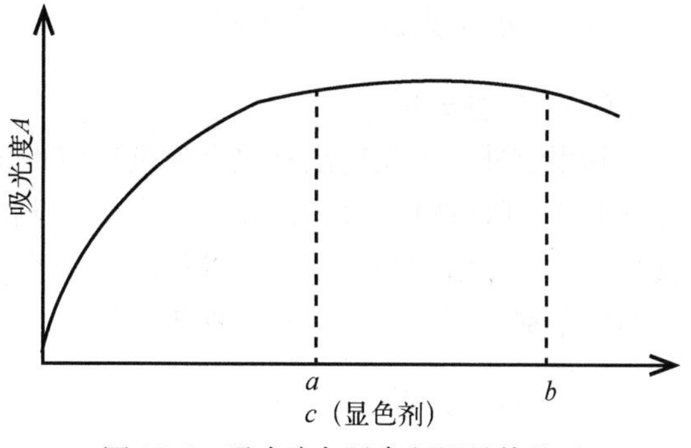

图 13-6　吸光度与显色剂用量的关系

（四）显色时间和温度

各种显色反应的快慢不同，温度对不同显色反应的影响也不同，必须通过实验选择适宜的显色时间和显色温度。方法是绘制吸光度-显色时间的曲线和吸光度-显色温度的曲线，从中选定适宜的条件。

（五）溶液酸度的控制

许多显色剂是有机弱酸，溶液酸度大时，会抑制显色剂的解离，酸度小时，又会形成金属氢氧化物沉淀，影响显色反应。最适宜的酸度可按确定显色剂用量类似的方法，作吸光度-pH 曲线来确定。

（六）参比溶液的选择

*参比溶液*又称*空白溶液*，在分光光度分析中被用作对比标准来调节仪器的吸光度零点，消除显色溶液中与待测物质相似的其他有色物质的干扰，抵消吸收池及试剂对入射光的反射和吸收等影响。因此参比溶液的选择对提高测定的准确度起着重要作用。

选择参比溶液的原则是：溶液中只有待测物质有颜色，显色剂及其他试剂均无色时，可用溶剂做参比溶液，称为*溶剂空白*。如果显色剂或其他试剂有颜色，而待测溶液无色，可在相同显色条件下，加入各种试剂和溶剂（不加试样溶液）做参比溶液，称为*试剂空白*。如果试样基体有色（溶液中混有其他有色离子），显色剂无色且不与待测物质以外的其他物质显色时，可不加显色剂，但按与显色反应相同的条件，取同样量的试样溶液做参比溶液，称为*试样空白*。

第五节　紫外分光光度法简介

一、概述

可见分光光度法测定的波长范围是 380 nm～780 nm，测定对象是有色溶液或与显色剂作用生成有色物质的溶液，一些物质在可见光区无明显吸收，而在紫外区却有特征吸收。对这些物质可采用紫外光做光源的分光光度法进行测定。紫外区分两个区段，200 nm 以下称远紫外区，200 nm～380 nm 为近紫外区。远紫外光谱测定使用较少，目前使用的紫外分光光度计是对在近紫外区有特征吸收的物质进行分析测定。

一般能做紫外分光光度法测定的仪器，也能做可见分光光度法测定。紫外分光光度计也是由光源（氢灯或氘灯）、单色器、吸收池、检测器、指示器组成。由于紫外光不能透过玻璃，紫外分光光度计中的棱镜、透镜、光窗、吸收池和光电管等均用石英材料制成。

二、紫外分光光度法的应用

（一）定性分析

利用紫外分光光度法对化合物进行定性鉴别，是依据多数化合物具有特征光谱，如吸收光谱形状、吸收峰数目、位置、强度和相应的吸光系数等。将试样的吸收光谱与标准品的吸收光谱或文献所载的标准图谱进行比较，若两者完全相同，则可能为同一种化合物；若两者有明显差别，则肯定不是同一种化合物。

（二）定量分析

在近紫外区，光的吸收仍符合朗伯-比尔定律，其测定方法与可见分光光度法相同，目前广泛用于微量或痕量分析。

（三）结构分析

有机化合物的紫外吸收光谱特征，主要决定于分子中生色团和助色团以及它们的共轭情况。所以单独从紫外光谱，不能完全确定化合物的分子结构，但可以推断分子的骨架、可能存在的取代基的位置、种类和数目等。在研究有机化合物的分子结构时，紫外分光光度法常与红外光谱、质谱和核磁共振等方法配合使用。

学 习 要 点

1. 分光光度法：根据物质的吸收光谱及光的吸收定律对物质进行定性、定量分析的一种方法。可分为：可见分光光度法、紫外分光光度法和红外分光光度法。主要特点：灵敏度高，准确度较高，操作简便快速，应用广泛。

2. 物质对光的选择性吸收：单一波长的光称为单色光，由不同波长的光组成的光称为复色光。物质对光的吸收具有选择性。当一束白光通过某溶液时，如果溶液对各种波长的光几乎都不吸收，则溶液呈现无色透明；如果溶液对各种波长的光全部吸收，则溶液呈现黑色；如果溶液选择吸收了某些波长的光，溶液呈现吸收光的互补色光的颜色。

3. 吸收光谱：溶液对不同波长（λ）单色光的吸收程度称为吸光度（A）。不同波长的单色光按波长由短到长的顺序依次通过某一浓度的溶液可测得不同波长时的吸光度，然后以 λ 为横坐标，A 为纵坐标作图所得曲线称为该溶液的吸收光谱（吸收曲线）。

4. 透光率（T）和吸光度：$A=-\lg T=-\lg\dfrac{I_t}{I_0}=\lg\dfrac{I_0}{I_t}$

5. 朗伯－比尔定律：$A=Kcl$ 或 $A=\varepsilon cl$ 或 $A=acl$

K 称为吸光系数，是指吸光物质在单位浓度及单位厚度时的吸光度。ε 称为摩尔吸光系数，a 称为质量吸光系数。吸光系数越大，表示该物质对这一波长的光的吸收能力越强，测定的灵敏度越高。一般 ε 值大于 10^3 即可进行分光光度法测定。

6. 可见分光光度法：是以可见光做光源，经单色器分光后，以所需波长的单色光做入射光，通过测定溶液吸光度来计算溶液中被测物质含量的一种仪器分析方法。常用的测定方法是标准曲线法和标准对照法。

7. 分光光度法的误差：偏离比尔定律引起的误差、仪器测量误差（可控制 T 在 20%～65%，A 在 0.2～0.7 范围内来减小误差）和主观误差。

8. 测定条件的选择：波长、显色剂、显色剂的用量、显色时间和温度、参比溶液（空白溶液）的选择和溶液酸度的控制。

思考题

1. 与化学分析法相比，分光光度法的主要特点是什么？

2. 什么是吸收曲线？什么是标准曲线？各有什么实际应用？两者之间的关系如何？

3. 什么是透光率？什么是吸光度？两者之间有何关系？

4. 什么是摩尔吸光系数？什么是质量吸光系数？两者的关系如何？为什么要选择波长为 λ_{max} 的单色光进行分光光度法测定？

5. 分光光度计主要由哪些部件组成？说出各部件的功能。

6. 可见分光光度法用于定量测定的理论依据是什么？常用的测定方法有哪些？

7. 可见分光光度法测定中常用的参比溶液有几种？如何选择？

8. 指出下列说法的对错，并说明原因。

（1）符合朗伯-比尔定律的某有色溶液，其浓度越低，透光率越小；

（2）当某有色溶液浓度改变时，其最大吸收峰的位置、峰高都改变；

（3）在分光光度法中，有色物质的摩尔吸光系数 ε 越大，表明测定该物质的精密度越高；

（4）任何两种颜色的光按适当的强度比例混合，都可得到白光；

（5）在分光光度法中，吸光度测定值的范围应控制在 20%～65%；

（6）若改变入射光波长，则吸光度也会改变；

（7）吸收曲线的基本形状取决于吸光物质的结构及溶液的浓度；

（8）溶液呈现不同的颜色，是由于溶液对可见光的选择性吸收；

（9）吸光系数与入射光波长、溶剂及溶液浓度有关；

（10）分光光度法灵敏度高，特别适合常量组分的测定；

（11）分光光度法只适合有色物质的定量分析，但不能用于无色溶液的定量分析；

（12）若溶液中无其他干扰离子存在时，应选择波长为 λ_{max} 的光做入射光进行分光光度法测定。

练习题

1. 某遵守 Lambert-Beer 定律的溶液，当浓度为 c_1 时，透光率为 T_1，当浓度为 $0.5c_1$、$2c_1$ 时，在液层厚度不变的情况下，相应的透光率 T_2 和 T_3 各为多少？何者最大？

2. 若将某波长的单色光通过液层厚度为 1.0cm 的某溶液，则透射光的强度仅为入射光强度的 1/2。当该溶液的液层厚度为 2.0cm 时，其透光率和吸光度各为多少？

3. 将下列吸光度、透光率进行换算。

（1）$A=0.30$，$T=$？

（2）$A=0.55$，$T=$？

（3）$T=20\%$，$A=$？

（4）$T=65\%$，$A=$？

4. 测得某溶液的吸光度为 A_1，透光率为 T_1，将该溶液稀释后，测得其吸光度为 A_2。已知 $A_1 - A_2 = 0.477$，稀释后的透光率 T_2 是 T_1 的多少倍？

5. 在一定条件下，用厚度为 1 cm 的吸收池，测定某一浓度为 0.150 $mmol \cdot L^{-1}$ 溶液的吸光度为 0.321。

（1）若浓度不变，改用厚度为 2 cm 的吸收池，其吸光度是多少？

（2）若吸收池厚度不变，浓度增大到 0.20 $mmol \cdot L^{-1}$，其吸光度是多少？

6. 用邻二氮菲分光光度法测定一含铁样品，已知铁样中 Fe^{2+} 的浓度大致为 $5.00 \times 10^{-7} g \cdot mL^{-1}$，测定时有色物质的摩尔吸光系数 ε 为 1.10×10^4 $L \cdot mol^{-1} \cdot cm^{-1}$，若使测定时吸光度在 0.2～0.3 之间，应选用多厚的比色皿？已知 M(Fe)= 55.86 $g \cdot mol^{-1}$

7. 用邻二氮菲测定铁时，已知试样中 Fe^{2+} 的浓度为 $5.00 \times 10^{-4} g \cdot L^{-1}$，用 2.0 cm 吸收池于 508 nm 波长处测得吸光度为 0.198，计算三（邻二氮菲）合铁（Ⅱ）配合物的摩尔吸光系数 ε。

8. 已知标准锰溶液的浓度为 2.4 $g \cdot L^{-1}$，用 1.0 cm 吸收池测得其吸光度为 0.24。在相同条件下测得某含锰试液吸光度为 0.52，求该试液中锰的质量浓度。

9. 已知某种化合物的相对分子质量为 251，将此化合物用乙醇做溶剂配成浓度为 0.150 $mmol \cdot L^{-1}$ 的溶液，在 480 nm 波长处用 2.00 cm 吸收池测得吸光度为 0.400，求该化合物在上述条件下的摩尔吸光系数 ε 和质量吸光系数 a。

10. 人体血液的容量（$V_{血液}$）可用下列方法测定：将 1.00 mL 伊凡氏蓝注入静脉，经 10 min 循环混匀后采血样。将血样离心分离，血浆占全血 53%。在 1.0 cm 吸收池中测得血浆吸光度为 0.380。另取 1.00 mL 伊凡氏蓝，在容量瓶中稀释至 1.0 L。取 10.0 mL 在容量瓶中稀释至 50.0 mL，在相同条件下测得吸光度为 0.200。若伊凡氏蓝染料全分布于血浆中，求人体中血液的容量。

第十四章　化学元素与人体健康

化学元素组成了自然界和人类。不同的化学元素在人体中存在形式和分布不同，其生理功能也不同。现已证明，人体内某些化学元素的平衡失调，将会引起各种疾病，危害人体健康。因此，了解化学元素在人体中的存在形式及生物功能、环境污染对人体健康的危害，研究它们与生物配体（如蛋白质、核酸等）形成配合物及其结构、性质与生物功能的关系等，将有益于维护人体健康，减少疾病，提高治愈率，对提高人们的健康水平有着重要意义。

第一节　人体中的化学元素

一、人体中化学元素的分类

在自然界中，目前已知天然存在的化学元素有 92 种，其中在生命体中已发现 81 种（见图 14-1）。在生命体内能维持其正常生命活动所不可缺少的化学元素称为*生命元素*（biological element）。

按生命元素在人体内含量多少可分为*常量元素*（macroelement）和*微量元素*（microelement）。在人体中，含量（占人体总质量）高于 0.05%的元素为常量元素，包括 O、C、H、N、Ca、P、S、K、Na、Cl、Mg 11 种元素，约占人体总量的 99.95%；含量低于 0.05%的元素为微量元素，有 70 种，仅占人体总质量的 0.05%。

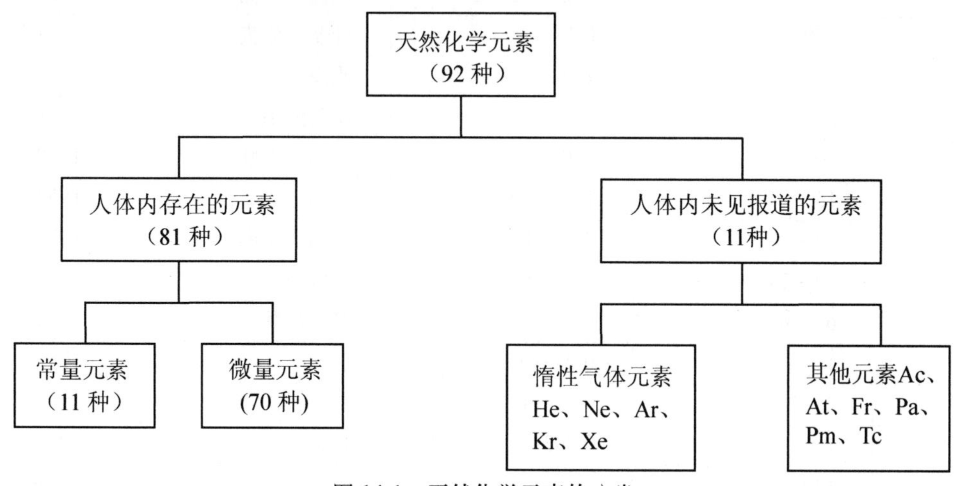

图 14-1　天然化学元素的分类

随着科学研究的发展，在人体功能不同的某些器官中，其组织的微量元素含量和元素种类也可能有特殊性。例如 Ca、P、Mg 等在人体总质量中为常量元素，而在眼部晶体中可能成为微量元素。

按化学元素对人体正常生命的作用可分为*必需元素*（essential element）、*可能必需元素*和*非必需元素*（non-essential element）。必需元素包括常量元素和 18 种微量元素，它们在人体中的含量和分布状况见表14-1和表14-2。

表14-1 常量元素的含量及其在人体组织中分布状况

元素	含量（g/70 kg）	占体重比例（%）	在人体组织中主要分布状况
O	45 000	63.30	水、有机物
C	12 600	18.00	有机物
H	7 000	10.00	水、有机物
N	2 100	3.00	有机物
Ca	1 420	2.00	骨骼、牙齿、肌肉、体液
P	700	1.00	有机物、骨骼、牙齿、磷脂、磷蛋白
S	175	0.25	含硫氨基酸、头发、指甲、皮肤
K	140	0.20	细胞液
Na	105	0.15	细胞液、骨骼
Cl	105	0.15	脑脊液、胃肠道、细胞液、骨骼
Mg	35	0.05	骨骼、牙齿、细胞液、软组织

表14-2 必需微量元素含量及其在人体组织中的分布

元素	含量（mg/70 kg）	血浆浓度（$\mu mol \cdot L^{-1}$）	主要部位	确证年代
Si	18 000	15.31	淋巴结、指甲	1972
Fe	2 800～3 500	10.75～30.45	红细胞、肝、骨髓	17世纪
F	3 000	0.63～0.79	骨骼、牙齿	1971
Zn	2 700	12.24～21.42	肌肉、骨骼、皮肤	1934
Sr	320	0.44	骨骼、牙齿	—
Cu	90	11.02～23.6	肌肉、结缔组织	1928
V	25	0.20	脂肪组织	1971
Sn	20	0.28	脂肪、皮肤	1970
Se	15	1.39～1.9	肌肉（心肌）	1957
Mn	12～20	0.15～0.55	骨骼、肌肉	1931
I	12～24	0.32～0.63	甲状腺	1850
Ni	6～10	0.07	肾、皮肤	1974
Mo	11	0.04～0.31	肝	1953
Cr	2～7	0.17～1.06	肺、肾、胰	1959
Co	1.3～1.8	0.003	骨髓	1953
Br	<12	—	—	—
As	<117	—	头发、皮肤	1975
B	<12	3.60～33.76	脑、肝、肾	1982

人体必需元素是指这种元素在营养上不可缺少，若缺少这种元素会发生代谢障碍，甚至导致疾病，在膳食中补足这种元素的需求量，病症会逐渐消失。例如人体缺铁时，会引起缺铁性贫血等；缺锌会引起贫血、高血压、早衰、侏儒症等。

非必需元素包括*无害元素*(non-harmful element)和*有害或有毒元素*(harmful or poisonous element)。有20～30种普遍存在于人体各组织中的元素，它们的浓度是变化的，而且它们的生物效应还没有被完全确定，它们可能来自环境的污染，称为污染元素。由于环境污染或从饮食中摄取量过大，时间过长，对人体健康有害。这些元素称为有害或有毒元素。如Be、Bi、Sb、Pb、Cd、Hg等。

可能必需元素是可能有益或辅助营养元素。人体中假如缺少这些元素，虽然可以维持生命，但不能认为是健康的。如Li、Ce、Al、Rb、Ti、As、Sr、B和稀土元素等属于这种元素。

值得注意的是，“必需”和“非必需”没有明确的界限。随着检测手段、诊断方法的进步和完善，现在认为是非必需的，将来可能会被发现是必需的。例如，过去一直认为As是有害元素，1975年才认识到它的必需性。另外，还有一个摄入量问题，每一种必需元素在体内都有其最佳营养浓度，不足或过量都不利于人体健康。例如，人体每天对碘的最低需要量为0.1 mg，碘缺乏将会引起甲状腺肿大、地方性克汀病等。人体对碘的耐受量为1000 mg，高于1000 mg即为中毒量。

二、化学元素在人体组织中的分布

研究已经证明，化学元素在人体内的分布是极不均匀的。一是各脏器中的元素数种各不相同。据Lyengar等人的统计，在1978年以前，共在血液中测得72种元素，但在子宫、前列腺、胃肠道中只测到30多种元素(见表14-3)。这种情况也许和样品采集和测试技术有关。1990年日本Yoshinaga等报道，采用先进的ICP-MS技术，一次就可测到人体器官中的61种元素。二是各脏器中元素含量不同。许多元素在体内有其固定高含量部位。表14-4和表14-5分别列出了一些微量元素在体内的主要蓄积部位和含量高的部位。

表14-3　人体组织中的化学元素种数

组　织	元素种数	组　织	元素种数
血	69	心	49
血浆	72	肾	49
骨	48	肝	50
脑	48	肺	62
胃肠道	39	卵巢	46
头发	48	胰	41
肌肉	45	前列腺	37
指甲	42	脾	44
皮肤	45	睾丸	45
牙齿	68	子宫	32
尿	49		

表14-4　部分微量元素在人体中的主要蓄积部位

元素	主要分布部位（%）	元素	主要分布部位（%）	元素	主要分布部位（%）
Fe	血色素（70.5）	Cu	肌肉（34.7）	Sr	骨（99）
F	骨（98.9）	V	脂肪（>90）	Br	肌肉（60）
Zn	肌肉（65.2）	Sn	脂肪、皮肤（25）	Ba	骨（91）

续表

元素	主要分布部位（%）	元素	主要分布部位（%）	元素	主要分布部位（%）
Se	肌肉（88.3）	Al	肺（19.7）	Cr	皮肤（37.0）
Mn	骨（43.3）	Cd	肾、肝（27.8）	Co	骨髓（18.6）
I	甲状腺（87.4）	Hg	脂肪、肌肉（69.2）	Mo	肝（19.0）
Ni	皮肤（18.0）	Pb	骨（91.6）		

表 14-5　部分微量元素在人体中含量最高部位

元　素	含量最高部位(μg/g 鲜重)	含量次高部位(μg/g 鲜重)
Co	肝（1）	心（0.2）
Cu	肝（7.4）	脑（5.1）
Cr	肺（2.5）	肌肉（0.2）
Fe	血（450）	肺（174）
F	肾（2.3）	肌肉（1.9）
I	甲状腺（2.70）	肺（0.2）
Al	肺（72）	脑（22）
As	肺（0.2）	血（0.1）
Cd	肾（22）	肝（3）
Ag	肾（0.76）	肝（0.24）

三、化学元素在人体中的存在形态

化学元素在人体中的存在形态各不相同，大致有四种情况。

（1）具有电化学功能和信息传递功能的离子。Na^+、K^+、Mg^{2+}、Ca^{2+}、Cl^-等，分别以游离水合阳离子和阴离子形式存在于细胞内液和细胞外液中，两者之间维持一定浓度梯度。

（2）无机物质结构物质。Si、Ca、F、P 和少量 Mg 是以难溶无机化合物形态存在于人体硬组织（如骨骼、牙齿等）中，如 SiO_2、$CaCO_3$、$Ca_{10}(OH)_2(PO_4)_6$ 等。

（3）小分子。F、Cl、Br、I、Cu、Fe 存在于抗生素中；Co、Fe、Cu、Mg、V、Ni 等存在于卟啉配合物中；Ca、Si、Se、As、V 等存在于其他小分子中。

（4）生物大分子。C、H、O、N、S 等是蛋白质、核酸、肽等的组成成分；Mn、Mo、Fe、Cu、Co、Ni、Zn 等元素的离子可与蛋白质、核酸等生物配体结合成生物配合物，包括具有催化性能和储存、转换功能的各种酶。

人体必需元素在体内的化学形态十分复杂，有待进一步研究。

四、人体中化学元素的理化性质

在人体中，化学元素的必需性、毒性以及它们与生物分子的结合，都与它们的理化性质有关。

（一）必需元素在元素周期表中的位置

化学元素的生物效应与其在元素周期表中的位置有密切关系。人体必需的常量元素全部集中在周期表中前 20 号元素之内，其中有 Na、K、Ca、Mg 四种金属元素和 H、C、N、O、P、S、Cl 七种非金属元素；18 种必需微量元素都集中在第 4 周期和第 5 周期，其中有 11

种金属元素（大部分为过渡金属元素）和 7 种非金属元素（见表 14-6）。对于主族元素，同一族自上而下对人体的营养作用减弱，毒性依次增强；同一周期从左到右营养作用减弱，毒性增强。

（二）原子的电子构型

人体内化学元素的毒性与其电离能、电负性及电极电势有关，而这些性质又与原子的电子构型有关。元素原子的电子构型越稳定，其毒性越小。ⅠA 与ⅡA 族金属元素，最外层电子构型为 ns^1 和 ns^2，其电离能和电负性都小，易形成离子化合物，在人体组织中以阳离子状态存在，并且在同一族中，从上而下，电子层逐渐增大，离子半径依次加大，相对原子质量也依次增大，毒性依次增强，即 Na＜K＜Rb＜Cs，Mg＜Ca＜Sr＜Ba。Li 和 Be 的毒性比同族其他元素大，原因是它们的离子半径虽小，但质量与电荷的比值也小，其在体内易于穿透并扩散进入组织。ⅠB 和ⅡB 族元素，其毒性也随电子层增多、相对原子质量增大而增强，即 Cu＜Ag＜Au，Zn＜Cd＜Hg。在人体体内，同一族的元素常能相互置换，从而改变元素的生物效应。例如，Cd 能从组织结构及酶中置换出 Zn，引起生化紊乱、病理变化及种种病变。食物中 Zn、Cd 比值大于 40 时，Zn 与 Cd 置换，Cd 的毒性反应可被缓解，从而表现出竞争性拮抗作用。

表 14-6　人体必需元素在元素周期表中的位置

	ⅠA	ⅡA	ⅢB	ⅣB	ⅤB	ⅥB	ⅦB	Ⅷ			ⅠB	ⅡB	ⅢA	ⅣA	ⅤA	ⅥA	ⅦA
	H																
2													B	C	N	O	F
3	Na	Mg												Si	P	S	Cl
4	K	Ca			V	Cr	Mn	Fe	Co	Ni	Cu	Zn			As	Se	Br
5		Sr				Mo								Sn			I

×：常量元素；　口　：微量元素

（三）氧化态

人体内化学元素的氧化态在其毒性上是一个重要的影响因素。如 Cr 是人体必需元素，与人体胰岛素功能有关的糖耐量因子，就是低氧化态 Cr（Ⅲ）与氨基酸或有机酸形成的金属配合物。而高氧化态的 Cr（Ⅵ）则是有毒的，其在体内有致癌作用。在体液中化学元素的生物效应和生物活性既与元素的氧化态有关，又与进行氧化还原时的速率有关。如 Fe^{2+} 比 Fe^{3+} 更易被利用，细胞线粒体内进行的呼吸作用（氧化还原作用），主要依赖细胞色素类分子，Fe 形成的细胞色素系统是重要的电子传递物质。

第二节　人体中化学元素的生物功能

如前所述，化学元素在人体中是以多种形式存在的，并且大多数金属都是以生物配合物的形式存在。为什么有些元素是生命必需的？而另一些元素却是有害的？生物无机化学从分子水平上作出了机理性描述。这些元素之所以必需，是因为它们不仅是生物分子的组成成分，而且还具有特异性的生物功能，这些生物功能涉及生命活动的各个方面。如构成机体组织的主要成分，参与某些具有特殊功能物质的组成，维持体液的渗透压和机体的酸碱平衡，维持神经和肌肉的应激性等。

现将人体内一些化学元素的生物功能简介如下。

一、一些非金属元素的生物功能

（一）氟

氟是形成坚硬质的必需元素，其主要从胃肠和呼吸道吸收，入血后与球蛋白结合，小部分以氟化物形式运输。适量的氟有利于钙和磷的吸收及其在骨骼中的沉积，加速骨骼的形成，增加骨骼的硬度。因此氟对儿童生长发育有促进作用，有益于老年骨质疏松病的预防和治疗。但氟摄入过多时会出现氟中毒。有人认为氟使羟基磷灰石转变为氟磷灰石，后者的晶体结构更加紧密，热力学稳定性高可增加骨骼的硬度。

（二）氯

氯以 Cl^- 离子形式存在于体液中，维持体液的渗透压和酸碱平衡。

（三）碘

碘主要以甲状腺激素的形式存在于甲状腺中。碘的吸收部位主要在小肠，吸收后的碘有70%～80%被摄入甲状腺细胞内贮存、利用。碘在人体内的主要作用是参与甲状腺素的组成。甲状腺素的所有生物活性，包括促进蛋白质的合成、酶的活化、能量的调节转换、维持中枢神经系统、保证正常生理功能等都与碘有关，碘还影响生长发育和儿童智力发展，故碘对人体的功能极其重要。

（四）氧

氧是人体所必需的，人体利用氧来氧化有机营养物以获取能量，如糖的代谢：

$$C_6H_{12}O_6 + 6O_2 = 6CO_2 + 6H_2O + \text{能量}$$

人体内的氧化反应是在细胞内进行的，人体经过血液流动将溶解在血液中的氧输送到每个细胞，但只靠物理溶解的氧远远不能满足需要。在人体内，由氧载体血红蛋白将氧输送到每个需氧部位，并将产生的 CO_2 带出，肌红蛋白负责暂时储存氧气。

氧是一个很强的氧化剂，其能使生命在进化过程中与大气中的氧相互协调，使氧在生物合成、生物降解和呼吸作用中被控制使用。在一定条件下，氧对细胞也可造成损伤，而这既是人体对入侵微生物的杀灭及对肿瘤、病毒等疾病治疗作用的原因，同时也是人体衰老和许多疾病发生和发展的关键。然而，对细胞的损伤并不是由氧直接造成的，而是由其在反应过程中产生的“活性氧”（超氧离子 O_2^-、过氧化物 O_2^{2-}或羟基自由基·OH 等）引起的。其中超氧化物离子被认为是氧的一种重要的有害产物。实际上，人体内部有一整套有效的防御系统来防止 O_2 的有害作用，如超氧化物能被超氧化物歧化酶（SOD）分解转变为氧和过氧化物，过氧化物可被谷胱甘肽过氧化物酶（GSH-Px）、过氧化物酶或过氧化氢酶等分解破坏，从而避免它们对人体造成的危害。

（五）硫

硫是构成蛋白质的重要元素之一。蛋白质是由多个氨基酸分子通过肽键（－CONH－）连接起来的生物大分子，而在构成蛋白质的氨基酸分子中，蛋氨酸和半胱氨酸都含有硫。由于半胱氨酸中的巯基（－SH）具有还原性，很容易氧化偶合形成胱氨酸。由肝、肾等器官合成的含较多半胱氨酸、金属和硫的蛋白质称为金属硫蛋白，又叫金属硫组氨酸甲基内盐(metallothionein，MT)。MT 可在一定程度上抵御有害金属离子对人体的毒害作用。由于 MT 中富含软碱基团－SH，易与 Hg^{2+}、Cd^{2+}、Pb^{2+}等软酸牢固结合，并将它们带出体外除去有毒金属及过量的其他金属离子。

（六）硒

硒与人类的健康密切相关。Schauzer 指出：“防癌的措施之一在于保证人们有充足的硒及其他重要微量元素的摄入。”硒除了预防癌症外，还有维持心血管系统正常结构和功能的作用。硒在体内的活性形式有含硒酶和含硒蛋白。谷胱甘肽过氧化酶是含硒酶的一种，一个分子含四个硒原子，是体内的一种预防性的抗氧化剂。其重要作用是将体内有毒的有机过氧化物（ROOH）还原为无毒的醇类和水，从而抑制自由基的产生，保护细胞免受损伤。微量的硒可以保护心脏，预防克山病、大骨节病、肝损伤和癌症等由自由基造成细胞损伤和突变而引起的疾病。近年来研究表明，充足硒摄入有利于延长寿命，防止衰老，并可起到免疫作用，还对艾滋病有治疗作用，但硒过量也会引起中毒症状。

二、一些金属元素的生物功能

（一）钠和钾

钠在体内主要以 Na^+离子形式分布在细胞外液中，Na^+离子约占细胞外液阳离子总数的90%～92%。其主要生物功能是维持细胞外液的渗透压和酸碱平衡，参与神经信号的传递过程，在核酸化学和蛋白质化学中对稳定某种构象起重要的作用。钾在体内主要以 K^+离子形式分布在细胞内液中，K^+约占细胞内液阳离子总数的 70%～80%。其主要生物功能是维持细胞内液渗透压，稳定细胞的内部结构，参与神经信息的传递过程，维持心血管系统的正常功能，作为某些酶的激活剂，参与许多重要的生理生化反应等。

Na^+离子和 K^+离子及其特异地分布在细胞外液和内液中，细胞膜两侧 Na^+和 K^+的浓度差是形成膜电势的主要因素，膜电势对神经细胞和肌肉细胞的脉冲传导及维持神经和肌肉的应激性具有重要作用。

（二）锂

锂至今尚未被列入人体必需元素，但一些研究表明，锂在人体的血液及许多器官和组织中均有分布。它能通过人红细胞膜转运，能改变某些酶的活性等。需要指出的是，锂是具有生物毒性的元素，锂中毒时主要表现为中枢神经系统症状，此外还表现为心脏传导和节律紊乱及内分泌系统的毒性等。

（三）钙

钙最主要的生物功能之一是形成人体硬组织的骨矿物质。人体内 99%的钙分布在骨骼中，1%的钙分布在细胞外液、血浆和软组织中，这些钙通常以 Ca^{2+}离子、有机酸与 Ca^{2+}形成复合物及生物大分子与 Ca^{2+}形成的配合物等形式存在。钙能降低毛细血管和细胞膜的通透性，具有稳定蛋白质结构的作用，是许多酶的激活剂，并且 Ca^{2+}、Mg^{2+}、K^+、Na^+离子保持一定浓度比，对维持神经肌肉细胞的应激性和促进肌纤维收缩具有重要作用。钙对心血管系统有直接影响，钙和钾相互拮抗维持正常的心跳节律，还参与凝血过程等。

（四）镁

镁主要分布在细胞内，最基本的生物功能之一是与核酸作用，它能稳定核糖体和核酸的结构，激活 RNA、DNA 和蛋白质合成有关的酶。此外，镁在多聚磷酸酯酶，促使多聚磷酸酯水解。

（五）铝

目前研究认为，铝是人体内的一种低毒、非必需元素。体内铝含量增高时，铝与钙、氟、铁、镁、锌等元素产生明显的生物学拮抗作用。例如，铝的存在可降低肠道对钙的吸收，其还干扰与蛋白质的正常结合；铝与氟可形成稳定的配合物，从而增加了氟的排泄，导致血氟含量降低，影响正常的骨代谢。铝对中枢神经系统和免疫系统的毒性作用，可能是产生老年性呆痴、透析性脑病及帕金森病的病原学因素之一。关于铝的生物学功能目前仍在研究中。

（六）砷

如前所述，1975 年已认识到砷的必需性，但它是否为人体必需元素，目前尚无明确的定论，也有把它划为必需元素这一类的。近年来，随着对砷与生物大分子作用机理研究的进展，已形成了砷生物学作用研究的新领域——砷的分子毒理学。砷是一种体内蓄积性较强的元素，砷及其化合物可由呼吸道、消化道及皮肤吸收进入人体，主要分布在体内角蛋白多的组织中。砷是原浆毒，对蛋白质的巯基具有巨大的亲合力，作用于酶系统，抑制酶蛋白的巯基，特别是与丙酮酸氧化酶的巯基结合，使其失去活性，从而减弱酶的正常功能，阻止了细胞的氧化功能。砷可以损害细胞染色体，抑制细胞的正常分裂，造成广泛的神经系统和肝、肾、脾、心肌的脂肪变性和坏死。国际癌症研究机构已确认，砷的化合物是较强的致癌剂，长期接触砷的化合物可引起皮肤癌、肺癌及肝癌等。

（七）铁

铁是人体中含量最多的必需微量元素，其主要分布在血液中，其他组织细胞中也均有分布，它是人体发育的“建筑材料”。人体需要的铁主要通过饮食摄取，与其他微量元素相比，铁的周转利用百分率最高，机体每天只需吸收 1 mg 铁，便可维持数千倍于吸收量的需要量。铁主要在肠道内吸收，进入肠黏膜的铁，一部分以铁蛋白的形式贮存，另一部分转化为血浆转铁蛋白，将铁输送到各组织细胞中。机体所有的细胞都需要铁，并且在不同的组织细胞中，铁的生物代谢形式基本相同。

人体中铁的生物功能为：①形成铁蛋白（FR），FR 具有贮存铁和作为细胞内铁载体的作用，可将铁输送到未成熟的红细胞中合成血红素，并具有清除体内其他金属离子和有害金属离子的作用。②形成运铁蛋白（Tf），Tf 向组织细胞输送铁，以满足细胞对铁的需求，且具有清除体内的游离铁离子、抑制自由基产生细胞毒性的作用。③形成含铁酶，含铁酶参与机体的许多生理生化反应，负责转移电子，在物质代谢和能量代谢中起重要作用。④形成含铁氧载体血红蛋白（Hb）和肌红蛋白（Mb），Hb 从肺部摄取氧，并将氧输送到各组织细胞中，同时运送代谢产物二氧化碳经肺呼出体外；Mb 负责从 Hb 处获得氧并储存氧，供组织细胞用。⑤形成细胞色素，细胞色素在机体的氧化还原反应中负责传递电子，具有极其重要的生理功能。

铁是机体生命活动最重要的微量元素，铁与人体健康的关系十分密切，缺铁将引起各种疾病。应该指出的是，铁也具有一定的生物毒性，过量服用铁制剂时，可引起严重的中毒反应，急性铁中毒的症状为腹痛、呕吐，有时可见呕血、黑色便和代谢性酸中毒等。

（八）锌

锌是含量仅次于铁的人体必需微量元素，是构成人体多种蛋白质的必需元素。锌主要在小肠吸收，入血后与白蛋白或运铁蛋白结合而运输。小肠内有金属结合蛋白类物质能与锌结合，调节锌的吸收。人体中的锌主要与生物大分子配位形成金属蛋白、金属核酸等配合物，并且这些配合物参与机体大多数生理生化反应。锌在体内与 80 多种酶的活性有关，目前已命名的含锌酶有近 50 种，如碳酸酐酶、羧肽酶、碱性磷酸酶等，它们在机体新陈代谢过程中具有极其重要的生理功能。研究表明，含锌蛋白能直接参与 DNA 的转录和复制，对机体生长发育具有控制作用；锌还与蛋白质及核酸的代谢、生物膜的结构和稳定性、激素的分泌量及活性、细胞免疫功能的状态等都有十分密切的关系。由此可见，锌对维持人体健康状态具有极为重要的作用。

缺锌可造成儿童生长发育不良、智力低下、严重贫血、嗜睡、皮肤及眼科疾病等。锌的毒性较小，但大量服用含锌化合物时，也会引起严重的中毒反应，甚至造成死亡。

（九）铜

铜在人体中主要以血浆铜蓝蛋白的形式存在，主要在十二指肠吸收，其吸收受血浆铜蓝蛋白的调控，血浆铜蓝蛋白减少时，吸收便增加。铜是血浆铜蓝蛋白、超氧化物歧化酶（SOD）、细胞色素 C 氧化酶等生物大分子配合物的组成元素。SOD 是体内一种重要的抗氧化剂，其功能是催化超氧阴离子自由基 O_2^- 发生歧化反应：

$$2O_2^- + 2H^+ \longrightarrow O_2 + H_2O_2$$

O_2^- 是机体有氧代谢的产物，这种活性氧自由基能造成细胞氧毒性和辐射损伤。目前认为，氧毒性和辐射损伤与机体的衰老和肿瘤的发生有关。一个血浆铜蓝蛋白分子含 4 个铜离子，它催化氧化 Fe^{2+} 为 Fe^{3+}，从而将铁运到骨髓。机体中的铜对造血系统和神经系统的发育、骨骼和结缔组织的形成都有重要的影响。

铜缺乏可引起免疫功能低下，机体应激能力降低、小细胞低色素性贫血、肝脏肿大、骨骼病变等。但铜也具有一定的生物毒性，急性铜中毒的主要症状是：血尿、尿闭、溶血性黄疸、呕血等，严重者会因肾功能衰竭而死亡。职业铜中毒会出现呼吸系统、神经系统、消化系统及内分泌系统等不同程度的病变，严重危害人体健康。

（十）钴

钴在体内主要通过形成维生素 B_{12}（含 Co 的配合物）发挥生物学作用和生理功能，无机钴盐也可直接发生刺激作用，但其生物活性比在维生素 B_{12} 中的钴小 1000 倍。钴有刺激造血功能，其机制可能是通过促进胃肠道内铁的吸收，并加速贮存铁的作用，使之较易被骨髓利用；钴能抑制细胞内很多重要呼吸酶，引起细胞缺氧，促使红细胞生成素（EPO）合成增多。上述最后结果为代偿性的造血功能增加，钴通过维生素 B_{12} 参与核糖核酸及造血系统有关物质的代谢。若维生素 B_{12} 缺乏，可使骨髓细胞的 DNA 合成期和合成后期的时间延长，引起巨幼红细胞贫血。由于人体排钴能力强，很少有钴蓄积的现象发生。

（十一）铬

Cr（Ⅲ）是人体必需的，人体内的铬广泛分布于各组织器官及体液中，并且是人体中唯一随年龄增长体内含量逐渐降低的微量元素。体内铬主要经尿液排出体外，汗液、胆汁及毛发也可丢失部分铬。体内铬主要与蛋白质、核酸及各种低分子配体（如烟酸、甘氨酸、谷氨酸等）形成配合物，其生物功能主要是参与机体的糖代谢和脂肪代谢，并且有胰岛素加强剂的作用。

流行病学的调查结果表明，缺铬现象严重地区，糖尿病发病率高。动脉粥样硬化患者血清铬及主动脉铬含量均明显低于正常人。Cr（Ⅲ）和 Cr（Ⅵ）都有一定的生物毒性，但后者比前者的毒性大。Cr（Ⅵ）中毒时可引起肝、肾、神经系统和血液系统的广泛病变，甚至造成死亡；长期皮肤接触 Cr（Ⅵ）化合物时，会引起皮炎、溃疡及深部组织浸润性损伤。吸入含 Cr 粉尘，可引起呼吸道炎症、支气管哮喘，并诱发肺癌。

（十二）锰

Mn（Ⅱ）和 Mn（Ⅲ）都是人体必需的。锰主要从小肠吸收，入血后大部分与血浆中 β_1-球蛋白（运锰蛋白）结合而运输。体内锰主要为多种酶的组成成分，如精氨酸酶、超氧化歧化酶、丙酮酸羧化酶等。这些生物酶对在机体组织细胞中进行的氧化还原反应有着重要的影响。体外实验表明，有上百种生物酶需要锰做激活剂。Mn（Ⅱ）还参与软骨和骨组织形成时所需糖蛋白的合成，并对血液的生成及循环状态和脂类代谢产生一定影响；锰还与体内其他元素相互作用，并影响这些元素在体内的含量及生物功能。如锰吸收过量时，铁的吸收会减少或被抑制；锰中毒患者，其血锌含量明显降低，而血铜含量升高；锰过量时，将干扰铜、锌、铁元素对神经系统的作用。

许多研究结果证明，缺锰会导致胰岛素合成与分泌量减少而影响糖代谢、引起中枢神经系统病变、脑功能异常、细胞免疫功能降低；生长期缺锰会影响骨骼发育，成人缺锰会引发骨质疏松症。锰也具有明显的生物毒性，大量吸入含氧化锰的烟雾，会出现头疼、头晕、恶心、胸闷、咽干、气促、寒战、高热等中毒症状。

由以上讨论可知，如果人体正常的摄入、积累和排泄发生障碍，靠人体自身已不能调控、维持平衡时，便会引起疾病。事实上，元素过量比缺乏更令人担忧，因为某个元素的缺乏容易补偿，而过量则难以清除，或清除过程中会发生副作用。一些必需元素缺乏或过量对人体的影响见表 14-7。

表 14-7　一些必需元素缺乏或过量对人体的影响

元素	日需量(mg)	缺量引起的症状	积累过量引起的症状	摄入来源
Fe	10～20	缺铁性贫血、龋齿、无力	青年智力发育缓慢、肝变硬	肝、肉、蛋、水果、绿叶蔬菜等
Cu	1～3	低蛋白血症、贫血、冠心病	类风湿关节炎、肝硬化、精神病	干果、葡萄干、葵花子、肝、茶等
Zn	12～16	贫血、高血压、早衰、侏儒症	头晕、呕吐、腹泻、皮肤病、胃癌	肉、蛋、奶、谷物
Mn	2～5	软骨畸形、营养不良	头疼、昏昏欲睡、机能失调、精神病	干果、粗谷物、核桃仁、板栗、菇类
I	0.1～0.2	甲状腺肿大、地方性克汀病	甲状腺肿大、疲怠	海产品、奶、肉、水果、菠菜、加碘盐
Co	0.0001	贫血、心血管病	心脏病、红血球增多	肝、瘦肉、奶、蛋、鱼
Cr	0.01～0.2	糖尿病、糖代谢反常、动脉粥样硬化、心血管病	肺癌、鼻膜穿孔	啤酒、酵母、蘑菇、黑胡椒
Mo	0.1～0.3	龋齿、肾结石、营养不良	痛风病、骨多孔症	豌豆、谷物、肝、酵母
Se	0.03	心血管病、克山病、肝病、易诱发癌症	头痛、精神错乱、肌肉萎缩、过量中毒致命	日常饮食、井水中
Ca	500～1000	软骨畸形、痉挛	胆结石、动脉粥样硬化、白内障	动物性食物
Mg	350	惊厥	麻木症、昏迷、呼吸抑制、心脏传导阻滞	日常饮食
F	1～2	龋齿	斑釉齿、骨骼生长异常，严重者瘫痪	饮用水、茶叶、肉类、鱼类等

第三节　环境污染中对人体有害的化学元素

随着自然资源的开发利用和工业的发展，环境污染对人体健康的危害日益引起人们的重视，尤其是金属元素对环境的污染不能忽视。这些环境污染主要是由工业生产向自然界排放大量污水、废气、废渣而造成的。金属元素对环境的污染主要是重金属，其中问题最严重的是 Pb、Hg、Cd，其次是 Sb、As、Be、Co、Cu、Cr、Mn、Ni、Se、Sn、V 等。Co、Cu、Cr、Mn、Ni、Se、Sn 是由于接触量过大而表现毒性作用；Pb、Hg、Cd、Sb、Be 是单纯的有毒金属。这些污染元素通过大气、水源和食物等途径侵入人体，并在体内积累，干扰人体正常的代谢活动，对健康产生不良影响，甚至引起各种病变。例如，水俣病和骨痛病分别是 Hg 和 Cd 污染而引起的。

一、重金属污染的特点

（1）通过食物链的生物富集作用。重金属可以在一些生物体内成千上万倍的富集，然后通过食物进入人体，在人体的某些器官中积累，造成慢性中毒。

（2）在天然水中只要有微量浓度就可产生毒性效应。一般重金属产生毒性的浓度范围为 $1\ mg \cdot kg^{-1} \sim 10\ mg \cdot kg^{-1}$ 之间，毒性较强的金属如 Cd、Hg 产生毒性的浓度范围为 $0.001\ mg \cdot kg^{-1} \sim 0.01\ mg \cdot kg^{-1}$ 之间。

（3）重金属在土壤中移动性小，不易随水淋滤，不为微生物降解，有很大的潜在危险性。

（4）水中某些重金属，可以在微生物作用下转化为毒性更强的金属化合物，如汞可转化为甲基汞。

二、有毒元素的毒性机制及其对人体健康的危害

有毒金属元素与人体必需微量金属元素不同，其在体内并无内环境机制，它们在人体内的浓度随外环境中浓度的增加而增加。由于有毒金属无特殊的重要生理功能，故不出现缺乏的症状。金属的毒性机制是很复杂的，一般来说，下列任何一种机制都可引起金属毒性，从而破坏人体的免疫系统、产生神经毒性或致癌。①有毒金属可阻断生物大分子表现活性所必需的功能基团；②置换生物大分子中必需的金属离子；③改变生物大分子具有活性的构象。

（一）铅

铅单质和铅化合物均有毒。现代医学研究证明，铅和铝对人类健康威胁很大，成为第一杀手。特别是儿童对铅的吸收有特殊的易感性，它对小儿毒害的关键是大脑的损伤。1994 年，第一次国际儿童铅中毒预防大会警告：“工业区铅超标儿童占 85%。”我国有关部门也指出：“我国城市儿童铅中毒流行率达 51.6%。”可见，铅是危害儿童健康的头号环境因素，其主要来源于使用含四乙基铅防爆剂汽油的汽车尾气，我国许多城市已禁止使用含铅汽油。

铅吸收的主要途径为呼吸道和消化道，皮肤也能吸收。铅进入消化道只有 1/10 被吸收，由肠道吸收后进入门静脉，通过肝脏，一部分由胆汁到肠内，随粪便排出；一部分进入血液，经肾脏由尿排出。铅在血液循环中迅速被组织吸收，分布于肺、脑、胰、肝、肾中。

铅在细胞内可与蛋白质的巯基结合，通过抑制磷酸化而影响细胞膜的运输功能，抑制细胞呼吸色素的生成，导致卟啉代谢紊乱，使大脑皮质兴奋和抑制功能紊乱，大脑皮质和内脏的调节发生障碍，引起神经系统的病变。铅主要累及神经、血液、造血、消化、心血管和泌尿系统。

铅中毒可引起多系统症状。因铅在体内有蓄积作用，长期接触可发生慢性中毒。长期接触低浓度铅可发生神经衰弱综合征、消化不良、关节肌肉酸痛。长时期接触高浓度的铅可发生脑病、周围神经病、腹绞痛、肝病、贫血、高血压、肾病。短时间接触大剂量铅可发生急性或亚急性铅中毒，症状类似重症慢性铅中毒，这种情况多见于非职业性中毒。在目前生产条件下，职业性铅中毒很少见到重症。

（二）汞

汞及其大部分化合物都有毒，并且有机汞的毒性大于无机汞的毒性。震惊世界的日本熊本县水俣镇 1956 年发生的水俣病就是甲基汞中毒。1971 年，甲基汞造成伊拉克 6530 人中毒，其中 459 人死亡。

金属汞及其化合物主要以蒸气和粉尘形态经呼吸道侵入人体，也可以经消化道、皮肤黏膜侵入。汞进入血液与血浆蛋白、血红蛋白结合的最多，通过血液进入各器官中，以肾脏和脑含量最高。肺部汞浓度也较高，其次为肝脏、甲状腺、睾丸等。汞主要由肾脏及消化道排泄，尿的排出量与接触汞的浓度和时间有关。

汞与各种蛋白质的巯基极易结合，并且这种结合又很不容易分离。实验证明，汞在血中可以与血浆蛋白的巯基结合；可作用于细胞膜的巯基、磷酰基，抑制细胞 ATP 酶，改变细胞膜通透性，进而影响细胞功能；汞进入细胞内，可与某些酶或受体结合抑制某些酶的活性，造成细胞的损害；汞可与体内组织中的巯基、氨基、磷基、羰基等功能团结合，使组织中很多酶受到抑制；动物实验证明，汞分布于细胞内各部分，可能引起很多酶的损害。汞的肾毒性与肾脏酶的失活有关。

空气中汞蒸气浓度达到 1.2 mg · m^{-3}~8.5 mg · m^{-3}时，短时间吸入即可引起急性汞中毒。急性汞中毒可出现消化道症状（恶心、呕吐、腹绞痛、腹泻、便血等）、口腔炎、汞中毒性肾病、化学性肺炎、汞毒性皮炎等。慢性汞中毒可出现神经衰弱综合征、口腔炎、易兴奋症、震颤、眼晶体改变、肾脏损害等症状。

（三）镉

镉不是人体必需微量元素，在新生婴儿体内几乎查不到镉，可见人体中的镉是出生后从环境中摄取并蓄积的。20 世纪 40 年代在日本富山县神通川流域，发现一种奇怪的病，因患者全身剧烈疼痛，称为“痛痛病”，也称“骨痛症”。患者 258 人，死亡 128 人，发病年龄为 30~70 岁，几乎全为女性，以 47~54 岁绝经期前后发病最多，死者骨中镉比正常人高出 159 倍。

镉主要由呼吸道和消化道吸收，并通过食物、水、空气进入人体，并可迅速转移到血液。循环于血液中的镉有 90%～95%位于红细胞内，与血红蛋白结合，分布在全身各个器官，主要贮存于肝、肾、骨组织中。

动物实验发现，微量的镉能干扰大鼠肝脏线粒体中磷酸化过程，镉可抑制各种氨基酸脱羧酶、组氨酸酶、过氧化物酶等活力。可能是镉与羧基、氨基特别是含巯基的蛋白质分子结合，使许多酶系统的活性受到抑制，从而使肝、肾等组织中的酶系统正常功能受损。镉还干扰钴、铜、锌的代谢而产生毒性作用。动物实验结果证明，镉具有致畸胎作用，它对动物细胞的染色体有破坏作用，导致基因物质的改变而引起突变。1962 年流行病调查结果表明，肿瘤发病率较高，认为前列腺癌和肾癌与镉接触有关。

急性镉中毒会出现呼吸道刺激症状。有的似流行性感冒急性胃肠炎症状。重症病例 24 h～36 h 可产生中毒性肺水肿或化学性肺炎。个别病例可伴有肝肾损害、产生黄疸和血尿，会导致急性肝坏死或急性肾功能衰竭。

长期接触镉化合物会引起肺气肿、肾脏损害，早期表现为神经衰弱症状，并有鼻出血、慢性咽炎、鼻黏膜萎缩和溃疡等症。长期饮用镉污染的水和食用镉污染的食物会引起“痛痛病”。

（四）砷

砷及其化合物可由呼吸道、消化道及皮肤吸收进入人体。砷吸收后进入血液，95%～99%在红细胞内与血红蛋白结合，随血液分布到全身组织和器官，主要从尿液和粪便中排出。

砷是原浆毒，对蛋白质的巯基具有巨大的亲和力，其作用于酶系统，抑制蛋白酶的巯基，特别是与丙酮酸氧化酶的巯基结合，使其失去活性，减弱了酶的正常功能，阻止了细胞的氧化功能。砷可以损害细胞染色体，抑制细胞的正常分裂，造成广泛的神经系统和肝、肾、脾、心肌的脂肪变性和坏死。近年来的研究发现，砷与癌症有密切关系。急性砷化合物（如As_2O_3）中毒可出现急性胃肠炎、休克、周围神经病、贫血和粒细胞减少、中毒性肝病等。长期从食物中摄入砷可出现消化道症状，皮肤可出现色素沉着、角化症。血象改变为白细胞减少症和贫血，血清丙酮酸和巯基含量降低。

第四节　生物无机化学在医学方面的应用

生物无机化学是介于生物化学（biochemistry）和无机化学之间的边缘学科，它涉及无机元素和化合物与生物体系的任何相互作用。有关生物无机化学的研究成果对人类实践有多方面的贡献，其中突出的贡献是在医学方面的应用。下面主要讨论三方面的应用。

一、生命必需元素的补充

如前所述，人体必需元素在体内的存在量都有严格的确定范围，严重缺乏或过量对健康都有危害作用。为了弥补人体必需元素的缺乏，必须从体外及时给予补充供应。由于天然存在于食物中的化学元素形态往往易被人体吸收，所以补给化学元素时选用哪一种化合物形式，将直接影响人体的摄取效果。例如，人体缺锌可口服葡萄糖酸锌、甘草锌、乳酸锌等；缺钙可以注射葡萄糖酸钙；缺铁可服用乳酸亚铁，而不用含 Fe（Ⅲ）的化合物，因为 Fe（Ⅲ）不为肠道所吸收；缺钴可用维生素 B_{12} 补充。人体内缺铬若以醋酸铬形式补充，只有 5%左右摄入人体组织，若以酵母中提取的含铬有机物，即 Cr（Ⅲ）的烟酸配合物补充，人体的吸收率比简单的 Cr（Ⅲ）化合物提高 100 倍。

缺碘可引起甲状腺肿大，这也是一种世界性地方病，我国 20 多个省均有发生，据调查约有 3000 多万病人。在缺碘严重地区还出现地方性克汀病，主要病症是呆痴、聋哑、身材矮小、瘫痪。目前，我国采取推广加碘盐方法来预防这两种地方病。碘盐是将 KI 或碘酸盐加入食盐中，世界卫生组织推荐的标准是 1：100 000。

对于缺硒所引起的地方性克山病（主要症状是心肌坏死），现在大都采用投硒的方法来提高体内的硒含量，从而达到预防的目的。普遍采用口服亚硒酸钠或硒盐。

二、有毒金属元素的促排

目前，采用螯合疗法对人体内有毒金属进行清除，该法是选择合适的螯合剂与体内有毒金属离子结合形成稳定的螯合物而排除到体外。所用的螯合剂称为解毒剂（或促排剂）。作为解毒剂一般应满足下列条件。

（1）螯合剂与有毒金属离子形成的螯合物对人体必须是无毒的；

（2）螯合剂与金属离子所形成的螯合物其稳定性必须大于该金属离子与体内生物大分子形成螯合物的稳定性；

（3）螯合剂与金属离子形成的螯合物应为水溶性，便于排出体外。

应该注意，在采用螯合疗法清除体内有害金属离子时，必须选择合适的螯合剂。由于螯合剂缺乏选择性，在排除有害金属离子的同时，也可能螯合其他人体必需金属离子一起排出体外。例如，用 EDTA 钠盐（Na_2H_2Y）促排体内的铅时，常会导致血钙水平降低而引起痉挛，但改用 $Na_2[CaY]$即可顺利排铅而保持血钙不受影响。

三、防癌元素与金属抗癌药物

近年来研究认为，引起癌症的主要原因是环境因素，而环境中的化学致癌物质的影响正引起人们的关注。科学家们已经发现，某些微量元素能提高机体免疫功能，降低癌症和其他疾病的发病率，如锌、铜、铁、硒等对人体免疫功能的影响是多方面的，特别是对免疫器官（淋巴组织）以及其他免疫细胞影响明显。

抗癌疗法中的化学疗法是用抗癌剂治疗。抗癌剂的种类很多，近年来发展较快的是金属抗肿瘤药物，如抗癌配合物顺铂$[PtCl_2(NH_3)_2]$及类似物质已广泛用于临床。硒和锌制剂用于肿瘤的临床显示了某些选择性的治疗作用和防癌作用。最近发现，含金化合物的代谢产物$[Au(CN)_2]^-$有抗病毒作用。中药复方中所用砒霜（As_2O_3）能促进癌细胞消亡。

附录 A　我国的法定计量单位及常用常数

表 A-1　SI 基本单位

量的名称	单位名称	单位符号
长度	米	m
质量	千克	kg
时间	秒	s
电流	安[培]	A
热力学温度	开[尔文]	K
物质的量	摩[尔]	mol
发光强度	坎[德拉]	cd

表 A-2　SI 词头

因数	词头名称		符号
	英文	中文	
10^{24}	yotta	尧[它]	Y
10^{21}	zetta	泽[它]	Z
10^{18}	exa	艾[克萨]	E
10^{15}	peta	拍[它]	P
10^{12}	tera	太[拉]	T
10^{9}	giga	吉[咖]	G
10^{6}	mega	兆	M
10^{3}	kilo	千	k
10^{2}	hecto	百	h
10^{1}	deca	十	da
10^{-1}	deci	分	d
10^{-2}	centi	厘	c
10^{-3}	milli	毫	m
10^{-6}	micro	微	μ
10^{-9}	nano	纳[诺]	n
10^{-12}	pico	皮[可]	p
10^{-15}	femto	飞[姆托]	f
10^{-18}	atto	阿[托]	a
10^{-21}	zepto	仄[普托]	z
10^{-24}	yocto	幺[科托]	y

表 A-3 包括 SI 辅助单位在内的具有专门名称的 SI 导出单位

量的名称	SI 导出单位		
	名称	符号	用 SI 基本单位和 SI 导出单位表示
[平面]角	弧度	rad	$1\ rad = 1m \cdot m^{-1} = 1$
立体角	球面度	sr	$1\ sr = 1m^2 \cdot m^{-2} = 1$
频率	赫[兹]	Hz	$1\ Hz = 1s^{-1}$
力，重力	牛[顿]	N	$1\ N = 1kg \cdot m \cdot s^{-2}$
压力，压强，应力	帕[斯卡]	Pa	$1\ Pa = 1N \cdot m^{-2}$
能[量]，功，热量	焦[耳]	J	$1\ J = 1N \cdot m^{-1}$
功率，辐[射能]通量	瓦[特]	W	$1\ W = 1J \cdot s^{-1}$
电荷[量]	库[仑]	C	$1\ C = 1A \cdot s$
电压，电动势，电位	伏[特]	V	$1\ V = 1W \cdot A^{-1}$
电容	法[拉]	F	$1\ F = 1C \cdot V^{-1}$
电阻	欧[姆]	Ω	$1\Omega = 1V \cdot A^{-1}$
电导	西[门子]	S	$1\ S = 1\Omega^{-1}$
磁通[量]	韦[伯]	Wb	$1\ Wb = 1V \cdot s$
磁通[量]密度	特[斯拉]	T	$1\ T = 1Wb \cdot m^{-2}$
电感	亨[利]	H	$1\ H = 1Wb \cdot A$
摄氏温度	摄氏度	℃	1℃ = 1K
光通量	流[明]	lm	$1\ lm = 1cd \cdot sr$
[光]照度	勒[克斯]	lx	$1\ lx = 1lm \cdot m^{-2}$
[放射性]活度	贝可[勒尔]	Bq	$1\ Bq = 1s^{-1}$
吸收剂量 比授[予]能 比释功能	戈[瑞]	Gy	$1\ Gy = 1J \cdot kg^{-1}$
剂量当量	希[沃特]	Sv	$1\ Sv = 1J \cdot kg^{-1}$

表 A-4 常用常数

量	数值	量	数值
光速	$c = 2.997925 \times 10^8 m \cdot s^{-1}$	气体常数	$R = 8.31441 J \cdot K^{-1} \cdot mol^{-1}$
质子电荷	$e = 1.60218 \times 10^{-19} C$	普朗克常数	$h = 6.62618 \times 10^{-34} J \cdot s$
电子电荷	$-e = -1.60218 \times 10^{-19} C$	电子静止质量	$m_e = 9.10953 \times 10^{-34} kg$
玻耳兹曼常数	$k = 1.38066 \times 10^{-23} J \cdot K^{-1}$	玻尔半径	$a_o = 5.29177 \times 10^{-11} m$
法拉第常数	$F = 9.6485309 \times 10^4 C \cdot mol^{-1}$		

表 A-5 可与国际单位制单位并用的我国法定计量单位

量的名称	单位名称	单位符号	与 SI 单位的关系
时间	分	min	1min＝60s
	[小]时	h	1h＝60min＝3600s
	日，(天)	d	1d ＝24h＝86400s
[平面]角	度	°	1°＝（π/180）rad
	[角]分	′	1′＝（1/60）°＝（π/10800）rad
	[角]秒	″	1″＝（1/60）′＝（π/648000）rad
体积	升	L（l）	$1L=1dm^3$
质量	吨	t	$1t=10^3kg$
	原子质量单位	u	$1u\approx1.660540\times10^{-27}kg$
旋转速度	转每分	$r\cdot min^{-1}$	$1r\cdot min^{-1}=(1/60)\ s$
长度	海里	n mile	1n mile＝1852m（只用于航程）
速度	节	kn	$1kn=(1852/3600)\ m\cdot s^{-1}$（只用于航行）
能	电子伏	eV	$1eV\approx1.602177\times10^{-19}J$
级差	分贝	dB	—
线密度	特[克斯]	tex	$1tex=10^{-6}kg/m$
面积	公顷	hm^2	$1hm^2=10^4m^2$

附录B 一些物质的热力学性质（298.15K）

物质	状态	$\Delta_f H_m^0$（kJ•mol^{-1}）	$\Delta_f G_m^0$（kJ•mol^{-1}）	S_m^0（J•K^{-1}•mol^{-1}）
Ag	s	0.0	0.0	42.6
AgCl	s	−127.0	−109.8	96.3
AgBr	s	−100.4	−96.9	107.1
AgI	s	−61.8	−66.2	115.5
$AgNO_3$	s	−124.4	−33.4	140.9
Ag_2O	s	−31.1	−11.2	121.3
Al	s	0.0	0.0	28.3
Al_2O_3（刚玉）	s	−1675.7	−1582.3	50.9
$AlCl_3$	s	−704.2	−628.8	109.3
B_2O_3	s	−1273.5	−1194.3	54.0
Ba	s	0.0	0.0	62.8
BaO	s	−548.0	−520.3	72.1
$BaCl_2$	s	−855.0	−806.7	123.7
$BaCO_3$	s	−1216.3	−1137.6	112.1
$BaSO_4$	s	−1473.2	−1362.2	132.2
Br_2	g	30.9	3.1	245.5
Br_2	l	0.0	0.0	152.2
HBr	g	−36.3	−53.4	198.7
C（金刚石）	s	1.9	2.9	2.4
C（石墨）	s	0.0	0.0	5.7
CO	g	−110.5	−137.2	197.7
CO_2	g	−393.5	−394.4	213.8
Ca	s	0.0	0.0	41.6
$CaCl_2$	s	−795.4	−748.8	108.4
CaO	s	−634.9	−603.3	38.1
$CaCO_3$(方解石)	s	−1207.6	−1129.1	91.7
$CaSO_4$	s	−1434.5	−1322.0	106.5
Cl_2	g	0.0	0.0	223.1
HCl	g	−92.3	−95.3	186.9
Co	s	0.0	0.0	30.0
$CoCl_2$	s	−312.5	−269.8	109.2
Cu	s	0.0	0.0	33.2
CuS	s	−53.1	−53.6	66.5
Cu_2O	s	−168.6	−146.0	93.1
CuO	s	−157.3	−129.7	42.6

续表

物质	状态	$\Delta_f H_m^0$（kJ•mol^{-1}）	$\Delta_f G_m^0$（kJ•mol^{-1}）	S_m^0（J•K^{-1}•mol^{-1}）
$CuSO_4$	s	−771.4	−662.2	109.2
F_2	g	0.0	0.0	202.8
HF	g	−273.3	−275.4	173.8
Fe	s	0.0	0.0	27.3
Fe_2O_3	s	−824.2	−742.2	87.4
Fe_3O_4	s	−1118.4	−1015.4	146.4
H_2	g	0.0	0.0	130.7
H^+	aq	0.0	0.0	0.0
H_2O	g	−241.8	−228.6	188.8
H_2O	l	−285.8	−237.1	70.0
H_2O_2	l	−187.8	−120.4	109.6
Hg	l	0.0	0.0	75.9
$HgCl_2$	s	−224.3	−178.6	146.0
HgO（红色）	s	−9.08	−58.5	70.3
HgI_2（红色）	s	−105.4	−101.7	180.0
HgS	s	−58.2	−50.6	82.4
I_2	s	0.0	0.0	116.1
I_2	g	62.4	19.3	260.7
HI	g	26.5	1.7	206.6
K	s	0.0	0.0	64.7
KCl	s	−436.5	−408.5	82.6
KBr	s	−393.8	−380.7	95.9
KI	s	−327.9	−324.9	106.3
$KMnO_4$	s	−837.2	−737.6	171.7
KOH	s	−424.6	−378.7	78.9
Mg	s	0.0	0.0	32.7
MgO	s	−601.6	−569.3	27.0
$MgCO_3$	s	−1095.8	−1012.1	65.7
$MgSO_4$	s	−1284.9	−1170.6	91.6
Mn	s	0.0	0.0	32.0
MnO_2	s	−520.0	−465.1	53.1
N_2	g	0.0	0.0	191.6
NH_3	g	−45.9	−16.4	192.8
N_2H_4	l	50.6	149.3	121.2
N_2H_4	g	95.4	159.4	238.5
HN_3	l	264.0	327.3	140.6
HN_3	g	294.1	328.1	239.0
NH_4Cl	s	−314.4	−202.9	94.6
NH_4NO_3	s	−365.6	−183.9	151.1
NO	g	91.3	87.6	210.8

续表

物质	状态	$\Delta_f H_m^0$（kJ•mol^{-1}）	$\Delta_f G_m^0$（kJ•mol^{-1}）	S_m^0（J•K^{-1}•mol^{-1}）
NO_2	g	33.2	51.3	240.1
N_2O_4	l	−19.5	97.5	209.2
N_2O_4	g	11.1	99.8	304.4
HNO_3	l	−174.1	−80.7	155.6
Na	s	0.0	0.0	51.3
NaCl	s	−411.2	−384.1	72.1
Na_2CO_3	s	−1130.7	−1044.4	135.0
$NaNO_3$	s	−467.9	−367.0	116.5
NaOH	s	−425.6	−379.5	64.5
O_2	g	0.0	0.0	205.2
O_3	g	142.7	163.2	238.9
P（白）	s	0.0	0.0	41.1
P（红）	s	−17.6	—	22.8
PCl_3	l	−319.7	−272.3	217.1
PCl_5	s	−443.5	—	—
Pb	s	0.0	0.0	64.8
$PbCl_2$	s	−359.4	−314.1	136.0
PbO（黄色）	s	−217.3	−187.9	68.7
$PbSO_4$	s	−920.0	−813.0	148.5
Pb_3O_4	s	−718.4	−601.2	211.3
PbO_2	s	−277.4	−217.3	68.6
PbS	s	−100.4	−98.7	91.2
S（斜方）	s	0.0	0.0	32.1
S（单斜）	s	0.3	—	—
H_2S	g	−20.6	−33.4	205.8
SO_2	g	−296.8	−300.1	248.2
SO_3	g	−395.7	−371.1	256.8
SiO_2（石英）	s	−910.7	−856.3	41.5
$SnCl_2$	s	−325.1	—	—
SnO(四方)	s	−280.7	−251.9	57.2
SnO_2(四方)	s	−577.6	−515.8	49.0
$SbCl_3$	s	−382.2	−323.7	184.1
Zn	s	0.0	0.0	41.6
$ZnSO_4$(S)	s	−982.8	817.5	110.5
ZnS(闪锌矿)	s	−206.0	−201.3	57.7
CH_4	g	−74.6	−50.5	186.3
C_2H_4	g	52.4	68.4	219.3
C_2H_6	g	−84.0	−32.0	229.2
C_2H_5OH	l	−277.6	−174.8	160.7

数据来源：Weast RC. CRC Handbook of Chemistry and Physics, 80th ed. CRC Press, 1999−2000.

附录 C　电解质在水中的电离常数

化合物	温度 / ℃	分步	K_a（或 K_b）	pK_a（或 pK_b）
砷酸 H_3AsO_4	18	1	5.62×10^{-3}	2.25
		2	1.70×10^{-7}	6.77
		3	2.95×10^{-12}	11.53
亚砷酸 H_3AsO_3	25		6×10^{-10}	9.23
硼酸 H_3BO_3	20	1	7.3×10^{-10}	9.14
醋酸 CH_3COOH	25		1.76×10^{-5}	4.75
甲酸 HCOOH	20		1.77×10^{-4}	3.75
碳酸 H_2CO_3	25	1	4.30×10^{-7}	6.37
		2	5.61×10^{-11}	10.25
铬酸 H_2CrO_4	25	1	1.8×10^{-1}	0.74
		2	3.20×10^{-7}	6.49
氢氟酸 HF	25		3.53×10^{-4}	3.45
氢氰酸 HCN	25		4.93×10^{-10}	9.31
氢硫酸 H_2S	18	1	9.1×10^{-8}	7.04
		2	1.1×10^{-12}	11.96
过氧化氢 H_2O_2			2.4×10^{-12}	11.62
次溴酸 HBrO	25		2.06×10^{-9}	8.69
次氯酸 HClO	25		2.95×10^{-8}	7.53
次碘酸 HIO	18		2.3×10^{-11}	10.64
碘酸 HIO_3	25		1.69×10^{-1}	0.77
亚硝酸 HNO_2	25		4.6×10^{-4}	3.37
高碘酸 H_5IO_6	18.5		2.3×10^{-2}	1.64
磷酸 H_3PO_4	25	1	7.52×10^{-3}	2.12
	25	2	6.23×10^{-8}	7.21
	25	3	2.2×10^{-13}	12.67
亚磷酸 H_3PO_3	18	1	1.0×10^{-2}	2.00
		2	2.6×10^{-7}	6.59
焦磷酸 $H_4P_2O_7$	18	1	1.4×10^{-1}	0.85
	18	2	3.2×10^{-2}	1.49
	18	3	1.7×10^{-6}	5.77
	18	4	6×10^{-9}	8.22
硒酸 H_2SeO_4		2	1.2×10^{-2}	1.92
亚硒酸 H_2SeO_3	25	1	3.5×10^{-3}	2.46
		2	5×10^{-8}	7.31
硅酸 H_4SiO_4	25	1	2.2×10^{-10}	9.66

续表

化合物	温度 / ℃	分步	K_a（或 K_b）	pK_a（或 pK_b）
硅酸 H_4SiO_4	25	2	2×10^{-12}	11.70
	30	3	1×10^{-12}	12.00
	—	4	1×10^{-12}	12.00
硫酸 H_2SO_4	25	2	1.20×10^{-2}	1.92
亚硫酸 H_2SO_3	—	1	1.54×10^{-2}	1.81
	—	2	1.02×10^{-7}	6.91
氨水 $NH_3 \cdot H_2O$	18		1.76×10^{-5}	4.75
氢氧化钙 $Ca(OH)_2$	25	1	3.74×10^{-3}	2.43
		2	4.0×10^{-2}	1.40
羟胺 NH_2OH	25		1.07×10^{-8}	7.97

数据来源：Weast RC. CRC Handbook of Chemistry and Physics, 73th ed. CRC Press, 1993.

附录 D　一些难溶化合物的溶度积（298.15K）

化合物	溶度积	化合物	溶度积
AgBr	5.35×10^{-13}	$Ca(OH)_2$	5.02×10^{-6}
$AgBrO_3$	5.38×10^{-5}	$CaSO_3$	6.8×10^{-8}
AgCN	5.97×10^{-17}	$CaSO_4$	4.93×10^{-5}
AgCl	1.77×10^{-10}	$CaSiO_3$	2.5×10^{-8}
AgI	8.52×10^{-17}	$Ca_3(PO_4)_2$	2.07×10^{-33}
$AgIO_3$	3.17×10^{-8}	$CdCO_3$	1.0×10^{-12}
AgOH	2.0×10^{-8}	$Cd(IO_3)_2$	2.5×10^{-8}
AgSCN	1.03×10^{-12}	$Cd(OH)_2$	7.2×10^{-15}
Ag_2CO_3	8.46×10^{-12}	CdS	1.40×10^{-29}
$Ag_2C_2O_4$	5.40×10^{-12}	$Cd_3(PO_4)_2$	2.53×10^{-33}
Ag_2CrO_4	1.12×10^{-12}	$CoCO_3$	1.4×10^{-13}
Ag_2S	6.3×10^{-50}	CoC_2O_4	6.3×10^{-8}
Ag_2SO_3	1.50×10^{-14}	$Cd(OH)_2$[粉红色]	1.09×10^{-15}
Ag_2SO_4	1.20×10^{-5}	$Cd(OH)_2$[蓝色]	5.92×10^{-15}
Ag_3AsO_3	1×10^{-17}	$Cd(OH)_3$	1.6×10^{-44}
Ag_3AsO_4	1.03×10^{-22}	CrF_3	6.6×10^{-11}
Ag_3PO_4	8.89×10^{-17}	$Cr(OH)_3$	6.3×10^{-31}
$Al(OH)_3$	1.1×10^{-33}	CuBr	6.27×10^{-9}
$AlPO_4$	9.84×10^{-21}	CuCN	3.47×10^{-20}
As_2S_3	2.1×10^{-22}	$CuCO_3$	1.4×10^{-10}
$BaCO_3$	2.58×10^{-9}	CuC_2O_4	4.43×10^{-10}
BaC_2O_4	1.6×10^{-7}	CuCl	1.72×10^{-7}
$BaCrO_4$	1.17×10^{-10}	CuI	1.27×10^{-12}
BaF_2	1.84×10^{-7}	$Cu(IO_3)_2$	7.4×10^{-8}
$Ba(IO_3)_2$	4.01×10^{-9}	$Cu(IO_3)_2\cdot H_2O$	6.94×10^{-8}
$BaSO_3$	5.0×10^{-10}	$Cu(OH)_2$	2.2×10^{-20}
$BaSO_4$	1.08×10^{-10}	CuOH	1×10^{-14}
BiOCl	1.8×10^{-31}	CuS	1.27×10^{-36}
$Bi(OH)_3$	4×10^{-31}	Cu_2S	2.26×10^{-48}
Bi_2S_3	1.82×10^{-99}	$Cu_3(PO_4)_2$	1.40×10^{-37}
$CaCO_3$	3.36×10^{-9}	$FeCO_3$	3.13×10^{-11}
CaC_2O_4	1.46×10^{-10}	$Fe(OH)_2$	4.87×10^{-17}
CaF_2	3.45×10^{-11}	$Fe(OH)_3$	2.79×10^{-39}

续表

化合物	溶度积	化合物	溶度积
FeS	1.3×10^{-18}	$Ni(OH)_2$	$5.48\times10-16$
HgC_2O_4	1.0×10^{-7}	NiS	$1.07\times10-21$
HgI_2	2.9×10^{-29}	$PbCO_3$	7.4×10^{-14}
$Hg(OH)_2$	3.13×10^{-26}	PbC_2O_4	8.51×10^{-10}
HgS	6.44×10^{-53}	$PbCl_2$	1.70×10^{-5}
Hg_2Br_2	6.40×10^{-23}	$PbCrO_4$	2.8×10^{-13}
$Hg_2(CN)_2$	5×10^{-40}	PbF_2	3.3×10^{-8}
Hg_2CO_3	3.6×10^{-17}	PbI_2	9.8×10^{-9}
$Hg_2C_2O_4$	1.75×10^{-13}	$Pb(IO_3)_2$	3.69×10^{-13}
Hg_2Cl_2	1.43×10^{-18}	$Pb(OH)_2$	1.42×10^{-20}
Hg_2I_2	5.2×10^{-29}	PbS	9.04×10^{-29}
$Hg_2(IO_3)_2$	2.0×10^{-14}	$PbSO_4$	2.53×10^{-8}
$Hg_2(OH)_2$	2.0×10^{-24}	PdS	2×10^{-37}
Hg_2S	1.0×10^{-47}	PtS	1×10^{-52}
$Hg_2(SCN)_2$	3.2×10^{-20}	$Sb(OH)_3$	4.0×10^{-42}
Hg_2SO_3	1.0×10^{-27}	Sb_2S_3	1.5×10^{-93}
Hg_2SO_4	6.5×10^{-7}	$Sn(OH)_2$	5.45×10^{-27}
$MgCO_3$	6.82×10^{-6}	SnS	1.0×10^{-25}
MgF_2	5.16×10^{-11}	$SrCO_3$	5.60×10^{-10}
$Mg(OH)_2$	5.61×10^{-12}	SrC_2O_4	5.61×10^{-7}
$Mg_3(PO_4)_2$	1.04×10^{-24}	SrF_2	4.33×10^{-9}
$MnCO_3$	2.24×10^{-11}	$SrSO_3$	4×10^{-8}
$Mn(IO_3)_2$	4.37×10^{-7}	$SrSO_4$	3.44×10^{-7}
$Mn(OH)_2$	2.06×10^{-13}	$ZnCO_3$	1.46×10^{-10}
MnS	4.65×10^{-14}	ZnC_2O_4	2.7×10^{-8}
$NiCO_3$	1.42×10^{-7}	ZnS	2.93×10^{-25}
NiC_2O_4	4×10^{-10}	$Zn(OH)_2$	3.10×10^{-17}

数据来源：Weast RC. CRC Handbook of Chemistry and Physics, 80th ed. CRC Press, 1999–2000.

附录 E　标准电极电势 E^0（298.15K）

表 E-1　酸性溶液中的标准电极电势

电极反应	E_A^0/V	电极反应	E_A^0/V
$Ag^+ + e^- \rightleftharpoons Ag$	+0.7996	$Cu^+ + e^- \rightleftharpoons Cu$	+0.521
$AgBr + e^- \rightleftharpoons Ag + Br^-$	+0.07133	$Cu^{2+} + 2e^- \rightleftharpoons Cu$	+0.3419
$AgBrO_3 + e^- \rightleftharpoons Ag + BrO_3^-$	+0.546	$Cu^{2+} + e^- \rightleftharpoons Cu^+$	+0.153
$AgCl + e^- \rightleftharpoons Ag + Cl^-$	+0.22233	$F_2 + 2e^- \rightleftharpoons 2F^-$	+2.866
$AgI + e^- \rightleftharpoons Ag + I^-$	−0.15224	$Fe^{2+} + 2e^- \rightleftharpoons Fe$	−0.447
$Ag_2S + 2e^- \rightleftharpoons 2Ag + S^{2-}$	−0.691	$Fe^{3+} + e^- \rightleftharpoons Fe^{2+}$	+0.771
$AgSCN + e^- \rightleftharpoons Ag + SCN^-$	+0.08951	$Ge^{4+} + 4e \rightleftharpoons Ge$	+0.124
$Al^{3+} + 3e^- \rightleftharpoons Al$	−1.662	$2H^+ + 2e^- \rightleftharpoons H_2$	0.00000
$As + 3H^+ + 3e^- \rightleftharpoons AsH_3$	−0.608	$2Hg^{2+} + 2e^- \rightleftharpoons Hg_2^{2+}$	+0.920
$AsO_4^{3-} + 2H^+ + 2e^- \rightleftharpoons AsO_3^{3-} + H_2O$	+0.559	$Hg^{2+} + 2e^- \rightleftharpoons Hg$	+0.851
$H_3AsO_4 + 2H^+ + 2e^- \rightleftharpoons HAsO_2 + 2H_2O$	+0.560	$Hg_2Cl_2 + 2e^- \rightleftharpoons 2Hg + 2Cl^-$	+0.26808
$Au^+ + e^- \rightleftharpoons Au$	+1.692	$I_2 + 2e^- \rightleftharpoons 2I^-$	+0.5355
$Au^{3+} + 3e^- \rightleftharpoons Au$	+1.498	$I_3^- + 2e^- \rightleftharpoons 3I^-$	+0.536
$Ba^{2+} + 2e^- \rightleftharpoons Ba$	−2.912	$IO_3^- + 6H^+ + 6e^- \rightleftharpoons I^- + 3H_2O$	+1.085
$Be^{2+} + 2e^- \rightleftharpoons Be$	−1.847	$2IO_3^- + 12H^+ + 10e^- \rightleftharpoons I_2 + 6H_2O$	+1.195
$Bi^{3+} + 3e^- \rightleftharpoons Bi$	+0.308	$K^+ + e^- \rightleftharpoons K$	−2.931
$BiO_3^- + 6H^+ + 2e^- \rightleftharpoons Bi^{3+} + 3H_2O$	+1.8	$La^{3+} + 3e^- \rightleftharpoons La$	−2.379
$Br_2(aq) + 2e^- \rightleftharpoons 2Br^-$	+1.0873	$Li^+ + e^- \rightleftharpoons Li$	−3.0401
$Br_2(l) + 2e \rightleftharpoons 2Br^-$	+1.066	$Mg^{2+} + 2e^- \rightleftharpoons Mg$	−2.372
$BrO_3^- + 6H^+ + 6e^- \rightleftharpoons Br^- + 3H_2O$	+1.423	$Mn^{2+} + 2e^- \rightleftharpoons Mn$	−1.185
$2CO_2 + 2H^+ + 2e^- \rightleftharpoons H_2C_2O_4$	−0.49	$MnO_2 + 4H^+ + 2e^- \rightleftharpoons Mn^{2+} + 2H_2O$	+1.224
$CO_2 + 2H^+ + 2e^- \rightleftharpoons HCOOH$	−0.199	$MnO_4^- + 8H^+ + 5e^- \rightleftharpoons Mn^{2+} + 4H_2O$	+1.507
$Ca^{2+} + 2e^- \rightleftharpoons Ca$	−2.868	$MnO_4^- + 4H^+ + 3e^- \rightleftharpoons MnO_2 + 2H_2O$	+1.679
$Cd^{2+} + 2e^- \rightleftharpoons Cd$	−0.4030	$NO_3^- + 3H^+ + 2e^- \rightleftharpoons HNO_2 + H_2O$	+0.934
$Ce^{3+} + 3e^- \rightleftharpoons Ce$	−2.336	$NO_3^- + 4H^+ + 3e^- \rightleftharpoons NO + 2H_2O$	+0.957
$Cl_2 + 2e^- \rightleftharpoons 2Cl^-$	+1.35827	$Na^+ + e^- \rightleftharpoons Na$	−2.71
$ClO_3^- + 6H^+ + 5e^- \rightleftharpoons 1/2Cl_2 + 3H_2O$	+1.47	$Ni^{2+} + 2e^- \rightleftharpoons Ni$	−0.257
$ClO_3^- + 6H^+ + 6e^- \rightleftharpoons Cl^- + 3H_2O$	+1.451	$O_2 + 2H^+ + 2e^- \rightleftharpoons H_2O_2$	+0.695
$Co^{2+} + 2e^- \rightleftharpoons Co$	−0.28	$O_2 + 4H^+ + 4e^- \rightleftharpoons 2H_2O$	+1.229
$Co^{3+} + e^- \rightleftharpoons Co^{2+}$	+1.92	$O_3 + 2H^+ + 2e^- \rightleftharpoons O_2 + H_2O$	+2.076
$Cr^{3+} + 3e^- \rightleftharpoons Cr$	−0.744	$H_2O_2 + 2H^+ + 2e^- \rightleftharpoons 2H_2O$	+1.776
$Cr_2O_7^{2-} + 14H^+ + 6e^- \rightleftharpoons 2Cr^{3+} + 7H_2O$	+1.232	$Pb^{2+} + 2e^- \rightleftharpoons Pb$	−0.126
$Cs^+ + e^- \rightleftharpoons Cs$	−3.026	$PbO_2 + 4H^+ + 2e^- \rightleftharpoons Pb^{2+} + 2H_2O$	+1.455

续表

电极反应	E_A^0/V	电极反应	E_A^0/V
$PbSO_4 + 2e^- \rightleftharpoons Pb + SO_4^{2-}$	−0.3588	$S_2O_8^{2-} + 2e^- \rightleftharpoons 2SO_4^{2-}$	+2.010
$Pd^{2+} + 2e^- \rightleftharpoons Pd$	+0.951	$S_4O_6^{2-} + 2e^- \rightleftharpoons 2S_2O_3^{2-}$	+0.08
$Pt^{2+} + 2e^- \rightleftharpoons Pt$	+1.18	$Sn^{2+} + 2e^- \rightleftharpoons Sn$	−0.1375
$S + 2e^- \rightleftharpoons S^{2-}$	−0.47627	$Sn^{4+} + 2e^- \rightleftharpoons Sn^{2+}$	+0.151
$S + 2H^+ + 2e^- \rightleftharpoons H_2S_{(aq)}$	+0.142	$Sr^{2+} + 2e^- \rightleftharpoons Sr$	−2.899
$SO_4^{2-} + 4H^+ + 2e^- \rightleftharpoons H_2SO_3 + H_2O$	+0.172	$Zn^{2+} + 2e^- \rightleftharpoons Zn$	−0.7618

表 E-2　碱性溶液中的标准电极电势

电极反应	E_B^0/V	电极反应	E_B^0/V
$Ag_2CO_3 + 2e^- \rightleftharpoons 2Ag + CO_3^{2-}$	+0.47	$CrO_4^- + 4H_2O + 3e^- \rightleftharpoons Cr(OH)_3 + 5OH^-$	−0.13
$Ag_2O + H_2O + 2e^- \rightleftharpoons 2Ag + 2OH^-$	+0.342	$Cu_2O + H_2O + 2e^- \rightleftharpoons 2Cu + 2OH^-$	−0.360
$Al(OH)_3 + 3e^- \rightleftharpoons Al + 3OH^-$	−2.31	$2Cu(OH)_2 + 2e^- \rightleftharpoons Cu_2O + 2OH^- + H_2O$	−0.080
$Al(OH)_4^- + 3e \rightleftharpoons Al + 4OH^-$	−2.328	$2H_2O + 2e^- \rightleftharpoons H_2 + 2OH^-$	−0.8277
$H_2AlO_3^- + H_2O + 3e^- \rightleftharpoons Al + 4OH^-$	−2.33	$Hg_2O + H_2O + 2e^- \rightleftharpoons 2Hg + 2OH^-$	+0.123
$AsO_2^- + 2H_2O + 3e^- \rightleftharpoons As + 4OH^-$	−0.68	$Mg(OH)_2 + 2e \rightleftharpoons Mg + 2OH^-$	−2.690
$AsO_4^{3-} + 2H_2O + 2e^- \rightleftharpoons AsO_2^- + 4OH^-$	−0.71	$Mn(OH)_2 + 2e^- \rightleftharpoons Mn + 2OH^-$	−1.56
$Ba(OH)_2 + 2e^- \rightleftharpoons Ba + 2OH^-$	−2.99	$MnO_4^- + 2H_2O + 3e^- \rightleftharpoons MnO_2 + 4OH^-$	+0.595
$Bi_2O_3 + 3H_2O + 6e^- \rightleftharpoons 2Bi + 6OH^-$	−0.64	$MnO_4^- + e^- \rightleftharpoons MnO_4^{2-}$	+0.558
$BrO^- + H_2O + 2e^- \rightleftharpoons Br^- + 2OH^-$	+0.761	$MnO_4^{2-} + 2H_2O + 2e^- \rightleftharpoons MnO_2 + 4OH^-$	+0.60
$BrO_3^- + 3H_2O + 6e^- \rightleftharpoons Br^- + 6OH^-$	+0.61	$NO_2^- + H_2O + e^- \rightleftharpoons NO + 2OH^-$	−0.46
$[Co(NH_3)_6]^{3+} + e^- \rightleftharpoons [Co(NH_3)_6]^{2+}$	+0.108	$Ni(OH)_2 + 2e^- \rightleftharpoons Ni + 2OH^-$	−0.72
$Ca(OH)_2 + 2e^- \rightleftharpoons Ca + 2OH^-$	−3.02	$O_2 + 2H_2O + 4e^- \rightleftharpoons 4OH^-$	+0.401
$Cd(OH)_2 + 2e^- \rightleftharpoons Cd + 2OH^-$	−0.809	$O_2 + H_2O + 2e^- \rightleftharpoons H_2O_2 + 2OH^-$	−0.146
$ClO^- + H_2O + 2e^- \rightleftharpoons Cl^- + 2OH^-$	+0.81	$O_3 + H_2O + 2e^- \rightleftharpoons O_2 + 2OH^-$	+1.24
$ClO_2^- + 2H_2O + 4e^- \rightleftharpoons Cl^- + 4OH^-$	+0.76	$2SO_3^{2-} + 3H_2O + 4e^- \rightleftharpoons S_2O_3^{2-} + 6OH^-$	−0.571
$ClO_2^- + H_2O + 2e^- \rightleftharpoons ClO^- + 2OH^-$	+0.66	$SO_4^{2-} + H_2O + 2e^- \rightleftharpoons SO_3^{2-} + 2OH^-$	−0.93
$ClO_3^- + H_2O + 2e^- \rightleftharpoons ClO_2^- + 2OH^-$	+0.33	$SbO_3^- + H_2O + 2e^- \rightleftharpoons SbO_2^- + 2OH^-$	−0.59
$ClO_4^- + H_2O + 2e^- \rightleftharpoons ClO_3^- + 2OH^-$	+0.36	$SiO_3^{2-} + 3H_2O + 4e^- \rightleftharpoons Si + 6OH^-$	−1.697
$Co(OH)_2 + 2e^- \rightleftharpoons Co + 2OH^-$	−0.73	$Zn(OH)_2 + 2e^- \rightleftharpoons Zn + 2OH^-$	−1.249
$Co(OH)_3 + e^- \rightleftharpoons Co(OH)_2 + OH^-$	+0.17	$ZnO + H_2O + 2e^- \rightleftharpoons Zn + 2OH^-$	−1.260
$CrO_2^- + 2H_2O + 3e^- \rightleftharpoons Cr + 4OH^-$	−1.2	$ZnO_2^{2-} + 2H_2O + 2e^- \rightleftharpoons Zn + 4OH^-$	−1.215

数据来源：Weast RC. CRC Handbook of Chemistry and Physics, 80th ed. CRC Press, 1999–2000.

附录 F　一些金属配合物的稳定常数

配体及金属离子		$\lg\beta_1$	$\lg\beta_2$	$\lg\beta_3$	$\lg\beta_4$	$\lg\beta_5$	$\lg\beta_6$
NH_3	Ag^+	3.24	7.05				
	Co^{2+}	2.11	3.74	4.79	5.55	5.73	5.11
	Co^{3+}	6.7	14.0	20.1	25.7	30.8	35.2
	Cu^{2+}	4.31	7.98	11.02	13.32		
	Hg^{2+}	8.8	17.5	18.5	19.28		
	Ni^{2+}	2.80	5.04	6.77	7.96	8.71	8.74
	Zn^{2+}	2.37	4.81	7.31	9.46		
Cl^-	Bi^{3+}	2.44	4.70	5.0	5.6		
	Cu^{2+}	0.1	−0.6				
	Hg^{2+}	6.74	13.22	14.07	15.07		
	Sb^{3+}	2.26	3.49	4.18	4.72		
	Zn^{2+}	0.43	0.61	0.53	0.20		
CN^-	Ag^+		21.1	21.7	20.6		
	Cd^{2+}	5.48	10.60	15.23	18.78		
	Cu^+		24.0	28.59	30.30		
	Fe^{2+}						35
	Fe^{3+}						42
	Hg^{2+}				41.4		
	Ni^{2+}				31.3		
	Zn^{2+}				16.7		
F^-	Al^{3+}	6.11	11.15	15.00	17.75	19.37	19.84
	Fe^{3+}	5.28	9.30	12.06			
I^-	Bi^{3+}	3.63			14.95	16.80	18.80
	Hg^{2+}	12.87	23.82	27.60	29.83		
$P_2O_7^{4-}$	Ca^{2+}	4.6					
	Cu^{2+}	6.7	9.0				
	Mg^{2+}	5.7					
SCN^-	Ag^+		7.57	9.08	10.08		
	Co^{2+}	−0.04	−0.70	0	3.00		
	Fe^{3+}	2.95	3.36				
	Hg^{2+}		17.47		21.3		
	Zn^{2+}	1.62					
$S_2O_3^{2-}$	Ag^+	8.82	13.46				
	Hg^{2+}		29.44	31.90	33.24		

续表

配体及金属离子		$\lg\beta_1$	$\lg\beta_2$	$\lg\beta_3$	$\lg\beta_4$	$\lg\beta_5$	$\lg\beta_6$
乙酸根（CH_3COO^-）	Fe^{2+}	3.2	6.1	8.3			
	Fe^{3+}	3.2					
	Hg^{2+}		8.43				
	Pb^{2+}	2.52	4.0	6.4	8.5		
枸橼酸根（以L^{3-}阴离子配位）	Al^{3+}	20.0					
	Cd^{2+}	11.3					
	Co^{2+}	12.5					
	Cu^{2+}	14.2					
	Fe^{2+}	15.5					
	Fe^{3+}	25.0					
	Ni^{2+}	14.3					
	Zn^{2+}	11.4					
草酸根（$C_2O_4^{2-}$）	Cu^{2+}	6.16	8.5				
	Fe^{2+}	2.9	4.52	5.22			
	Fe^{3+}	9.4	16.2	20.2			
乙二胺（$NH_2CH_2CH_2NH_2$）	Co^{2+}	5.91	10.64	13.94			
	Cu^{2+}	10.67	20.00	21.0			
	Zn^{2+}	5.77	10.83	14.11			
乙二胺四乙酸（EDTA）	Ag^+	7.32					
	Al^{3+}	16.11					
	Ba^{2+}	7.78					
	Bi^{3+}	22.8					
	Ca^{2+}	11.0					
	Cd^{2+}	16.4					
	Co^{2+}	16.31					
	Cr^{3+}	23					
	Cu^{2+}	18.7					
	Fe^{2+}	14.33					
	Fe^{3+}	24.23					
	Hg^{2+}	21.80					
	Mg^{2+}	8.64					
	Mn^{2+}	13.8					
	Ni^{2+}	18.56					
	Pb^{2+}	18.3					
	Sn^{2+}	22.1					
	Zn^{2+}	16.4					

数据来源：Dean JA Lange's Handbook of Chemistry. 13th ed. McG raw-Hill Book Co,1985.

元 素 周 期 表

原子序数 ← 19 K → 元素符号
钾 → 元素名称（注 * 的是人造元素）
$4s^1$ → 外围电子的构型（括号指可能的构型）
原子量 ← 39.098 3(1)

族 周期	IA	IIA	IIIB	IVB	VB	VIB	VIIB	VIII	VIII	VIII	IB	IIB	IIIA	IVA	VA	VIA	VIIA	0	电子层	0族电子数
1	1 H 氢 $1s^1$ 1.007 94(7)																	2 He 氦 $1s^2$ 4.002 602(2)	K	2
2	3 Li 锂 $2s^1$ 6.941(2)	4 Be 铍 $2s^2$ 9.012 182(3)											5 B 硼 $2s^22p^1$ 10.811(7)	6 C 碳 $2s^22p^2$ 12.010 7(8)	7 N 氮 $2s^22p^3$ 14.006 74(7)	8 O 氧 $2s^22p^4$ 15.999 4(3)	9 F 氟 $2s^22p^5$ 18.998 403 2(5)	10 Ne 氖 $2s^22p^6$ 20.179 7(6)	L K	8 2
3	11 Na 钠 $3s^1$ 22.989 770(2)	12 Mg 镁 $3s^2$ 24.305 0(6)											13 Al 铝 $3s^23p^1$ 26.981 538(2)	14 Si 硅 $3s^23p^2$ 28.085 5(3)	15 P 磷 $3s^23p^3$ 30.973 761(2)	16 S 硫 $3s^23p^4$ 32.066(6)	17 Cl 氯 $3s^23p^5$ 35.452 7(9)	18 Ar 氩 $3s^23p^6$ 39.948(1)	M L K	8 8 2
4	19 K 钾 $4s^1$ 39.098 3(1)	20 Ca 钙 $4s^2$ 40.078(4)	21 Sc 钪 $3d^14s^2$ 44.955 910(8)	22 Ti 钛 $3d^24s^2$ 47.867(1)	23 V 钒 $3d^34s^2$ 50.941 5(1)	24 Cr 铬 $3d^54s^1$ 51.996 1(6)	25 Mn 锰 $3d^54s^2$ 54.938 049(9)	26 Fe 铁 $3d^64s^2$ 55.845(2)	27 Co 钴 $3d^74s^2$ 58.933 200(9)	28 Ni 镍 $3d^84s^2$ 58.693 4(2)	29 Cu 铜 $3d^{10}4s^1$ 63.546(3)	30 Zn 锌 $3d^{10}4s^2$ 65.39(2)	31 Ga 镓 $4s^24p^1$ 69.723(1)	32 Ge 锗 $4s^24p^2$ 72.61(2)	33 As 砷 $4s^24p^3$ 74.921 60(2)	34 Se 硒 $4s^24p^4$ 78.96(3)	35 Br 溴 $4s^24p^5$ 79.904(1)	36 Kr 氪 $4s^24p^6$ 83.80(1)	N M L K	8 18 8 2
5	37 Rb 铷 $5s^1$ 85.467 8(3)	38 Sr 锶 $5s^2$ 87.62(1)	39 Y 钇 $4d^15s^2$ 88.905 85(2)	40 Zr 锆 $4d^25s^2$ 91.224(2)	41 Nb 铌 $4d^45s^1$ 92.906 38(2)	42 Mo 钼 $4d^55s^1$ 95.94(1)	43 Tc 锝 $4d^55s^2$	44 Ru 钌 $4d^75s^1$ 101.07(2)	45 Rh 铑 $4d^85s^1$ 102.905 50(2)	46 Pd 钯 $4d^{10}$ 106.42(1)	47 Ag 银 $4d^{10}5s^1$ 107.868 2(2)	48 Cd 镉 $4d^{10}5s^2$ 112.411(8)	49 In 铟 $5s^25p^1$ 114.818(3)	50 Sn 锡 $5s^25p^2$ 118.710(7)	51 Sb 锑 $5s^25p^3$ 121.760(1)	52 Te 碲 $5s^25p^4$ 127.60(3)	53 I 碘 $5s^25p^5$ 126.904 47(3)	54 Xe 氙 $5s^25p^6$ 131.29(2)	O N M L K	8 18 18 8 2
6	55 Cs 铯 $6s^1$ 132.905 45(2)	56 Ba 钡 $6s^2$ 137.327(7)	57－71 La－Lu 镧系	72 Hf 铪 $5d^26s^2$ 178.49(2)	73 Ta 钽 $5d^36s^2$ 180.947 9(1)	74 W 钨 $5d^46s^2$ 183.84(1)	75 Re 铼 $5d^56s^2$ 186.207(1)	76 Os 锇 $5d^66s^2$ 190.23(3)	77 Ir 铱 $5d^76s^2$ 192.217(3)	78 Pt 铂 $5d^96s^1$ 195.078(2)	79 Au 金 $5d^{10}6s^1$ 196.966 55(2)	80 Hg 汞 $5d^{10}6s^2$ 200.59(2)	81 Tl 铊 $6s^26p^1$ 204.383 3(2)	82 Pb 铅 $6s^26p^2$ 207.2(1)	83 Bi 铋 $6s^26p^3$ 208.980 37(3)	84 Po 钋 $6s^26p^4$	85 At 砹 $6s^26p^5$	86 Rn 氡 $6s^26p^6$	P O N M L K	8 18 32 18 8 2
7	87 Fr 钫 $7s^1$	88 Ra 镭 $7s^2$	89－103 Ac－Lr 锕系	104 Rf 𬬻* $(6d^27s^2)$	105 Db 𬭊* $(6d^37s^2)$	106 Sg 𬭳* $(6d^47s^2)$	107 Bh 𬭛* $(6d^57s^2)$	108 Hs 𬭶* $(6d^67s^2)$	109 Mt 鿏* $(6d^77s^2)$	110 Uun *	111 Uuu *	112 Uub *								

镧系	57 La 镧 $5d^16s^2$ 138.905 5(2)	58 Ce 铈 $4f^15d^16s^2$ 140.116(1)	59 Pr 镨 $4f^36s^2$ 140.907 65(2)	60 Nd 钕 $4f^46s^2$ 144.24(3)	61 Pm 钷 $4f^56s^2$	62 Sm 钐 $4f^66s^2$ 150.36(3)	63 Eu 铕 $4f^76s^2$ 151.964(1)	64 Gd 钆 $4f^75d^16s^2$ 157.25(3)	65 Tb 铽 $4f^96s^2$ 158.925 34(2)	66 Dy 镝 $4f^{10}6s^2$ 162.50(3)	67 Ho 钬 $4f^{11}6s^2$ 164.930 32(2)	68 Er 铒 $4f^{12}6s^2$ 167.26(3)	69 Tm 铥 $4f^{13}6s^2$ 168.934 21(2)	70 Yb 镱 $4f^{14}6s^2$ 173.04(3)	71 Lu 镥 $4f^{14}5d^16s^2$ 174.967(1)
锕系	89 Ac 锕 $6d^17s^2$	90 Th 钍 $6d^27s^2$ 232.038 1(1)	91 Pa 镤 $5f^26d^17s^2$ 231.035 88(2)	92 U 铀 $5f^36d^17s^2$ 238.028 9(1)	93 Np 镎 $5f^46d^17s^2$	94 Pu 钚 $5f^67s^2$	95 Am 镅* $5f^77s^2$	96 Cm 锔* $5f^76d^17s^2$	97 Bk 锫* $5f^97s^2$	98 Cf 锎* $5f^{10}7s^2$	99 Es 锿* $5f^{11}7s^2$	100 Fm 镄* $5f^{12}7s^2$	101 Md 钔* $(5f^{13}7s^2)$	102 No 锘* $(5f^{14}7s^2)$	103 Lr 铹* $(5f^{14}6d^17s^2)$

注：原子量录自1997年国际原子量表，以$^{12}C=12$为基准。原子量末位数的准确度加注在其后括号内。

主要名词术语中英文对照表

F Hund 规则	Hund's rule
Nernst 方程式	Nernst equation
ζ 电势	zeta potential
π 键	pi bond
σ 键	sigma bond
A	
阿仑尼乌斯	S. Arrhenius
安替福民	antiformin
螯合滴定法	chelatometric titration
螯合剂	chelating agent
螯合物	chelate compound
螯合效应	chelating effect
B	
半电池	half-cell
半电池反应	half-cell reaction
半反应	half-reaction
半反应法	half-reaction method
半透膜	semi-premeable membrane
饱和甘汞电极	saturated calomel electrode
饱和溶液	saturated solution
保护层	protecting layer
保护作用	protection
保里不相容原理	Pauli exclusion principle
比表面积	specific surface area
比表面能	specific surface energy
比尔	Beer
比色分析法	colormetric analysis method
必需元素	essential element
变色点	color change point
变色范围	color change interval
标定	standardization
标准电极电势	standard electrode potential
标准摩尔熵	standard molar entropy
标准摩尔生成焓	standard molar enthalpy of formation
标准摩尔生成吉布斯自由能	standard molar Gibbs free energy of formation
标准浓度	standard concentration
标准偏差	standard deviation，s

标准平衡常数	standard equilibrium constant
标准氢电极	standard hydrogen electrode
标准溶液	standard solution
标准生成焓	standard enthalpy of formation
标准态	standard state
标准压力	standard pressure
表观电离度	apparent degree of ionization
表观荷电数	apparent charge number
表面	surface
表面分子电离	ionization of surface molecule
表面活性剂	surface active agent 或 surfactant
表面活性物质	surface active substance
表面能	surface energy
表面现象	surface phenomena
表面张力	surface tension
波动方程	wave equation
波动性	wave duality
波函数	wave function
波粒二象性	wave-particle duality
玻尔	Niels Bohr
玻尔磁子	Bohr magneton
玻璃电极	glass electrode
不饱和溶液	unsaturated solution
不等性杂化	nonequivalent hybridization
不可逆反应	irreversible reaction
不稳定常数	unstable constant
布朗斯台德	J. N. Bronsted
布朗运动	Brown movement
C	
参比电极	reference electrode
操作误差	operational error
测不准原理	uncertainly principle
场	field
常量元素	macroelement
沉淀的转化	transformation of precipitate
沉淀滴定法	precipitation titration
沉淀剂	precipitating agent，precipitant
沉淀速率	precipetation rate
沉降	sedimentation
沉降平衡	sedimentation equilibrium
沉降速率	sedimentation rate
沉降作用	sedimentation action

成键分子轨道	bonding molecular orbital
磁量子数	magnetic quantum number
粗分散系	coarse dispersion system
催化反应	catalytic reaction
催化活性	catalytic activity
催化剂	catalyst
催化作用	catalysis
D	
大分子化合物	macromolecular compound
单齿配体	monodentate ligand
单色光	monochromatic light
单色器	monochromator
单体	monomer
单相体系	homogeneous system
导体	conductor
德拜	P. Debye
德布罗依关系式	de Broglie relation
等价轨道	degenerate orbital
等容过程	isovolumic process
等渗溶液	isotonic solution
等温过程	isothermal process
等性杂化	equivalent hybridization
等压过程	isobar process
低渗溶液	hypotonic solution
滴定	titration
滴定分析	titrimetric analysis
滴定剂	titrant
滴定突跃	titration jump
滴定误差	titration error
滴定终点	end point of titration
底物	substrate
碘量法	iodimetry
电池反应	cell reaction
电动电势	electrokinetic potential
电动势	electromotive force
电对	electric couple
电极	electrode
电极电势	electrode potential
电极反应	electrode reaction
电解质	electrolyte
电解质溶液	electrolyte solution
电离常数	dissociation constant

电离度	degree of ionization
电渗	electroosmosis
电势差	potential difference
电泳	electrophoresis
电泳速率	electrophoresis rate
电子层	shell
电子亚层或能级	sublevel or subshell
丁铎尔	J.Tyndall
丁铎尔现象	tyndall phenomenon
定态	stationary state
董南	Donnan
董南平衡	Donnan equilibrium
动态平衡	dynamic equilibrium
多齿配体	multidentate ligand
多相体系	heterogeneous system
多重平衡	multiple equilibrium
多重平衡规则	multiple equilibrium rule
多重平衡体系	multiple equilibium system
F	
法拉第	Faraday
反键分子轨道	antibonding molecular orbital
反应	reaction
反应分子数	molecularity of reaction
反应机理	reaction mechanism
反应级数	reaction order
反应进度	extent of reaction
反应热	heat of reaction
反应商	reaction quotient
反应速率	rate of chemical reaction
返滴定法	back titration
范德华力	Van der weels force
范斯莱克	V. Slyke
方法误差	methodic error
非必需元素	non-essential element
非极性分子	nonpolar molecular
非极性共价键	nonpular covalent bond
非键电子	non-bond electron
非键分子轨道	non-bond molecular orbital
非均相反应	heterogeneous reaction
沸点	boiling point
沸点升高	boiling point elevation
分步沉淀	fractional precipitation

分步电离或逐级电离	stepwise ionization
分光光度法	spectrophotometry
分光光度计	spectrophotometer
分散度	degree of dispersion
分散介质	dispersed medium
分散体系	dispersed system
分散相	dispersed phase
分子轨道	molecular orbital
分子轨道理论	molecular orbital theory
分子和离子分散系	molecular and ionic dispersion system
分子间作用力	intermolecular force
负催化剂	negative catalyst
负电荷层	negative charge layer
负极	negative electrode
负溶胶	negative sol
负吸附	negative adsorption
复合电极	combination electrode
复合反应	compound reaction
复色光	polychromatic light
G	
盖斯	G. H. Hess
概率波	probability wave
刚性凝胶	rigid gel
高分子电解质	macromolecular electrolyte
高分子溶液	of high molecule
高锰酸钾法	potassium permanganate method
高渗溶液	hypertonic solution
铬黑 T	eriochrome black T
功	work
共轭电对	conjugate electric couple
共轭还原态	conjugate reduction state
共轭碱	conjugate base
共轭酸	conjugate acid
共轭酸碱对	conjugate pair of acid-base
共轭氧化还原电对	conjugate redox electric couple
共轭氧化态	conjugate oxidation state
共价半径	covalent radius
共价键	covalent bond
固相	solid phase
光源	light source
广度性质	extensive properties
规定熵	conventional entropy

国际单位制	le Système Internationl d'Unités
国际计量大会	CGPM
国际计量委员会	CIPM
过饱和溶液	oversaturated solution
过程	process
过渡态理论	transition state theory
过失误差	gross error
H	
海森堡	W.Heisenberg
焓	enthalpy
亨德森－哈赛尔巴赫	Henderson-Hasselbalch
化合价法	valence method
化学	Chemistry
化学动力学	chemical kinetics
化学反应速率理论	rate theory of chemical reaction
化学计量点	stoichiometric point
化学键	chemical bond
化学平衡	chemical equilibrium
化学平衡常数	chemical equilibrium constant
化学平衡的移动	shift of chemical equilibrium
化学平衡定律	chemical equilibrium law
化学热力学	chemical thermodynamics
还原	reduction
还原半反应	reducing half-reaction
还原反应	reduction reaction
还原剂	reducing agent
还原态	reducing state
还原型	reducing modality
环境	surrounding
缓冲比	buffer-component ratio
缓冲对	buffer pairn
缓冲范围	buffer effective range
缓冲容量	buffer capacity
缓冲溶液	buffer solution
缓冲系	buffer system
缓冲作用	buffer actio
惠更斯	Huygens
混合配体配合物	mixed-ligand complex
混乱度	degree of randomness
活度	activity
活度积	activity product
活度系数	activity coefficent

活化分子	activating molecular
活化络合物	activated complex
活化能	activation energy
J	
基态	ground state
基元反应	elementary reaction
基准物质	primary standard substance
激发态	excited state
吉布斯	Gibbs
吉布斯-赫姆霍兹	Gibbs-Helmholtz
吉布斯自由能	Gibbs free energy
极性共价键	polar covalent bond
价层电子对互斥理论	valence shell electron pair repulsion theory
加合性	additivity
价键理论	valence bond theory
间接滴定法	indirect titration
间接碘量法	indirect iondimetry
检测器	detector
简并轨道	equivalent orbital
碱	base
碱中毒	alkalosis
键参数	bond parameter
键长	bond length
键级	bond order
键角	bond angle
键能	bond energy
胶核	colloidal nucleus
胶粒	colloidal particle
胶凝	gelation
胶体	colloid
胶体分散系	colloidal dispersed system
胶体化学	colloidal chemistry
胶体渗透压	colloidal osmotic pressure
胶团	colloidal micell
角度波函数	angular wave function
角量子数	azimcithal quantum number
结晶	crystal
解离反应	ionization reaction
解离平衡常数	ionization equilibrium constant
界面现象	interface phenomena
金属键	metallic bon
金属指示剂	metallochrome indicator

晶体场理论	crystal field thoery
晶体渗透压	crystalloid osmotic pressure
精密度	precision
径向波函数	radial wave function
聚沉	coagulation
聚沉能力	coagulating capacity
聚沉值	coagulation value
绝对偏差	absolute deviation
绝对误差	absolute error
绝热过程	adiabatic process
均相反应	homogeneous reaction
K	
开尔文	Kelvin
抗坏血酸	ascorbic acid
抗碱成分	anti-base component
抗酸成分	anti-acid component
可测误差	measurable error
可逆反应	reversible reaction
克劳修斯	Clausius
空间构型	space configuration
扩散	diffusion
扩散层	diffusion layer
扩散分数	diffusion fraction
扩散速率	diffusion rate
扩散作用	diffusion action
L	
镧系收缩	lanthanide contraction
朗伯	Lambert
朗伯－比尔定律	Lambert-Beer Law
勒夏特里	Le Chatelier
冷却剂	freezing mixture
离浆	syneresis
离子－电子法	ion-electron method
离子氛	ion atmosphere
离子积	ionic product
离子键	ionic bond
离子强度	ionic strength
连续光谱	continuous spectrum
链节	link
两亲分子	amphiphilic molecular
两性物质	amphoteric substance
量子力学	quantum mechanics

量子数 quantum number
卢瑟福 E.Rutherford
路易斯 Lewis
路易斯碱 Lewis base
路易斯酸 Lewis acid
德布罗意 L de Broglie
洛里 T. M. Lonry
络合物 complex compound

M

酶 enzyme
膜平衡 membrane equilibrium
摩尔沸点升高常数 mole boiling constant
摩尔分数 mole fraction
摩尔凝固点降低常数 mole freezing contant
摩尔生成焓 molar enthalpy of formation
摩尔吸光系数 molar absorptivity

N

内轨型配合物 inner-orbital coordination compound
内界 inner sphere
能 nternal energy
能量最低原理 Lowest energy principle
能斯特 Nernst
逆反应 reversed reaction
逆反应速率 rate of reversed reaction
黏度 viscosity
凝固点 freezing point
凝固点降低 freezing point depression
凝胶 Gel
凝结 Condensation
凝结速率 condensation rate
牛顿 J.Newton
浓度 concentration
浓度平衡常数 concentration equilibrium constant
浓度梯度 concentration gradient

O

偶极矩 dipole moment
偶然误差 accidental error

P

配位共价键 coordinate covadent bon
配体 ligand
配位场理论 coordination field theory
配位滴定法 coordinate titrition

配位反应	coordination reaction
配位分子	coordination molecule
配位化合物	coordination compound
配位键	coordinate bond
配位离子	coordination ion
配位平衡	coordination equilibrium
配位平衡常数	ionization equilibrium constan
配位数	coordination number
配位效应	coordination effect
碰撞理论	collision theory
偏差	deviation
平衡常数	equilibrium constant
平衡电势	equilibrium potential
平衡分压	equilibrium pressure
平衡浓度	equilibrium concentration
平衡体系	equilibium system
平衡转化率	rate of equilibrium transformation
平衡状态	equilibrium state
平均偏差	absolute average deviation
平均速率	average rate
屏蔽常数	screening constant
屏蔽效应	screening effect
普朗克常数	Planck constant
Q	
气相	gas phase
强电解质	strong electrolyte
强度性质	intensive property
亲电试剂	electrophilic reagent
亲核试剂	nucleophilic reagent
亲水性	hydrophilic
亲液溶胶	lyophilic sol
氢键	hydrogen bond
取向力	orientation fore
R	
热	heat
热化学方程式	thermochemical equation
热力学	thermodynamics
热力学不稳定体系	unstable system of thermodynamics
热力学第一定律	the first law of thermodynamics
热力学第二定律	the second law of thermodynamics
热力学第三定律	the third law of thermodynamics
热力学能	thermodynamic energy

热力学稳定体系	stable system of thermodynamics
热效应	heat effect
容量分析	volumetric analysis
溶度积规则	solubility product rule
溶度积原理	solubility product principle
溶剂	solvent
溶剂化作用	solvation
溶胶	sol
溶胶的净化	purification
溶解	dissolution
溶解度	solubility
溶解能力	dissolving capacity
溶血	hemolysis
溶液	solution
溶液的表面吸附	surface adsorption of solution
溶胀	swelling
溶质	solute
乳化剂	emulsifying agent
乳化作用	emulsification
乳浊液	emulsion
入射光强度	incident light intensity
弱电解质	weak electrolyte
弱电解质的电离平衡	ionization equilibrium of weak electrolyte
S	
色散力	dispersion force
熵	entropy
渗透	osmosis
渗透活性物质	osmosis active substance
渗透浓度	osmolarity
渗透平衡	osmosis equilibrium
渗透压	osmotic pressure
渗析	dialysis
升华	sublimation
生命元素	biological element
生物化学	biochemistry
生物催化剂	biocatalyst
实验平衡常数	experiment equilibrium constant
试剂误差	reagent error
试样	sample
铈量法	erimetry
疏水性	hydrophobic
疏液溶胶	lyophobic sol

双电层	double charge layer
水包油型乳浊液	oil in water emulsion
水的离子积	ion product of water
水化膜	hydrated membrane
水化作用	hydration
水解效应	hydrolysis effect
瞬时速率	instantaneous rate
速控步骤	rate controlling step
酸	acid
酸碱半反应	half reaction of acid-base
酸碱滴定法	acid-base titration
酸碱滴定曲线	acid-base titration curve
酸碱电离理论	ionization theory of acid and base
酸碱电子理论	electron theory of acid and base
酸碱指示剂	acid-base indicator
酸碱质子理论	proton theory of acid and base
酸效应	acid effect
酸中毒	acidosis
随机误差	random error
T	
弹性	elasticity
弹性凝胶	elastic gel
弹性碰撞	elastic collision
特殊指示剂	specific indicator
特异性	specificity
体积分数	volume fraction
体积功	volume work
体系	system
同离子效应	common ion effect
统计规律	statistical law
透光率	transmittance
透射光强度	transmission intensity
途径	path
脱液收缩	Synersis
W	
外轨型配合物	outer-orbital coordination compound
外界	outer sphere
微粒性	particle duality
微量元素	microelement
稳定常数	stability constant
稳定作用	stabilization
无害元素	non-harmful element

物质波 substantial wave
物质的量 amount-of-substance
物质的量分数 amount-of-substance fraction
物质的量浓度 amount-of-substance concentration
误差 error

X

吸附 adsorption
吸附剂 adsorbent
吸附质 adsorbate
吸附作用 adsorption action
吸光度 absorbance
吸光系数 absorptivity
吸收池 absorption cell
吸收光谱 absorption spectrum
吸收光强度 absorptive light intensity
吸收曲线 absorption curve
稀溶液的依数性 colligative properties of dilute solution
系统误差 systematical error
显色反应 color reaction
显色剂 color reagent
现代价键理论 valence bond theory
线状光谱 line spectrum
相 phase
相对平衡分压 relative equilibium pressure
相对平衡浓度 relative equilibrium concentration
相对平均偏差 relative average deviation
相对稳定性 relative stability
相对误差 relative error
相界面 phase interface
休克尔 E. HÜckel
修约 rounding
溴量法 bromimetry
悬浊液 suspension
选择性吸附 selective adsorption
薛定锷 E. Schrödinger
薛定锷方程 Schrödinger equation

Y

压力平衡常数 pressure equilibrium constant
盐桥 salt bridge
盐析 salting out
盐效应 salt effect
氧化 oxidation

氧化半反应	oxidizing half-reaction
氧化反应	oxidation reaction
氧化还原半反应	redox half-reaction
氧化还原滴定法	oxidation-reduction titration
氧化还原电对	redox electric couple
氧化还原反应	oxidation-reduction react 或 redox reaction
氧化还原指示剂	oxidation-reduction indicator
氧化剂	oxidizing agent
氧化数	oxidation number
氧化数法	oxidation number method
氧化态	oxidizing state
氧化型	oxidizing modality
液相	liquid phase
一级标准物质	primary standard substance
仪器误差	instrumental erro
乙二胺	ethylenediamine
乙二胺四乙酸	ethylenediamine tetraacetic acid
抑制剂	inhibitor
永久偶极	permanent dipole
油包水型乳浊液	water in oil emulsion
有毒元素	poisonous element
有害元素	harmful element
有核模型	nuclear model
有效核电荷	effective nuclear charge
有效浓度	effective concentration
有效碰撞	effective collision
有效数字	significant figure
诱导力	inducation force
诱导偶极	induced dipole
元素周期律	periodic law of elements
原电池	primary cell
原子光谱	atomic spectrum
原子轨道	atomic orbital
原子轨道线性组合	linear combination of atomic orbital
原子结构	atomic structure
原子实	atomic perzel
Z	
杂化	hybridization
杂化轨道	hybrid orbital
杂化轨道理论	Hybrid orbital theory
蒸发	evaporation
蒸发速率	evaporation rate

蒸气压	vapor pressure
蒸气压下降	vapor pressure lowering
正催化剂	positive catalyst
正电荷层	positive charge layer
正反应	positive reaction
正反应速率	rate of positive reaction
正极	positive electrode
正溶胶	positivc sol
正吸附	positive adsorption
直接滴定法	direct titration
直接碘量法	direct iodimetry
直接电势法	direct potentiometry
指示电极	indicator electrode
指示剂	indicator
指示剂常数	indicator constant
指示器	indicator
质量分数	mass fraction
质量摩尔浓度	molality
质量浓度	mass concentration
质量吸光系数	quality absorptivity
质量作用定律	law of mass action
质子传递反应	protolysis reaction
质子给体	proton donor
质子受体	proton acceptor
质子自递平衡	autoprotolysis equilibrium
置换滴定法	displaced titration
中心原子	central atom
重铬酸钾法	potassium dichromate method
周期	period
逐级稳定常数	stepwise stability constant
主量子数	principal quantum number
状态	state
状态函数	state function
准确度	accuracy
自发过程	spontaneous process
自身指示剂	self indicator
自旋量子数	spin quantum number
总反应	overall reaction
族	group
钻穿效应	penetration effect

部分练习题参考答案

第一章

1．（1）18.4 $mol \cdot L^{-1}$ ；（2）14.8 $mol \cdot L^{-1}$

2．163.0 mL

3．2.33kPa

4．（1）乙溶液的蒸气压高；（2）两溶液的浓度会发生变化，因为两溶液的蒸气压不相等，乙溶液浓度将变大，甲溶液浓度将变小，直到两溶液浓度相等为止；（3）3.21 g

5．127.5$g \cdot mol^{-1}$

6．60.0 $g \cdot mol^{-1}$

7．（2）正确

8．8 个

9．3.06×10^4 $g \cdot mol^{-1}$

10．（4）＞（2）＞（3）＞（1）

11．（1）339.0$mmol \cdot L^{-1}$ ； （2）298.0 $mmol \cdot L^{-1}$

12．280.0 $mmol \cdot L^{-1}$ ，722.0 kPa

13．28.1 $g \cdot mol^{-1}$ ，271.15 K， 2467.89 kPa

14．1.2g

15．343$g \cdot mol^{-1}$

16．100.14 $^{\circ}C$，610.56 kPa

17．(1) 272.63 K； (2) 272.81 K； (3) 272.81 K； (4) 277.99 K； (4) 、 (2) ＝ (3) 、 (1)

第二章

1．（1）1850 J ；（2）－260 J

2．－241.9$kJ \cdot mol^{-1}$，－240.35$kJ \cdot mol^{-1}$

3．2.5 mol，5 mol

4．－519.7$kJ \cdot mol^{-1}$

5．（1）40.0$kJ \cdot mol^{-1}$；（2）20.0 $kJ \cdot mol^{-1}$ ；（3）20.0 $kJ \cdot mol^{-1}$

6．－11.0 $kJ \cdot mol^{-1}$

7．－74.6 $kJ \cdot mol^{-1}$

8．（1）－41.2 $kJ \cdot mol^{-1}$ ；（2）－1166.0 $kJ \cdot mol^{-1}$ ；（2）－2802.8 $kJ \cdot mol^{-1}$

9．177.4 $kJ \cdot mol^{-1}$

10．$\Delta_r H^0 = -748.6\ kJ \cdot mol^{-1}$，$\Delta_r S^0 = -197.8\ J \cdot K^{-1} \cdot mol^{-1}$，$\Delta_r G^0 = -689.6\ kJ \cdot mol^{-1}$

11．（1）$\Delta_r H^0 = 146\ kJ \cdot mol^{-1}$；$\Delta_r S^0 = 110.5\ J \cdot K^{-1} \cdot mol^{-1}$ ； （2）$\Delta_r G^0$（298.15K）＝113.1 $kJ \cdot mol^{-1}$，反应不能自发进行；$\Delta_r G^0$（1000K）＝35.5 $kJ \cdot mol^{-1}$，反应不能自发进行；（3）$T > 1321.3$ K

12．$\Delta_f H^0_{CuO} = -193.0\ kJ \cdot mol^{-1}$，$\Delta_f G^0_{Cu_2O} = -145.5\ kJ \cdot mol^{-1}$

13．$-1738.71\ kJ\cdot mol^{-1}$

14．(1) $\Delta H^0=30.9\ kJ\cdot mol^{-1}$，$\Delta S^0=93.3 J\cdot mol^{-1}\cdot K^{-1}$，$\Delta G^0=3.08\ kJ\cdot mol^{-1}$，∵ $\Delta G^0<0$ ∴ 在 298.15K、标准条件下，反应能自发进行；(2) $T>331.2K$

15．$\Delta G^0=-33.03\ kJ\cdot mol^{-1}$，∵ $\Delta G^0<0$ ∴ 在 298.15K、标准条件下，反应能自发进行；$T<464.5\ K$

第三章

1．(1) $\upsilon=kc_{NO}^2c_{H_2}$；(2) $mol^{-2}\cdot L^{-2}\cdot s^{-1}$；(3) 不同，$k_2=-2k_1$

2．$\upsilon=k\,c_A c_B$，反应级数：2

3．(1) $\upsilon=k\,c_A c_B$，反应级数：2；(2) $1.2\ L\cdot mol^{-1}\cdot s^{-1}$；(3) $2.4\times10^{-4} mol\cdot L^{-1}\cdot s^{-1}$

4．$53.59\ kJ\cdot mol^{-1}$

5．$0.071\ mol\cdot L^{-1}$

6．478.57

7．Ⅰ：$Q=2025$，$Q>K_p^0$，反应逆向自发进行；

Ⅱ：$Q=20.25$，$Q<K_p^0$，反应正向自发进行；

Ⅲ：$Q=116.64$，此时 $Q\approx K_{p_1}^0$ (298K)，∵ T_2 (273K) $<T_1$ (298K)，∴ $K_{p_2}^0$ (273K) $>K_{p_1}^0$ (298K)，即 $Q<K_{p_2}^0$，反应正向自发进行

8．2.45×10^{-2}，8.4×10^{-2}，1667

9．平衡时 $p_{NO}<p_{Cl_2}$；增大总压力，平衡向正反应方向移动

10．(1) 7.88×10^4，1.67×10^4；(2) $2.02\ kJ\cdot mol^{-1}$，$113.0\ kJ\cdot mol^{-1}$

第四章

1．HS^-、OH^-、HCO_3^-、NH_3、CO_3^{2-}、$[Al(OH)(H_2O)_5]^{2+}$

2．NH_4^+、H_3O^+、HS^-、HCO_3^-、H_3PO_4、NH_3

3．酸：H_2S； 碱：A_C^-； 两性物质：NH_3、H_2O、HSO_4^-、HPO_4^{2-}、HS^- 和 $[Zn(H_2O)_5(OH)]^+$

4．(1) $0.03mol\cdot L^{-1}$； (2) $0.02mol\cdot L^{-1}$

5．$0.186\ mol\cdot L^{-1}$

6．3.00×10^{-6}

7．(1) NaAc； (2) 5.70； (3) 13.95

8．2.94

9．(1) 9.25；(2) 5.27； (3) 1.70

10．混合前：$1.33\times10^{-3}\ mol\cdot L^{-1}$；混合后：$1.76\times10^{-5}\ mol\cdot L^{-1}$

11．(1) 4.08×10^{-5}；(2) 2.86%； (3) $0.404\ mol\cdot L^{-1}$

12．6.06×10^{-11}

13．3.92，$5.61\times10^{-11}\ mol\cdot L^{-1}$

14．$[H^+]=9.54\times10^{-5}\ mol\cdot L^{-1}$，$[S^{2-}]=1.1\times10^{-12}\ mol\cdot L^{-1}$；$[S^{2-}]=1.0\times10^{-16}\ mol\cdot L^{-1}$，计算结果说明，浓度是随着溶液酸度增大（pH 减小）而减小

15．(1) 3.00；(2) 7.00；(3) 11.00；(4) 9.00；(5) 5.00

16．4.67，8.31

17．α=10%，pH =2

18．T_f= −0.19 °C

19．H^+浓度减少 43.6 倍

第五章

1．(1) 4.75；(2) 9.25；(3) 6.80；(4) 8.95

2．15.2 g

3．14.0 g

4．KH_2PO_4：392 mL；Na_2HPO_4：608 mL

5．9.25；9.2 mL

6．47.6 mL

7．7.40；7.31；7.70

8．(1) 形成 H_3PO_4-NaH_2PO_4 缓冲溶液，缓冲范围为 1.12～3.12 ，$\beta_{极大}$ = 0.0288mol·L^{-1}

(2) 形成 NaH_2PO_4-Na_2HPO_4 缓冲溶液，缓冲范围为 6.21～8.21，$\beta_{极大}$ = 0.0288mol·L^{-1}

(3) 形成 Na_2HPO_4-Na_3PO_4 缓冲溶液，缓冲范围为 11.67～13.67，$\beta_{极大}$ = 0.0288mol·L^{-1}

9．(1) NH_3 - NH_4Cl； (2) 1.62 g， 340.0mL； (3) 0.059 mol·L^{-1}

10．1.35×10^{-5}

11．混合后 NH_4Cl 和 $NH_3 \cdot H_2O$ 的浓度分别为 0.20 mol·L^{-1} 和 0.205 mol·L^{-1}，pH= 9.26

12．因为缓冲比为 1，所以该溶液具有缓冲作用；pH= 7.21

13．18 mL

14．300 mL

第六章

1．(1) $cK_{a,H_3BO_3} = 7.3 \times 10^{-11} < 10^{-8}$，不能用酸碱滴定法直接准确滴定；(2) $cK_{a,NH_4^+} = 5.68 \times 10^{-11} < 10^{-8}$，不能用酸碱滴定法直接准确滴定；(3) $cK_{a,CN^-} = 2.03 \times 10^{-6} > 10^{-8}$，能用酸碱滴定法直接准确滴定。pH = 5.30，选用甲基红作指示剂。

2．0.01092 mol·L^{-1}

3．略

4．略

5．①0.3506 ；②0.0004，−0.0010，−0.0014，0.0020，0.0005，−0.0005；③$9.7 \times 10^{-4}$；④0.28% 。

6．60.09，−0.57， −0.94%

7．理论变色点：9.11，变色范围：pH 在 8.11～10.11 之间，酸色 pH=8.11，碱色 pH=10.11

8．0.1028 mol·L^{-1}

9．0.15g，*RE*= 0.133%，不能控制在 0.05%范围内；0.51g，*RE*= 0.039%，可以控制在 0.05%范围内

10．酸色 pH=7，碱色 pH=9；pH=6 黄色，pH=7 浅黄色，pH=8 橙色，pH=9 浅红色，pH=12 红色

第七章

1．1.10×10^{-10}

2．（1）$1.12\times10^{-4}\,mol\cdot L^{-1}$；（2）10.35

3．（1）$1.35\times10^{-3}\,mol\cdot L^{-1}$；（2）$9.8\times10^{-7}\,mol\cdot L^{-1}$；（3）$1.57\times10^{-4}\,mol\cdot L^{-1}$

4．（1）$Q_c=2.4\times10^{-5}$，有沉淀析出；（2）$Q_c=5.61\times10^{-13}$，无沉淀析出；（3）$Q_c=4.4\times10^{-8}$，有沉淀析出

5．$Q_{c,Mg(OH)_2}=1.55\times10^{-12}$，无沉淀析出；$Q_{c,Fe(OH)_3}=2.73\times10^{-17}$，有沉淀析出

6.（1）沉淀先后顺序为 Pb^{2+}、Fe^{2+}、Mn^{2+}；（2）开始沉淀所需 Pb^{2+}离子浓度为：$c_{Pb^{2+}}(P_bI_2)=9.8\times10^{-5}\,mol\cdot L^{-1}$；$c_{Pb^{2+}}(P_bSO4)=2.53\times10^{-6}\,mol\cdot L^{-1}$；$P_bSO_4$先沉淀，$P_bI_2$后沉淀

7．$Q_{c,Mn(OH)_2}=3.87\times10^{-14}<K_{sp,Mn(OH)_2}$，无沉淀析出；$Q_{c,Fe(OH)_3}=3.41\times10^{-19}>K_{sp,Fe(OH)_3}$，有沉淀析出

8．AgCl 先沉淀，Ag_2CrO_4后沉淀；当 Ag_2CrO_4开始沉淀时，溶液中 Cl^-浓度为 $8.85\times10^{-6}\,mol\cdot L^{-1}$；需要加入 $AgNO_3$溶液的浓度为 $2.0\times10^{-3}\,mol\cdot L^{-1}$。

9．（1）$Q_{c,MnS}=1.0\times10^{-15}<K_{sp,MnS}$，无 MnS 沉淀生成；（2）$Q_{c,MnS}=2.5\times10^{-7}>K_{sp,MnS}$，有 MnS 沉淀生成；（3）$c_{S^{2-}}=4.65\times10^{-9}\,mol\cdot L^{-1}$

10．①Pb^{2+}先沉淀，Ba^{2+}后沉淀；②Ba^{2+}开始沉淀时，$c_{Pb^{2+}}=2.39\times10^{-5}\,mol\cdot L^{-1}$，因 Ba^{2+}开始沉淀时，Pb^{2+}没沉淀完全，故不能用 K_2CrO_4将 Pb^{2+}与 Ba^{2+}分离

第八章

1．−1，+2，+6，+4，−1，+4，+5，+1

2．4，−2；4，−4；4，+2；4，0；4，+4

3．（1）$Cr_2O_7^{2-}+3NO_2^-+8H^+=2Cr^{3+}+3NO_3^-+4H_2O$

（2）$2MnO_4^-+5H_2C_2O_4+6H^+=2Mn^{2+}+10CO_2\uparrow+8H_2O$

（3）$H_2O_2+2I^-+2H^+=2H_2O+I_2$

（4）$2MnO_4^-+SO_3^{2-}+2OH^-=2MnO_4^-+SO_4^{2-}+H_2O$

（5）$3Cl_2+6OH^-=5Cl^-+ClO_3^-+3H_2O$

（6）$2KMnO_4+3K_2SO_3+H_2O=2MnO_2+3K_2SO_4+2KOH$

4．（1）氧化能力 $MnO_4^->Cr_2O_7^{2-}>Ag^+>I_2>Fe^{2+}$；（2）$Zn>Sn^{2+}>I^->Fe^{2+}>Cl^-$

5．（1）MnO_2，$K_2Cr_2O_7$；（2）Fe，Cd

6．（1）$\varepsilon^0=0.736V$，反应正向自发进行；（2）$\varepsilon^0=-0.2923V$，反应逆向自发进行；（3）$\varepsilon^0=-0.3845V$，反应逆向自发进行；（4）$\varepsilon^0=2.372V$，反应正向自发进行

7．（−）$Pb\,|\,Pb^{2+}$（$1\,mol\cdot L^{-1}$）$\|\,Cu^{2+}$（$1\,mol\cdot L^{-1}$）$|\,Cu$（+）

（+）$Cu^{2+}+2e^-\rightleftharpoons Cu$，（−）$Pb\rightleftharpoons Pb^{2+}+2e^-$

8．（1）1.0337 V；（2）0.1897V

9．（1）$E_{Fe^{2+}/Fe}=-0.5357V$，$E_{Cr^{3+}/Cr}=-0.8426V$；Fe 电极为正极，Cr 电极为负极，$\varepsilon=0.3069V$；（+）$Fe^{2+}+2e^-\rightleftharpoons Fe$，（−）$Cr\rightleftharpoons Cr^{3+}+3e^-$，$3Fe^{2+}+2Cr=3Fe+2Cr^{3+}$

（2）$E_{Zn^{2+}/Zn}=-0.8210V$，$E_{Cd^{2+}/Cd}=-0.4917V$；Cd 电极为正极，Zn 电极为负极，$\varepsilon=0.3293V$；（+）$Cd^{2+}+2e^-\rightleftharpoons Cd$，（−）$Zn\rightleftharpoons Zn^{2+}+2e^-$，$Cd^{2+}+Zn\rightleftharpoons Cd+Zn^{2+}$

10．（1）$E_{I_2/I^-}=+0.8313V$，$E_{Fe^{3+}/Fe^{2+}}=0.6527V$，$\varepsilon=0.1786V$，反应正向自发进行；

（2）$E_{Sn^{4+}/Sn^{2+}}=0.2013V$，$E_{Fe^{2+}/Fe}=-0.5062V$，$\varepsilon=0.7075V$ 反应正向自发进行；

（3）$E_{AsO_4^{3-}/AsO_3^{3-}}=0.1459V$，$E_{I_2/I^-}=0.5355V$，$\varepsilon=-0.3896V$，反应逆向自发进行

11．标准状态下反应正向不能自发进行；改用浓盐酸：$E_{MnO_2/Mn^{2+}}=1.3517V$，$E_{Cl_2/Cl^-}=1.2945V$，$\varepsilon=0.0572V$，反应正向自发进行

12．（1）$K^0=5.67\times10^{25}$，反应进行很完全；（2）$K^0=9.15\times10^7$，反应进行得很完全；（3）$K^0=3.04$，反应进行不完全

13．$\varepsilon^0=0.700V$，$\Delta_rG^0=-135.1\ kJ\cdot mol^{-1}$，$K^0=4.62\times10^{23}$，$\Delta_rG=-129.3\ kJ\cdot mol^{-1}$

14．①在该条件下 MnO_2 不能将 Br^- 氧化为 $Br_2(l)$，能将 I^- 氧化为 $I_2(s)$；②电池反应为：$MnO_2(s)+4H^++2I^-= Mn^{2+}+I_2(s)+2H_2O$，$K^0\approx10^{23.11}$（或 $K^0\approx10^{23}$），$K^0>10^6$（或 $\lg K^0>6$），反应进行得很完全。

15．$E_{Ni^{2+}/Ni}=-0.288V$，$[Ni^{2+}]=0.3637\ mol\cdot L^{-1}$

16．（1）0.430 V；（2）（+）$Ag^++e^-=Ag$，（−）$Cu=Cu^{2+}+2e^-$，$2Ag^++Cu=2Ag+Cu^{2+}$，（−）$Cu|Cu^{2+}$（$0.10\ mol\cdot L^{-1}$）$\|Ag^+$（$0.10\ mol\cdot L^{-1}$）$|Ag$（+）；（3）$K^0=3.30\times10^{15}$，反应进行得很完全

17．1.72×10^{-8}

18．$0.2817g\cdot mL^{-1}$

第九章

1．2、0，0，+1/2；2，0，0，−1/2；2，1，0，+1/2；2，1，+1，+1/2；2，1，−1，+1/2

2．（1）不合理；（2）不合理；（3）合理；（4）不合理

3．电子层由 n 确定；多电子原子的能级由 n 和 l 共同确定，单电子原子的能级由 n 确定；原子轨道由 n、l、m 确定。

3d 能级：$n=3, l=2$；$4p_x$ 原子轨道：$n=4$，$l=1$，$m=1$；$5s^1$ 电子：$n=5$，$l=0$，$m=0$，$m_s=1/2$ 或 $n=5$，$l=0$，$m=0$，$m_s=-1/2$

4．（1）违背洪特规则，正确的电子排布：$1s^22s^22p_x^12p_y^12p_z^1$

（2）违背保里不相容原理，正确的电子排布：$1s^22s^22p^63s^23p^1$

（3）违背能量最低原理，正确的电子排布：$1s^22s^22p^63s^23p^63d^{10}4s^24p^2$

5．不正确；波函数 Ψ 是包含 n，l，m 三个量子数的数学函数式，一组合理的 n，l，m 就决定了一个函数，表示核外电子的一种运动状态，即有一个原子轨道。

6．（1）$\Psi_{3,1,0}$，3s；（2）$\Psi_{2,1,+1}$，2p；（3）$\Psi_{4,2,-2}$，4d

7．$_{19}K$：$1s^22s^22p^63s^23p^64s^1$；$_{14}Si$：$1s^22s^22p^63s^23p^2$；

$_{24}Cr$：$1s^22s^22p^63s^23p^63d^54s^1$；$_{29}Cu$：$1s^22s^22p^63s^23p^63d^{10}4s^1$；

$_{33}As$：$1s^22s^22p^63s^23p^63d^{10}4s^24p^3$；$_{42}Mo$：$1s^22s^22p^63s^23p^63d^{10}4s^24p^64d^55s^1$；

$_{52}Te$：$1s^22s^22p^63s^23p^63d^{10}4s^24p^64d^{10}5s^25p^4$。

8．第 5 周期，ⅡA 族，s 区；第 3 周期，ⅣA 族，p 区；第 4 周期，ⅦB 族，d 区；第五周期，ⅡB，ds 区。

9．（1）W：$1s^22s^22p^63s^23p^63d^{10}4s^24p^64d^{10}5s^25p^65d^46s^2$，4 个未成对电子；

（2）As：$1s^22s^22p^63s^23p^63d^{10}4s^24p^3$，3 个未成对电子；

（3）Br^-：$1s^22s^22p^63s^23p^63d^{10}4s^24p^6$，没有未成对电子；

（4）As：$1s^22s^22p^63s^23p^6$，没有未成对电子

10．（1）3种：K 钾，Cr 铬，Cu 铜；

（2）K：$1s^22s^22p^63s^23p^64s^1$ ，19号，第4周期，ⅠA族，s区，金属元素，+1；

Cr：$1s^22s^22p^63s^23p^63d^54s^1$ ，24号，第4周期，ⅥB族，d区，金属元素，+6；

Cu：$1s^22s^22p^63s^23p^63d^{10}s^1$ ，20号，第4周期，IB族，ds区，金属元素，+2；

11．6个。$4s^1$ ：4，0，0，+1/2 或 4，0，0，－1/2；$3d^5$ ：3，2，2，+1/2； 3，2，1，+1/2；3，2，0，+1/2；3，2，－2，+1/2；3，2，－1，+1/2；或3，2，2，－1/2；3，2，1，－1/2；3，2，0，－1/2；4，2，－2，－1/2；4，2，－1，－1/2。ⅥB族、d区元素，$1s^22s^22p^63s^23p^63d^54s^1$ ，24号。

12．（1）A：$1s^22s^22p^63s^23p^63d^24s^2$ ，22号； B：$1s^22s^22p^63s^23p^63d^{10}4s^24p^3$ ，33号

（2）A：第4周期，ⅣB族，d区；　　　B：第4周期，ⅤA族，p区；

13．（1）A和B都是金属元素，C是非金属元素；A：$1s^22s^22p^63s^23p^64s^1$ ，19号，K；B：$1s^22s^22p^63s^23p^64s^2$ ，20号，Ca； C：$1s^22s^22p^63s^23p^63d^{10}4s^24p^5$ ，35号，Br。

（2）K^+；Ca^{2+}；Br^- 。

（3）离子型化合物，$CaBr_2$。

14．$3d^54s^1$ ，Cd ；第4周期，ⅥB族，d区

15．26，$1s^22s^22p^63s^23p^63d^64s^2$ 或[Ar] $3d^64s^2$ ，4个

16．（1）$1s^22s^22p^63s^23p^63d^54s^2$ 或 [Ar] $3d^54s^2$，ⅦB族，d区；（2）+7，属于金属元素；（3）有3个单电子

17．48，Cd，$1s^22s^22p^63s^23p^63d^{10}4s^24p^64d^{10}5s^2$ 或[Kr] $4d^{10}5s^2$，第5周期，ⅡB族，ds区

18．（1）氟＞氯；（2）氧＞氮；（3）氧＞负氧离子

第十章

1．（1）sp^3，V形；（2）sp^3，三角锥形；（3）sp^3，正四面体形；（4）sp，直线形；（5）sp^2，平面正三角形

2．BF_3分子中，B原子采用sp^2等性杂化，形成3个sp^2杂化轨道，且向平面正三角形的3个顶点伸展，3个sp^2杂化轨道中各有1个单电子；成键时，3个F原子的有单电子的2p轨道分别沿着平面正三角形的3个顶点与B原子的sp^2杂化轨道重叠，电子配对，形成3个B－F σ键，故BF_3分子的空间构型是平面正三角形。

NF_3分子中，N原子采用sp^3不等性杂化，形成4个sp^3杂化轨道，且向正四面体的4个顶点伸展，其中3个sp^3杂化轨道中各有1个单电子，1个sp^3杂化轨道中有1对孤对电子；成键时，3个F原子的有单电子的2p轨道分别沿着正四面体的3个顶点与N原子的sp^3杂化轨道重叠，电子配对，形成3个N－F σ键，N原子位于锥顶，3个F原子位于锥底，故NF_3分子的空间构型是三角锥形。

3．

分子或离子式	价层电子对数	孤对电子数	价层电子对分布	空间构型
（1）SO_2	3	1	平面三角形	V形
（2）NH_4^+	4	0	四面体形	四面体形
（3）ClF_3	5	2	三角双锥形	T形
（4）ICl_4^-	6	2	八面体	平面正方形
（5）PO_4^{3-}	4	0	四面体形	四面体形
（6）I_3^-	5	3	三角双锥形	直线形

续表

分子或离子式	价层电子对数	孤对电子数	价层电子对分布	空间构型
(7) ClF_5	6	1	八面体	四角锥形
(8) SF_6	6	0	八面体	八面体

4.(1) N 原子的价层电子对数为 4，价层电子对构型为正四面体，其中有 1 对孤对电子，则分子的空间构型为三角形，结构不对称，$\mu \neq 0$，为极性分子；

(2) Si 原子的价层电子对数为 4，价层电子对构型为正四面体，没有孤对电子，则分子的空间构型为正四面体，结构对称，$\mu = 0$，为非极性分子；

(3) C 原子的价层电子对数为 4，价层电子对构型为正四面体，没有孤对电子，但 Cl 元素的电负性比 H 大，则分子的空间构型为不规则正四面体，结构不对称，$\mu \neq 0$，为极性分子；

(4) B 原子的价层电子对数为 3，价层电子对构型为平面正三角形，没有孤对电子，则分子的空间构型为平面正三角形，结构对称，$\mu = 0$，为非极性分子；

(5) S 原子的价层电子对数为 4，价层电子对构型为正四面体，有 2 对孤对电子，则分子的空间构型为 V 形，结构不对称，$\mu \neq 0$，为极性分子。

5.(1) $B_2[KK(\sigma_{2s})^2(\sigma_{2s}^*)^2(\pi_{2py})^1(\pi_{2pz})^1]$，分子中有两个单电子 π 键，键级为 1，有 2 个单电子，具有顺磁性；

(2) $O_2^+[KK(\sigma_{2s})^2(\sigma_{2s}^*)^2(\sigma_{2px})^2(\pi_{2py})^2(\pi_{2pz})^2(\pi_{2py}^*)^1]$，分子中有 1 个 σ 键、1 个 2 电子 π 键和 1 个 3 电子 π 键，键级为 2.5，有 1 个单电子，具有顺磁性；

(3) $F_2[KK(\sigma_{2s})^2(\sigma_{2s}^*)^2(\sigma_{2px})^2(\pi_{2py})^2(\pi_{2pz})^2(\pi_{2py}^*)^2(\pi_{2pz}^*)^2]$，分子中有 1 个 σ 键，键级为 1，分子中没有单电子，具有抗磁性；

(4) $He_2^+[(\sigma_{1s})^2(\sigma_{1s}^*)^1]$ 分子中有 1 个 3 电子 σ 键，键级为 0.5，有 1 个单电子，具有顺磁性；

在双原子分子或离子中，键级越大，键越稳定，故 O_2^+ 最稳定，He_2^+ 最不稳定。

6. He_2 分子的键级为 0，所以 He_2 不能存在。

7. $O_2^-[KK(\sigma_{2s})^2(\sigma_{2s}^*)^2(\sigma_{2px})^2(\pi_{2py})^2(\pi_{2pz})^2(\pi_{2py}^*)^2(\pi_{2pz}^*)^1]$，键级为 1.5，其能够存在；因离子中有 1 个单电子，故具有顺磁性；

$O_2^{2-}[KK(\sigma_{2s})^2(\sigma_{2s}^*)^2(\sigma_{2px})^2(\pi_{2py})^2(\pi_{2pz})^2(\pi_{2py}^*)^2(\pi_{2pz}^*)^2]$，键级为 1，其能够存在；因离子中没有单电子，故具有抗顺磁性；

因为 O_2^- 的键级大于 O_2^{2-} 的键级，所以 O_2^- 比 O_2^{2-} 稳定。

8.(1) sp^2、平面正三角形和 sp^3、四面体形；

(2) sp^3 不等性、V 形和 sp^3 不等性、三角锥形；

(3) sp^3 不等性、三角锥形和 sp^3 等性、四面体形。

9. F_2 分子的键级为 1；O_2 分子的键级为 2

10.(1) Π_4^4 ；(2) Π_3^3 ；(3) Π_3^4 ；(4) Π_4^6 ；(5) 2 个 Π_3^4 。

11. CO 分子中存在着 O→C 配键；CO_2 分子是直线型的对称性分子。

12.(1) 色散力；(2) 取向力，诱导力，色散力，氢键；(3) 取向力，诱导力，色散力；(4) 取向力，诱导力，色散力

13.(1) HCl＞HI ；(2) H_2O＞H_2S ；(3) $CHCl_3$＞CH_4 ；(4) NF_3＞BF_3

14.(1) F_2，Cl_2，Br_2，I_2 ；(2) H_2，Ne，CO，HF

15．（1）NH_3分子间、 H_2O分子间、HF分子间均可以形成氢键；

（2）H_2SO_4分子间、H_3BO_3分子间、HCN分子间均可以形成氢键，HNO_3分子内形成氢键；

（3）邻硝基苯甲酸、邻硝基苯酚、邻羟基苯甲醛均能形成分子内氢键，对硝基苯酚、对羟基苯甲酸均能形成分子间氢键；

（4）乙醇和水、氨和水、丙三醇和水、HF和H_2O均能形成分子间氢键。

16．（1）A：等性sp^3杂化；（2）极性共价键，非极性分子；（3）色散力；（4）AB_4的熔沸点小于$SiCl_4$的熔沸点。

第十一章

1．$[PtCl_2(NH_3)_4]Cl_2$，氯化二氯·四氨合铂（IV）；$[PtCl_4(NH_3)_2]$，四氯·二氨合铂

2．

内界	中心原子	配体	配位原子	配位数	名称
(1) $[Co(NH_3)_5Cl]^{2+}$	Co^{3+}	NH_3, Cl^-	N ,Cl	6	二氯化氯·五氨合钴（Ⅲ）
(2) $[SiF_6]^{2-}$	Si (Ⅳ)	F^-	F	6	六氟合硅（Ⅳ）酸
(3) $[Zn(OH)(H_2O)_3]^+$	Zn^{2+}	OH^- , H_2O	O	4	氯化羟基·三水合锌（Ⅱ）
(4) $[Cr(NH_3)_6]^{3+}$	Cr^{3+}	NH_3	N	6	三氯化六氨合铬（Ⅲ）
(5) $[Fe(CO)_5]$	Fe	CO	C	5	五羰基合铁（0）
(6) $[Co(en)(C_2O_4)_2]^-$	Co^{3+}	en , $C_2O_4^{2-}$	N ,O	6	二(草酸根)·(乙二胺)合钴(Ⅲ)酸钾
(7) $[CoCl_2(NH_3)_3(H_2O)]^+$	Co^{3+}	Cl^-, NH_3, H_2O	Cl , N , O	6	氯化二氯·三氨·水合钴（Ⅲ）
(8) $[Mn(CN)_6]^{4-}$	Mn^{2+}	CN^-	C	6	六氰合锰（Ⅱ）酸钾

3．（1）$[CoCl_2(en)_2]Cl$；（2）$[PtCl_2(OH)_2(NH_3)_2]$；（3）$NH_4[Cr(NCS)_4(NH_3)_2]$；（4）$Na_3[Ag(S_2O_3)_2]$；(5)$[Ni(C_2O_4)(NH_3)_2]$；(6)$[Co(ONO)(NH_3)_5]SO_4$

4．

杂化轨道类型	类型	空间构型
(1)sp^3d^2	外轨型	正八面体
(2)sp^3	外轨型	正四面体
(3) d^2sp^3	内轨型	正八面体
(4)sp	外轨型	直线形
(5) dsp^2	内轨型	平面正方形

5．略。

6．（1）外轨型；（2）内轨型；（3）外轨型；（4）内轨型

7．（1）逆向进行；（2）正向进行

8．$s = 0.24\ mol \cdot L^{-1}$

9．4.8×10^{-13}；$Q= 4.8\times10^{-23} < K_{sp}$，无$Cu(OH)_2$沉淀生成；$Q= 4.8\times10^{-20} > K_{sp}$，有CuS沉淀生成

10．20mL

第十二章

1．$[(SiO_2)_m\, nSiO_3^{2-}(2n-x)H^+]^{x-}\cdot xH^{x+}$，电泳时胶粒向正极移动，胶核表面 H_2SiO_3 分子解离使溶胶带电；

$\{[Fe(OH)_3]_m\cdot nFeO^+\cdot(n-x)Cl^-\}^{x+}\cdot xCl^-$，电泳时胶粒向负极移动，胶核选择性吸附 FeO^+ 离子使溶胶带电。

2．$[(As_2S_3)_m\, nHS^-(n-x)H^+]^{x-}\cdot xH^{x+}$，电泳时胶粒向正极移动；$AlCl_3$ 聚沉能力最强。

3．80mL

4．A 为负溶胶，B 为正溶胶

5．（1）NO_3^-离子；（2）带负电荷，向正极迁移；（3）①和④不聚沉；（4）乙和丙

6．$Al(OH)_3$ 溶胶带正电，电泳时胶粒向负极移动。

7．（1）AgCl 负溶胶，聚沉能力 $AlCl_3>MgSO_4>K_3[Fe(CN)_6]$；（2）AgCl 正溶胶，聚沉能力 $K_3[Fe(CN)_6]>MgSO_4>AlCl_3$

8．c_{Na^+}(外)$=0.0067mol\cdot L^{-1}$；c_{Cl^-}(外)$=0.0067\ mol\cdot L^{-1}$；c_{Na^+}(内)$=0.0133mol\cdot L^{-1}$；c_{Cl^-}(内)$=0.0033\ mol\cdot L^{-1}$；c_{R^-}(外)$=0.01mol\cdot L^{-1}$。

第十三章

1．$T_2=T_1^{1/2}$，$T_3=T_1^2$，T_2 最大

2．$T_1=50\%$，$A_1=0.30$；$T_2=25\%$，$A_2=0.60$

3．（1）50%；（2）28%；（3）0.70；（4）0.19

4．$T_2=3T_1$

5．（1）0.642；（2）0.428

6．$A=0.2$ 时，$l=2cm$；$A=0.3$ 时，$l=3cm$

7．$1.11\times10^4\ L\cdot mol^{-1}\cdot cm^{-1}$

8．$5.2\ g\cdot L^{-1}$

9．$1.33\times10^3\ L\cdot mol^{-1}\cdot cm^{-1}$，$5.30\ L\cdot g^{-1}\cdot cm^{-1}$

10．$V_{血浆}=2.63L$，$V_{血液}=5.00L$

参 考 文 献

《化学发展简史》编写组. 1980. 化学发展简史. 北京：科学出版社.
国家技术监督局发布. 1994. 中华人民共和国国家标准，量和单位. 北京：中国标准出版社.
王国清. 2015. 无机化学. 第三版. 北京：中国医药科技出版社.
刘幸平，吴巧凤. 2012. 无机化学. 第二版. 北京：人民卫生出版社.
许善锦. 2003. 无机化学. 第四版. 北京：人民卫生出版社.
司学芝. 2007. 无机化学. 郑州：郑州大学出版社.
魏祖期. 2008. 基础化学. 第七版. 北京：人民卫生出版社.
祁嘉义. 2003. 基础化学. 北京：人民卫生出版社.
李发美. 2011. 分析化学. 第七版. 北京：人民卫生出版社.
侯新朴. 2003. 物理化学. 第五版. 北京：人民卫生出版社.
天津大学无机化学教研室. 2002. 无机化学. 第三版. 北京：高等教育出版社.
姚素梅. 2009. 无机与基础化学实验教程. 开封：河南大学出版社.
周爱儒. 2001. 生物化学. 第五版. 北京：人民卫生出版社.
苗健等. 1997. 微量元素与相关疾病. 河南：河南医科大学出版社.